2022年
中国生态环境质量报告

生态环境部生态环境监测司
中国环境监测总站
编

中国环境出版集团·北京

图书在版编目（CIP）数据

2022年中国生态环境质量报告 / 生态环境部生态环境监测司，中国环境监测总站编. -- 北京：中国环境出版集团，2024.10. ISBN 978-7-5111-5934-2

Ⅰ. X826

中国国家版本馆CIP数据核字第2024CA5158号

审图号：GS京（2024）1023号

责任编辑　董蓓蓓
封面设计　彭　杉

出版发行　中国环境出版集团
（100062　北京市东城区广渠门内大街 16 号）
网　　址：http://www.cesp.com.cn
电子邮箱：bjgl@cesp.com.cn
联系电话：010-67112765（编辑管理部）
发行热线：010-67125803，010-67113405（传真）
印　　刷　北京中科印刷有限公司
经　　销　各地新华书店
版　　次　2024 年 10 月第 1 版
印　　次　2024 年 10 月第 1 次印刷
开　　本　787×1092　1/16
印　　张　21.5
字　　数　480 千字
定　　价　139.00 元

《2022年中国生态环境质量报告》编委会

（中国环境科学研究院、生态环境部卫星环境应用中心、生态环境部南京环境科学研究所、国家海洋环境监测中心、生态环境部辐射环境监测技术中心　以姓氏笔画为序）

万雅琼　马　月　王　航　王　蕾　王一飞　王晓芬　王晓萌　卢晓强
申文明　白志杰　曲　玲　刘慧明　孙阳阳　李　飞　李宏俊　李佳琦
李圆圆　杨文超　肖　桐　吴艳婷　张　云　张丽娟　张晓刚　陆　丽
陈琳涵　周亚明　郑国栋　侯　静　徐茗荟　翁国庆　梁　斌　谢成玉
鲍晨光

（其他部委）

黄　瑛　　中国水产科学研究院资源与环境研究中心
张凯旋　　中国农业科学院作物科学研究所
袁晓奇　　农业农村部农田建设管理司
靳　拓　　农业农村部农业生态与资源保护总站
朱秀迪　　水利部水资源管理司
易　超　　国家统计局能源统计司
李俊恺　　国家林业和草原局规划财务司

［地方（生态）环境监测中心/站　以行政区划代码为序］

赵文慧　　北京市生态环境监测中心
李　鹏　　天津市生态环境监测中心
张　程　　河北省生态环境监测中心
侯书杰　　邢台市生态环境监控中心
钮少颖　　山西省生态环境监测和应急保障中心
　　　　　（山西省生态环境科学研究院）
岳彩英　　内蒙古自治区环境监测总站
王仁日　　辽宁省生态环境监测中心
于　凯　　吉林省生态环境监测中心
李经纬　　黑龙江省生态环境监测中心
胡雄星　　上海市环境监测中心
郭　蓉　　江苏省环境监测中心

陈　忠	无锡市宜兴生态环境监测站
景　明	江苏省苏州环境监测中心
吴鑫宇	江苏省淮安环境监测中心
林　广	浙江省生态环境监测中心
王　欢	安徽省生态环境监测中心
姚海军	安徽省蚌埠生态环境监测中心
陈文花	福建省环境监测中心站
刘　艳	江西省生态环境监测中心
张起明	江西省生态环境监测中心
刘　菁	山东省生态环境监测中心
魏　征	山东省生态环境监测中心
谭　伟	山东省生态环境监测中心
阮家鑫	山东省泰安生态环境监测中心
赵陆萍	山东省日照生态环境监测中心
马君帮	山东省德州生态环境监测中心
赵　颖	河南省生态环境监测和安全中心
王瑞妮	湖北省生态环境监测中心站
高雯媛	湖南省生态环境监测中心
王彦琦	湖南省生态环境监测中心
李　莉	湖南省湘西生态环境监测中心
严惠华	广东省生态环境监测中心
严伟君	广东省韶关生态环境监测中心站
周诗翔	广西壮族自治区生态环境监测中心
符诗雨	海南省生态环境监测中心
刘　灿	重庆市生态环境监测中心
葛　淼	重庆市生态环境监测中心
易　灵	四川省生态环境监测总站
石玉科	四川省泸州生态环境监测中心站
晏祖恩	贵州省生态环境监测中心
铁　程	云南省生态环境监测中心
德吉央宗	西藏自治区生态环境监测中心

葛　毅　　陕西省环境监测中心站
王　蕾　　陕西省环境监测中心站
常　毅　　甘肃省环境监测中心站
马　超　　青海省生态环境监测中心
拉俊山　　西宁市生态环境监测站
孙　源　　宁夏回族自治区生态环境监测中心
刘　蕾　　新疆维吾尔自治区生态环境监测总站
赵　琦　　新疆维吾尔自治区巴音郭楞生态环境监测站
徐　盖　　新疆生产建设兵团生态环境第一监测站

前　言

2022 年是党和国家历史上极为重要的一年，党的二十大胜利召开，描绘了全面建设社会主义现代化国家的宏伟蓝图。一年来，面对复杂严峻的国内外形势和持续反复的疫情冲击，生态环境部会同有关部门和各地区，坚持以习近平新时代中国特色社会主义思想为指导，深入学习宣传贯彻党的二十大精神，坚定践行习近平生态文明思想，坚持稳中求进工作总基调，统筹疫情防控、经济社会发展和生态环境保护，扎实推进美丽中国建设，生态环境保护工作取得来之不易的新成效，全国生态环境质量保持改善态势。

为客观反映 2022 年全国生态环境质量状况，根据《环境监测报告制度》、《环境质量报告书编写技术规范》（HJ 641—2012），结合有关规定和要求，在生态环境部组织领导下，中国环境监测总站（以下简称总站）牵头编制了《2022 年中国生态环境质量报告》（以下简称《报告》）。《报告》以国家生态环境监测网络监测数据为基础，结合相关部门生态环境内容，系统分析和评价了 2022 年全国生态环境质量状况和变化情况，梳理了生态环境问题并提出了对策建议。

《报告》主体内容共分为四篇。第一篇为生态环境监测概况，简述 2022 年生态环境监测情况。第二篇为生态环境质量状况，从全国、重点区域、流域等各个尺度分析 2022 年生态环境各要素质量及其变化情况。第三篇为污染源排放状况，从全国、各地区以及行业等多个层面分析污染源排放状况。第四篇为结论和对策建议，总结 2022 年全国生态环境质量总体情况，分析存在的生态环境问题并提出对策建议。另外，《报告》设置了3个附录，包含生态环境各要素主要监测依据和范围，评价依据与方法，以及部分监测数据。《报告》中的数据除有特殊说明外，均未包括香港特别行政区、澳门特别行政区和台湾省数据。

《报告》中难免有错漏之处，欢迎广大读者朋友批评指正。

编者

目　录

第一篇　生态环境监测概况

第一章　大气环境 3
第一节　城市环境空气 3
第二节　背景站和区域站 4
第三节　沙尘 4
第四节　降尘 5
第五节　降水 5
第六节　颗粒物组分 5
第七节　挥发性有机物 6
第八节　细颗粒物和秸秆焚烧火点遥感监测 7
专栏　地方建设的空气自动监测站联网 7

第二章　水环境 8
第一节　地表水 8
第二节　饮用水水源地 9
第三节　湖库水华 9
第四节　地下水 10
第五节　内陆渔业水域 10
第六节　重点流域水生态 10
专栏　地方建设的地表水监测点位联网 11

第三章　海洋生态环境 12
第一节　海洋环境质量 12
第二节　海洋生态状况 12

第三节　入海河流与污染源 13
第四节　主要用海区域 13

第四章　声环境 14
第一节　功能区声环境 14
第二节　区域声环境 14
第三节　道路交通声环境 14

第五章　自然生态 15
第一节　全国生态状况 15
第二节　试点省域生态地面监测 15
第三节　自然保护区人类活动遥感监测 15
专栏　国家重点生态功能区无人机监测 16

第六章　农　村 17
第一节　农村环境监测 17
第二节　农业面源污染遥感监测 17

第七章　土地生态环境 18

第八章　辐射环境 19
第一节　环境 γ 辐射 19
第二节　空气 19
第三节　水体 19
第四节　土壤 20
第五节　环境电磁辐射 20

第九章　污染源 21
第一节　排放源监测 21
第二节　排放源统计调查 22
专栏　碳监测评估试点 24
专栏　全国生态环境监管专用计量测试技术委员会 25

第二篇　生态环境质量状况

第一章　大气环境 29
第一节　地级及以上城市 29
第二节　168 个城市 53
第三节　重点区域 58
第四节　背景站和区域站 70
第五节　沙尘 73
第六节　降尘 77
第七节　降水 81
第八节　细颗粒物遥感监测 86
第九节　颗粒物组分 90
第十节　挥发性有机物 95
第十一节　温室气体 97
第十二节　秸秆焚烧火点 97
专栏　环境空气质量预测开展情况与评估 99

第二章　水环境 103
第一节　全国 103
第二节　主要江河 105
第三节　重要湖库 127
第四节　重点水利工程水体 138
第五节　集中式饮用水水源地 143
第六节　地下水 145
第七节　内陆渔业水域 145
第八节　重点流域水生态 146
专栏　重点区域河流断流干涸遥感监测 162
专栏　水环境质量预测开展情况 164
专栏　中俄界河联合监测 164
专栏　中哈界河联合监测 165
专栏　黑臭水体遥感监测 166
专栏　贵州省盘州市宏盛煤焦化有限公司洗油泄漏次生重大突发环境事件 168

第三章　海洋生态环境 …… 169
第一节　海洋环境 …… 169
第二节　海洋生态 …… 175
第三节　入海河流与污染源 …… 178
第四节　主要用海区域 …… 181

第四章　声环境 …… 184
第一节　功能区声环境 …… 184
第二节　区域声环境 …… 186
第三节　道路交通声环境 …… 188

第五章　自然生态 …… 191
第一节　生态质量 …… 191
第二节　试点省域生态地面监测 …… 195
第三节　生物多样性 …… 198
第四节　自然保护区人类活动 …… 199
专栏　自然保护地状况 …… 201
专栏　生态保护红线划定 …… 201
专栏　国家生态保护红线监管平台 …… 201
专栏　生态保护红线生态破坏问题监管试点 …… 202
专栏　《生物多样性公约》第十五次缔约方大会第二阶段会议 …… 202

第六章　农村 …… 203
第一节　农村环境空气 …… 203
第二节　农村地表水 …… 204
第三节　农村千吨万人饮用水水源 …… 206
第四节　农田灌溉水 …… 207
第五节　农业面源污染 …… 208
专栏　农村黑臭水体 …… 210

第七章　土地生态环境 …… 211
第一节　全国土壤环境 …… 211
第二节　水土流失与荒漠化 …… 211
专栏　尾矿库遥感监测 …… 212

第八章　辐射环境 214
　第一节　环境电离辐射 214
　第二节　环境电磁辐射 223

第三篇　污染源排放状况

第一章　废气污染物 227
　第一节　二氧化硫 227
　第二节　氮氧化物 228
　第三节　颗粒物 230
　第四节　挥发性有机物 231

第二章　废水污染物 233
　第一节　化学需氧量 233
　第二节　氨氮 234
　第三节　总氮 236
　第四节　总磷 237
　第五节　重金属 239

第三章　工业固体废物 240
　第一节　一般工业固体废物 240
　第二节　工业危险废物 243

第四章　污染源监测 245
　第一节　执法监测 245
　第二节　固定污染源废气 VOCs 监测 246

第四篇　结论和对策建议

第一章　基本结论 249

第二章　主要生态环境问题 251

第三章　对策建议 253

附　录

附录一　监测依据和范围 257

附录二　评价依据与方法 283

附录三　部分监测数据 305

第一篇

生态环境监测概况

第一章 大气环境

第一节 城市环境空气

2022 年，依托国家环境空气质量监测网[①]（包括 339 个地级及以上城市[②]1 734 个环境空气质量监测国控点位）开展城市环境空气质量监测。监测指标为二氧化硫（SO_2）、二氧化氮（NO_2）、可吸入颗粒物（PM_{10}）、细颗粒物（$PM_{2.5}$）、一氧化碳（CO）和臭氧（O_3）等六项污染物。监测方法为 24 小时连续自动监测。

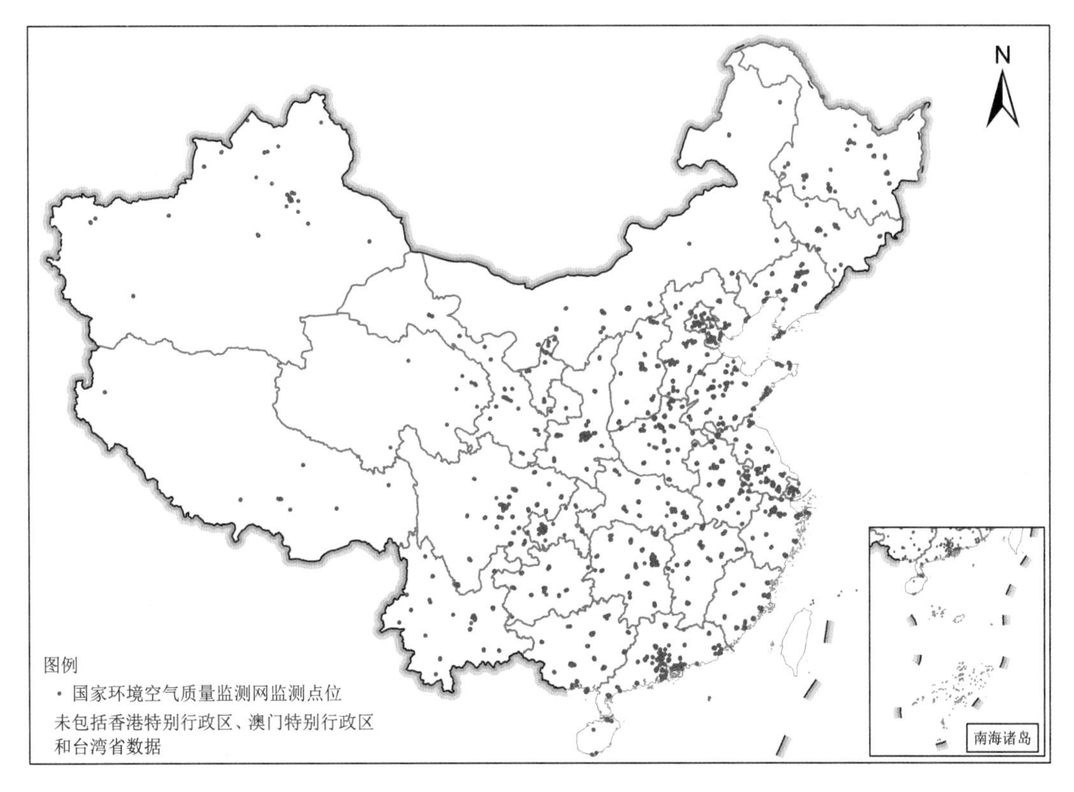

图 1.1-1 国家环境空气质量监测网国控点位分布示意图

① 根据《环境空气质量标准》（GB 3095—2012）修改单，城市环境空气质量评价采用实况数据，其中 SO_2、NO_2、CO 和 O_3 为参比状态下的浓度，PM_{10} 和 $PM_{2.5}$ 为监测时大气温度和压力下的浓度。

② 地级及以上城市：含直辖市、地级市、地区、自治州和盟，具体城市清单见附录三，以下简称 339 个城市。

第二节 背景站和区域站

2022 年，全国 16 个国家背景环境空气质量监测站（以下简称背景站）开展背景环境空气质量监测，监测指标为 SO_2、NO_2、PM_{10}、$PM_{2.5}$、CO 和 O_3。其中，11 个背景站开展温室气体二氧化碳（CO_2）、甲烷（CH_4）监测，5 个背景站开展温室气体氧化亚氮（N_2O）监测。

表 1.1-1 国家背景环境空气质量监测站

序号	背景站	监测指标
1	内蒙古呼伦贝尔站	SO_2、NO_2、PM_{10}、$PM_{2.5}$、CO、O_3、CO_2、CH_4、N_2O
2	福建武夷山站	
3	山东长岛站	
4	四川海螺沟站	
5	青海门源站	
6	山西庞泉沟站	SO_2、NO_2、PM_{10}、$PM_{2.5}$、CO、O_3、CO_2、CH_4
7	湖北神农架站	
8	广东南岭站	
9	海南西沙永兴岛站	
10	南沙大气综合监测站	
11	云南丽江站	
12	吉林长白山站	SO_2、NO_2、PM_{10}、$PM_{2.5}$、CO、O_3
13	湖南衡山站	
14	海南五指山站	
15	西藏纳木错站	
16	新疆喀纳斯站	

全国 61 个区域环境空气质量监测站（以下简称区域站）开展区域环境空气质量监测，监测指标为 SO_2、NO_2、PM_{10}、$PM_{2.5}$、CO 和 O_3。背景站与区域站监测方法为 24 小时连续自动监测。

第三节 沙尘

2022 年，全国沙尘遥感监测采用 TERRA 和 AQUA 卫星搭载的 MODIS 传感器数据（以下简称 MODIS 数据），卫星数据空间分辨率为 250 m～1 km，传感器覆盖紫外、可见、红外等谱段，光谱范围为 0.4～14 μm，监测频次为 2 次/d。

2022 年，全国沙尘地面监测继续依托覆盖北方地区的沙尘天气影响城市环境空气质量监测网，并以国家环境空气质量监测网为补充开展监测。监测指标为总悬浮颗粒物（TSP）和 PM_{10}。沙尘天气发生期间，传输沙尘监测的小时数据或日报数据。大范围沙尘天气发生时，国家环境空气质量监测网作为沙尘监测网的补充，共同反映沙尘天气对城市环境空气质量的影响，监测方法为 24 小时连续自动监测。

第四节　降尘

2022 年，继续在京津冀及周边“2+26”城市①（以下简称“2+26”城市）、汾渭平原②和长三角地区③开展降尘监测工作，以准确掌握全国降尘水平，降尘监测采用手工监测方法，采样周期为 1 个月。

第五节　降水

2022 年，全国 468 个城市（区、县）报送降水监测数据，包括降水量、pH 值、电导率，以及硫酸根（SO_4^{2-}）、硝酸根（NO_3^-）、氟离子（F^-）、氯离子（Cl^-）、铵根离子（NH_4^+）、钙离子（Ca^{2+}）、镁离子（Mg^{2+}）、钠离子（Na^+）和钾离子（K^+）等 9 种离子成分等指标。

第六节　颗粒物组分

2022 年，依托国家大气颗粒物组分监测网，在京津冀及周边地区 31 个城市④和汾渭平原 11 个城市开展大气颗粒物组分监测。共布设手工监测点位 42 个，每城市各 1 个。手工监测频次在 1—3 月和 10—12 月均为 1 次/d，在 4—9 月为 1 次/3 d。

手工监测必测指标 36 项，由总站委托社会化检测机构开展采样及测试工作，相关机构根据统一的监测方法及质控要求开展监测。此外，长三角、长江中游城市群、成渝、苏皖鲁豫交界、珠三角等地区也启动了手工监测工作，由省级生态环境监测中心（站）组织开展监测，监测指标、方法等要求与国家运行点位相同。

---

① 京津冀及周边“2+26”城市统计范围包含北京，天津，河北省石家庄、唐山、邯郸、邢台、保定、沧州、廊坊、衡水，山西省太原、阳泉、长治、晋城，山东省济南、淄博、济宁、德州、聊城、滨州、菏泽，河南省郑州、开封、安阳、鹤壁、新乡、焦作、濮阳，简称“2+26”城市。

② 汾渭平原统计范围包含山西省晋中、运城、临汾、吕梁，河南省洛阳、三门峡，陕西省西安、铜川、宝鸡、咸阳、渭南。

③ 长三角地区包含上海和江苏、浙江、安徽的所有地级市。

④ 包含“2+26”城市、雄安新区、张家口和秦皇岛。

表 1.1-2　国家大气颗粒物组分手工监测必测指标与监测方法

监测项目	具体指标	分析方法	方法依据
$PM_{2.5}$	$PM_{2.5}$质量浓度	重量法	《环境空气　PM_{10}和$PM_{2.5}$的测定　重量法》（HJ 618—2011）
水溶性离子	SO_4^{2-}、NO_3^-、F^-、Cl^-、Na^+、NH_4^+、K^+、Mg^{2+}、Ca^{2+}	离子色谱法	《环境空气　颗粒物中水溶性阳离子（Li^+、Na^+、NH_4^+、K^+、Ca^{2+}、Mg^{2+}）的测定　离子色谱法》（HJ 800—2016）、《环境空气　颗粒物中水溶性阴离子（F^-、Cl^-、Br^-、NO_2^-、NO_3^-、PO_4^{3-}、SO_3^{2-}、SO_4^{2-}）的测定　离子色谱法》（HJ 799—2016）
碳组分	元素碳（EC） 有机碳（OC）	热光法	《环境空气颗粒物来源解析监测技术方法指南》
无机元素	钒、铁、锌、镉、铬、钴、砷、铝、锡、锰、镍、硒、硅、钛、钡、铜、铅、钙、镁、钠、硫、氯、钾、锑	XRF 法、ICP-OES 法、ICP-MS 法	《环境空气　颗粒物中无机元素的测定　波长色散 X 射线荧光光谱法》（HJ 830—2017）、《环境空气　颗粒物中无机元素的测定　能量色散 X 射线荧光光谱法》（HJ 829—2017）、《空气和废气　颗粒物中金属元素的测定　电感耦合等离子体发射光谱法》（HJ 777—2015）、《空气和废气　颗粒物中铅等金属元素的测定　电感耦合等离子体质谱法》（HJ 657—2013）

第七节　挥发性有机物

2022 年，依托国家大气光化学监测网，在全国 339 个城市开展光化学监测。监测采用手工监测和自动监测方式，手工监测项目包括光化学反应活性较强或可能影响人类健康的挥发性有机物（VOCs），包括烷烃、烯烃、芳香烃、含氧挥发性有机物（OVOCs）、卤代烃、非甲烷烃（NMHC）等，共计 118 种物质，自动监测项目为除甲醛外的其他 117 种物质。

2022 年，重点区域 127 个城市手工监测时间段为 4 月 1 日—10 月 31 日，采样频次为 1 次/6 d，自动监测时间段为全年。京津冀及周边区域 7 个城市站点（北京、天津、石家庄、济南、太原、雄安新区、郑州）均采用自动监测。

表 1.1-3　京津冀及周边区域光化学监测点位

序号	城市	采样点位
1	北京	北京市朝阳区安外大羊坊 8 号院（乙）　中国环境监测总站楼顶
2	济南	济南市历下区山大路 183 号　济南市环境监测中心站顶层

序号	城市	采样点位
3	石家庄	河北经贸大学校内
4	天津	天津市河北区中山北路 1 号　北宁公园北宁文化创意中心地面
5	太原	太原市晋源区景明南路 9 号　太原市生态环境局晋源分局楼顶
6	雄安新区	河北省保定市安新县电力局
7	郑州	郑州市经开区航海路朝凤路南 100 m 老管委会

第八节　细颗粒物和秸秆焚烧火点遥感监测

$PM_{2.5}$遥感监测采用 MODIS 数据，传感器覆盖紫外、可见、红外等谱段，光谱范围为 0.4～14 μm，监测数据空间分辨率为 1 km，监测频次为 2 次/d。

秸秆焚烧火点遥感监测采用 MODIS 数据，监测数据空间分辨率为 1 km，监测频次为 2 次/d。

专栏　地方建设的空气自动监测站联网

2022 年，在生态环境部指导下，总站组织 31 个省（自治区、直辖市）①及新疆生产建设兵团②生态环境部门开展“十四五”省级监测网络备案工作，摸清全国环境空气质量监测点位底数。“十四五”期间，全国用于监测城市环境空气质量的点位达到 12 377 个，其中，国家点位 1 734 个、省级点位 3 533 个（含由省级生态环境部门管理的 279 个京津冀及周边加密监测点位）、省级以下点位 7 110 个。

2018 年起，根据生态环境部有关要求，总站组织地方环境空气质量自动监测站与总站进行数据联网传输，范围覆盖 31 个省份和兵团。截至 2022 年年底，环境空气质量自动监测站共联网 10 643 个，全国 3 533 个区县站点基本实现应联尽联，京津冀及周边、汾渭平原、长三角地区、珠三角地区等重点区域的 7 110 个乡镇站点完成联网。联网的同时强化数据分析，释放数据价值，探索开展央地监测数据联合分析评估，充分挖掘全量监测数据价值，发挥“一总多专”和监测系统“全国一盘棋”监测总体优势，依托央地融合的“城市-区县-乡镇”三级空气质量监测网络，以多元数据融合分析强化重污染天气应对支撑。通过多污染物协同，气象条件和颗粒物、VOCs 组分分析等多种手段，精准定位典型污染物高值污染区并开展区域污染热点的污染类型和污染成因的评估研判，为重污染天气应对提供精准的热点评估分析。同时，通过分析电网用电量数据、污染源排放数据、交通流量数据等辅助数据，综合研判减排措施落实情况，提高环境空气管理效能。

---

① 以下文中简称“省（区、市）”或“省份”。

② 以下文中简称“兵团”。

第二章　水环境

第一节　地表水

2022 年，依据“十四五”国家地表水环境质量监测网每月开展地表水水质监测。范围覆盖全国主要河流干流及主要支流，重要湖泊、水库（以下简称湖库），重要水体省市界，全国重要江河湖泊水功能区等。其中，评价、考核、排名断面（点位）共 3 641 个（以下简称国控断面），包括长江、黄河、珠江、松花江、淮河、海河和辽河七大流域及浙闽片河流、西北诸河、西南诸河，太湖、滇池和巢湖环湖河流等共 1 824 条河流的 3 293 个断面；太湖、滇池、巢湖等 210 个（座）重要湖库的 348 个点位（87 个湖泊 200 个点位，123 座水库 148 个点位）。

全年实际开展监测的国控断面 3 629 个，其他 12 个国控断面因断流等原因未开展监测；实际开展监测的湖库 210 个（座）。

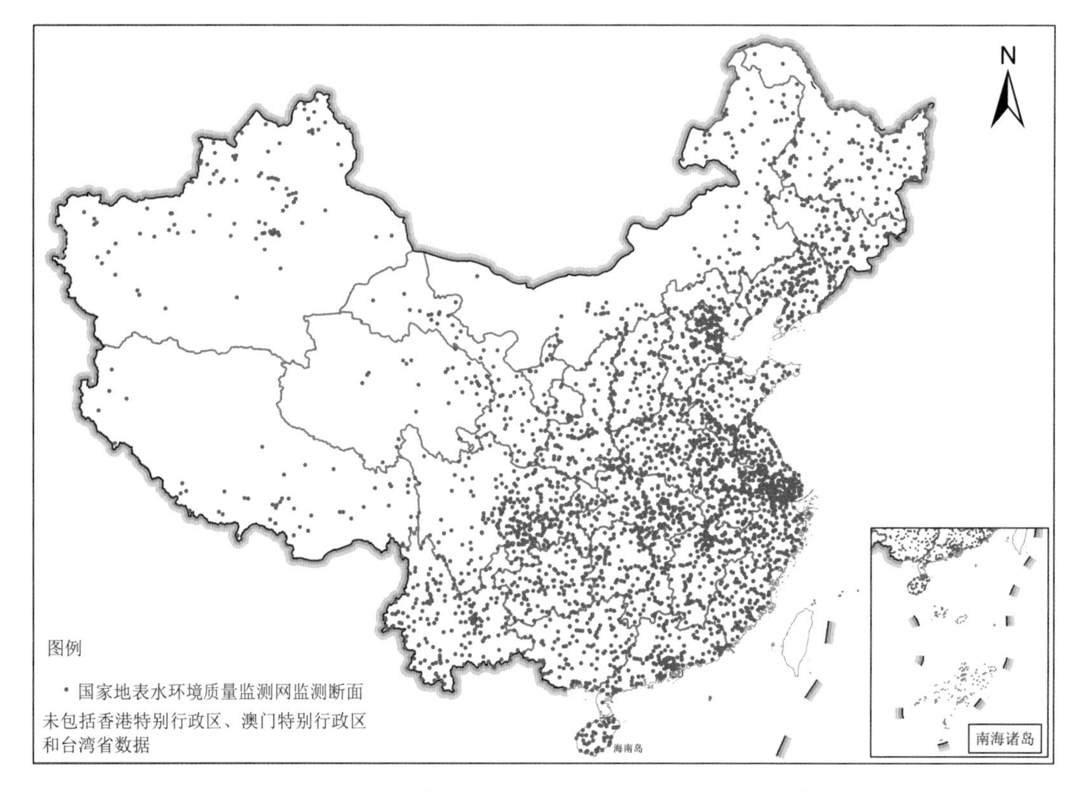

图 1.2-1　国家地表水环境质量监测网国控断面分布示意图

地表水水质监测指标在《地表水环境质量标准》（GB 3838—2002）表 1 基本 24 项的基础上，增加了电导率和浊度，湖库监测指标还增加了叶绿素 a 和透明度。监测方式为自动监测与人工监测相结合，水质评价优先采用自动监测数据，其他指标采用人工监测数据。

第二节　饮用水水源地

2022 年，对 338 个[①]地级及以上城市 919 个在用集中式生活饮用水水源（635 个地表水水源、284 个地下水水源）、1 860 个县级城镇 2 622 个在用集中式生活饮用水水源（1 731 个地表水水源、891 个地下水水源）开展例行水质监测。

地表水水源常规监测指标为《地表水环境质量标准》（GB 3838—2002）表 1 和表 2 中除化学需氧量外的 28 项，以及表 3 中优选的三氯甲烷、四氯化碳、三氯乙烯、四氯乙烯、苯乙烯、甲醛、苯、甲苯、乙苯、二甲苯、异丙苯、氯苯、1,2-二氯苯、1,4-二氯苯、三氯苯、硝基苯、二硝基苯、硝基氯苯、邻苯二甲酸二丁酯、邻苯二甲酸二（2-乙基己基）酯、滴滴涕、林丹、阿特拉津、苯并[*a*]芘、钼、钴、铍、硼、锑、镍、钡、钒和铊等 33 项，并统计取水量；地下水水源常规监测指标为《地下水质量标准》（GB/T 14848—2017）表 1 中的 39 项，并统计取水量。地级及以上城市水源每月上旬采样监测 1 次，县级城镇地表水水源每季度监测 1 次、地下水水源每半年监测 1 次。

饮用水水源定期开展地表水 109 项和地下水 93 项全分析。地级及以上城市水源每年开展 1 次，县级城镇水源每两年（双数年）开展 1 次。

第三节　湖库水华

2022 年，湖库水华监测范围包括太湖、巢湖和滇池（以下简称“三湖”）湖体，太湖饮用水水源地，三峡库区及长江 38 条主要支流。太湖湖体监测点位 20 个，饮用水水源地监测点位 3 个；巢湖湖体监测点位 12 个，其中东、西半湖各 6 个；滇池湖体监测点位 10 个，其中外海 8 个、草海 2 个；三峡库区及长江主要支流监测断面 77 个。

“三湖”湖体及饮用水水源地水华监测指标为水温、透明度、pH 值、溶解氧、氨氮、高锰酸盐指数、总氮、总磷、叶绿素 a 和藻类密度，监测时间为 4—10 月，监测频次为每周 1 次。三峡库区及长江主要支流监测指标为《地表水环境质量标准》（GB 3838—2002）表 1 中的 24 项以及电导率、流速、透明度、悬浮物、硝酸盐、亚硝酸盐、叶绿素 a 和藻类密度（鉴别优势种）共 32 项，监测频次为每月 1 次。

太湖、巢湖蓝藻水华遥感监测采用 MODIS 数据，空间分辨率为 250 m，监测频次为 1 次/d。滇池蓝藻水华遥感监测采用高分一号、高分六号和环境二号卫星搭载的宽视场相机

① 海南省三沙市无集中式饮用水水源地。

数据（以下简称GF1-WFV、GF6-WFV、HJ2-CCD数据），空间分辨率为16 m，监测频次为1次/周。监测指标为水华发生面积、水华发生次数、累计水华面积、平均水华面积、最大水华面积、最大水华面积发生日期、水华最早发生日期、水华最晚发生日期等。

第四节　地下水

根据《“十四五”国家地下水环境质量考核点位设置方案》，“十四五”期间，生态环境部共布设1 912个国家地下水环境质量考核点位，覆盖全国一级和二级水文地质分区及339个城市。其中，1 294个为区域点位，按照水文地质区划设置，用于监控某一区域地下水环境质量状况；348个为污染风险监控点位，设置于工业园区或污染源周边；270个为饮用水水源点位，设置于地下水型饮用水水源保护区和主要补给区、径流区内。

2022年，有1 890个点位[①]实际开展监测，监测项目包括基本指标和特征指标。基本指标为《地下水质量标准》（GB/T 14848—2017）表1中的29项，包括pH值、硫酸盐、氯化物、铁、锰、铜、锌、铝、挥发性酚类（以苯酚计）、阴离子表面活性剂、耗氧量（COD_{Mn}法，以O_2计）、氨氮（以N计）、硫化物、钠、亚硝酸盐（以N计）、硝酸盐（以N计）、氰化物、氟化物、碘化物、汞、砷、硒、镉、铬（六价）、铅、三氯甲烷、四氯化碳、苯和甲苯。在基本指标的基础上，污染风险监控点位增加监测部分特征指标。

第五节　内陆渔业水域

2022年，依托全国渔业生态环境监测网，对黑龙江流域、黄河流域、长江流域、珠江流域的115个重要鱼虾类的产卵场、索饵场、洄游通道、增养殖区、重点保护水生生物栖息地和水产种质资源保护区等重要渔业水域水质状况进行了监测。

第六节　重点流域水生态

2022年，对全国六大重点流域（黄河、珠江、松花江、淮河、海河、辽河）开展水生态状况调查监测，共监测304个点位。

黄河流域涉及12条河流6个湖库，共布设86个点位；珠江流域涉及31条河流，共布设42个点位；松花江流域涉及14条河流8个湖库，共布设45个点位；淮河流域涉及12条河流4个湖库，共布设50个点位；海河流域涉及23条河流13个湖库，共布设40个点位；辽河流域涉及14条河流10个湖库，共布设41个点位。

监测项目包括水质理化指标、水生生物指标和物理生境指标。其中，水质理化指标包

---

① 22个点位因水文地质条件变化等原因无法取样，未进行监测。

括水温、pH 值、溶解氧、电导率和浊度等现场监测项目和高锰酸盐指数、化学需氧量、五日生化需氧量、氨氮、总磷、总氮、铜、锌、氟化物、硒、砷、汞、镉、铬（六价）、铅、氰化物、挥发酚、石油类、阴离子表面活性剂和硫化物等实验室分析项目以及透明度和叶绿素 a 等湖库点位指标共计 27 项，非国控断面水质参数采用人工监测数据，监测频次至少为每年 1 次；国控断面水质参数采用国家网临近月份的数据。水生生物指标包括大型底栖动物、着生藻类、浮游植物和浮游动物共计 4 项，监测时间与频次与水质理化指标保持一致。物理生境指标按照《河流水生态环境质量监测与评价指南》（报批稿）及《湖库水生态环境质量监测与评价指南》（报批稿）进行生境调查和生境指标记分，监测时间与频次与水生生物指标保持一致。

专栏　地方建设的地表水监测点位联网

在生态环境部指导下，总站自 2021 年起组织地方地表水监测数据与总站进行联网传输，范围覆盖 31 个省份和兵团。截至 2022 年年底，地表水省控手工监测断面联网 5 148 个，水质自动监测站联网 3 601 个，央地数据融合后，共监测 3 759 条河流，约覆盖 80%的流域面积 500 km^2 以上河流，其中，一级支流监测数量较国控提高 70%，二级和三级及以下支流监测数量较国控均提高 1.3 倍。共监测 177 个湖泊，约覆盖 71%的水面面积 50 km^2 以上湖泊，监测数量较国控提高 97%。依托央地融合的国控、省控环境质量监测网络，开展全国地表水环境质量评价，评价结果更加全面，问题研判更加精准，在落实“三个治污”方面提供了靶向发力的监测支撑。通过融合网点的空间评估和数据校验，开展基于流域和重要水体网点布局的综合研究，确保点位设置的科学性、代表性，为长江流域水生态考核试点监测提供了重要的基础保障。融合后，汛期污染强度监测分析、断流水体核查、入海河流总氮溯源评估、湖库蓝藻水华形势研判等越来越精准，推动提升面源污染防治、湖库综合治理、重点海域综合治理管理效能。

第三章　海洋生态环境

第一节　海洋环境质量

一、海水质量

2022年，管辖海域共布设海水水质监测国控点位1 359个，包括近岸海域点位1 172个和近海海域点位187个，其中近岸海域开展3期监测，分别于春季（4—5月）、夏季（7—8月）、秋季（10—11月）实施；近海海域开展1期监测，于夏季（7—8月）实施。

海水水质监测指标包括基础指标和化学指标。其中，基础指标包括风速、风向、海况、天气现象、水深、水温、水色、盐度、透明度、叶绿素a等，化学指标包括pH值、溶解氧、化学需氧量、氨氮、硝酸盐氮、亚硝酸盐氮、活性磷酸盐、石油类、悬浮物质、总氮、总磷、铜、锌、总铬、汞、镉、铅、砷等。同时，全年在148个点位开展1期《海水水质标准》（GB 3097—1997）全项目监测（放射性核素、病原体除外），于夏季（7—8 月）实施。

二、海洋垃圾

2022年，对全国60个近岸区域开展海洋垃圾监测，监测内容包括海面漂浮垃圾、海滩垃圾和海底垃圾的种类和数量。

第二节　海洋生态状况

一、典型海洋生态系统

2022年，对24个典型海洋生态系统开展1期监测，共布设监测点位457个。监测生态系统类型包括近岸河口、海湾、滩涂湿地、珊瑚礁、红树林和海草床等海洋生态系统，监测内容包括水环境质量、沉积物质量、生物残毒、栖息地、生物群落等五个方面。

二、海岸线保护与利用

2022年，在全国沿海11个省份开展1期大陆海岸线保护与利用状况监测。海岸线保护与利用变化监测采用卫星遥感技术手段，主要采用国产高分辨率卫星遥感数据，两期影像时间分别是2021年和2022年，空间分辨率为2～3 m，主要对大陆自然岸线变化及主要开发活动进行监测。

第三节　入海河流与污染源

2022 年，对 230 个国控入海控制断面开展水质监测，对 457 个日排污水量大于 100 m^3 的直排海工业污染源、生活污染源、综合排污口开展污染源监测。

第四节　主要用海区域

一、海洋倾倒区

2022 年，对 56 个海洋倾倒区及周边海域开展环境状况监测，监测内容包括海水水质、沉积物质量和水深地形。

二、海洋油气区

2022 年，对渤海、东海和南海海域的 20 个海洋油气区及邻近海域开展环境状况监测，监测内容包括海水水质和沉积物质量。

三、海水浴场

2022 年，在游泳季节和旅游时段对 22 个沿海城市的 32 个海水浴场开展 18 次水质监测，共布设点位 101 个。

四、海洋渔业水域

2022 年，依托全国渔业生态环境监测网，对重要渔业水域开展 1 期监测。监测区域包括黄渤海区、东海区、南海区的 35 个重要渔业资源产卵场、索饵场、洄游通道、水产增养殖区、水生生物自然保护区、水产种质资源保护区等。

第四章　声环境

第一节　功能区声环境

2022年，全国开展城市功能区声环境监测并报送监测数据的地级及以上城市有325个[①]，共开展4次监测，各类功能区监测28 466点次，昼间、夜间各14 233点次。31个直辖市和省会城市各类功能区监测4 950点次，昼间、夜间各2 475点次。与2021年相比，全国监测城市数量增加1个；全国总监测点次增加548个，其中31个直辖市和省会城市总监测点次增加224个。

第二节　区域声环境

2022年，全国开展城市区域声环境昼间监测[②]并报送监测数据的地级及以上城市有320个[③]，监测49 585个点位，覆盖城市区域面积44 395.7 km^2，31个直辖市和省会城市区域声环境昼间监测覆盖面积15 825.0 km^2。与2021年相比，全国监测城市数量减少4个，监测点位减少1 461个，覆盖城市区域面积减少2 148.3 km^2。

第三节　道路交通声环境

2022年，全国开展城市昼间道路交通声环境监测并报送监测数据的地级及以上城市有324个[④]，监测21 511个点位，监测道路长度51 713 km，31个直辖市和省会城市道路声环境昼间监测道路长度14 277.3 km。与2021年相比，全国监测城市数量持平，监测点位减少195个，道路长度增加3 110.1 km。

---

① 本节中地级及以上城市含直辖市、地级市、地区、自治州和盟，共338个（不含三沙市），下同。2022年，西藏自治区昌都、山南、日喀则、那曲、阿里、林芝，青海省海北、黄南、海南、果洛、玉树、海西，兵团五家渠共13个城市未报送监测结果。

② 昼间区域声环境监测、道路交通声环境监测均为每年开展1次，对应夜间监测每五年开展1次，在每个五年规划的第三年监测。

③ 内蒙古自治区赤峰，西藏自治区昌都、山南、日喀则、那曲、阿里、林芝，青海省海北、黄南、海南、果洛、玉树、海西，新疆维吾尔自治区乌鲁木齐、巴音郭楞、和田地区，兵团五家渠、石河子共18个城市未报送监测结果。

④ 内蒙古自治区赤峰，西藏自治区昌都、山南、日喀则、那曲、阿里、林芝，青海省海北、黄南、海南、果洛、玉树、海西，兵团五家渠共14个城市未报送监测结果。

第五章　自然生态

第一节　全国生态状况

生态环境部每年组织总站、全国 31 个省（区、市）环境监测中心（站）和有关单位开展全国生态监测与评价工作，利用 ZY-3、ZY-02C、GF-1/2、MODIS、环境卫星等多源遥感数据，对我国生态状况及变化进行评价。2022 年，在生态状况评价基础上，扩展建成区绿地、生物多样性、海域开发、海岸线等相关监测工作，开展全国生态质量评价。

第二节　试点省域生态地面监测

2022 年，在天津、江苏、山东、湖北、湖南和广西 6 个省份开展生态地面监测。监测指标涵盖陆地植物群落、水域生物群落、鸟类、蝶类、两栖类等，同时收集监测区域的国家重点保护生物数据。

表 1.5-1　生态地面监测要素的监测时间及频次要求

监测要素	监测时间	监测频次
陆地植物群落	6—9 月	1 次/a
水域生物群落	5—10 月	1 次/a
鸟类	3—7 月（繁殖期）; 11 月至翌年 1 月（越冬季）	繁殖期至少 2 次/a; 越冬季至少 1 次/a
蝶类	4—7 月	至少 1 次/a
两栖类	4—7 月	至少 1 次/a

第三节　自然保护区人类活动遥感监测

2022 年，继续开展国家级自然保护区人类活动变化监测。监测以卫星遥感技术为主，采用高分一号、高分二号和资源三号等多源卫星遥感数据，重点对国家级自然保护区 2022 年上半年期间、2022 年下半年期间新增或扩大的矿产资源开发、工业开发、旅游开发和水电设施四种类型的人类活动进行监测。2022 年上半年期间和 2022 年下半年期间国家级自然保护区人类活动遥感监测分别采用可获得的有效高分辨率卫星遥感影像 3 790 幅和 3 925 幅。

专栏　国家重点生态功能区无人机监测

国家重点生态功能区县域生态环境质量遥感监测采用“卫星遥感普查—无人机遥感抽查—地面现场核查”的业务流程，该流程综合集成卫星遥感和无人机遥感等技术，对国家重点生态功能区县域生态变化进行监测。基于卫星遥感普查，对 810 个生态县域现状年和基准年（纳入生态转移支付的年份）两期卫星遥感影像进行对比分析，提取生态变化信息；采用无人机遥感对重点区域进行抽查，进一步确定生态变化的区域边界、面积和地物空间分布特征信息；根据无人机遥感抽查结果，通过地面现场核查，进一步明确县域生态变化属性信息，找出变化原因。此项工作实现了国家重点生态功能区县域生态变化“天-空-地”一体化的遥感监测业务运行，为生态县域监测评价提供了科学、客观、高效的技术支撑。

2022 年，卫星遥感普查生态县域 810 个，筛选 15 个县域进行无人机遥感抽查，无人机飞行面积 382.66 km^2，无人机遥感抽查生态变化面积 7.78 km^2。通过现场核查发现，15 个县域生态变化类型主要为矿产资源开发、工业用地等。

第六章　农　村

第一节　农村环境监测

2022 年，农村环境空气质量共监测 31 个省份及兵团的 3 023 个村庄。其中，采用自动监测的有 1 374 个村庄，采用手工监测的有 1 649 个村庄。

2022 年，农村地表水水质状况共监测 31 个省份及兵团的 4 741 个断面，与 2021 年相比，增加 95 个。

2022 年，农村千吨万人饮用水水源水质共监测 30 个省份[①]10 345 个水源地（断面/点位），其中地表水饮用水水源监测断面 5 655 个，地下水饮用水水源监测点位 4 690 个，与 2021 年相比，断面（点位）数量持平，其中地表水增加 43 个，地下水减少 43 个。

2022 年，规模达到 10 万亩及以上农田灌区的灌溉用水共监测 27 个省份[②]及兵团的 1 765 个断面（点位），与 2021 年相比，增加 412 个断面（点位）。

第二节　农业面源污染遥感监测

2022 年，全国农业面源污染遥感监测采用 MODIS 数据产品和多源地面数据。MODIS 数据产品包括植被指数产品（MOD13Q1）和地表反射率产品（MOD09GA），地面数据（公开发表的统计、调查和试验数据）包括农业统计数据、污染普查数据和降水量数据等。监测对象包括农村生活、畜禽养殖和农田种植（包含水土流失）等人类活动型面源污染，监测数据空间分辨率为 1 km，监测频次为 1 次/a。

---

① 上海市和兵团无千吨万人饮用水水源。

② 北京市、上海市、重庆市和贵州省无规模达到 10 万亩及以上的农田灌区。

第七章　土地生态环境

依据《“十四五”土壤环境监测总体方案》，国家土壤环境监测网五年开展一轮次监测。监测项目为《土壤环境质量　农用地土壤污染风险管控标准》（GB 15618—2018）的全部 12 项指标，包括镉、汞、砷、铅、铬、铜、锌和镍等 8 项重（类）金属，六六六总量、滴滴涕总量和苯并[*a*]芘等 3 项有机污染物以及 pH 值。

第八章　辐射环境

2022 年，依托国家辐射环境监测网开展环境 γ 辐射水平监测，空气、水体、土壤、生物等环境样品中放射性核素活度浓度监测，以及环境电磁辐射水平监测。

第一节　环境 γ 辐射

环境 γ 辐射水平监测包括连续自动监测、累积测量。2022 年，全国 324 个地级及以上城市辐射环境自动监测站开展环境 γ 辐射剂量率连续自动监测，布设点位从 2021 年的 263 个增至 497 个，24 小时连续自动监测；235 个地级及以上城市开展环境 γ 辐射剂量率累积监测，布设点位 328 个，每个季度布放热释光探测器，测量一个季度内环境辐射场的累积剂量值。

第二节　空气

2022 年，全国 320 个地级及以上城市开展气溶胶监测，布设点位从 2021 年的 225 个增至 459 个，监测指标为锶-90、铯-137、钋-210 和 γ 能谱分析[①]，其中钋-210 监测频次为 1 次/月，锶-90 和铯-137 监测频次为 1 次/a，γ 能谱分析监测频次为 1 次/月或 1 次/季。

280 个地级及以上城市开展沉降物和气态碘监测，布设点位从 2021 年的 157 个增至 391 个。沉降物监测指标为锶-90、铯-137 和 γ 能谱，其中，锶-90 和铯-137 监测频次为 1 次/a，γ 能谱分析监测频次为累积样/季，气态碘监测指标为 γ 能谱，监测频次为 1 次/季。

32 个地级及以上城市开展空气水分和降水监测，每个城市布设 1 个点位，监测指标为氚，其中，空气水分监测频次为 1 次/a，降水监测频次为累积样/季。

第三节　水体

2022 年，长江、黄河、珠江、松花江、淮河、海河、辽河七大流域和浙闽片河流、西北诸河、西南诸河以及太湖、巢湖、密云水库、新安江水库等重要湖泊（水库）开展地表

---

① 气溶胶和沉降物 γ 能谱分析包括但不限于铍-7、钾-40、铯-134、铯-137、碘-131 和铅-210（仅气溶胶开展监测）等核素。气态碘 γ 能谱分析核素为碘-131。海水和海洋生物 γ 能谱分析包括但不限于锰-54、钴-58、钴-60、锌-65、锆-95、钌-106、银-110m、锑-124、锑-125、铯-134、铯-137、铈-144 等核素。土壤 γ 能谱分析包括但不限于铀-238、钍-232、镭-226 和铯-137 等核素。

水监测，其中主要江河流域布设断面81个，重要湖泊（水库）布设点位21个。地表水监测指标为总α、总β、铀、钍、镭-226、锶-90和铯-137，监测频次为2次/a。

336个地级及以上城市开展集中式饮用水水源地水监测，布设断面（点位）344个，其中直辖市、省会城市、青岛市和核设施所在地级及以上城市的49个点位监测指标为总α、总β、锶-90和铯-137，监测频次为1次/半年，其他295个点位监测指标为总α和总β，监测频次为1次/a。

31个城市开展地下水监测，每个城市布设1个点位，监测指标为总α、总β、铀、钍、铅-210、钋-210和镭-226，监测频次为1次/a。

沿海11个省份近岸海域开展海水和海洋生物监测，布设海水点位48个，海洋生物点位34个。海水监测指标为铀、钍、氚、锶-90和γ能谱，海洋生物监测指标为组织自由水氚、有机结合氚、碳-14、锶-90和γ能谱，监测频次均为1次/a。

第四节　土壤

2022年，全国337个地级及以上城市开展土壤监测，布设点位362个，监测指标为锶-90和γ能谱，监测频次为1次/a。

第五节　环境电磁辐射

2022年，全国35个地级及以上城市开展环境电磁辐射监测，布设点位44个，监测指标为功率密度，监测频次为1次/a。

第九章　污染源

第一节　排放源监测

一、固定污染源排污许可管理

2022 年，全国共 342.35 万个固定污染源纳入排污许可管理范围，其中核发排污许可证 35.91 万张，排污登记 306.44 万家，管控水污染物排放口 25.7 万个、大气污染物排放口 98.0 万个，许可二氧化硫、氮氧化物、颗粒物、挥发性有机物（VOCs）、化学需氧量、氨氮（NH_3-N）重点污染物排放量分别为 479.4 万 t、660.3 万 t、233.7 万 t、59.7 万 t、612.8 万 t、71.2 万 t。

二、执法监测

2022 年，30 个省份和兵团[①]对 22 234 家已核发排污许可证的企业开展废水排放执法监测，对 17 896 家已核发排污许可证的企业开展废气排放执法监测。监测项目按照排放标准、环评及批复和排污许可证等要求确定。监测频次由生态环境部门根据管理需求，结合“双随机、一公开”确定。

三、固定污染源废气 VOCs 监测

2022 年，25 个省份和兵团[②]开展固定污染源废气 VOCs 监测。其中，有组织监测企业共 2 233 家，纳入评价的 2 125 家（因少数企业的监测指标无管控要求，故不评价）；无组织监测企业共 874 家，全部纳入评价。监测项目按照排放标准、环评及批复和排污许可证等要求确定。监测频次由生态环境部门根据管理需求，结合“双随机、一公开”确定。

四、生活垃圾焚烧厂二噁英监测

2022 年，全国完成“装树联”的生活垃圾焚烧厂 860 家，与 2021 年相比新增 208 家，累计开展生活垃圾焚烧厂废气中二噁英排放执法监测 80 家次。监测频次由生态环境部门根据管理需求，结合“双随机、一公开”确定。

---

① 废水和废气排放执法监测结果未包括西藏自治区。
② 固定污染源废气 VOCs 监测结果未包括内蒙古自治区、山东省、湖北省、四川省、西藏自治区和青海省。

五、长江经济带入河排污口监督监测

2022 年，长江经济带上海、江苏、浙江、安徽、江西、湖北、湖南、重庆、四川、贵州和云南 11 个省份共监测入河排污口 3 140 个，与 2021 年相比减少 1 583 个。监测指标主要包括 pH 值、水温、色度、化学需氧量、五日生化需氧量、氨氮、总氮、总磷、重金属、有机物等 90 余项指标。

第二节　排放源统计调查

2022 年，继续开展排放源统计调查工作，调查范围覆盖 31 个省份和兵团，包括有污染物、温室气体产生或排放的工业污染源（以下简称工业源）、农业污染源（以下简称农业源）、生活污染源（以下简称生活源）、集中式污染治理设施和移动污染源（以下简称移动源）。

工业源的调查范围为《国民经济行业分类》（GB/T 4754—2017）中采矿业，制造业，电力、热力、燃气及水的生产和供应业 3 个门类中纳入重点调查的工业企业（不含军队企业），包括经市场监督管理部门核准登记，领取营业执照的各类工业企业以及未经有关部门批准但实际从事工业生产经营活动，有污染物、温室气体产生或排放的工业企业。

农业源的调查范围包括种植业、畜禽养殖业和水产养殖业。

生活源的调查范围包括《国民经济行业分类》（GB/T 4754—2017）中的第三产业以及居民生活源。

集中式污染治理设施的调查范围包括污水处理厂、生活垃圾处理厂、危险废物（医疗废物）集中处理厂。

移动源的调查范围为机动车，包括汽车、低速汽车和摩托车，不包括厂内自用、未在交管部门登记注册的机动车等。

表 1.9-1　排放源统计调查（工业源）大类行业

行业代码	行业名称
05	农、林、牧、渔专业及辅助性活动
06	煤炭开采和洗选业
07	石油和天然气开采业
08	黑色金属矿采选业
09	有色金属矿采选业
10	非金属矿采选业
11	开采专业及辅助性活动

行业代码	行业名称
12	其他采矿业
13	农副食品加工业
14	食品制造业
15	酒、饮料和精制茶制造业
16	烟草制品业
17	纺织业
18	纺织服装、服饰业
19	皮革、毛皮、羽毛及其制品和制鞋业
20	木材加工和木、竹、藤、棕、草制品业
21	家具制造业
22	造纸和纸制品业
23	印刷和记录媒介复制业
24	文教、工美、体育和娱乐用品制造业
25	石油、煤炭及其他燃料加工业
26	化学原料和化学制品制造业
27	医药制造业
28	化学纤维制造业
29	橡胶和塑料制品业
30	非金属矿物制品业
31	黑色金属冶炼和压延加工业
32	有色金属冶炼和压延加工业
33	金属制品业
34	通用设备制造业
35	专用设备制造业
36	汽车制造业
37	铁路、船舶、航空航天和其他运输设备制造业
38	电气机械和器材制造业
39	计算机、通信和其他电子设备制造业
40	仪器仪表制造业
41	其他制造业
42	废弃资源综合利用业
43	金属制品、机械和设备修理业

行业代码	行业名称
44	电力、热力生产和供应业
45	燃气生产和供应业
46	水的生产和供应业

专栏　碳监测评估试点

2021 年，生态环境部印发《碳监测评估试点工作方案》（环办监测函〔2021〕435 号，以下简称《试点方案》），聚焦重点行业、城市和区域开展试点工作，探索建立碳监测评估的技术方法体系，为“双碳”战略提供支撑。

碳监测评估试点是一项全新的工作，各参试单位边探索、边实践、边总结，基本打通了“测什么？”“在哪测？”“怎么测？”的碳监测业务链条，主要开展三方面工作：一是抓工作机制。加强统一组织、统筹调度，有力有序推进试点。成立专门技术委员会，定期组织召开技术对接会，加强技术指导，把好技术关。二是抓试点推进。行业层面，积极开展监测和核算数据比对，已分析 709 组自然月自动监测小时数据，完成 64 万个场站泄漏监测。城市层面，从无到有建设温室气体监测网络，已建成 26 个高精度、90 个中精度监测站点。区域层面，实施部分国家空气背景站高塔采样系统升级改造，开展全国及重点区域温室气体立体遥感监测。三是抓数据质量。印发 10 余项碳监测技术指南或规程，覆盖点位布设等关键技术环节，确保碳监测数据规范可比。

试点一年多来，已取得阶段性成果：一是初步证实 CO_2 在线监测具有较好应用前景。试点监测表明，火电和垃圾焚烧行业 CO_2 在线监测法与核算法结果整体可比，成本也相当，有的还能减轻企业负担。目前，已有 66 台火电机组自愿与生态环境部联网。自动监测能获取小时级的排放量数据，可更精准支撑碳排放管理。二是初步建立 CH_4 泄漏检测的技术方法。通过开展“卫星+无人机+走航”综合监测，油气田开采行业初步建立了 CH_4 泄漏识别技术方法，可应用于生产环节检测。煤炭开采行业利用现有井工安全监控系统，开发了 CH_4 排放协同监测技术。三是初步了解温室气体时空分布规律。利用卫星遥感监测数据，对全球主要城市（地区）温室气体浓度时空变化进行分析研究，初步了解了全球 CO_2 和 CH_4 浓度及其时空分布状况。

下一步，将按照有关部署，重点抓好“三个深化”：一是深化碳监测评估试点。适当扩大试点范围，拓展试点深度，提升试点工作的代表性。二是深化试点成果提炼。组织开展试点总结评估，强化数据对比分析，增强对碳排放规律性认识。三是深化监测支撑体系建设。加强碳监测能力建设，完善相关技术方法和标准规范，强化专业人才培养，提升支撑能力。

专栏　全国生态环境监管专用计量测试技术委员会

为落实中共中央办公厅、国务院办公厅《关于深化环境监测改革　提高环境监测数据质量的意见》中关于“健全国家环境监测量值溯源体系”的明确要求，保障全国生态环境监测数据真实、准确，2022 年全国生态环境监管专用计量测试技术委员会（MTC-41，简称“环境计量委”）继续针对生态环境监测重点专用仪器，组织开展生态环境监管领域专用计量技术规范制定和修订工作。2021 年立项的《生态环境监管计量领域名词术语》《环境空气非甲烷总烃连续自动监测系统校准规范》等 8 项国家计量技术规范均完成征求意见稿的编制工作，并完成公开征求意见。2022 年立项《环境空气二氧化碳高精度监测仪检定系统表》《环境空气二氧化碳甲烷光腔衰荡光谱仪校准规范》等 9 项国家计量技术规范，并完成开题论证工作。组织实施臭氧计量标准 A 类国家计量比对，27 家全国各省、市计量技术机构、监测机构参比实验室参加。规范的立项、研究和计量比对工作将有力支撑 $PM_{2.5}$ 与 O_3 协同控制、环境执法等重点管理工作所需的监测仪器计量校准工作。

第二篇

生态环境质量状况

第一章　大气环境

第一节　地级及以上城市

一、总体情况

2022 年，全国 339 个城市中有 213 个城市环境空气质量达标，占 62.8%[①]。126 个城市超标，占 37.2%，其中，86 个城市 $PM_{2.5}$ 超标，占 25.4%；55 个城市 PM_{10} 超标，占 16.2%；92 个城市 O_3 超标，占 27.1%；无 CO、SO_2、NO_2 超标城市。从污染物超标项数来看，1 项超标的城市有 57 个，2 项超标的城市有 31 个，3 项超标的城市有 38 个。

若不扣除沙尘天气过程影响，339 个城市中有 201 个城市环境空气质量达标，占 59.3%。138 个城市超标，占 40.7%，其中，95 个城市 $PM_{2.5}$ 超标，占 28.0%；75 个城市 PM_{10} 超标，占 22.1%。

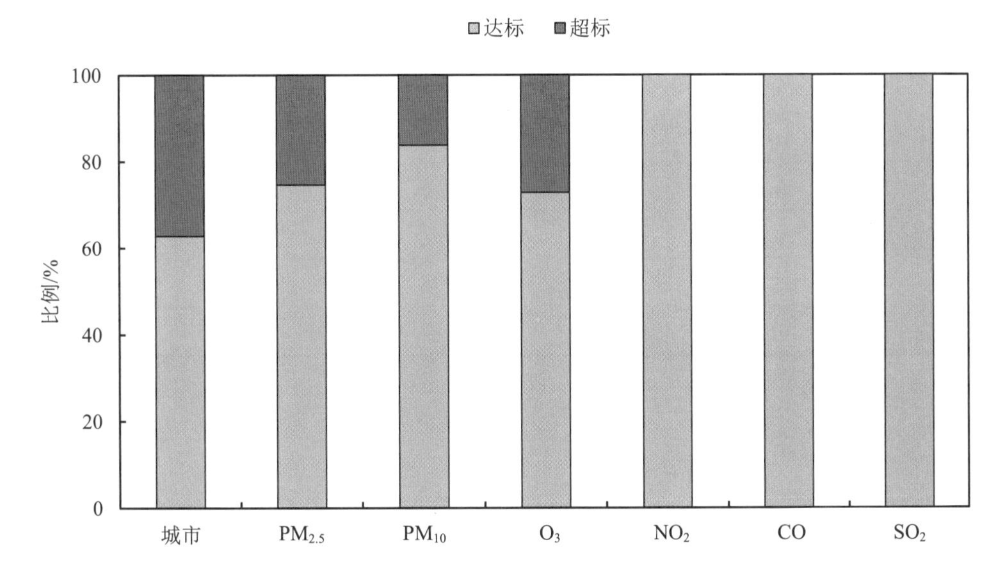

图 2.1-1　2022 年 339 个城市环境空气质量状况

① 本报告中所有类别、级别比例计算，均为某项目的数量除以总数，结果按照《数值修约规则与极限数值的表示和判定》（GB/T 8170—2008）进行数值修约，故可能出现两个或两个以上类别的综合比例不等于各项类别比例加和的情况，也可能出现所有类别比例加和不等于 100%的情况。下同。

与 2021 年相比，环境空气质量达标城市减少 5 个，其中 $PM_{2.5}$、PM_{10} 和 NO_2 超标城市分别减少 15 个、6 个和 1 个，O_3 超标城市增加 42 个。若不扣除沙尘天气过程影响，与 2021 年相比，环境空气质量达标城市增加 8 个，$PM_{2.5}$ 超标城市减少 20 个，PM_{10} 超标城市减少 24 个。

表 2.1-1　2022 年各省份地级及以上城市环境空气质量状况

省份	城市数量/个		超标城市比例/%	省份	城市数量/个		超标城市比例/%
	达标	超标			达标	超标	
北京	0	1	100	湖北	5	8	61.5
天津	0	1	100	湖南	8	6	42.9
河北	2	9	81.8	广东	14	7	33.3
山西	1	10	90.9	广西	14	0	0
内蒙古	11	1	8.3	海南	4	0	0
辽宁	13	1	7.1	重庆	1	0	0
吉林	9	0	0	四川	14	7	33.3
黑龙江	11	2	15.4	贵州	9	0	0
上海	0	1	100	云南	16	0	0
江苏	2	11	84.6	西藏	7	0	0
浙江	7	4	36.4	陕西	5	5	50.0
安徽	6	10	62.5	甘肃	14	0	0
福建	9	0	0	青海	8	0	0
江西	11	0	0	宁夏	4	1	20.0
山东	4	12	75.0	新疆	4	12	75.0
河南	0	17	100	全国	213	126	37.2

二、各省份情况

2022 年，全国各省份 $PM_{2.5}$ 年均浓度范围为 9～48 $\mu g/m^3$，7 个省份浓度超过 35 $\mu g/m^3$；PM_{10} 年均浓度范围为 18～79 $\mu g/m^3$，3 个省份浓度超过 70 $\mu g/m^3$；O_3 日最大 8 h 平均值第 90 百分位数浓度范围为 103～176 $\mu g/m^3$，8 个省份浓度超过 160 $\mu g/m^3$；SO_2 年均浓度范围为 3～13 $\mu g/m^3$；NO_2 年均浓度范围为 8～32 $\mu g/m^3$；CO 日均值第 95 百分位数浓度范围为 0.7～1.8 mg/m^3。

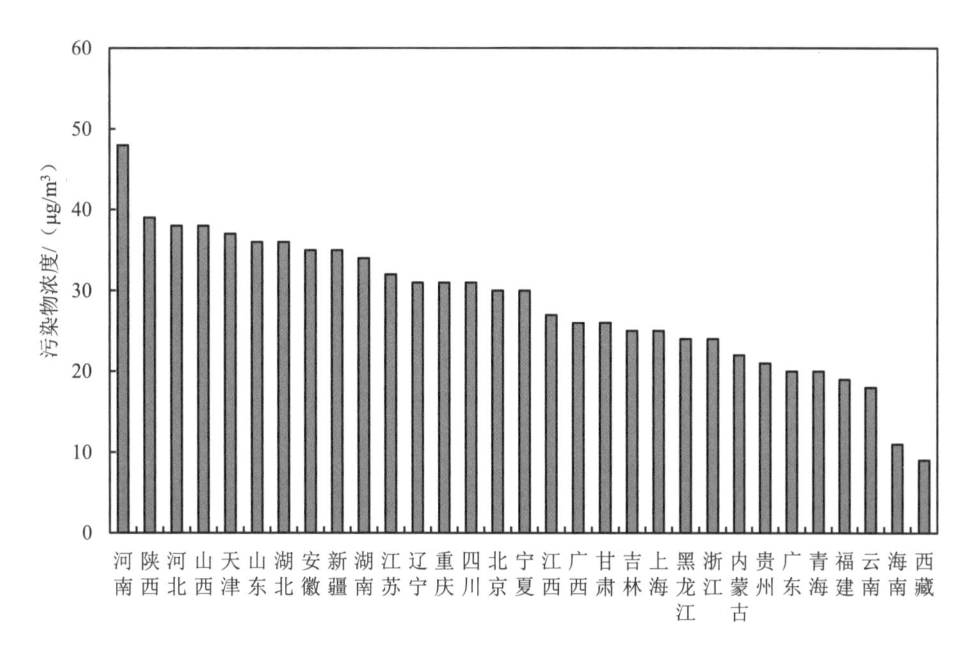

图 2.1-2　2022 年各省份 $PM_{2.5}$ 浓度比较

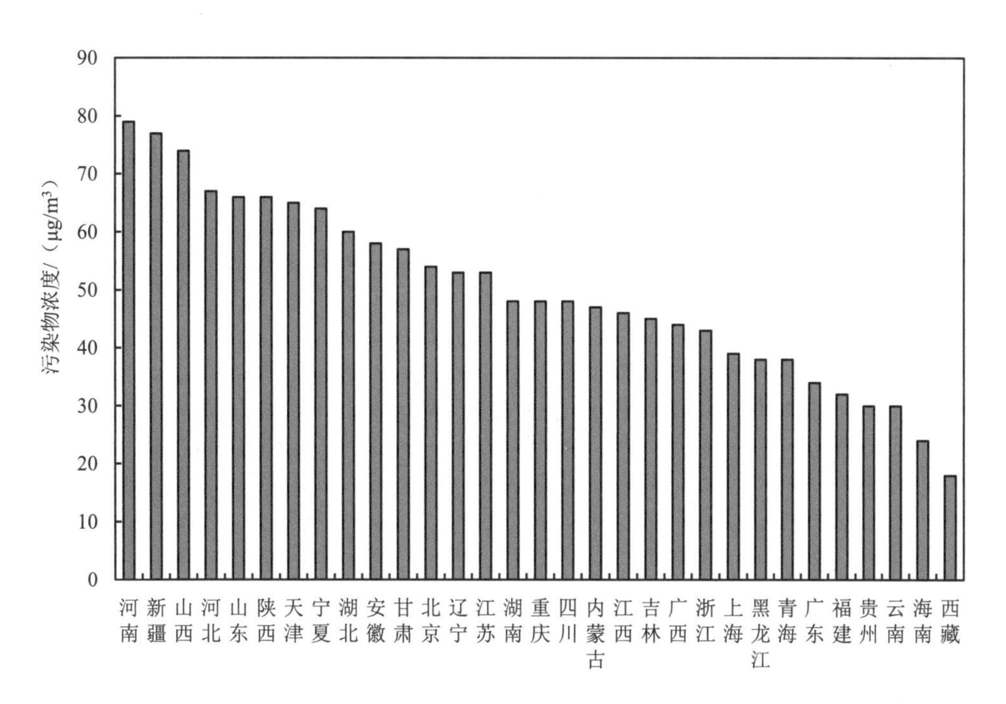

图 2.1-3　2022 年各省份 PM_{10} 浓度比较

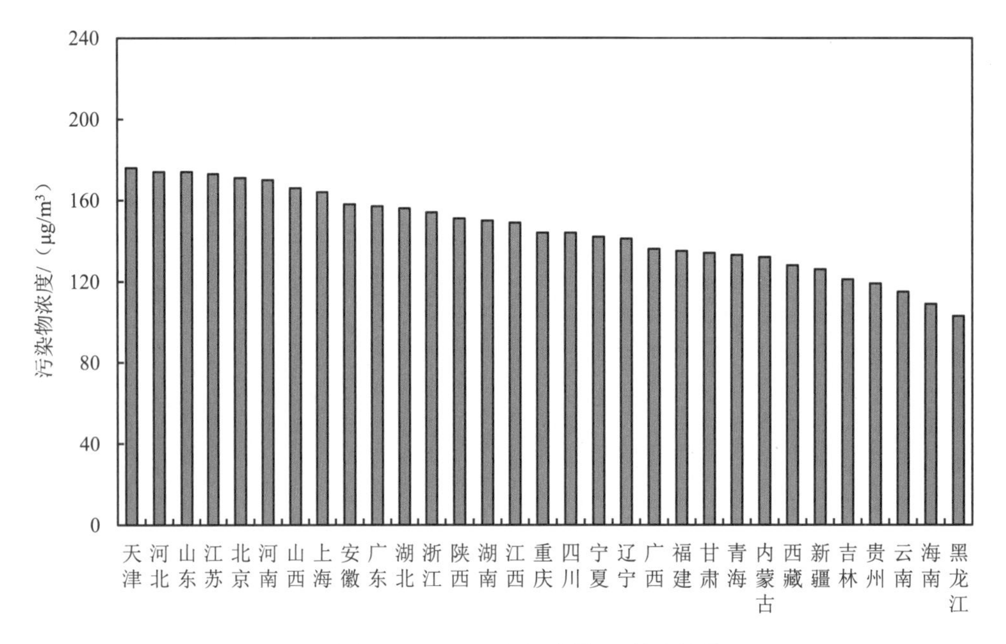

图 2.1-4　2022 年各省份 O_3 浓度比较

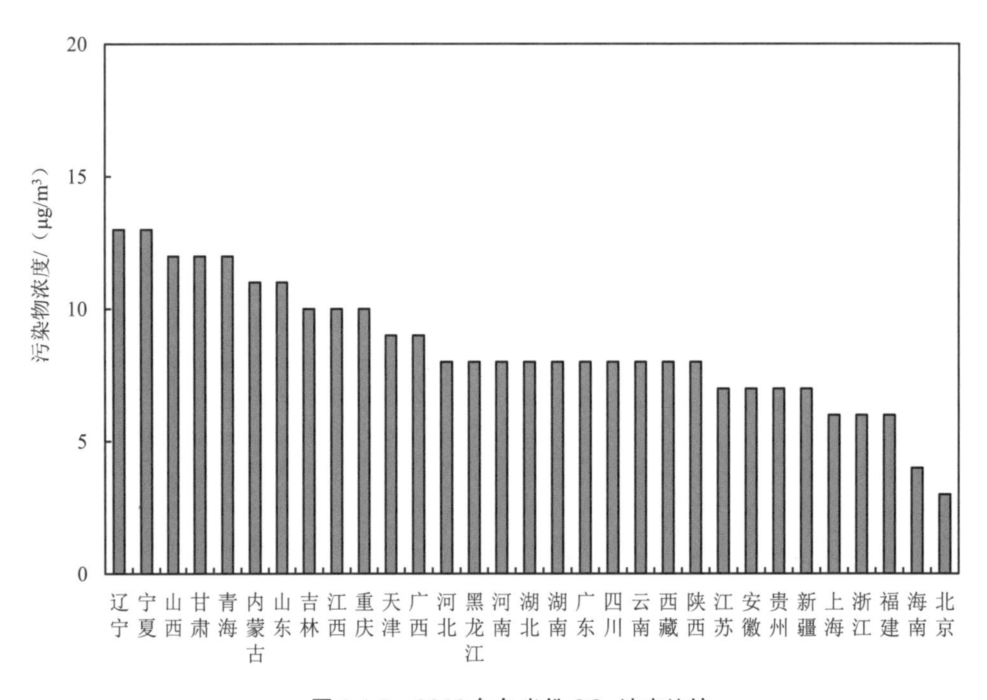

图 2.1-5　2022 年各省份 SO_2 浓度比较

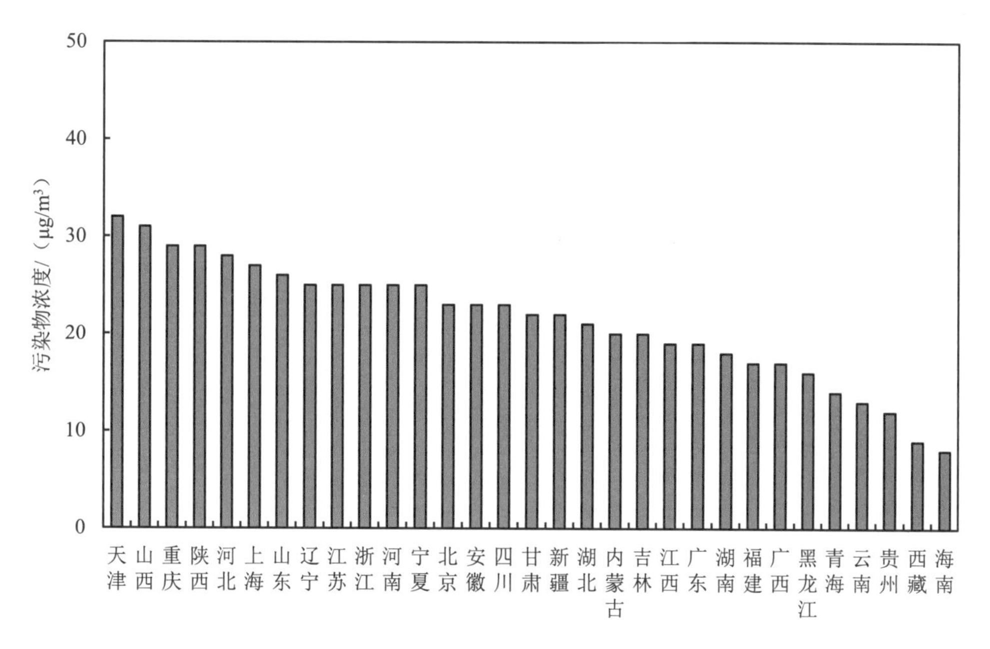

图 2.1-6　2022 年各省份 NO_2 浓度比较

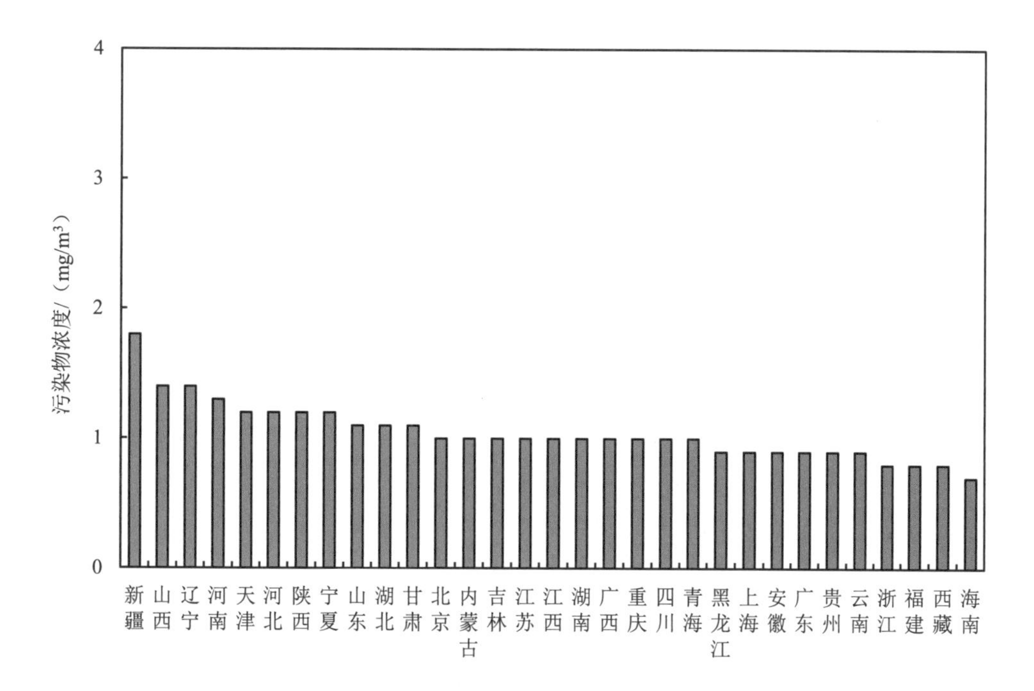

图 2.1-7　2022 年各省份 CO 浓度比较

三、优良天数比例

2022年，全国339个城市环境空气优良天数①比例为24.9%～100%，平均为86.5%，平均超标天数②比例为13.5%。与2021年相比，优良天数比例下降1.0个百分点。

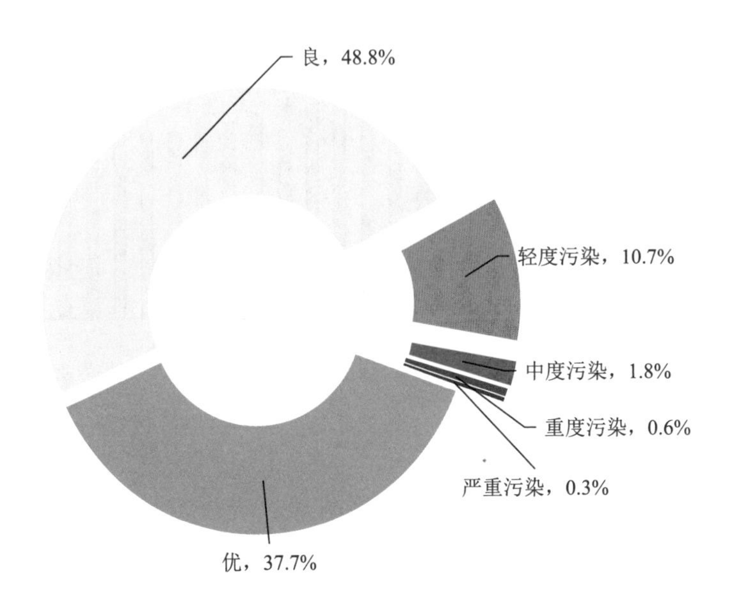

图2.1-8　2022年339个城市环境空气质量状况

2022年，林芝市、三亚市、昌都市等20个城市优良天数比例为100%，三沙市、阿里地区、大兴安岭地区等233个城市优良天数比例大于等于80%且小于100%，克孜勒苏柯尔克孜自治州、巴音郭楞蒙古自治州、南京市等85个城市优良天数比例大于等于50%且小于80%，和田地区优良天数比例小于50%。

全国339个城市共出现空气污染16 651天次，其中轻度污染、中度污染、重度污染和严重污染分别占79.4%、13.7%、4.4%和2.5%。以$PM_{2.5}$、PM_{10}和O_3为首要污染物③的超标天数分别占总超标天数的36.9%、15.2%和47.9%，以NO_2为首要污染物的超标天数占比不足0.1%（仅出现15天次），没有以SO_2和CO为首要污染物的超标天。与2021年相比，空气污染天次数增加1 200天次。

① 优良天数：空气质量指数（AQI）在0～100之间的天数为优良天数，又称达标天数。计算优良天数时不扣除沙尘影响。

② 超标天数：空气质量指数（AQI）大于100的天数为超标天数。其中，101～150之间为轻度污染，151～200之间为中度污染，201～300之间为重度污染，大于300为严重污染。计算超标天数时不扣除沙尘影响。

③ 首要污染物：空气质量指数（AQI）大于50时，空气质量分指数最大的污染物为首要污染物。

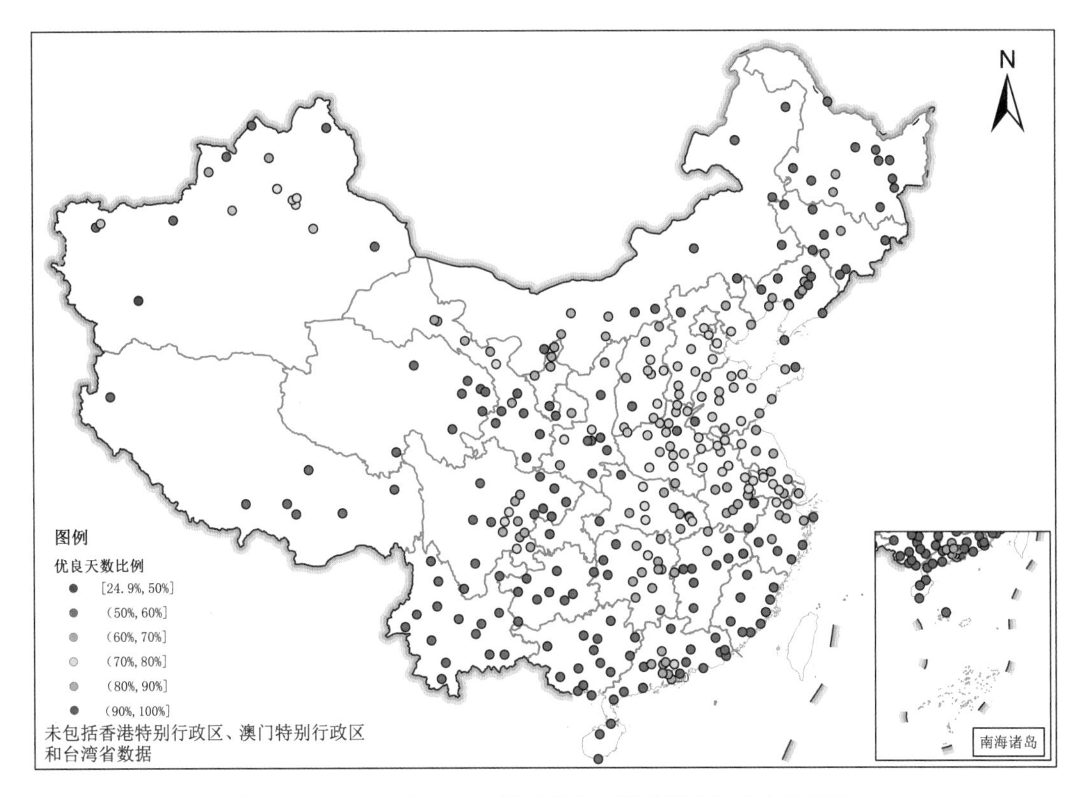

图 2.1-9　2022 年 339 个城市优良天数比例空间分布示意图

表 2.1-2　2022 年 339 个城市环境空气质量超标情况

污染等级	首要污染物	累计超标天数/天次	出现城市数/个
轻度污染	$PM_{2.5}$	4 258	273
	PM_{10}	1 645	175
	O_3	7 308	287
	SO_2	0	0
	NO_2	15	8
	CO	0	0
中度污染	$PM_{2.5}$	1 254	185
	PM_{10}	406	112
	O_3	627	120
	SO_2	0	0
	NO_2	0	0
	CO	0	0

污染等级	首要污染物	累计超标天数/天次	出现城市数/个
重度污染	$PM_{2.5}$	570	112
	PM_{10}	131	45
	O_3	38	26
	SO_2	0	0
	NO_2	0	0
	CO	0	0
严重污染	$PM_{2.5}$	70	23
	PM_{10}	353	69
	O_3	0	0
	SO_2	0	0
	NO_2	0	0
	CO	0	0

2022 年，受冬季颗粒物污染过程和秋季臭氧污染影响，339 个城市 1 月、6 月和 9 月超标天数较多，分别占全年总超标天数的 16.8%、10.8%和 11.6%；2 月、8 月和 11 月超标天数较少，分别占 4.9%、4.3%和 4.9%。

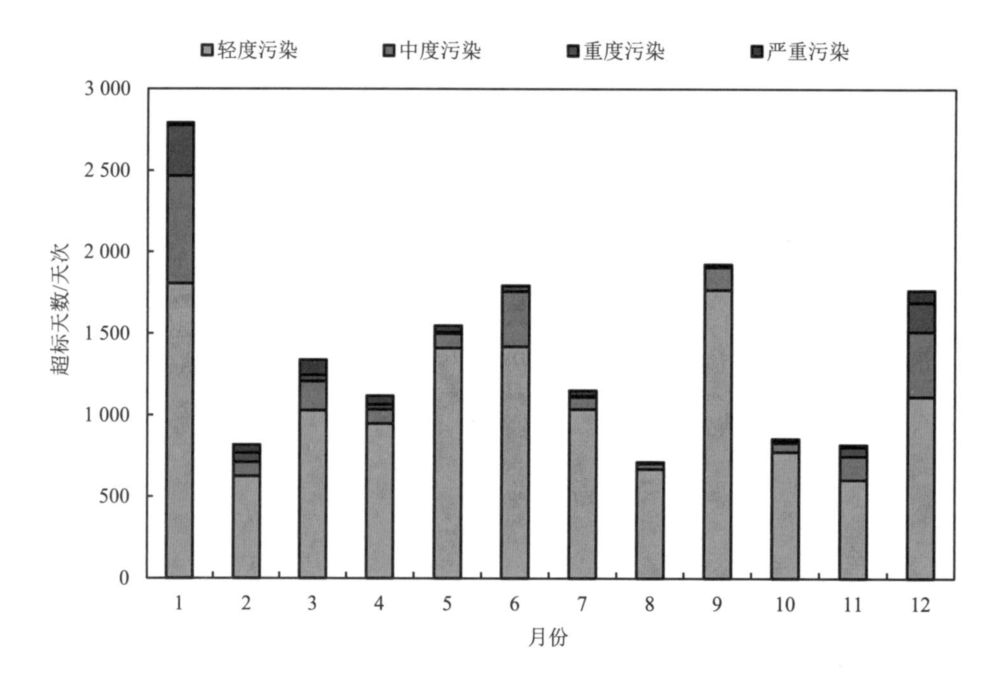

图 2.1-10　2022 年 339 个城市环境空气质量超标天数月际变化

四、六项污染物

（一）$PM_{2.5}$

2022 年，全国 339 个城市中，$PM_{2.5}$ 年均浓度达到一级标准的城市有 26 个，占 7.7%；达到二级标准的城市有 227 个，占 67.0%；超过二级标准的城市有 86 个，占 25.4%。达标城市比例为 74.6%，与 2021 年相比上升 4.4 个百分点。$PM_{2.5}$ 年均浓度在 6～62 μg/m^3 之间，平均为 29 μg/m^3，与 2021 年相比下降 3.3%；在 21～40 μg/m^3 范围内分布的城市比例最高，占 63.7%。

表 2.1-3　339 个城市 $PM_{2.5}$ 年均浓度级别比例

$PM_{2.5}$ 年均浓度级别	城市比例/%	
	2021 年	2022 年
一级	6.2	7.7
二级	64.0	67.0
超二级	29.8	25.4

若不扣除沙尘天气过程影响，339 个城市中 $PM_{2.5}$ 年均浓度达到一级标准的城市有 25 个，占 7.4%；达到二级标准的城市有 219 个，占 64.6%；超过二级标准的城市有 95 个，占 28.0%。达标城市比例为 72.0%，与 2021 年相比上升 5.9 个百分点。$PM_{2.5}$ 年均浓度在 6～103 μg/m^3 之间，平均为 30 μg/m^3，与 2021 年相比下降 3.2%。

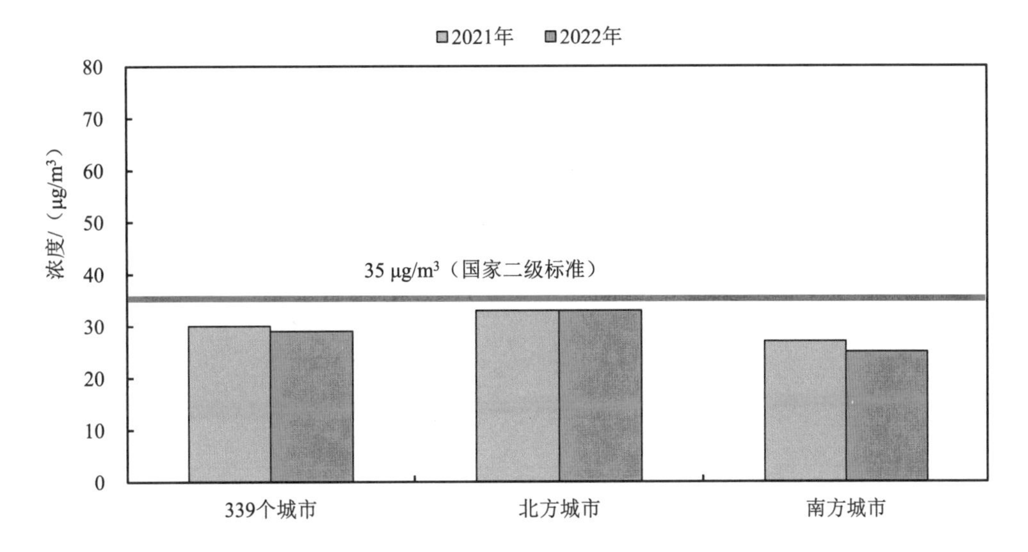

图 2.1-11　$PM_{2.5}$ 年均浓度年际变化

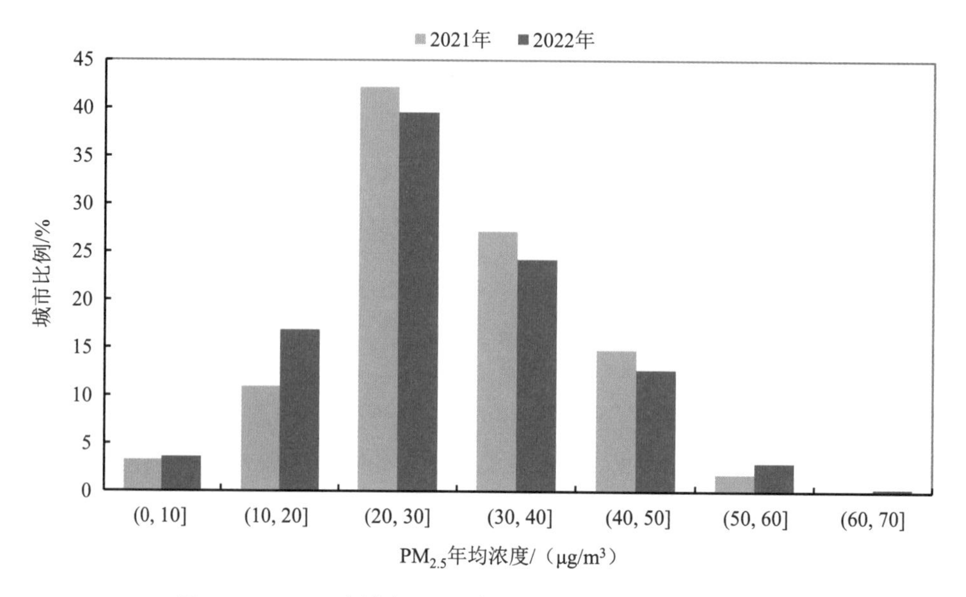

图 2.1-12　339 个城市 $PM_{2.5}$ 年均浓度区间分布年际变化

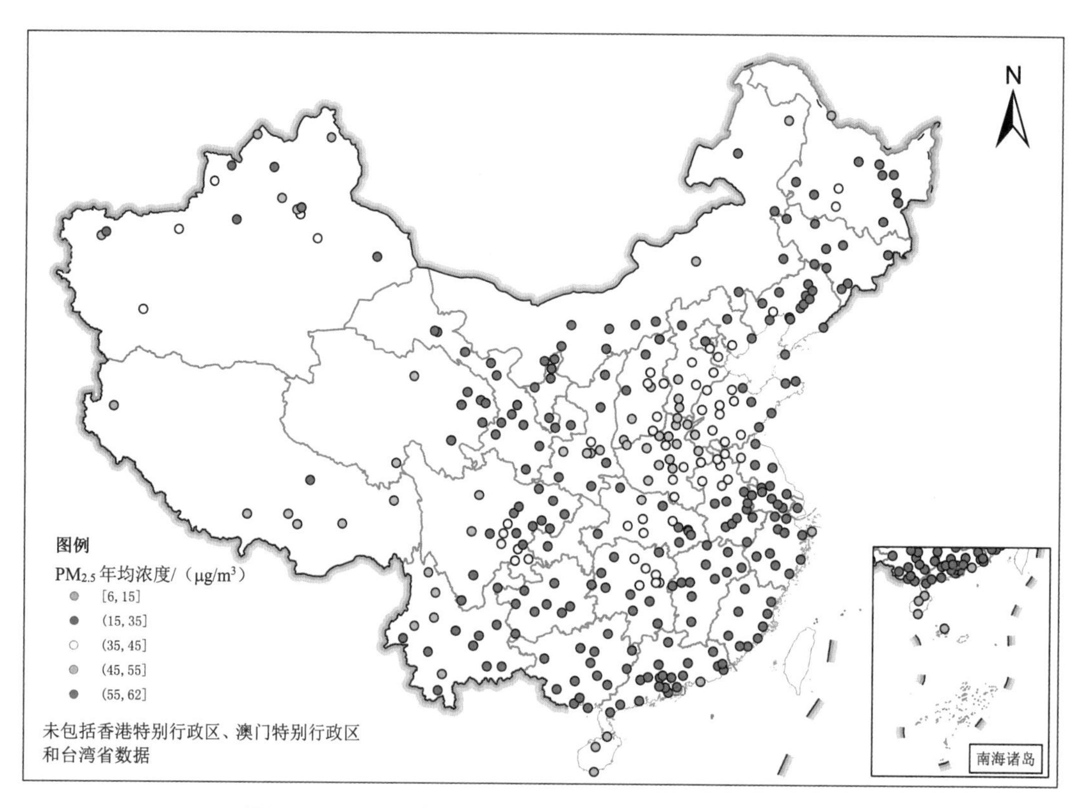

图 2.1-13　2022 年 339 个城市 $PM_{2.5}$ 年均浓度分布示意图

（二）PM_{10}

2022 年，全国 339 个城市中，PM_{10} 年均浓度达到一级标准的城市有 106 个，占 31.3%；达到二级标准的城市有 178 个，占 52.5%；超过二级标准的城市有 55 个，占 16.2%。达标城市比例为 83.8%，与 2021 年相比上升 1.8 个百分点。PM_{10} 年均浓度在 10～125 μg/m^3 之间，平均为 51 μg/m^3，与 2021 年相比下降 5.6%；在 30～70 μg/m^3 范围内分布的城市比例最高，占 73.7%。

表 2.1-4 339 个城市 PM_{10} 年均浓度级别比例

PM_{10} 年均浓度级别	城市比例/%	
	2021 年	2022 年
一级	23.9	31.3
二级	58.1	52.5
超二级	18.0	16.2

若不扣除沙尘天气过程影响，339 个城市 PM_{10} 年均浓度达到一级标准的城市有 102 个，占 30.1%；达到二级标准的城市有 162 个，占 47.8%；超过二级标准的城市有 75 个，占 22.1%。达标城市比例为 77.9%，与 2021 年相比上升 7.1 个百分点。PM_{10} 年均浓度在 10～429 μg/m^3 之间，平均为 56 μg/m^3，与 2021 年相比下降 11.1%。

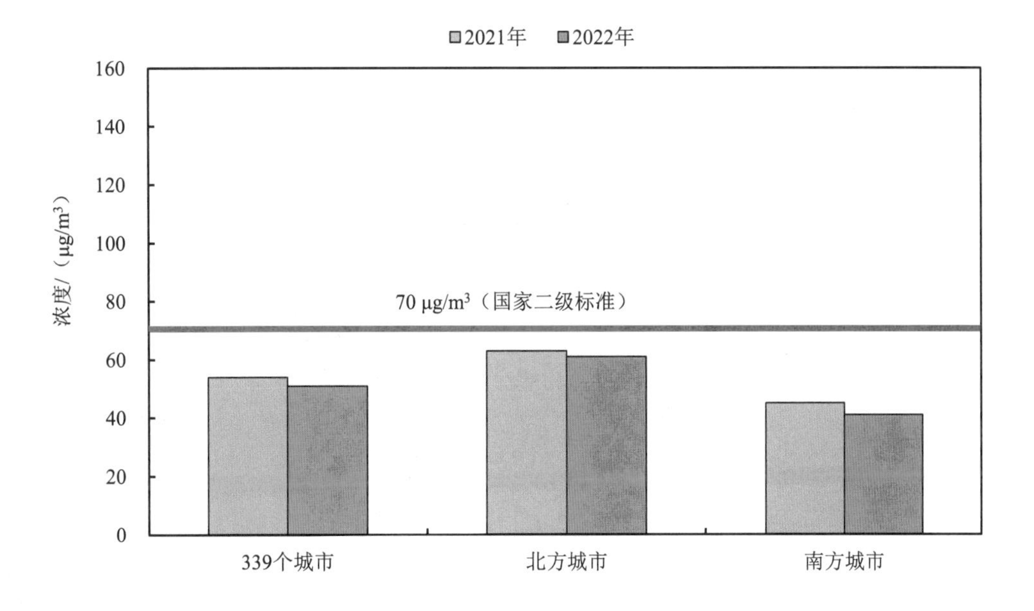

图 2.1-14 PM_{10} 年均浓度年际变化

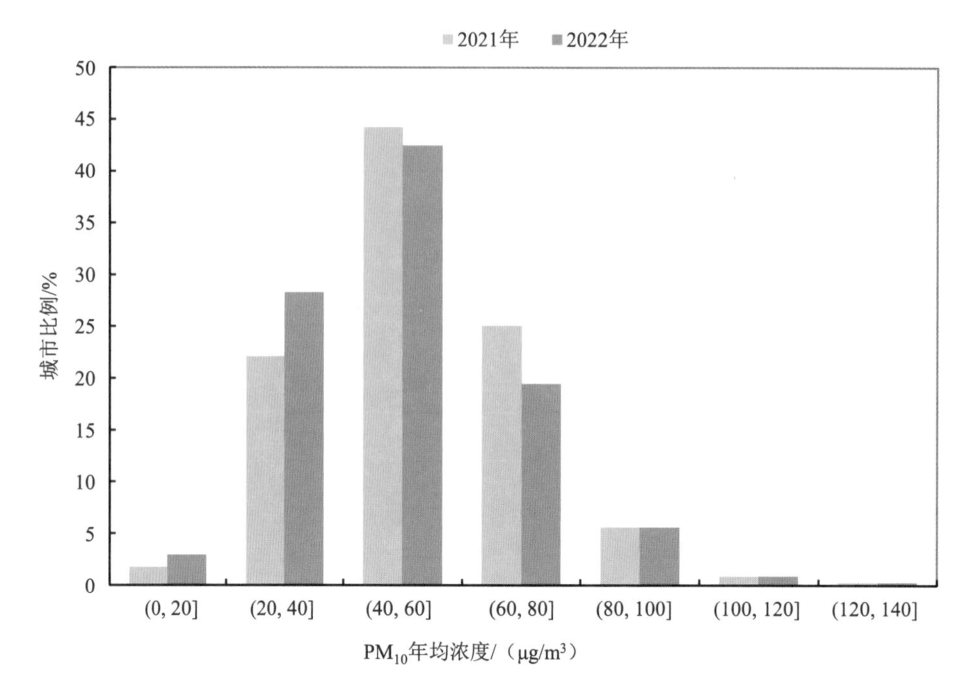

图 2.1-15　339 个城市 PM_{10} 年均浓度区间分布年际变化

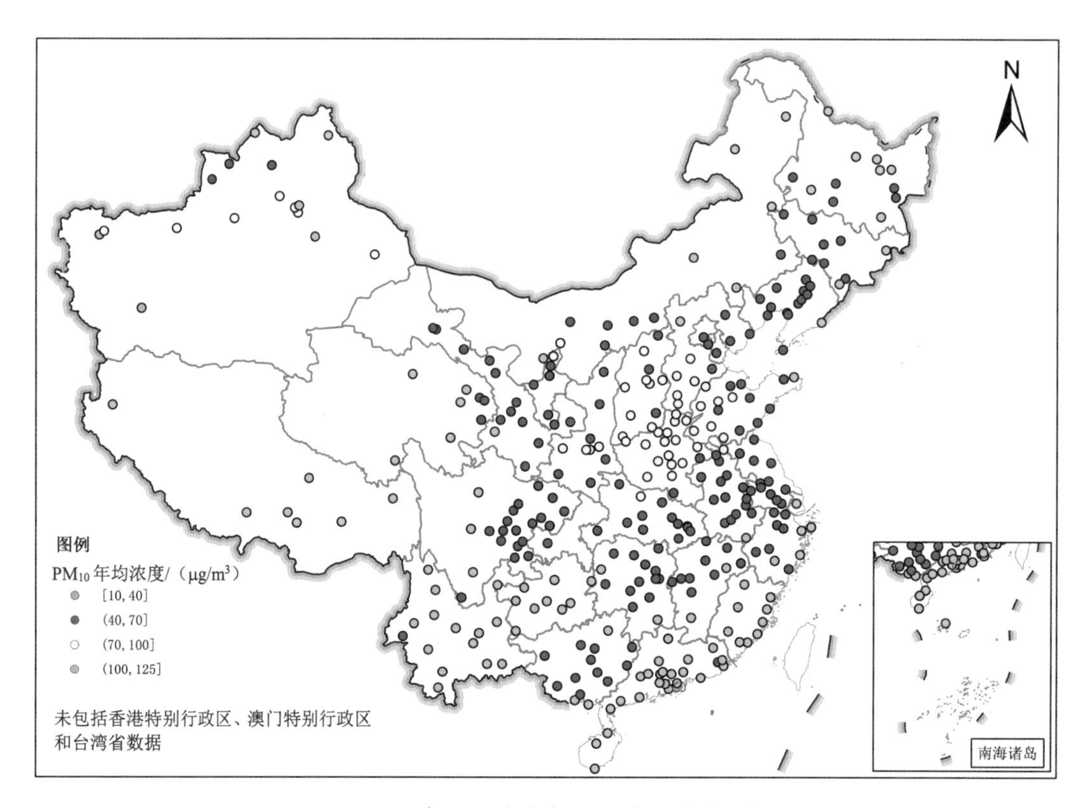

图 2.1-16　2022 年 339 个城市 PM_{10} 年均浓度分布示意图

（三）O_3

2022 年，全国 339 个城市中，O_3 日最大 8 h 平均值第 90 百分位数浓度达到一级标准的城市有 7 个，占 2.1%；达到二级标准的城市有 240 个，占 70.8%；超过二级标准的城市有 92 个，占 27.1%。达标城市比例为 72.9%，与 2021 年相比下降 12.4 个百分点。O_3 日最大 8 h 平均值第 90 百分位数浓度在 90～194 μg/m³ 之间，平均为 145 μg/m³，与 2021 年相比上升 5.8%；在 110～160 μg/m³ 范围内分布的城市比例最高，占 66.1%。

表 2.1-5　339 个城市 O_3 日最大 8 h 平均值第 90 百分位数浓度级别比例

O_3 日最大 8 h 平均值第 90 百分位数浓度级别	城市比例/%	
	2021 年	2022 年
一级	2.7	2.1
二级	82.6	70.8
超二级	14.7	27.1

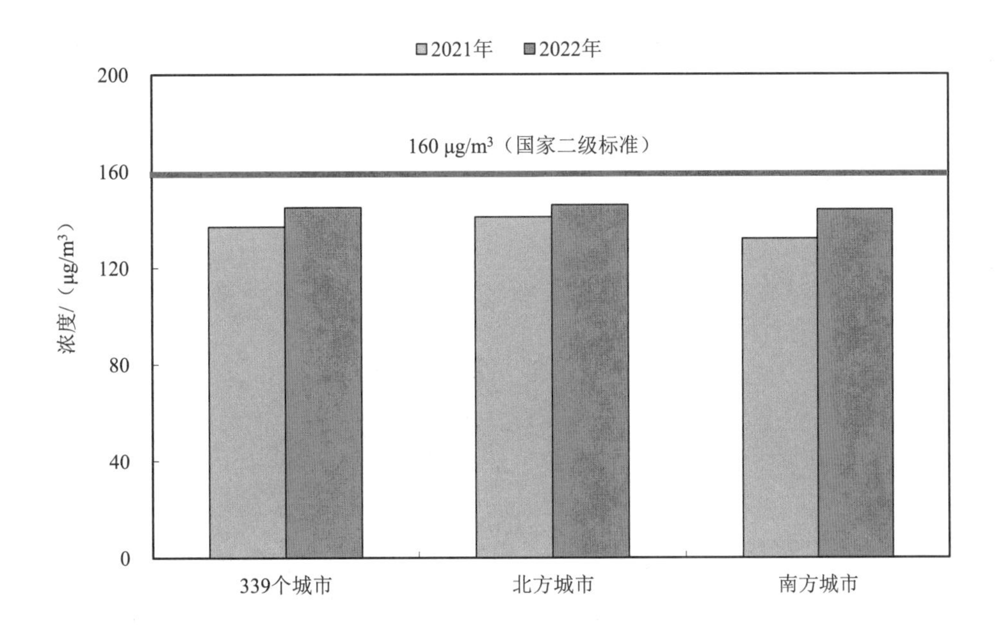

图 2.1-17　O_3 日最大 8 h 平均值第 90 百分位数浓度年际变化

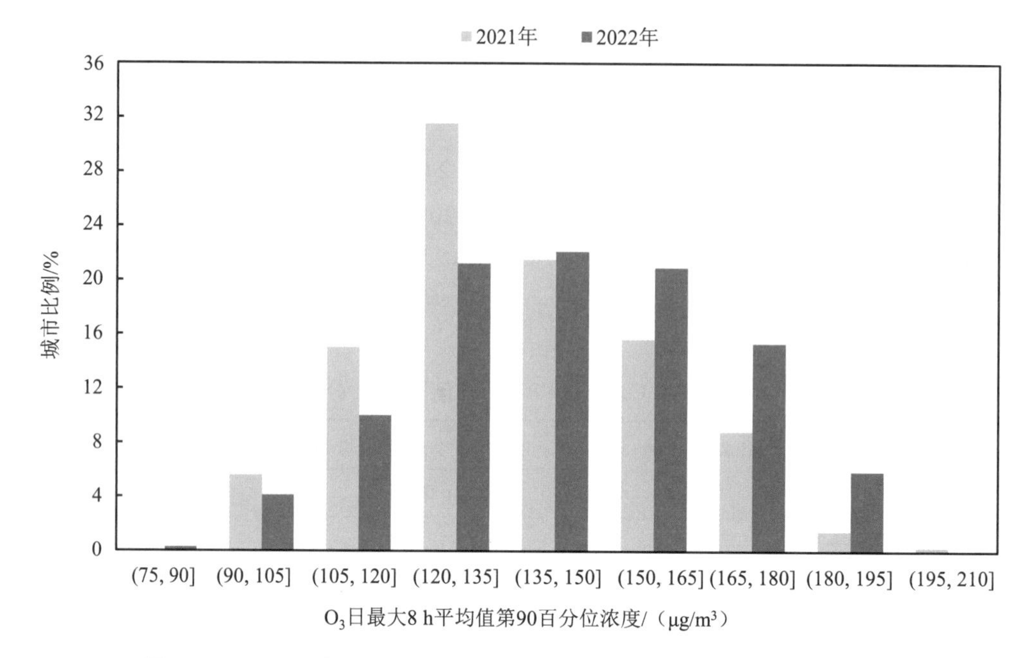

图 2.1-18　O_3 日最大 8 h 平均值第 90 百分位数浓度区间分布年际变化

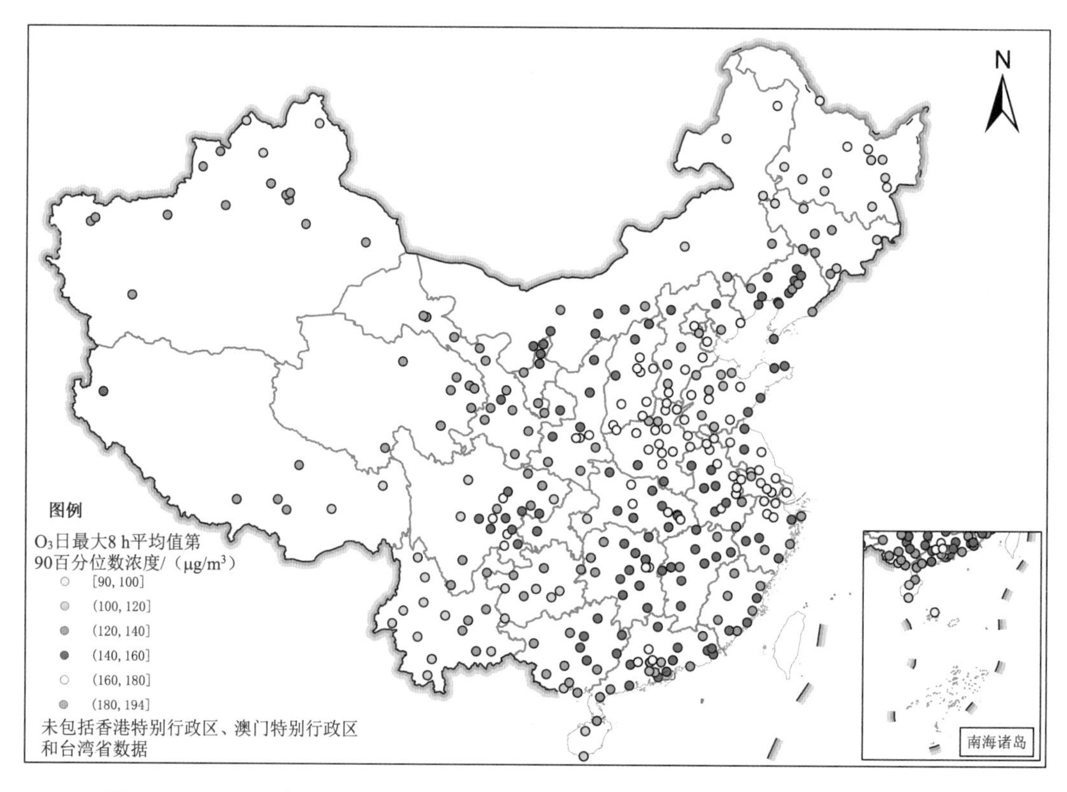

图 2.1-19　2022 年 339 个城市 O_3 日最大 8 h 平均值第 90 百分位数浓度分布示意图

（四）SO_2

2022 年，全国 339 个城市中，SO_2 年均浓度达到一级标准的城市有 335 个，占 98.8%；达到二级标准的城市有 4 个，占 1.2%。达标城市比例为 100%，与 2021 年持平。SO_2 年均浓度在 2～30 μg/m³ 之间，平均为 9 μg/m³，与 2021 年持平；在 5～11 μg/m³ 范围内分布的城市比例最高，占 81.1%。

表 2.1-6　339 个城市 SO_2 年均浓度级别比例

SO_2 年均浓度级别	城市比例/%	
	2021 年	2022 年
一级	98.2	98.8
二级	1.8	1.2
超二级	0	0

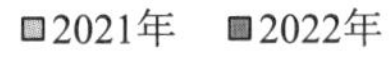

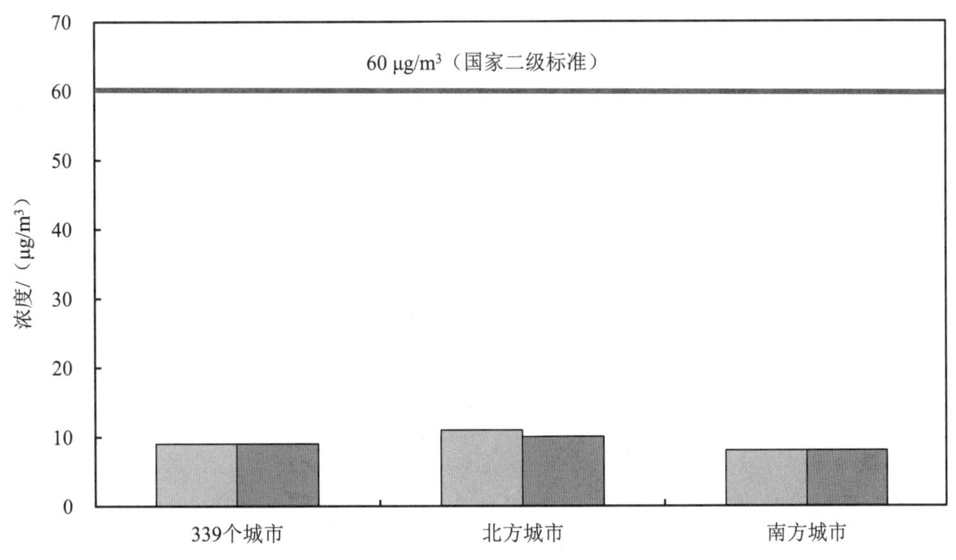

图 2.1-20　SO_2 年均浓度年际变化

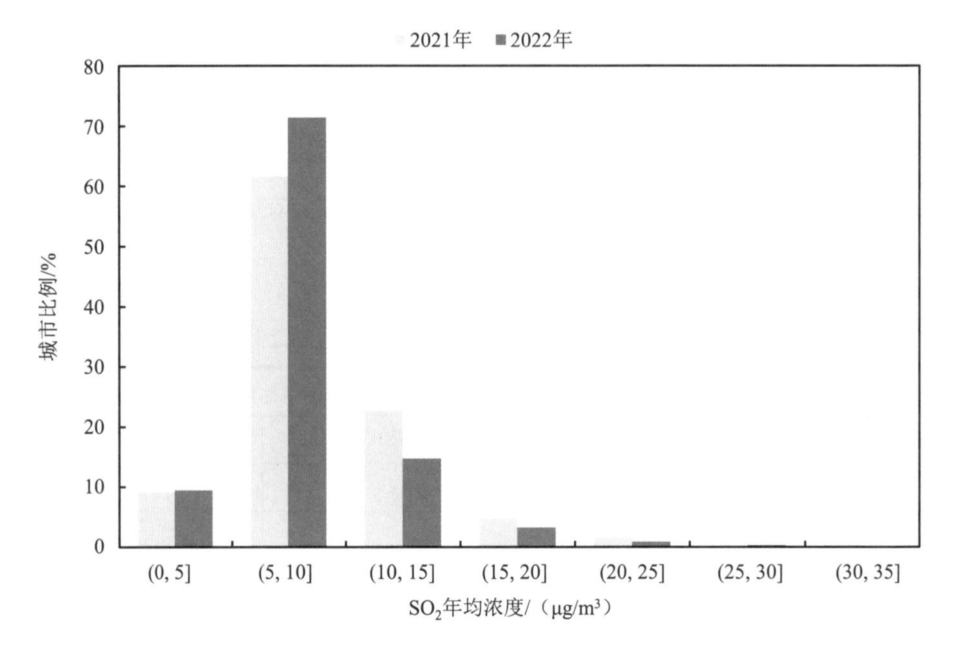

图 2.1-21　339 个城市 SO_2 年均浓度区间分布年际变化

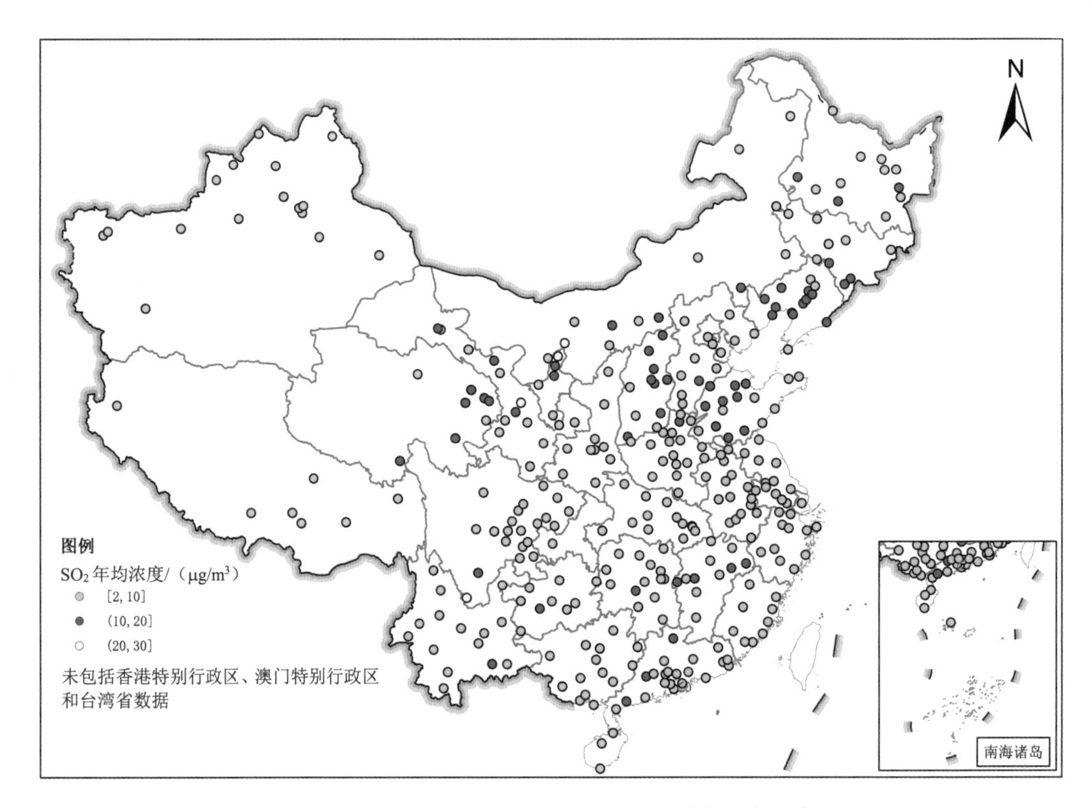

图 2.1-22　2022 年 339 个城市 SO_2 年均浓度分布示意图

（五）NO_2

2022 年，全国 339 个城市中，NO_2 年均浓度达到一级/二级标准的城市有 339 个，占 100%，与 2021 年相比上升 0.3 个百分点。1 个城市 NO_2 浓度达标情况发生变化，由不达标变为达标。NO_2 年均浓度在 5～40 μg/m³ 之间，平均为 21 μg/m³，与 2021 年相比下降 8.7%；在 10～30 μg/m³ 范围内分布的城市比例最高，占 86.4%。

表 2.1-7　339 个城市 NO_2 年均浓度级别比例

NO_2 年均浓度级别	城市比例/%	
	2021 年	2022 年
一级/二级	99.7	100
超二级	0.3	0

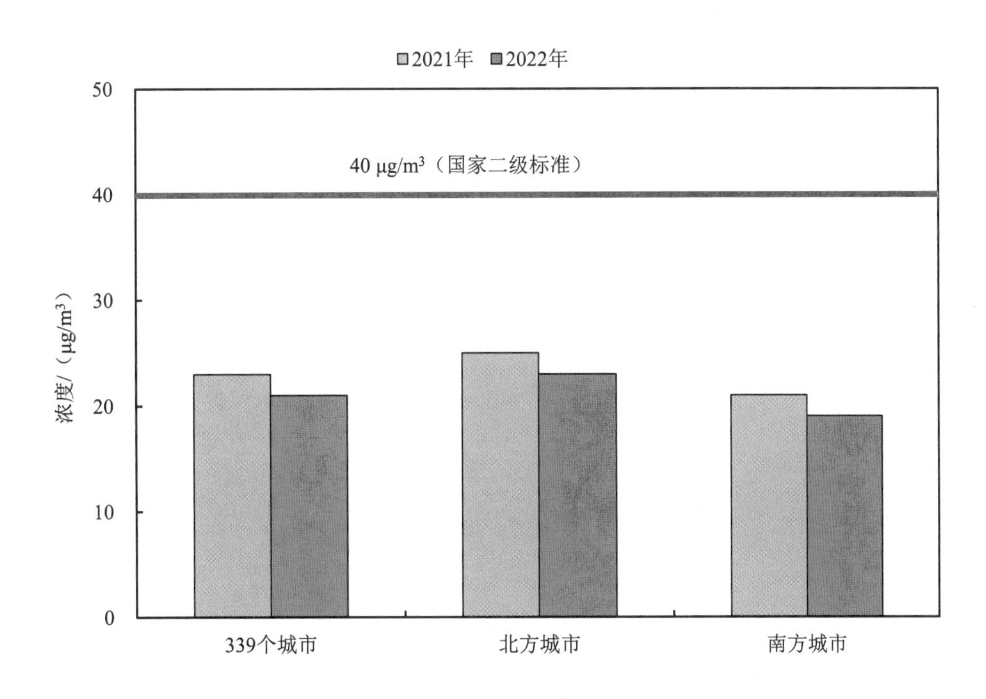

图 2.1-23　NO_2 年均浓度年际变化

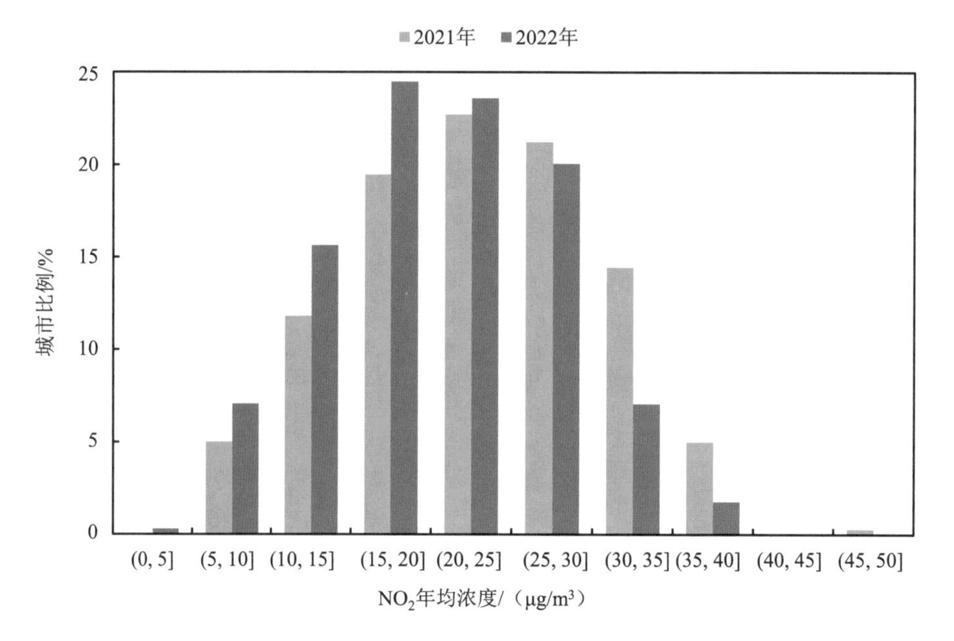

图 2.1-24　339 个城市 NO_2 年均浓度区间分布年际变化

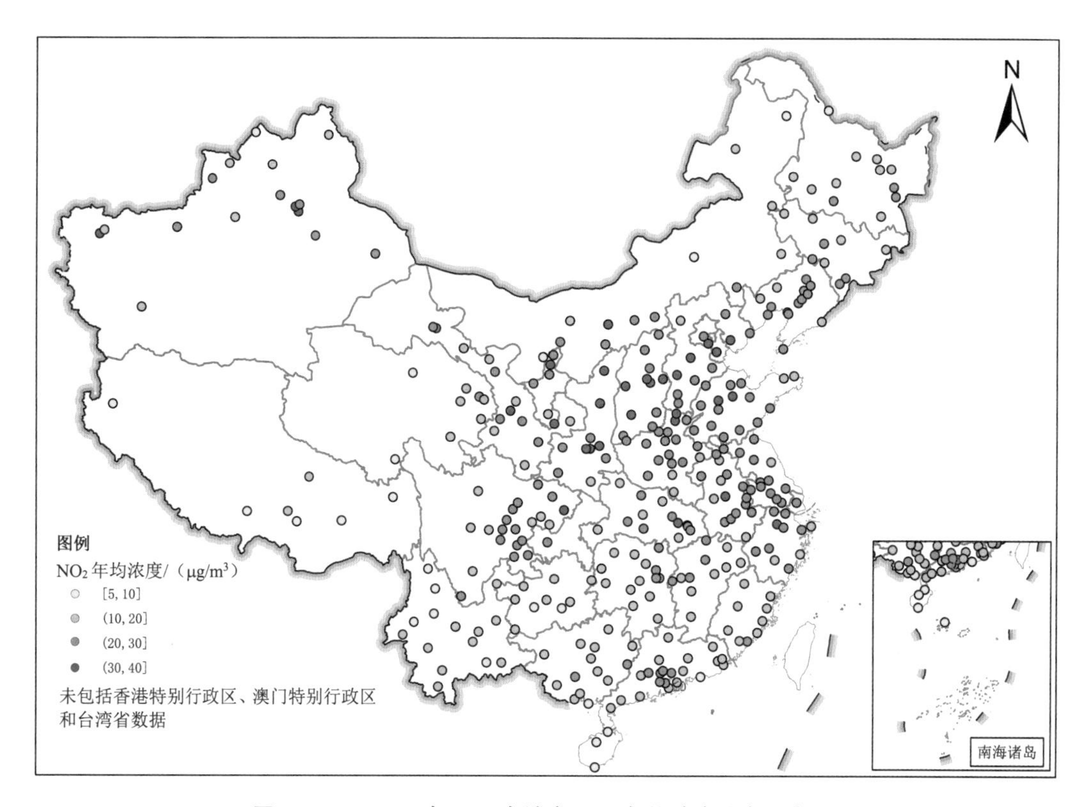

图 2.1-25　2022 年 339 个城市 NO_2 年均浓度分布示意图

（六）CO

2022 年，全国 339 个城市中，CO 日均值第 95 百分位数浓度达到一级/二级标准的城市有 339 个，占 100%，与 2021 年持平。CO 日均值第 95 百分位数浓度在 0.5～3.1 mg/m³ 之间，平均为 1.1 mg/m³，与 2021 年持平；在 0.5～1.5 mg/m³ 范围内分布的城市比例最高，占 93.8%。

表 2.1-8　339 个城市 CO 日均值第 95 百分位数浓度级别比例

CO 日均值第 95 百分位数浓度级别	城市比例/%	
	2021 年	2022 年
一级/二级	100	100
超二级	0	0

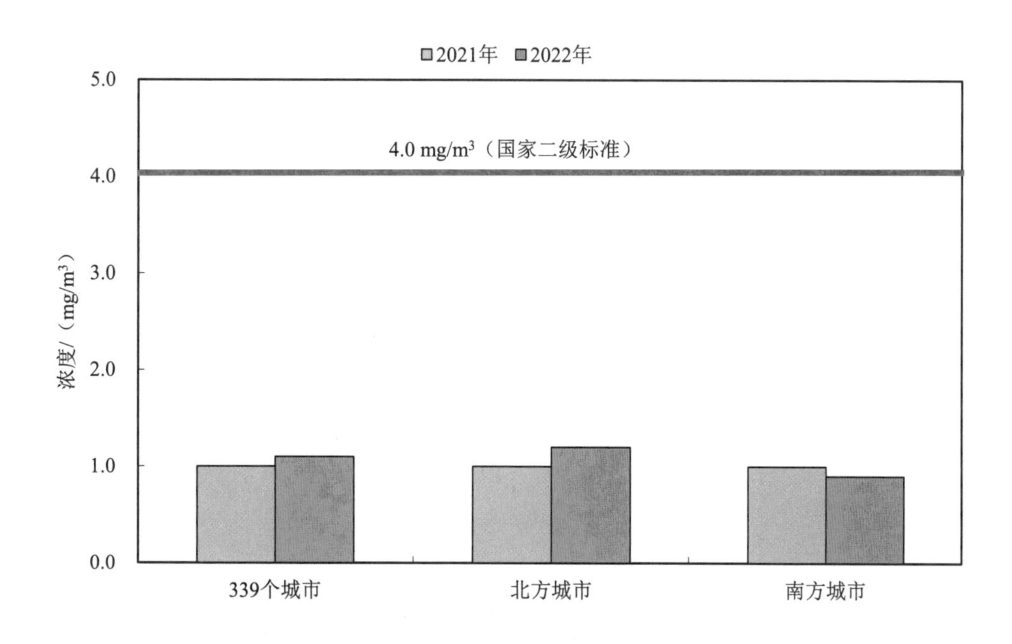

图 2.1-26　CO 日均值第 95 百分位数浓度年际变化

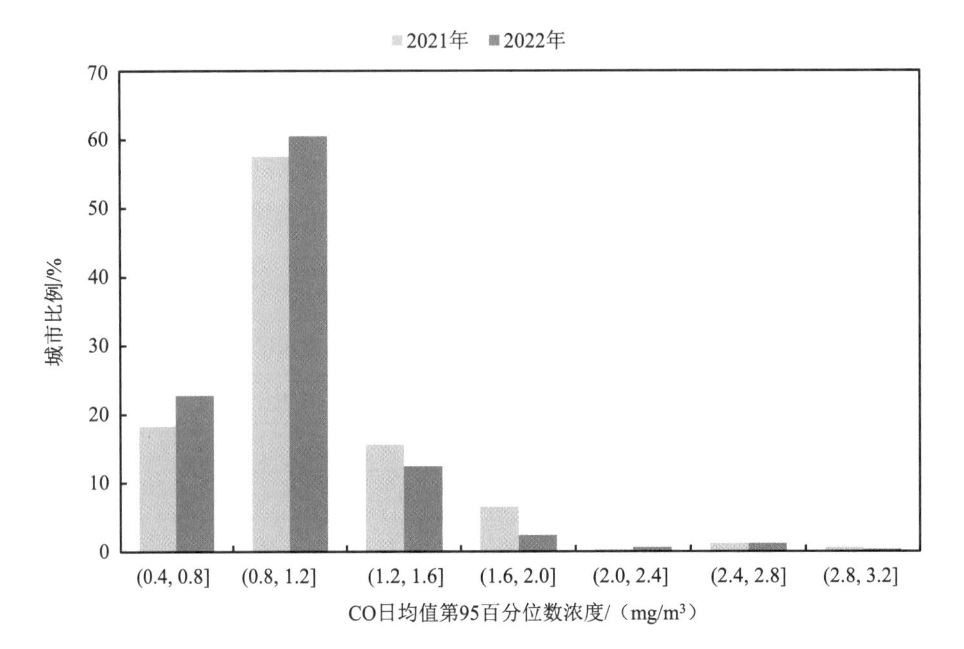

图 2.1-27　339 个城市 CO 日均值第 95 百分位数浓度区间分布年际变化

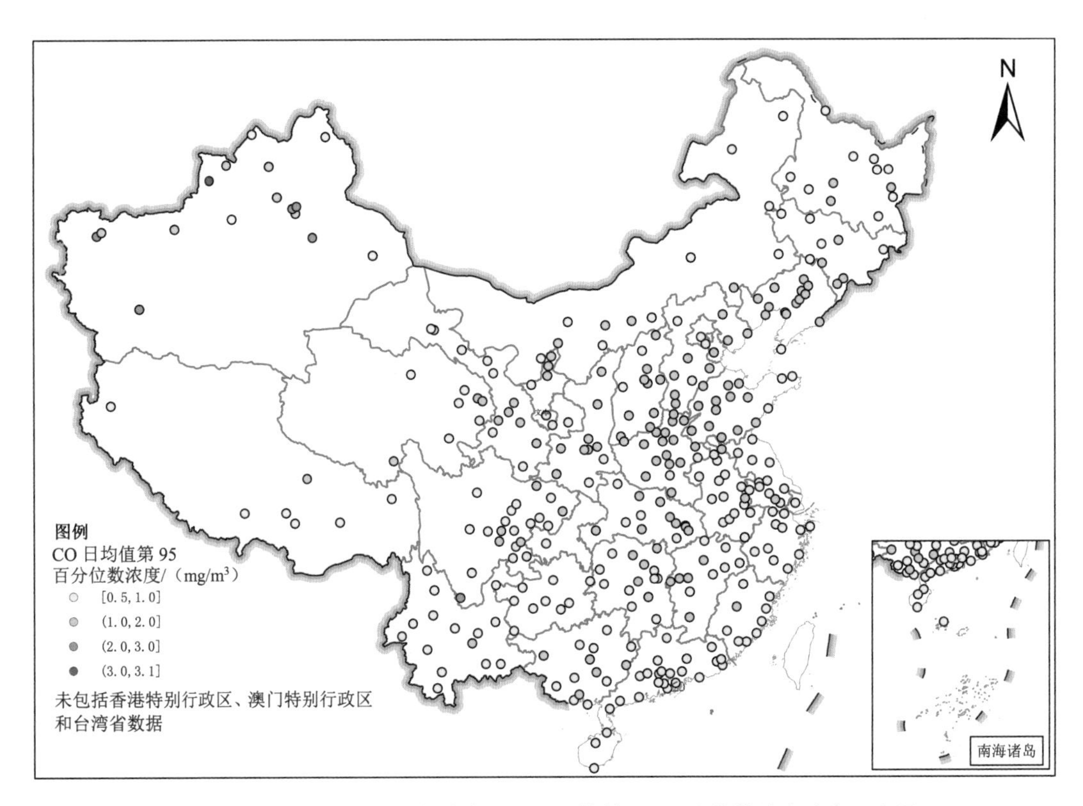

图 2.1-28　2022 年 339 个城市 CO 日均值第 95 百分位数浓度分布示意图

五、典型重污染过程

2022 年，全国共出现重度及以上污染 1 150 天次，与 2021 年相比减少 487 天次。其中，$PM_{2.5}$ 和 PM_{10} 为首要污染物的天数分别减少 7 天次和 515 天次，6 月华北地区的高温天气过程导致 O_3 为首要污染物的天数增加 17 天次。以 $PM_{2.5}$、PM_{10} 和 O_3 为首要污染物的占比分别为 55.7%、42.1%和 3.3%。

（一）1—2 月重污染过程

2022 年 1—2 月，全国发生多次大范围区域性重污染过程，其中 1 月 17—20 日、1 月 29 日—2 月 6 日的 $PM_{2.5}$ 重污染过程和 2 月 17—23 日的沙尘重污染过程较为典型。1 月 18 日全国共有 30 个城市达到重度及以上污染级别，影响范围主要为河南和湖北大部、湖南北部和新疆乌昌石地区，$PM_{2.5}$ 最大日均浓度为 214 μg/m³，PM_{10} 最大日均浓度为 270 μg/m³；2 月 1 日新疆乌昌石地区 $PM_{2.5}$ 重污染持续，东北地区受除夕、初一烟花爆竹燃放影响显著，全国共有 12 个城市达到重度及以上污染级别，其中有 5 个严重污染城市，$PM_{2.5}$ 最大日均浓度为 324 μg/m³，PM_{10} 最大日均浓度为 404 μg/m³；2 月 18 日全国 $PM_{2.5}$ 最大日均浓度为 610 μg/m³，PM_{10} 最大日均浓度为 4 073 μg/m³。

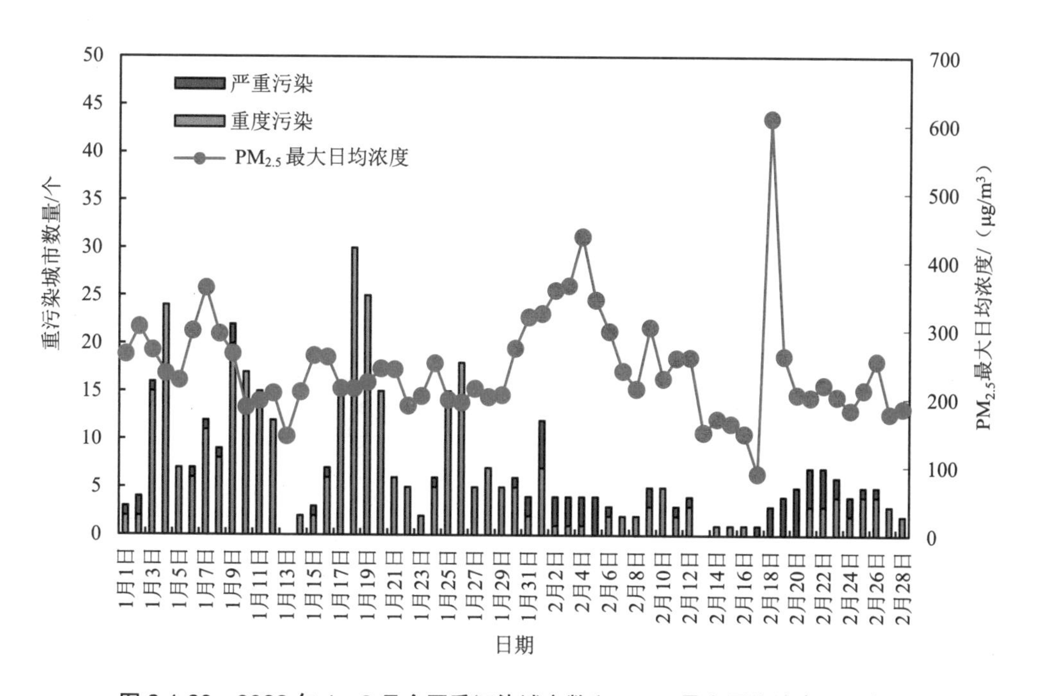

图 2.1-29　2022 年 1—2 月全国重污染城市数和 $PM_{2.5}$ 最大日均浓度逐日变化

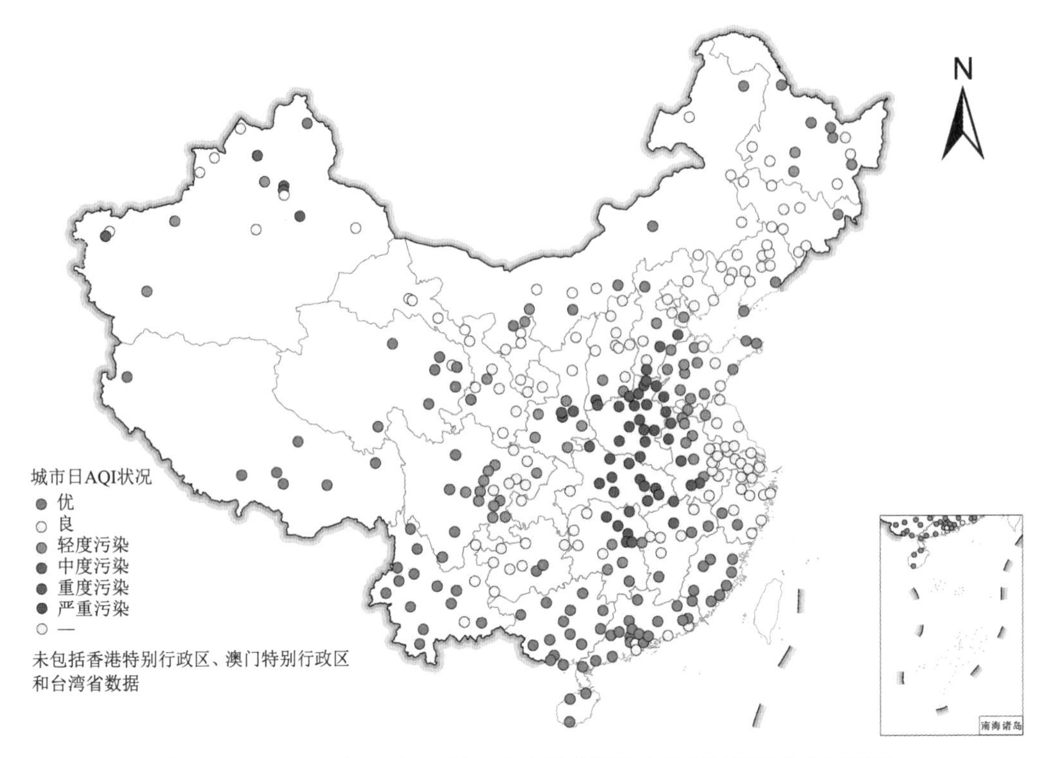

图 2.1-30　2022 年 1 月 18 日 339 个城市环境空气质量状况分布示意图

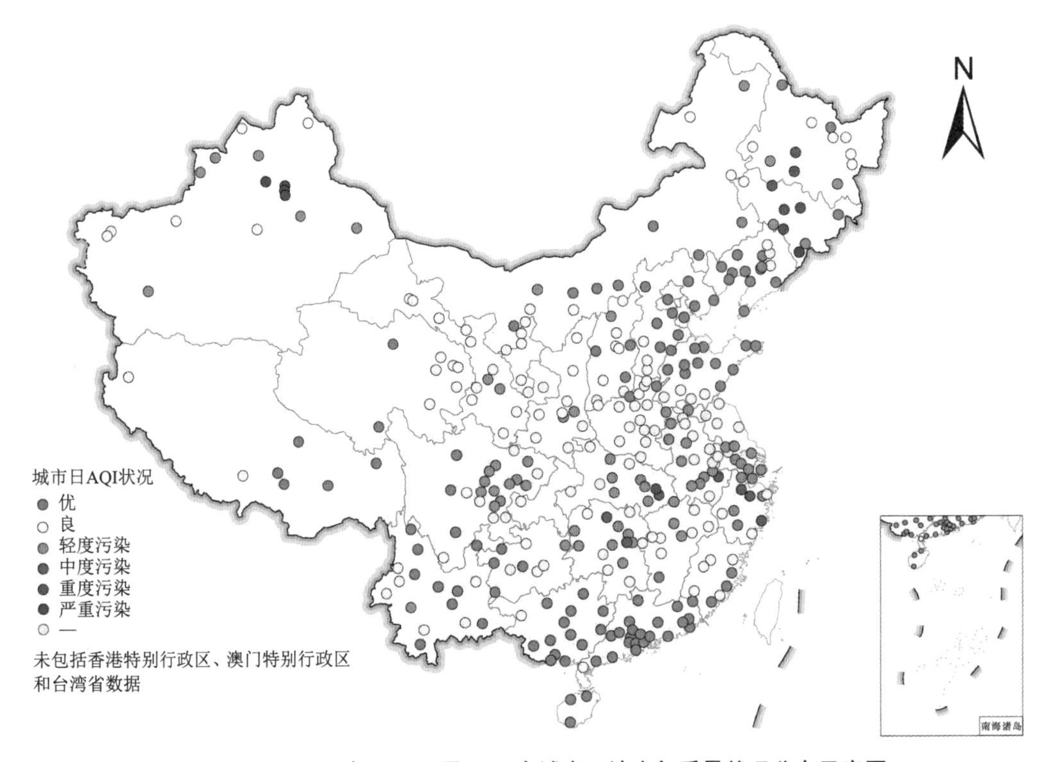

图 2.1-31　2022 年 2 月 1 日 339 个城市环境空气质量状况分布示意图

（二）11—12 月重污染过程

2022 年 11—12 月，全国大范围区域性重污染过程出现较晚，其中 12 月 7—9 日，12 月 27—31 日的 $PM_{2.5}$ 重污染过程和 12 月 12 日的沙尘重污染过程较为典型。12 月 9 日全国共有 36 个城市达到重度及以上污染级别，影响范围包括陕西中部、山西和河北南部、河南大部和山东西部，$PM_{2.5}$ 最大日均浓度为 309 μg/m^3，PM_{10} 最大日均浓度为 360 μg/m^3；12 月 31 日 $PM_{2.5}$ 重污染过程叠加烟花爆竹燃放影响，全国共有 24 个城市达到重度及以上污染级别，影响范围包括河北南部、河南北部、山东西部、湖北中部、湖南北部、陕西中部和新疆乌昌石地区，$PM_{2.5}$ 最大日均浓度为 334 μg/m^3，PM_{10} 最大日均浓度为 379 μg/m^3；12 月 12 日全国共有 23 个城市达到重度及以上污染级别，$PM_{2.5}$ 最大日均浓度为 180 μg/m^3，PM_{10} 最大日均浓度为 1 005 μg/m^3。

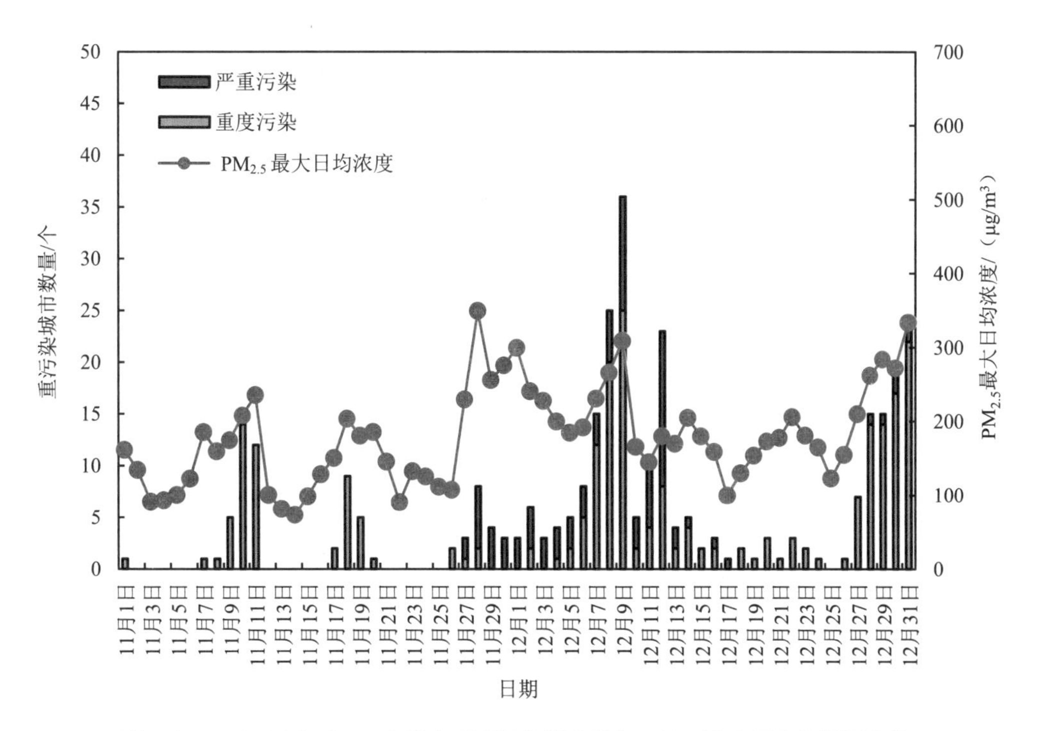

图 2.1-32　2022 年 11—12 月全国重污染城市数和 $PM_{2.5}$ 浓度最大值逐日变化

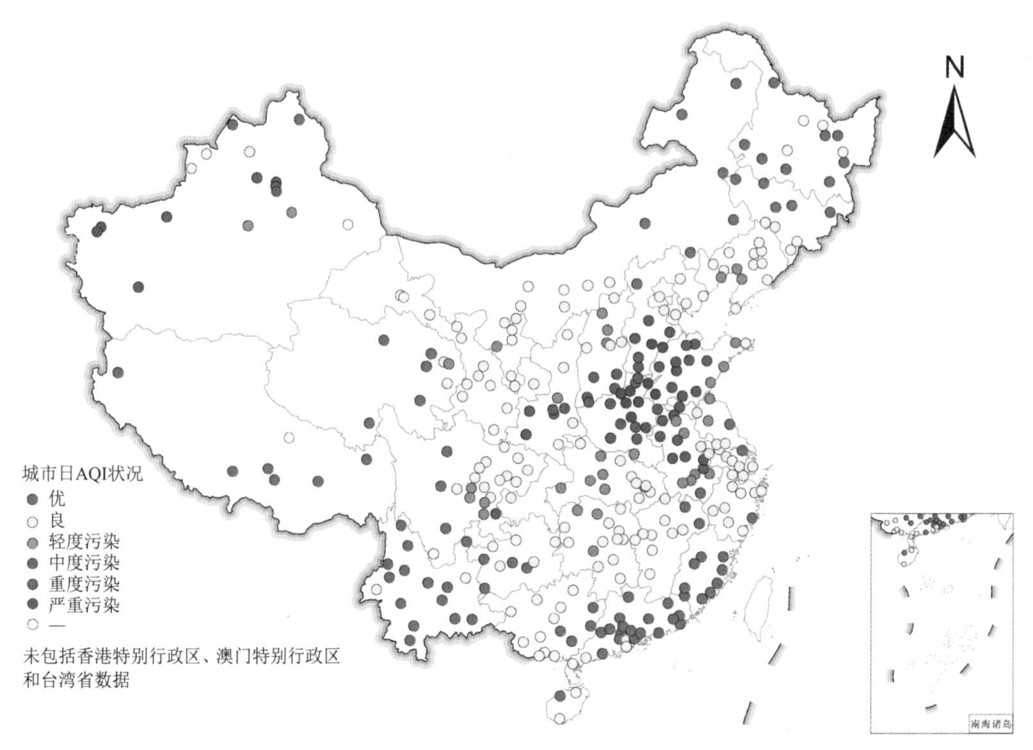

图 2.1-33　2022 年 12 月 9 日 339 个城市环境空气质量状况分布示意图

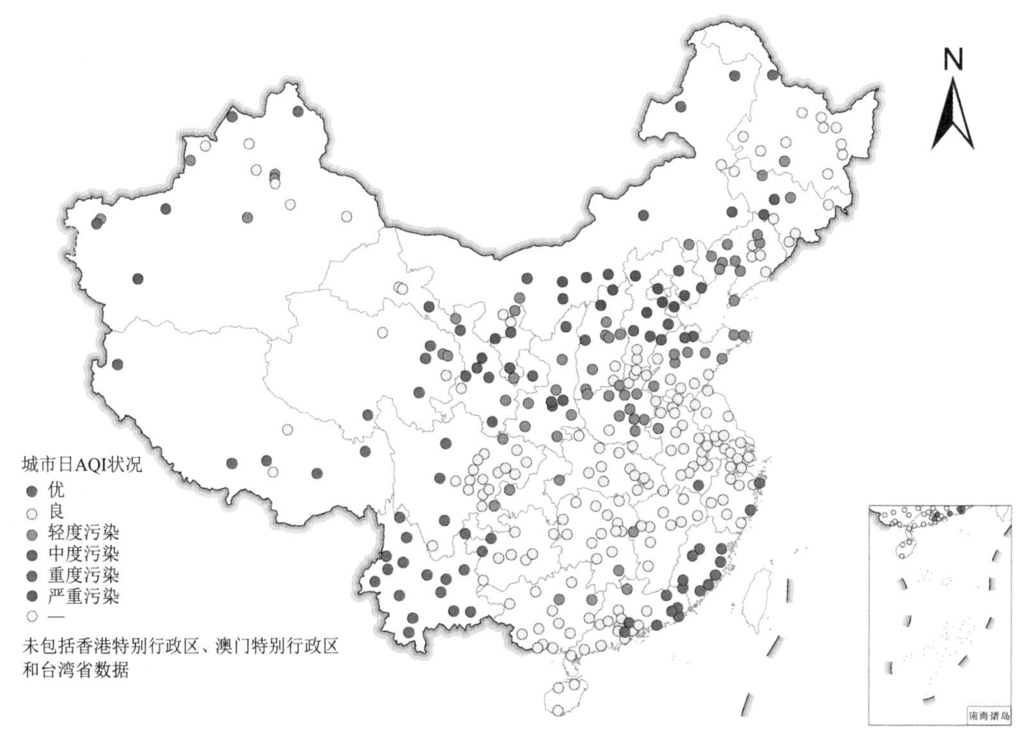

图 2.1-34　2022 年 12 月 12 日 339 个城市环境空气质量状况分布示意图

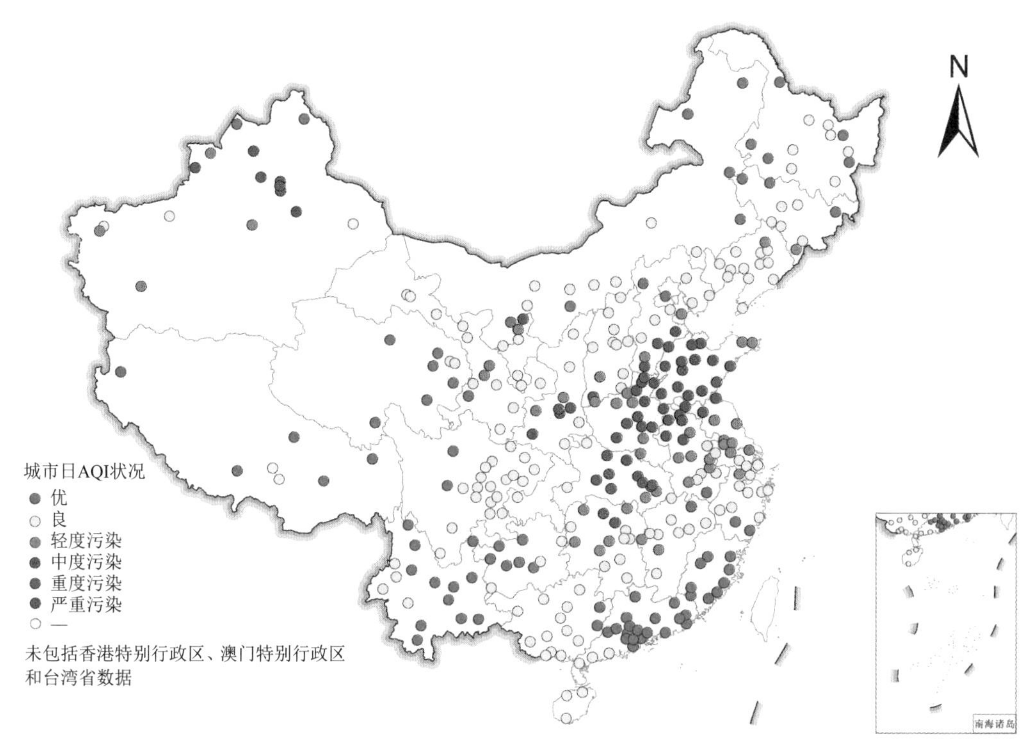

图 2.1-35　2022 年 12 月 31 日 339 个城市环境空气质量状况分布示意图

第二节　168 个城市

一、总体情况

2022 年，按照环境空气质量综合指数评价，168 个城市[①]中环境空气质量相对较差的 20 个城市依次为渭南市、咸阳市、荆州市、西安市、鹤壁市、安阳市、驻马店市、新乡市、太原市、阳泉市、临汾市、邢台市、焦作市、石家庄市、邯郸市、淄博市、晋中市、菏泽市、保定市、开封市和运城市（开封市和运城市并列倒数第 20 名）；环境空气质量相对较好的 20 个城市依次为拉萨市、海口市、舟山市、黄山市、福州市、贵阳市、丽水市、张家口市、厦门市、惠州市、深圳市、昆明市、珠海市、台州市、中山市、南宁市、雅安市、宁波市、肇庆市和大连市。168 个城市中，拉萨市、珠海市、昆明市等 58 个城市环境空气质量达标，占 34.5%；110 个城市超标，占 65.5%。其中，76 个城市 $PM_{2.5}$ 超标，占 45.2%；43 个城市 PM_{10} 超标，占 25.6%；91 个城市 O_3 超标，占 54.2%；所有城市

① 168 个城市包括京津冀及周边地区 54 个城市、长三角地区 41 个城市、汾渭平原 11 个城市、成渝地区 16 个城市、长江中游城市群 22 个城市、珠三角地区 9 个城市，以及其他 15 个省会城市和计划单列市，清单见书后附录一中附表 1-3。

CO、SO_2和NO_2均达标。从污染物超标项数来看，1项超标的城市有48个，2项超标的城市有24个，3项超标的城市有38个，未出现4项及以上污染物超标的城市。

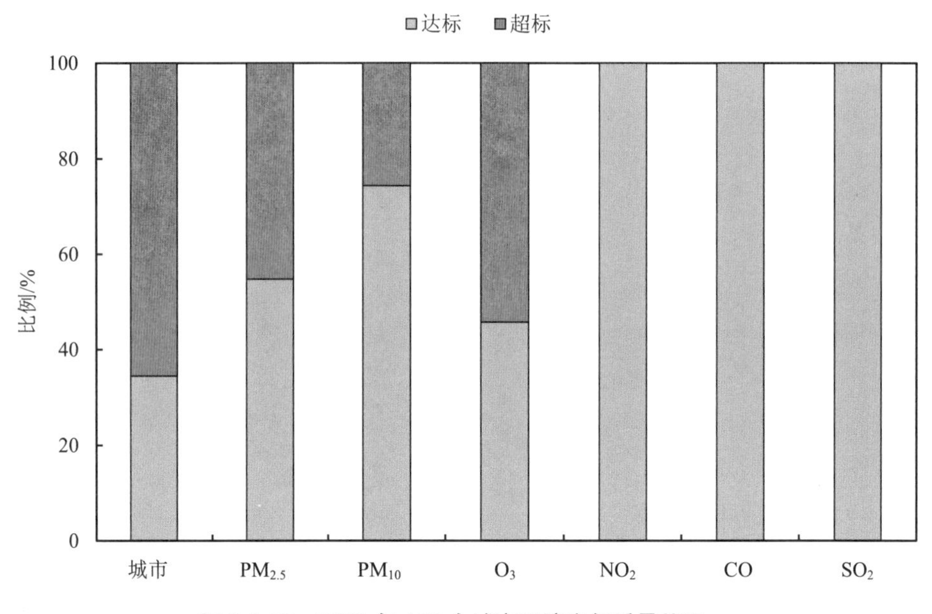

图2.1-36 2022年168个城市环境空气质量状况

若不扣除沙尘天气影响，168个城市中有56个城市环境空气质量达标，占33.3%；112个城市超标，占66.7%，其中78个城市$PM_{2.5}$超标，占46.4%，54个城市PM_{10}超标，占32.1%，91个城市O_3超标，占54.2%。

与2021年相比，环境空气质量达标城市减少9个，$PM_{2.5}$、PM_{10}和NO_2超标城市分别减少11个、6个和1个，O_3超标城市增加41个。若不扣除沙尘天气过程影响，与2021年相比，环境空气质量达标城市减少4个，$PM_{2.5}$超标城市减少13个，PM_{10}超标城市减少15个。

二、优良天数比例

2022年，168个城市环境空气优良天数比例为50.4%～100%，平均为79.9%；平均超标天数比例为20.1%。贵阳市和昆明市2个城市优良天数比例为100%，拉萨市、海口市、舟山市等90个城市优良天数比例大于等于80%且小于100%，南京市、北京市、无锡市等76个城市优良天数比例大于等于50%且小于80%。

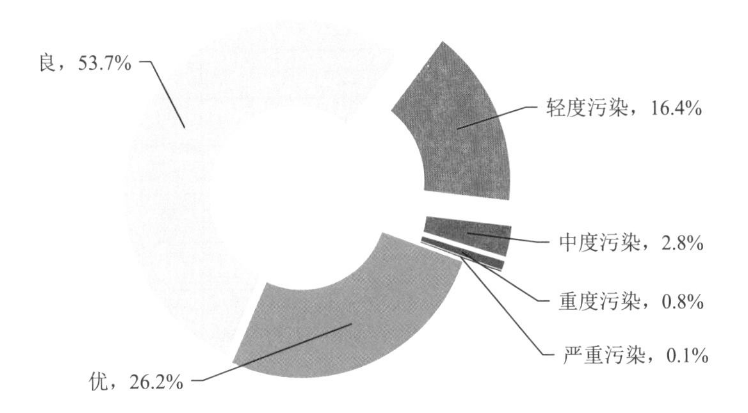

图 2.1-37 2022 年 168 个城市环境空气质量状况

2022 年，168 个城市环境空气质量共超标 12 335 天次。其中，以 $PM_{2.5}$、PM_{10}、O_3 和 NO_2 为首要污染物的超标天数分别占总超标天数的 39.0%、6.9%、54.0%和 0.1%，未出现以 SO_2 和 CO 为首要污染物的超标天。与 2021 年相比，空气污染天次数增加 1 222 天次。1 月、6 月和 9 月超标天数较多，分别占全年总超标天数的 17.1%、13.0%和 11.5%；2 月、10 月和 8 月超标天数较少，分别占 4.0%、4.5%和 5.1%。

表 2.1-9 2022 年 168 个城市环境空气质量超标情况

污染等级	首要污染物	累计超标天数/天次	出现城市数/个
轻度污染	$PM_{2.5}$	3 354	155
	PM_{10}	683	108
	O_3	6 026	166
	SO_2	0	0
	NO_2	15	8
	CO	0	0
中度污染	$PM_{2.5}$	1 020	133
	PM_{10}	108	65
	O_3	597	104
	SO_2	0	0
	NO_2	0	0
	CO	0	0

污染等级	首要污染物	累计超标天数/天次	出现城市数/个
重度污染	$PM_{2.5}$	422	83
	PM_{10}	22	17
	O_3	38	26
	SO_2	0	0
	NO_2	0	0
	CO	0	0
严重污染	$PM_{2.5}$	13	11
	PM_{10}	44	40
	O_3	0	0
	SO_2	0	0
	NO_2	0	0
	CO	0	0

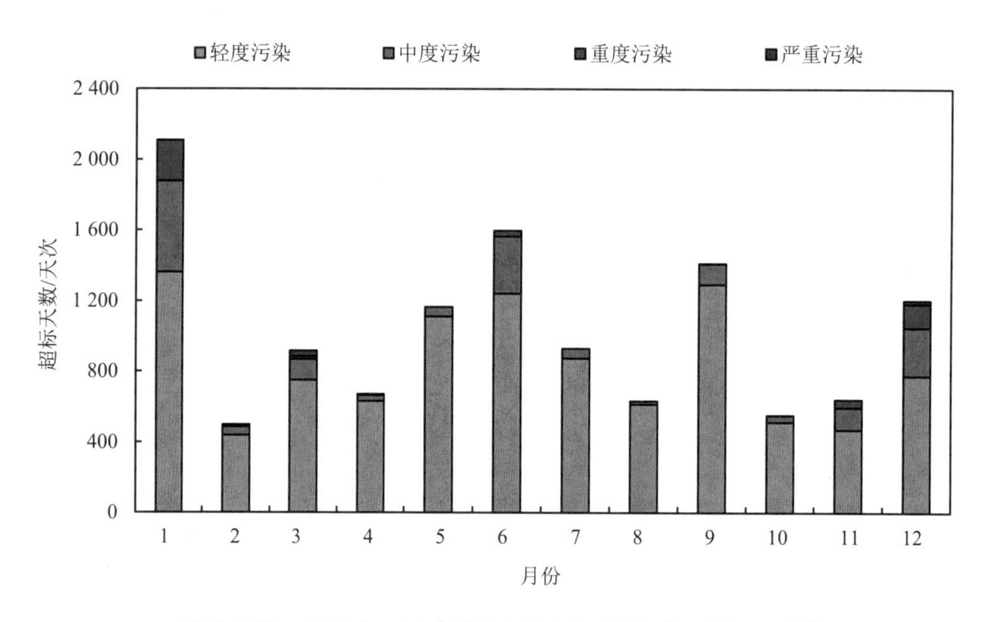

图 2.1-38　2022 年 168 个城市环境空气质量超标天数月际变化

三、六项污染物

（一）$PM_{2.5}$

2022 年，168 个城市 $PM_{2.5}$ 年均浓度在 8～55 μg/m³ 之间，平均为 35 μg/m³，与 2021 年

持平；日均值超标天数占监测天数的 7.9%，与 2021 年相比上升 0.4 个百分点。其中，3 个城市 $PM_{2.5}$ 年均浓度达到一级标准，占 1.8%；89 个城市达到二级标准，占 53.0%；76 个城市超过二级标准，占 45.2%。与 2021 年相比，19 个城市达标情况发生变化，其中 4 个城市由达标变为不达标，15 个城市由不达标变为达标。

若不扣除沙尘天气过程影响，168 个城市 $PM_{2.5}$ 年均浓度在 8～56 μg/m^3 之间，平均为 35 μg/m^3，与 2021 年相比下降 2.8%；日均值超标天数占监测天数的 8.2%，与 2021 年相比下降 0.3 个百分点。其中，3 个城市 $PM_{2.5}$ 年均浓度达到一级标准，占 1.8%；87 个城市达到二级标准，占 51.8%；78 个城市超过二级标准，占 46.4%。

（二）PM_{10}

2022 年，168 个城市 PM_{10} 年均浓度在 18～94 μg/m^3 之间，平均为 59 μg/m^3，与 2021 年相比下降 3.3%；日均值超标天数占监测天数的 2.5%，与 2021 年相比下降 0.6 个百分点。其中，22 个城市 PM_{10} 年均浓度达到一级标准，占 13.1%；103 个城市达到二级标准，占 61.3%；43 个城市超过二级标准，占 25.6%。与 2021 年相比，20 个城市达标情况发生变化，其中 7 个城市由达标变为不达标，13 个城市由不达标变为达标。

若不扣除沙尘天气过程影响，PM_{10} 年均浓度在 18～103 μg/m^3 之间，平均为 62 μg/m^3，与 2021 年相比下降 10.1%；日均值超标天数占监测天数的 3.8%，与 2021 年相比下降 2.0 个百分点。其中，21 个城市 PM_{10} 年均浓度达到一级标准，占 12.5%；93 个城市达到二级标准，占 55.4%；54 个城市超过二级标准，占 32.1%。

（三）O_3

2022 年，168 个城市 O_3 日最大 8 h 平均值第 90 百分位数浓度在 113～194 μg/m^3 之间，平均为 161 μg/m^3，与 2021 年相比上升 7.3%；日均值超标天数占监测天数的 11.0%，与 2021 年相比上升 3.4 个百分点。其中，无城市 O_3 日最大 8 h 平均值第 90 百分位数浓度达到一级标准；77 个城市达到二级标准，占 45.8%；91 个城市超过二级标准，占 54.2%。与 2021 年相比，45 个城市达标情况发生变化，其中 43 个城市由达标变为不达标，2 个城市由不达标变为达标。

（四）SO_2

2022 年，168 个城市 SO_2 年均浓度在 3～19 μg/m^3 之间，平均为 9 μg/m^3，与 2021 年持平；日均值超标天数占监测天数的 0%，与 2021 年持平。其中，168 个城市 SO_2 年均浓度达到一级标准，占 100%。与 2021 年相比，城市 SO_2 浓度达标情况未发生变化。

（五）NO_2

2022 年，168 个城市 NO_2 年均浓度在 9～40 μg/m^3 之间，平均为 25 μg/m^3，与 2021 年

相比下降10.7%；日均值超标天数占监测天数的0.1%，与2021年相比下降0.2个百分点。其中，168个城市NO_2年均浓度达到一级/二级标准，占100%。与2021年相比，1个城市达标情况发生变化，由不达标变为达标。

（六）CO

2022年，168个城市CO日均值第95百分位数浓度在0.6～1.8 mg/m^3之间，平均为1.1 mg/m^3，与2021年相比下降8.3%；日均值超标天数占监测天数的0%，与2021年持平。其中，168个城市CO日均值第95百分位数浓度达到一级/二级标准，占100%。与2021年相比，城市CO浓度达标情况未发生变化。

第三节　重点区域

一、总体情况

2022年，“2+26”城市无城市环境空气质量达标，长三角地区有15个城市环境空气质量达标，珠三角地区有3个城市环境空气质量达标，苏皖鲁豫交界有3个城市环境空气质量达标，汾渭平原无城市环境空气质量达标。

表2.1-10　2022年重点区域六项污染物达标城市数量

单位：个

区域	城市总数	$PM_{2.5}$达标城市数	PM_{10}达标城市数	O_3达标城市数	SO_2达标城市数	NO_2达标城市数	CO达标城市数	环境空气质量达标城市数
“2+26”城市	28	1	7	0	28	28	28	0
长三角地区	41	33	40	17	41	41	41	15
汾渭平原	11	1	1	3	11	11	11	0
珠三角地区	9	9	9	3	9	9	9	3
苏皖鲁豫交界	22	5	13	6	22	22	22	3

（一）优良天数比例

2022年，“2+26”城市、长三角地区、汾渭平原、珠三角地区和苏皖鲁豫交界优良天数比例分别为66.7%、83.0%、65.2%、86.1%和74.3%，重度及以上污染天数比例分别为2.2%、0.2%、2.0%、0.1%和1.4%。与2021年相比，“2+26”城市、长三角地区、汾渭平原、珠三角地区和苏皖鲁豫交界优良天数比例分别下降0.5个、3.7个、5.0个、4.7个和

2.0 个百分点。

表 2.1-11　2022 年重点区域环境空气质量各级别天数比例

单位：%

区域	优	良	轻度污染	中度污染	重度污染	严重污染
“2+26”城市	12.8	53.9	25.1	6.0	1.9	0.2
长三角地区	27.8	55.2	14.7	2.0	0.2	0.0
汾渭平原	8.9	56.3	27.6	5.1	1.7	0.4
珠三角地区	53.4	32.8	11.4	2.3	0.1	0.0
苏皖鲁豫交界	14.0	60.3	20.5	3.8	1.3	0.1

“2+26”城市优良天数比例 6 月最低，为 31.7%；2 月、10 月最高，为 85.7%。长三角地区优良天数比例 1 月最低，为 64.9%；11 月最高，为 97.8%。汾渭平原优良天数比例 1 月最低，为 32.3%；4 月最高，为 88.2%。珠三角地区优良天数比例 9 月最低，为 41.8%；6 月、12 月最高，为 100%。苏皖鲁豫交界优良天数比例 1 月最低，为 39.3%；8 月最高，为 93.2%。

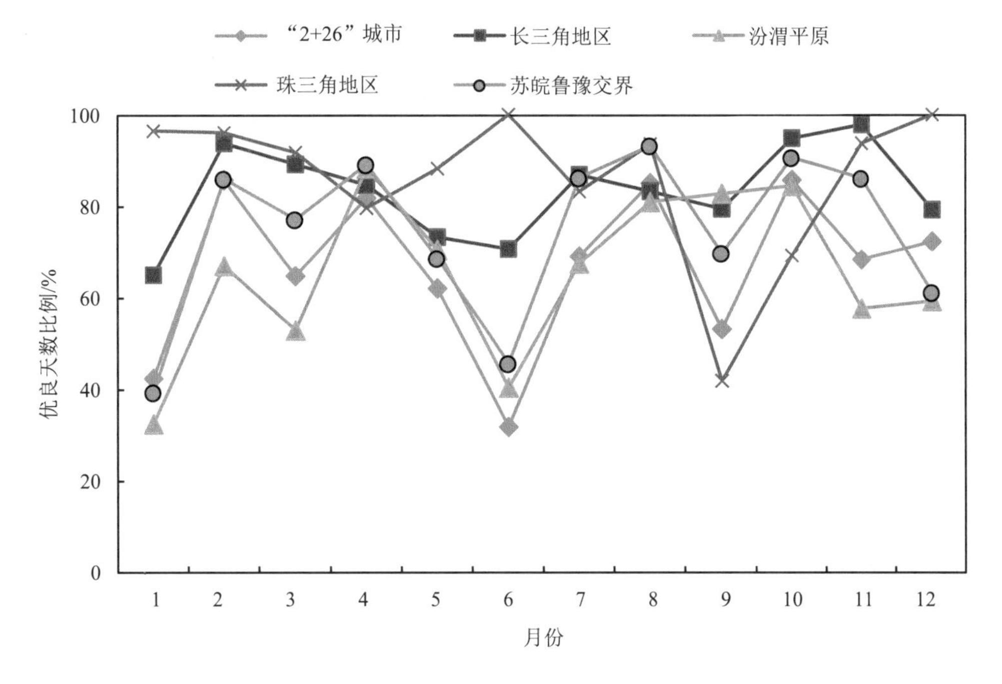

图 2.1-39　2022 年重点区域环境空气质量优良天数比例月际变化

（二）首要污染物

2022 年，“2+26”城市以 $PM_{2.5}$、PM_{10} 和 O_3 为首要污染物的超标天数分别占总超标天数的 40.4%、6.4%和 53.2%，长三角地区以 $PM_{2.5}$、PM_{10}、O_3 和 NO_2 为首要污染物的超标天数分别占总超标天数的 32.3%、4.2%、63.4%和 0.1%，汾渭平原以 $PM_{2.5}$、PM_{10} 和 O_3 为首要污染物的超标天数分别占总超标天数的 47.0%、14.5%和 38.7%，珠三角地区以 $PM_{2.5}$、O_3 和 NO_2 为首要污染物的超标天数分别占总超标天数的 0.4%、98.9%和 0.7%，苏皖鲁豫交界以 $PM_{2.5}$、PM_{10} 和 O_3 为首要污染物的超标天数分别占总超标天数的 42.3%、8.3%和 49.4%。

表 2.1-12　2022 年重点区域超标天数中首要污染物超标天数比例

单位：%

区域	$PM_{2.5}$	PM_{10}	O_3	SO_2	NO_2	CO
“2+26”城市	40.4	6.4	53.2	0	0	0
长三角地区	32.3	4.2	63.4	0	0.1	0
汾渭平原	47.0	14.5	38.7	0	0	0
珠三角地区	0.4	0	98.9	0	0.7	0
苏皖鲁豫交界	42.3	8.3	49.4	0	0	0

（三）六项污染物

1. $PM_{2.5}$

2022 年，“2+26”城市 $PM_{2.5}$ 浓度 1 月最高，为 87 μg/m^3；7 月最低，为 22 μg/m^3。长三角地区浓度 1 月最高，为 63 μg/m^3；7 月最低，为 17 μg/m^3。汾渭平原浓度 1 月最高，为 97 μg/m^3；6 月、7 月最低，为 21 μg/m^3。珠三角地区浓度 1 月最高，为 31 μg/m^3；6 月最低，为 9 μg/m^3。苏皖鲁豫交界浓度 1 月最高，为 90 μg/m^3；7 月、8 月最低，为 18 μg/m^3。

若不扣除沙尘影响，“2+26”城市、长三角地区、汾渭平原、珠三角地区和苏皖鲁豫交界 $PM_{2.5}$ 浓度在 1 月最高，分别为 87 μg/m^3、63 μg/m^3、97 μg/m^3、31 μg/m^3 和 90 μg/m^3；“2+26”城市和长三角地区 $PM_{2.5}$ 浓度在 7 月最低，分别为 22 μg/m^3 和 17 μg/m^3，汾渭平原在 6 月、7 月最低，为 21 μg/m^3，珠三角地区在 6 月最低，为 9 μg/m^3，苏皖鲁豫交界在 7 月、8 月最低，为 18 μg/m^3。

2. PM_{10}

2022 年，“2+26”城市 PM_{10} 浓度 1 月最高，为 114 μg/m^3；7 月最低，为 42 μg/m^3。长三角地区浓度 1 月最高，为 84 μg/m^3；7 月最低，为 31 μg/m^3。汾渭平原浓度 12 月最高，为 125 μg/m^3；7 月最低，为 44 μg/m^3。珠三角地区浓度 1 月最高，为 50 μg/m^3；6 月最低，

为 20 μg/m^3。苏皖鲁豫交界浓度 1 月最高，为 116 μg/m^3；7 月最低，为 33 μg/m^3。

若不扣除沙尘影响，“2+26”城市和汾渭平原 PM_{10}浓度在 3 月最高，分别为 119 μg/m^3 和 155 μg/m^3，珠三角地区和苏皖鲁豫交界 PM_{10} 浓度在 1 月最高，分别为 50 μg/m^3 和 116 μg/m^3；“2+26”城市、长三角地区、汾渭平原和苏皖鲁豫交界 PM_{10}浓度在 7 月最低，分别为 42 μg/m^3、31 μg/m^3、44 μg/m^3 和 33 μg/m^3，珠三角地区在 6 月最低，为 20 μg/m^3。

3. O_3

2022 年，“2+26”城市 O_3 日最大 8 h 平均值第 90 百分位数浓度 6 月最高，为 243 μg/m^3；12 月最低，为 67 μg/m^3。长三角地区浓度 6 月最高，为 184 μg/m^3；12 月最低，为 74 μg/m^3。汾渭平原浓度 6 月最高，为 203 μg/m^3；12 月最低，为 71 μg/m^3。珠三角地区浓度 9 月最高，为 215 μg/m^3；6 月最低，为 86 μg/m^3。苏皖鲁豫交界浓度 6 月最高，为 206 μg/m^3；12 月最低，为 75 μg/m^3。

4. SO_2

2022 年，“2+26”城市 SO_2 浓度 12 月最高，为 13 μg/m^3；7 月、8 月最低，为 7 μg/m^3。长三角地区浓度 4 月、12 月最高，为 8 μg/m^3；6 月、7 月最低，为 6 μg/m^3。汾渭平原浓度 1 月、12 月最高，为 12 μg/m^3；7 月、8 月最低，为 6 μg/m^3。珠三角地区浓度 10 月最高，为 8 μg/m^3；1 月、2 月、5—8 月最低，为 6 μg/m^3。苏皖鲁豫交界浓度 12 月最高，为 11 μg/m^3；7 月最低，为 6 μg/m^3。

5. NO_2

2022 年，“2+26”城市 NO_2 浓度 12 月最高，为 43 μg/m^3；7 月最低，为 17 μg/m^3。长三角地区浓度 12 月最高，为 38 μg/m^3；7 月最低，为 14 μg/m^3。汾渭平原浓度 12 月最高，为 44 μg/m^3；8 月最低，为 18 μg/m^3。珠三角地区浓度 1 月最高，为 37 μg/m^3；6 月最低，为 14 μg/m^3。苏皖鲁豫交界浓度 12 月最高，为 39 μg/m^3；7 月最低，为 12 μg/m^3。

6. CO

2022 年，“2+26”城市 CO 日均值第 95 百分位数浓度 1 月最高，为 1.7 mg/m^3；5 月最低，为 0.8 mg/m^3。长三角地区浓度 1 月最高，为 1.1 mg/m^3；4—10 月最低，为 0.7 mg/m^3。汾渭平原浓度 1 月最高，为 1.7 mg/m^3；6 月最低，为 0.6 mg/m^3。珠三角地区浓度 1 月最高，为 1.1 mg/m^3；6—8 月最低，为 0.6 mg/m^3。苏皖鲁豫交界浓度 1 月最高，为 1.4 mg/m^3；5—8 月最低，为 0.7 mg/m^3。

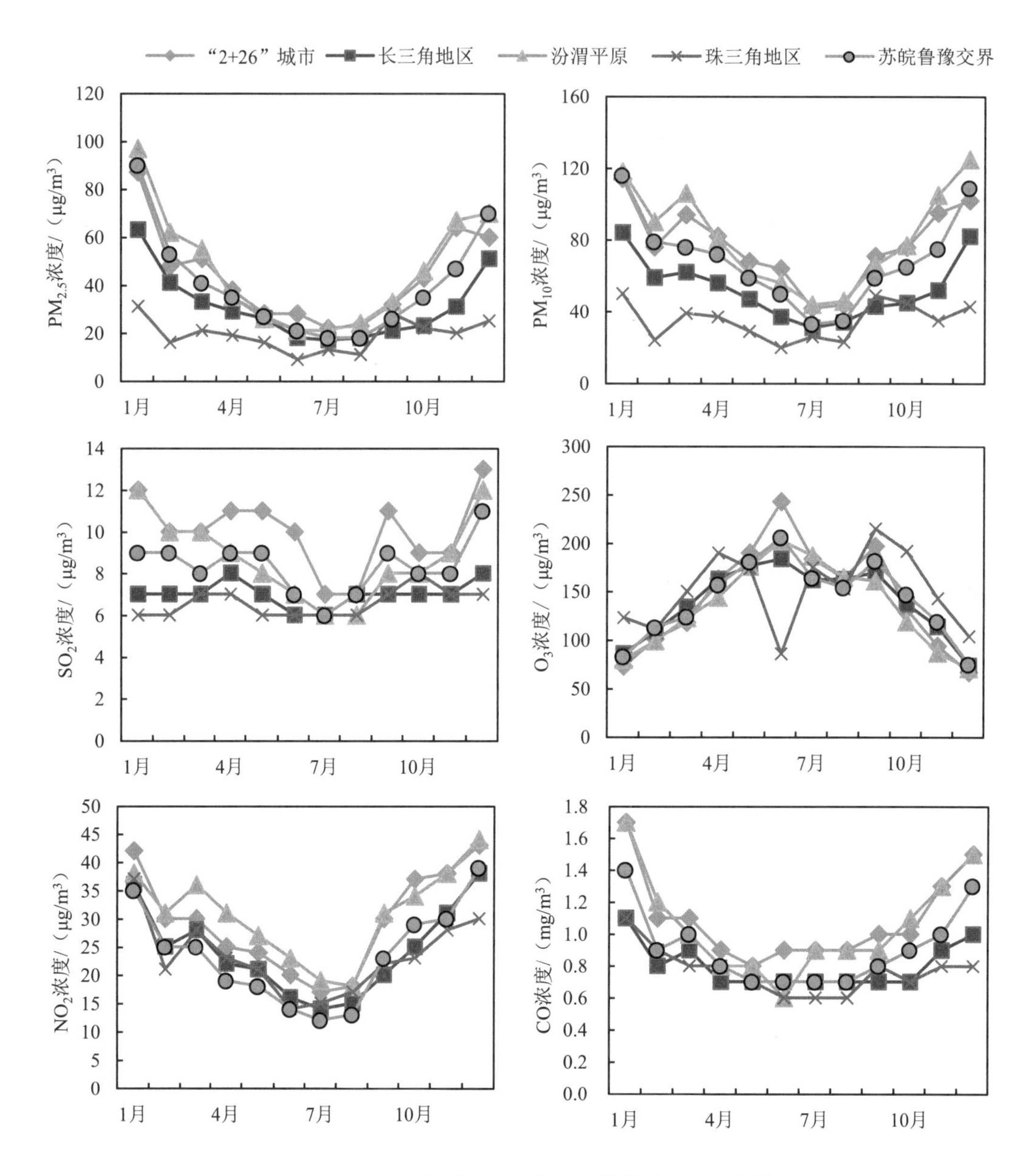

图 2.1-40　2022 年重点区域六项污染物浓度月际变化

二、"2+26"城市

2022 年，"2+26"城市优良天数比例范围为 59.2%～78.4%，平均为 66.7%，与 2021 年相比下降 0.5 个百分点。北京市、长治市、唐山市等 28 个城市优良天数比例大于等于 50% 且小于 80%。

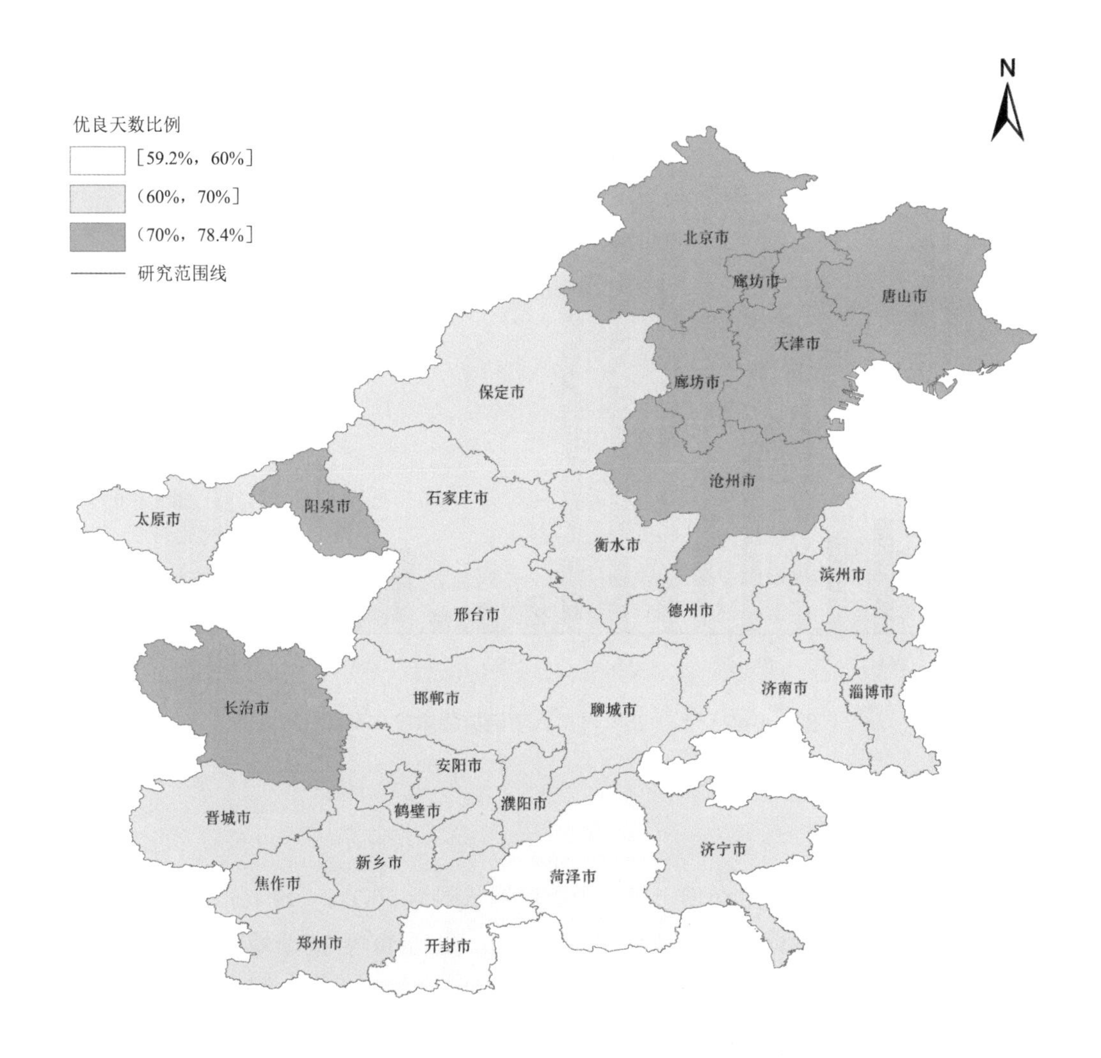

图 2.1-41　2022 年“2+26”城市优良天数比例分布示意图

“2+26”城市 $PM_{2.5}$ 年均浓度为 44 μg/m³，与 2021 年相比上升 2.3%；PM_{10} 年均浓度为 76 μg/m³，与 2021 年相比下降 2.6%；O_3 日最大 8 h 平均值第 90 百分位数浓度平均为 179 μg/m³，与 2021 年相比上升 4.7%；SO_2 年均浓度为 10 μg/m³，与 2021 年相比下降 9.1%；NO_2 年均浓度为 29 μg/m³，与 2021 年相比下降 6.5%；CO 日均值第 95 百分位数浓度平均为 1.3 mg/m³，与 2021 年相比下降 7.1%。

若不扣除沙尘天气过程影响，“2+26”城市 $PM_{2.5}$ 年均浓度为 44 μg/m³，与 2021 年相比下降 2.2%；PM_{10} 年均浓度为 81 μg/m³，与 2021 年相比下降 12.9%。

北京市优良天数比例为 78.4%，与 2021 年相比下降 0.5 个百分点；出现重度污染 2 d，严重污染 1 d，与 2021 年相比重度及以上污染天数减少 5 d。

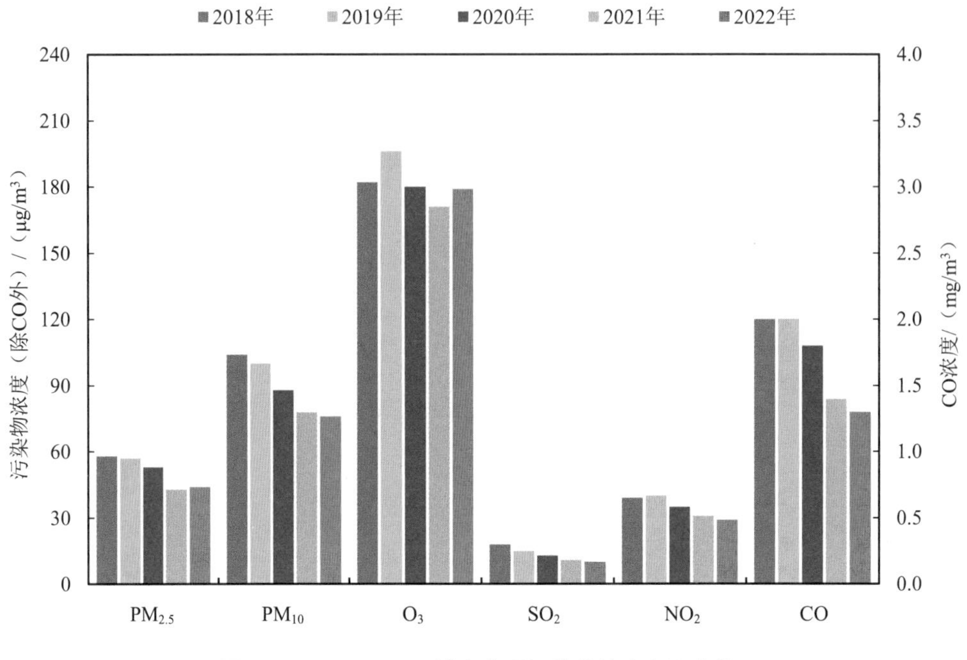

图 2.1-42 “2+26”城市六项污染物浓度年际变化

三、长三角地区

2022 年，长三角地区 41 个城市优良天数比例范围为 70.7%～98.4%，平均为 83.0%，与 2021 年相比下降 3.7 个百分点。黄山市、舟山市、丽水市等 25 个城市优良天数比例大于等于 80%且小于 100%，南京市、滁州市、淮南市等 16 个城市优良天数比例大于等于 70%且小于 80%。

长三角地区 $PM_{2.5}$ 年均浓度为 31 μg/m³，与 2021 年持平；PM_{10} 年均浓度为 52 μg/m³，与 2021 年相比下降 7.1%；O_3 日最大 8 h 平均值第 90 百分位数浓度平均为 162 μg/m³，与 2021 年相比上升 7.3%；SO_2 年均浓度为 7 μg/m³，与 2021 年持平；NO_2 年均浓度为 24 μg/m³，与 2021 年相比下降 14.3%；CO 日均值第 95 百分位数浓度平均为 0.9 mg/m³，与 2021 年相比下降 10.0%。

若不扣除沙尘天气过程影响，长三角地区 $PM_{2.5}$ 年均浓度为 31 μg/m³，与 2021 年相比下降 3.1%；PM_{10} 年均浓度为 54 μg/m³，与 2021 年相比下降 10.0%。

上海市优良天数比例为 87.1%，与 2021 年相比下降 4.7 个百分点；未出现重度及以下污染天，与 2021 年相比重度及以上污染天数持平。

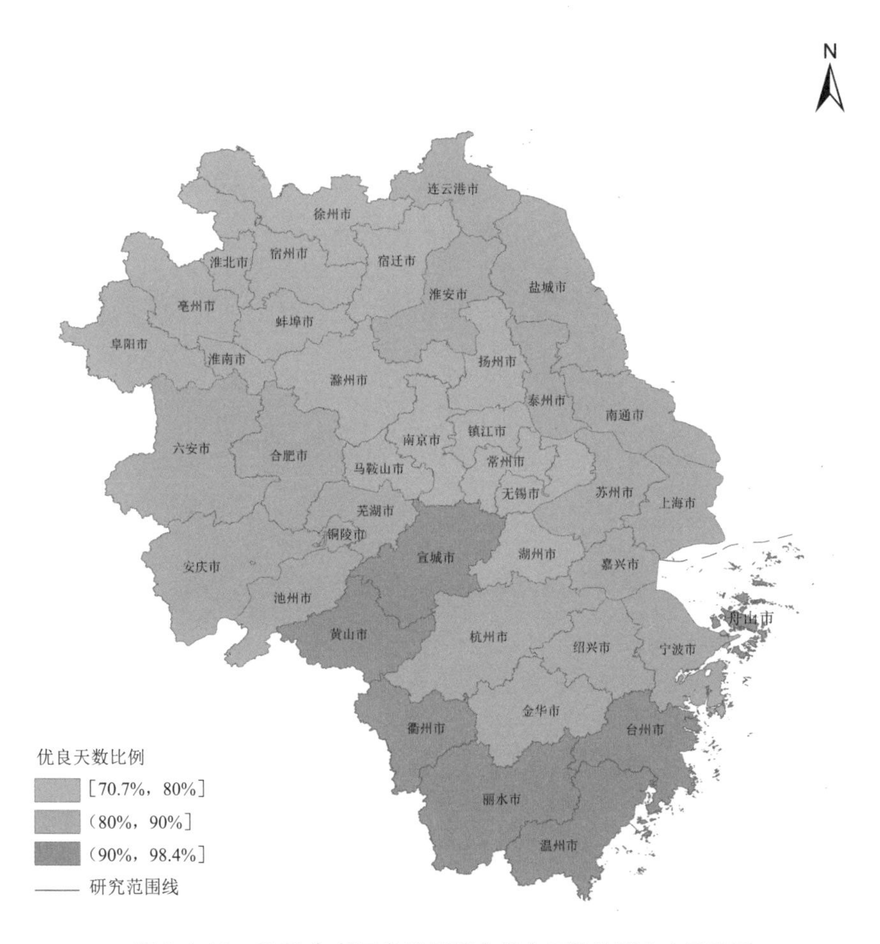

图 2.1-43　2022 年长三角地区城市优良天数比例分布示意图

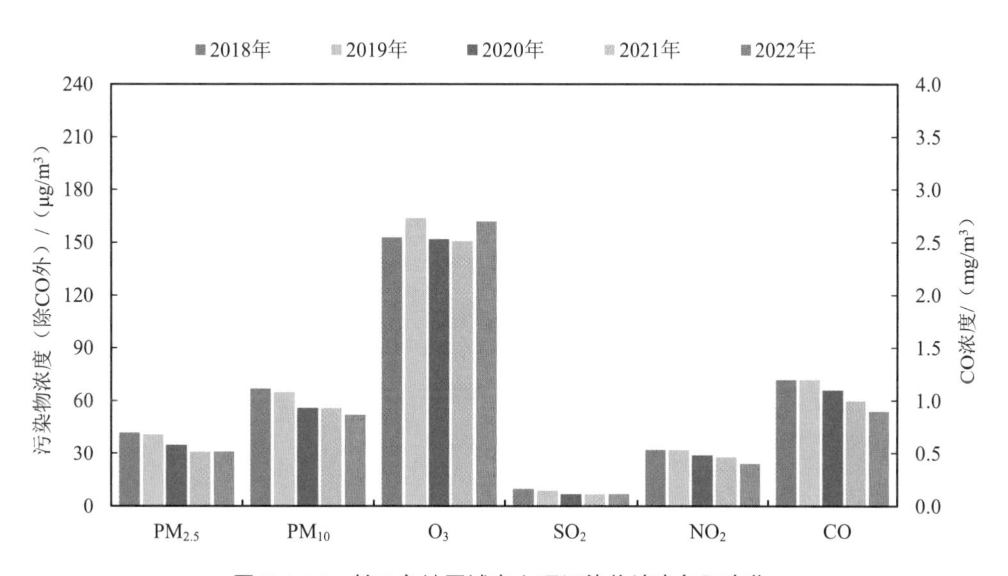

图 2.1-44　长三角地区城市六项污染物浓度年际变化

四、汾渭平原

2022 年，汾渭平原 11 个城市优良天数比例范围为 50.4%～87.4%，平均为 65.2%，与 2021 年相比下降 5.0 个百分点。吕梁市优良天数比例大于等于 80%且小于 100%，铜川市、宝鸡市、三门峡市、晋中市、运城市、洛阳市、临汾市、渭南市、西安市和咸阳市 10 个城市优良天数比例大于等于 50%且小于 80%。

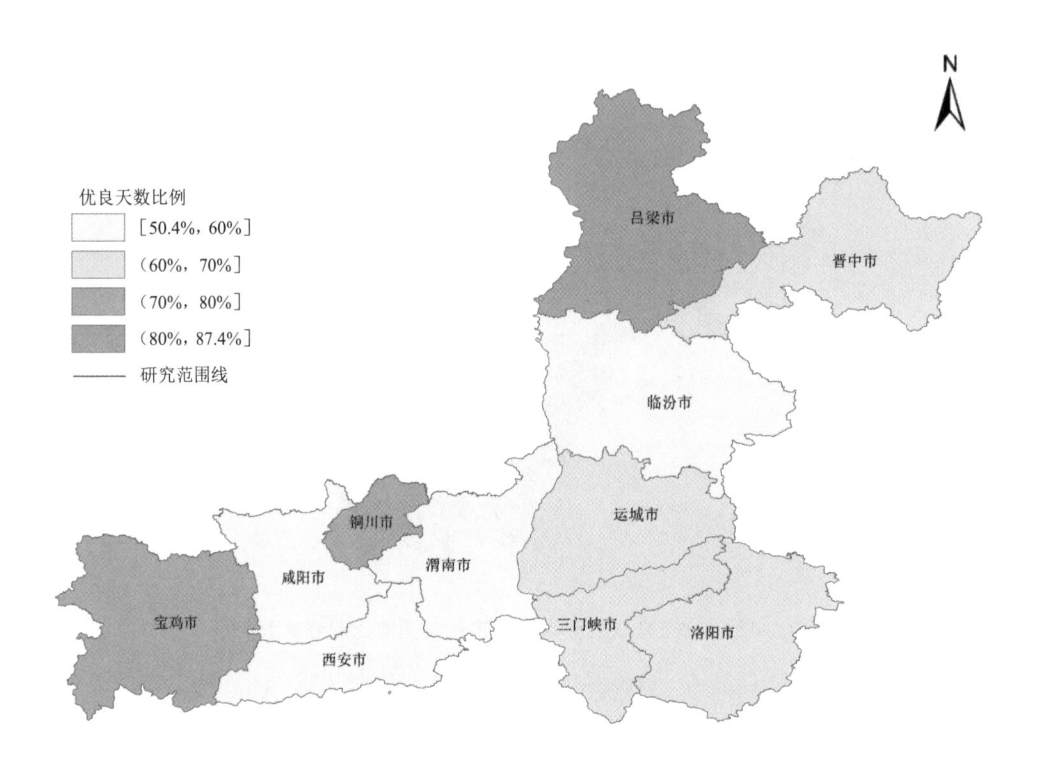

图 2.1-45　2022 年汾渭平原城市优良天数比例分布示意图

汾渭平原 $PM_{2.5}$ 年均浓度为 46 μg/m^3，与 2021 年相比上升 9.5%；PM_{10} 年均浓度为 79 μg/m^3，与 2021 年相比上升 3.9%；O_3 日最大 8 h 平均值第 90 百分位数浓度平均为 167 μg/m^3，与 2021 年相比上升 1.2%；SO_2 年均浓度为 9 μg/m^3，与 2021 年相比下降 10.0%；NO_2 年均浓度为 31 μg/m^3，与 2021 年相比下降 6.1%；CO 日均值第 95 百分位数浓度平均为 1.3 mg/m^3，与 2021 年持平。

若不扣除沙尘天气过程影响，汾渭平原 $PM_{2.5}$ 年均浓度为 47 μg/m^3，与 2021 年相比上升 6.8%；PM_{10} 年均浓度为 87 μg/m^3，与 2021 年相比下降 6.5%。

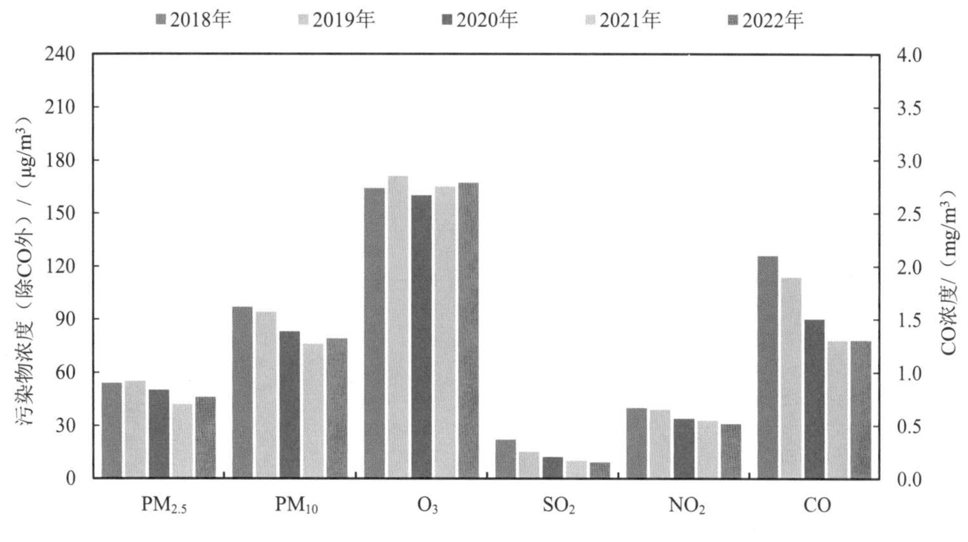

图 2.1-46 汾渭平原六项污染物浓度年际变化

五、珠三角地区

2022 年，珠三角地区 9 个城市优良天数比例范围为 80.0%～93.7%，平均为 86.1%，与 2021 年相比下降 4.7 个百分点。惠州市、深圳市、珠海市、肇庆市、佛山市、广州市、中山市、江门市、东莞市 9 个城市优良天数比例大于等于 80%且小于 100%。

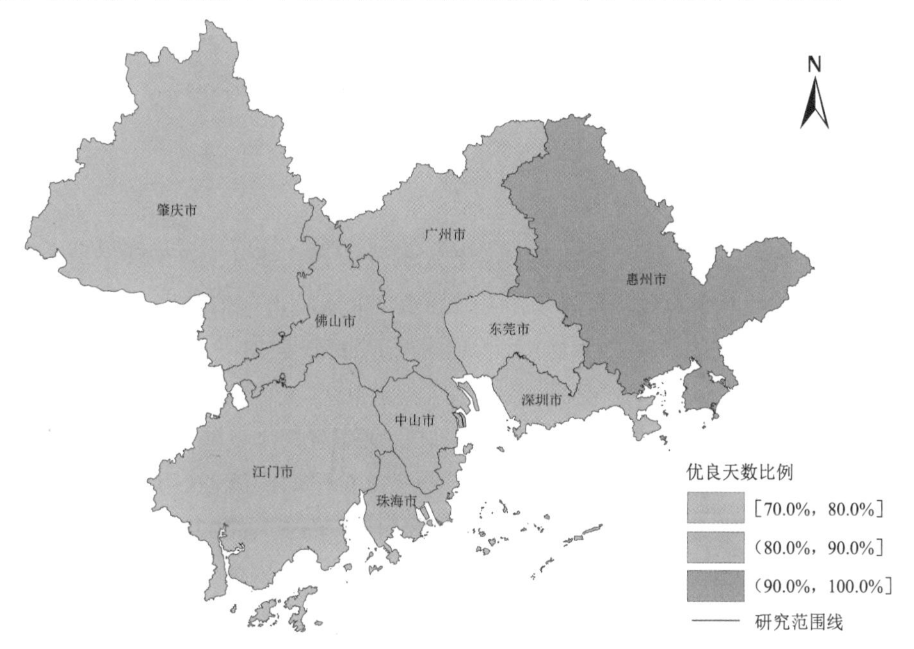

图 2.1-47 2022 年珠三角地区城市优良天数比例分布示意图

珠三角地区 $PM_{2.5}$ 年均浓度为 19 μg/m³，与 2021 年相比下降 9.5%；PM_{10} 年均浓度为 35 μg/m³，与 2021 年相比下降 14.6%；O_3 日最大 8 h 平均值第 90 百分位数浓度平均为 174 μg/m³，与 2021 年相比上升 13.7%；SO_2 年均浓度为 7 μg/m³，与 2021 年持平；NO_2 年均浓度为 23 μg/m³，与 2021 年相比下降 14.8%；CO 日均值第 95 百分位数浓度平均为 0.9 mg/m³，与 2021 年持平。

若不扣除沙尘天气过程影响，珠三角地区 $PM_{2.5}$ 年均浓度为 19 μg/m³，与 2021 年相比下降 9.5%；PM_{10} 年均浓度为 35 μg/m³，与 2021 年相比下降 14.6%。

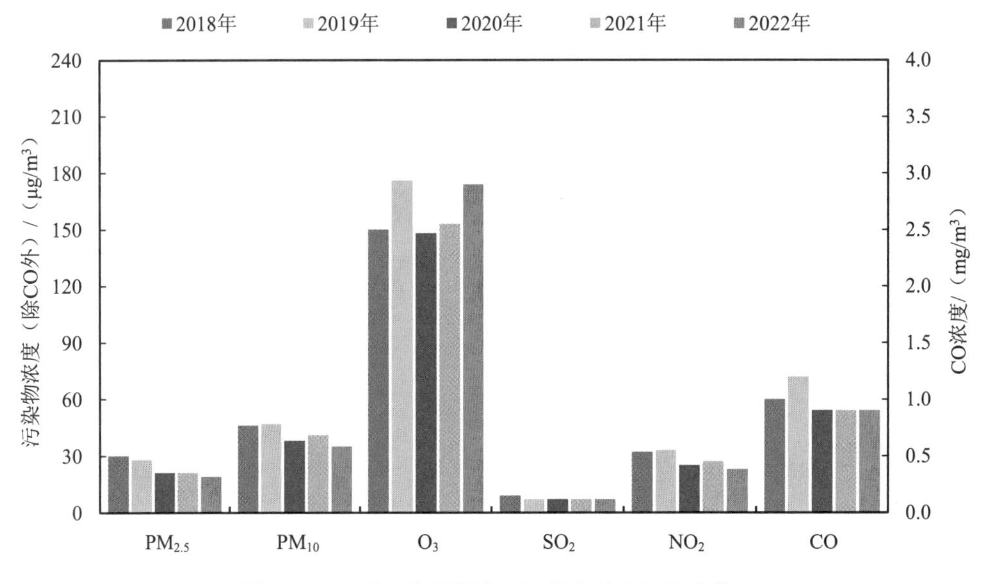

图 2.1-48　珠三角地区六项污染物浓度年际变化

六、苏皖鲁豫交界

2022 年，苏皖鲁豫交界 22 个城市优良天数比例范围为 62.5%～88.5%，平均为 74.3%，与 2021 年相比下降 2.0 个百分点。青岛市、日照市、连云港市和信阳市 4 个城市优良天数比例大于等于 80%且小于 100%，潍坊市、宿迁市、宿州市等 18 个城市优良天数比例大于等于 50%且小于 80%。

苏皖鲁豫交界 $PM_{2.5}$ 年均浓度为 40 μg/m³，与 2021 年相比下降 2.4%；PM_{10} 年均浓度为 68 μg/m³，与 2021 年相比下降 2.9%；O_3 日最大 8 h 平均值第 90 百分位数浓度平均为 167 μg/m³，与 2021 年相比上升 7.7%；SO_2 年均浓度为 8 μg/m³，与 2021 年相比下降 11.1%；NO_2 年均浓度为 24 μg/m³，与 2021 年相比下降 7.7%；CO 日均值第 95 百分位数浓度平均为 1.1 mg/m³，与 2021 年持平。

若不扣除沙尘天气过程影响，苏皖鲁豫交界 $PM_{2.5}$ 年均浓度为 40 μg/m³，与 2021 年相比下降 4.8%；PM_{10} 年均浓度为 72 μg/m³，与 2021 年相比下降 11.1%。

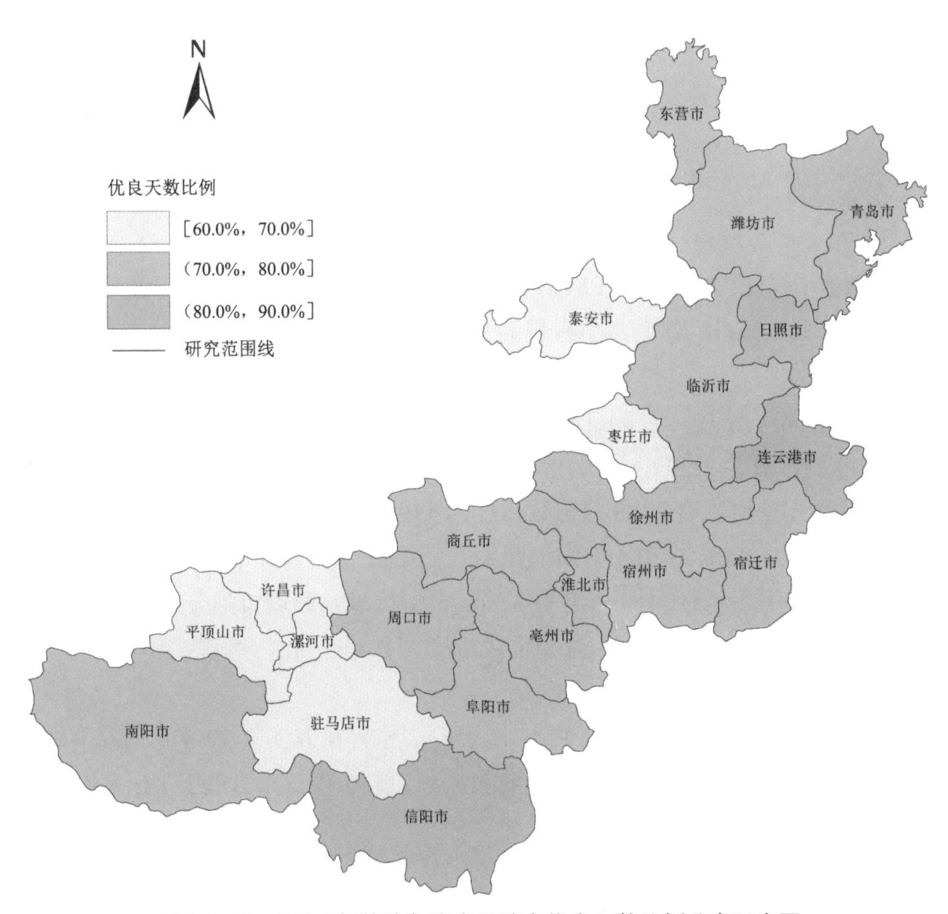

图 2.1-49　2022 年苏皖鲁豫交界城市优良天数比例分布示意图

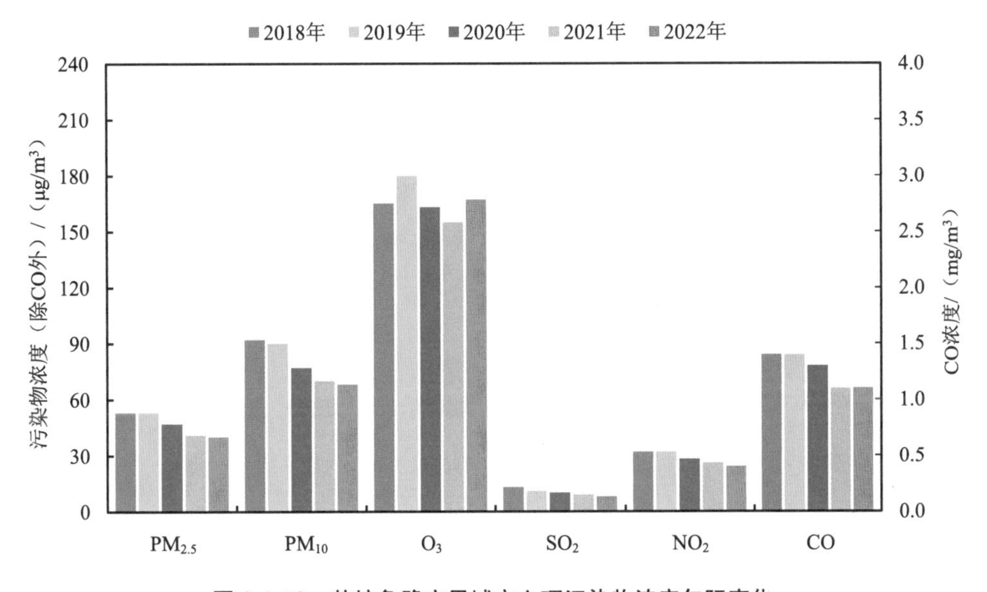

图 2.1-50　苏皖鲁豫交界城市六项污染物浓度年际变化

第四节　背景站和区域站

一、背景站

2022 年，全国背景站 $PM_{2.5}$、PM_{10}、SO_2、NO_2 年均浓度和 CO 日均值第 95 百分位数浓度均明显低于区域站和城市站，O_3 日最大 8 h 平均值第 90 百分位数浓度略低于区域站和城市站。

背景站 $PM_{2.5}$ 年均浓度为 8.8 μg/m^3，区域站和城市站分别为背景站的 2.7 倍和 3.3 倍；背景站 PM_{10} 年均浓度为 16.7 μg/m^3，区域站和城市站分别为背景站的 2.6 倍和 3.1 倍；背景站 O_3 日最大 8 h 平均值第 90 百分位数浓度为 119.8 μg/m^3，区域站和城市站分别为背景站的 1.2 倍和 1.2 倍；背景站 SO_2 年均浓度为 0.9 μg/m^3，区域站和城市站分别为背景站的 5.6 倍和 10.0 倍；背景站 NO_2 年均浓度为 3.3 μg/m^3，区域站和城市站分别为背景站的 3.9 倍和 6.4 倍；背景站 CO 日均值第 95 百分位数浓度为 0.4 mg/m^3，区域站和城市站分别为背景站的 2.0 倍和 2.8 倍。

与 2021 年相比，2022 年背景站 $PM_{2.5}$、PM_{10}、SO_2 和 NO_2 年均浓度分别下降 7.4%、13.0%、10.0%和 2.9%；CO 日均值第 95 百分位数浓度持平；O_3 日最大 8 h 平均值第 90 百分位数浓度上升 7.7%。

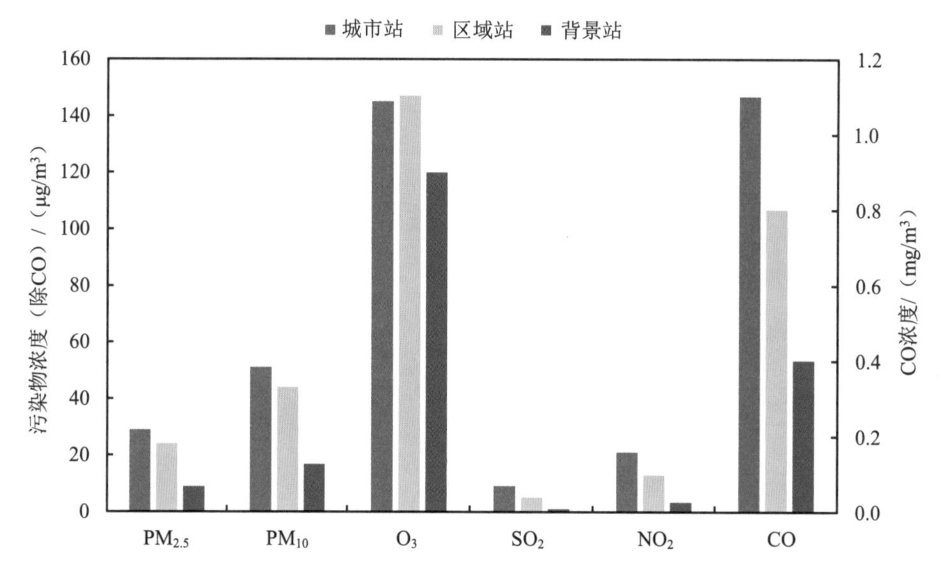

图 2.1-51　2022 年全国背景站、区域站和城市站六项污染物浓度比较

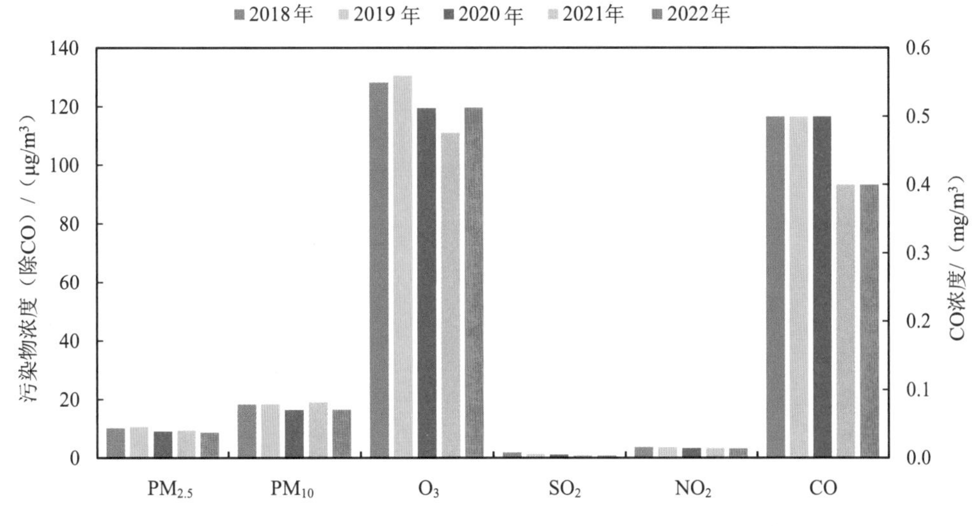

图 2.1-52　2018—2022 年全国背景站六项污染物浓度年际变化

二、区域站

2022 年，全国区域站 $PM_{2.5}$ 浓度在 8～63 μg/m^3 之间，平均为 24 μg/m^3，与 2021 年相比下降 4.0%；PM_{10} 浓度在 15～113 μg/m^3 之间，平均为 44 μg/m^3，与 2021 年相比下降 10.2%；O_3 日最大 8 h 平均值第 90 百分位数浓度在 95～214 μg/m^3 之间，平均为 147 μg/m^3，与 2021 年相比上升 8.1%；SO_2 浓度在 1～13 μg/m^3 之间，平均为 5 μg/m^3，与 2021 年相比下降 16.7%；NO_2 浓度在 3～34 μg/m^3 之间，平均为 13 μg/m^3，与 2021 年相比下降 7.1%；CO 日均值第 95 百分位数浓度在 0.4～1.9 mg/m^3 之间，平均为 0.8 mg/m^3，与 2021 年持平。

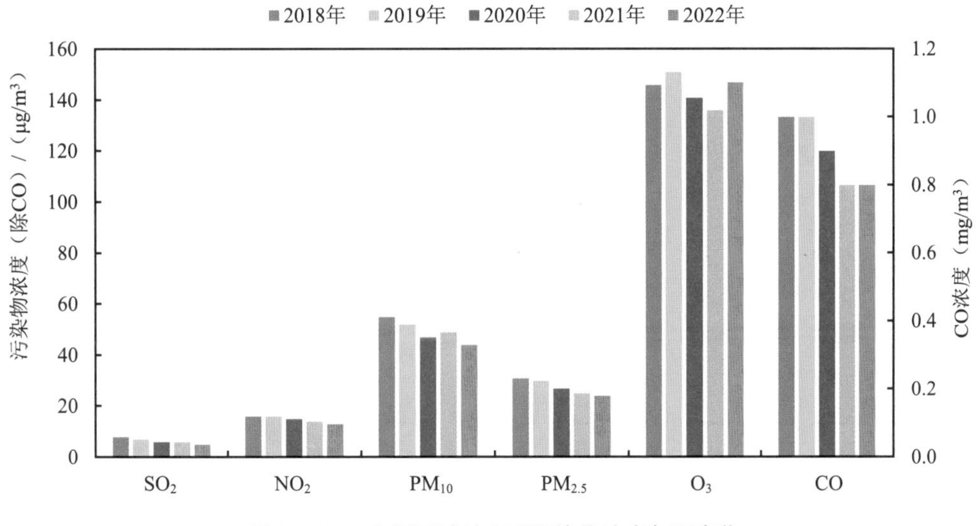

图 2.1-53　全国区域站六项污染物浓度年际变化

2022 年，全国区域站 $PM_{2.5}$、PM_{10}、O_3、SO_2、NO_2 和 CO 年均浓度分别比所在城市低 22.6%、20.0%、2.6%、37.5%、43.5%和 20.0%。$PM_{2.5}$ 浓度在 1 月最高，为 43 μg/m³；PM_{10} 浓度在 1 月、12 月最高，为 63 μg/m³；O_3 日最大 8 h 平均值第 90 百分位数浓度 9 月最高，为 162 μg/m³；SO_2 浓度 1 月、12 月最高，为 6 μg/m³；NO_2 浓度 1 月、12 月最高，为 20 μg/m³；CO 日均值第 95 百分位数浓度 1 月最高，为 1.0 mg/m³。

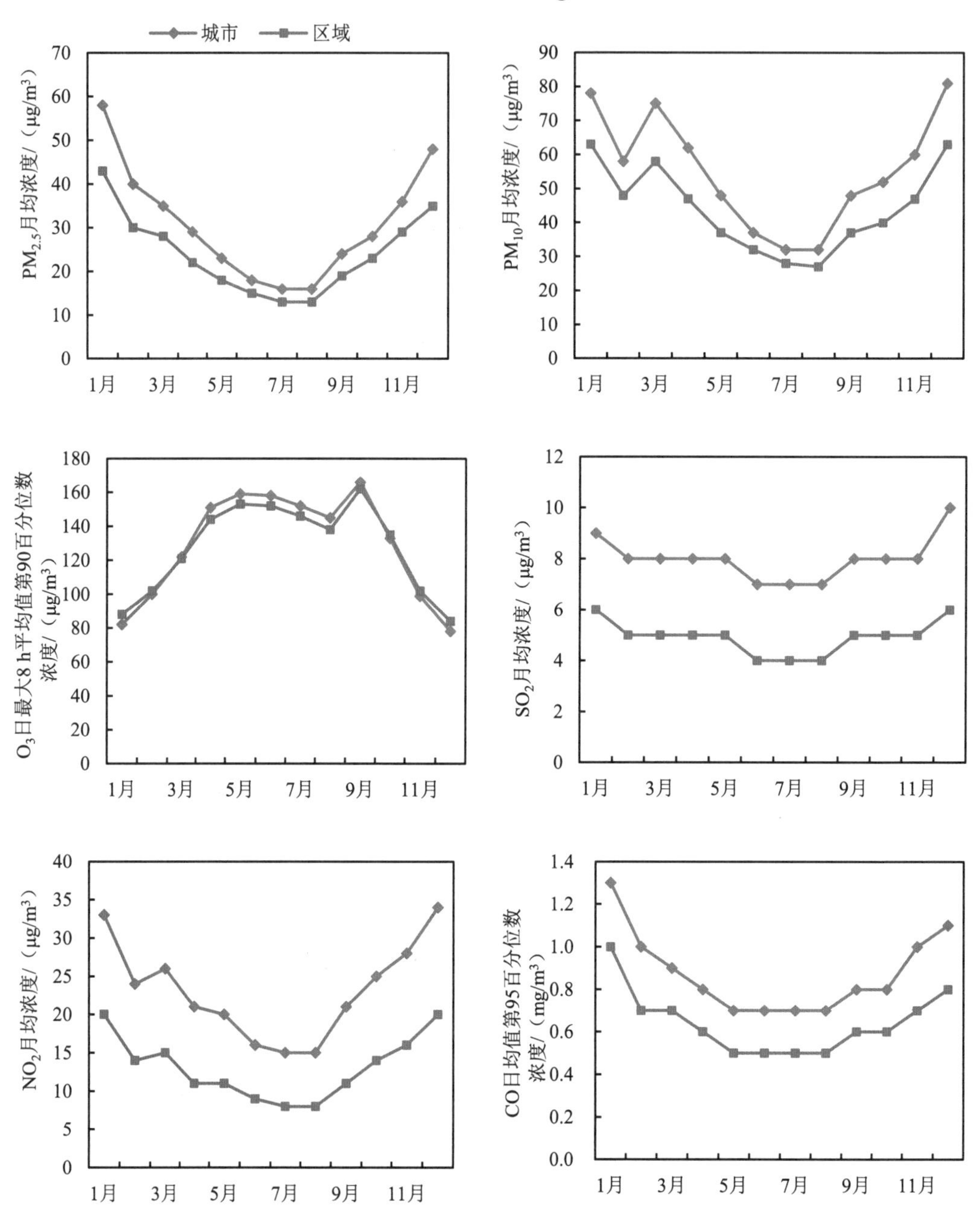

图 2.1-54 2022 年区域站和所在城市六项污染物浓度月际变化

第五节　沙尘

一、沙尘天气过程影响

2022 年，沙尘天气过程 10 次累计 41 d 影响全国城市环境空气质量，受影响的主要是新疆、青海、内蒙古、甘肃、宁夏、陕西、山西、河北、黑龙江、吉林、辽宁、北京、天津、山东、河南、江苏、上海、浙江、安徽、四川、湖北 21 个省份。与 2021 年相比，沙尘天气发生次数和影响省份数量有所降低，影响天数明显下降。

2022 年，影响北方地区的首次大范围沙尘天气过程发生在 3 月 3 日，首次发生时间比上年有所滞后，持续 4 d；影响范围最大的沙尘天气过程发生在 4 月 11 日，63 个城市受到影响。2022 年我国沙尘天气呈现次数偏少、强度偏弱、沙尘首发时间偏晚等特征。

表 2.1-13　2022 年沙尘天气过程对 339 个城市环境空气质量影响情况

发生次序	发生时间	影响城市数量/个
第 1 次	3 月 3 日	10
	3 月 4 日	38
	3 月 5 日	21
	3 月 6 日	3
第 2 次	3 月 13 日	32
	3 月 14 日	60
	3 月 15 日	23
	3 月 16 日	17
第 3 次	3 月 24 日	22
	3 月 25 日	14
	3 月 26 日	18
	3 月 27 日	13
第 4 次	4 月 10 日	13
	4 月 11 日	63
	4 月 12 日	42
第 5 次	4 月 20 日	14
	4 月 21 日	33
	4 月 22 日	3
第 6 次	4 月 25 日	21
	4 月 26 日	60

发生次序	发生时间	影响城市数量/个
第 6 次	4 月 27 日	24
	4 月 28 日	5
	4 月 29 日	5
第 7 次	5 月 28 日	18
	5 月 29 日	27
	5 月 30 日	3
第 8 次	11 月 24 日	11
	11 月 25 日	6
	11 月 26 日	11
	11 月 27 日	16
	11 月 28 日	34
	11 月 29 日	21
第 9 次	12 月 11 日	29
	12 月 12 日	60
	12 月 13 日	15
	12 月 14 日	8
	12 月 15 日	8
第 10 次	12 月 19 日	9
	12 月 20 日	15
	12 月 21 日	19
	12 月 22 日	6

2020—2022 年，全国大范围沙尘天气过程平均每年发生 11.7 次，累计影响天数平均每年为 45.3 d，对全国尤其是北方地区的城市环境空气质量造成一定影响。从近三年的年际对比情况来看，2021 年发生影响我国城市环境空气质量的沙尘天气过程次数和累计影响天数较多，分别为 14 次和 64 d；2020 年累计影响天数最少，为 31 d；2022 年沙尘天气过程发生次数最少，为 10 次。

表 2.1-14　2020—2022 年沙尘天气过程和影响情况

年份	沙尘天气过程次数/次	监测范围	累计影响天数/d
2020	11	339 个地级及以上城市	31
2021	14		64
2022	10		41

二、沙尘遥感监测结果

2022 年，全国沙尘遥感监测结果显示，我国西北、华北、东北地区的大部以及华中、华东地区的北部区域均出现了沙尘天气，总影响面积累计达到 9 485 万 km^2。其中，一级沙尘影响面积约 8 644 万 km^2，占沙尘影响总面积的 91.1%，主要分布在我国北方大部分城市；二级沙尘影响面积约 678 万 km^2，占沙尘影响总面积的 7.2%，主要分布在新疆、内蒙古、甘肃、青海、西藏、陕西、山西、黑龙江、吉林、辽宁等省份；三级沙尘影响面积约 163 万 km^2，占沙尘影响总面积的 1.7%，主要分布在新疆、内蒙古、甘肃、青海等省份。从单日来看，4 月 18 日单日沙尘影响面积最大，为 107 万 km^2。

与 2021 年相比，2022 年沙尘总影响面积减少约 1 348 万 km^2，占上年总面积的 12.4%；其中一级沙尘影响面积减少约 1 104 万 km^2，二级沙尘影响面积减少约 130 万 km^2，三级沙尘影响面积减少约 114 万 km^2。

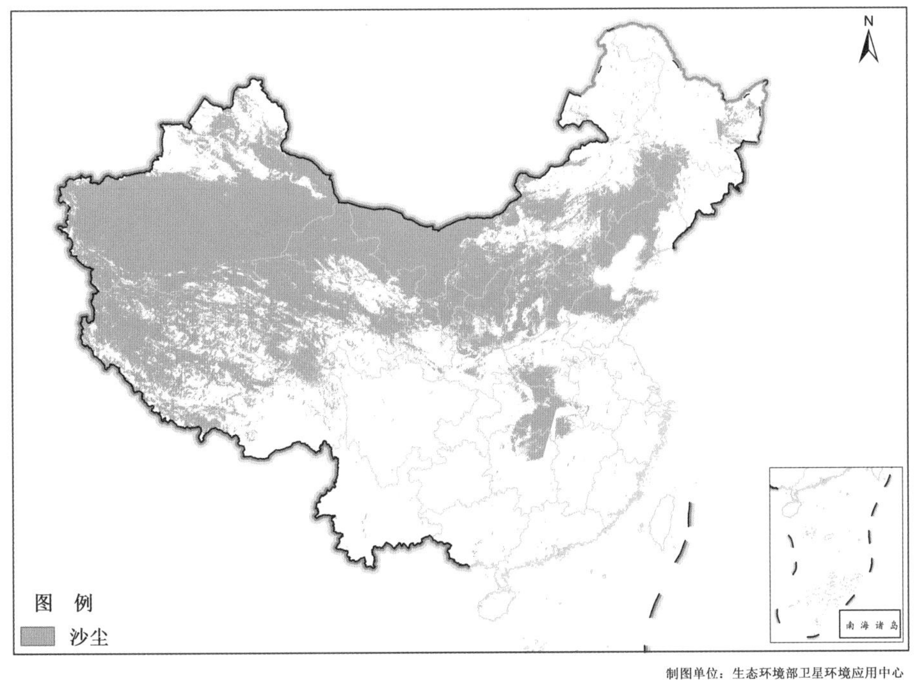

（a）沙尘

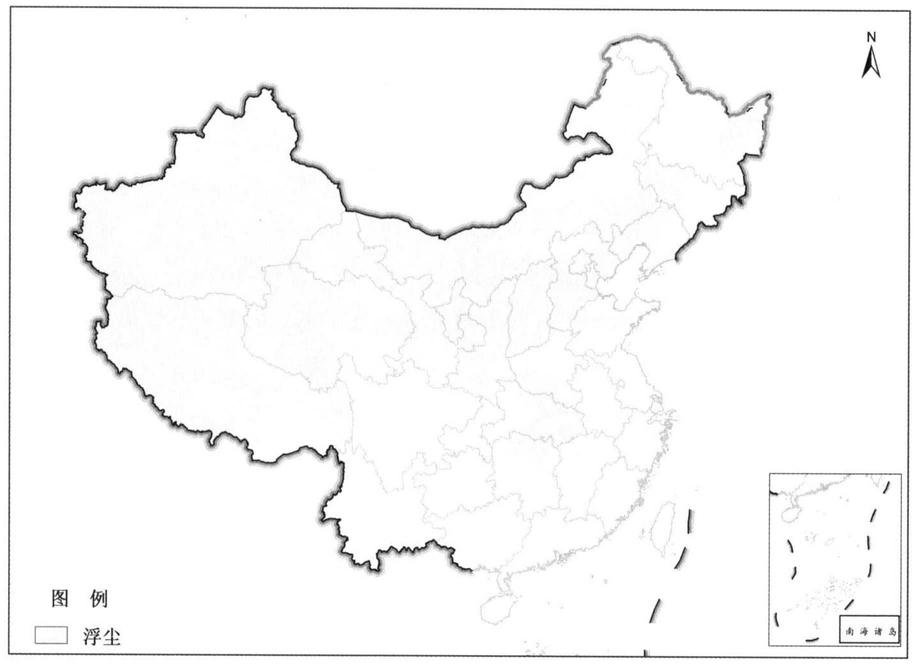
N
图 例
浮尘
南海诸岛
制图单位：生态环境部卫星环境应用中心

（b）一级

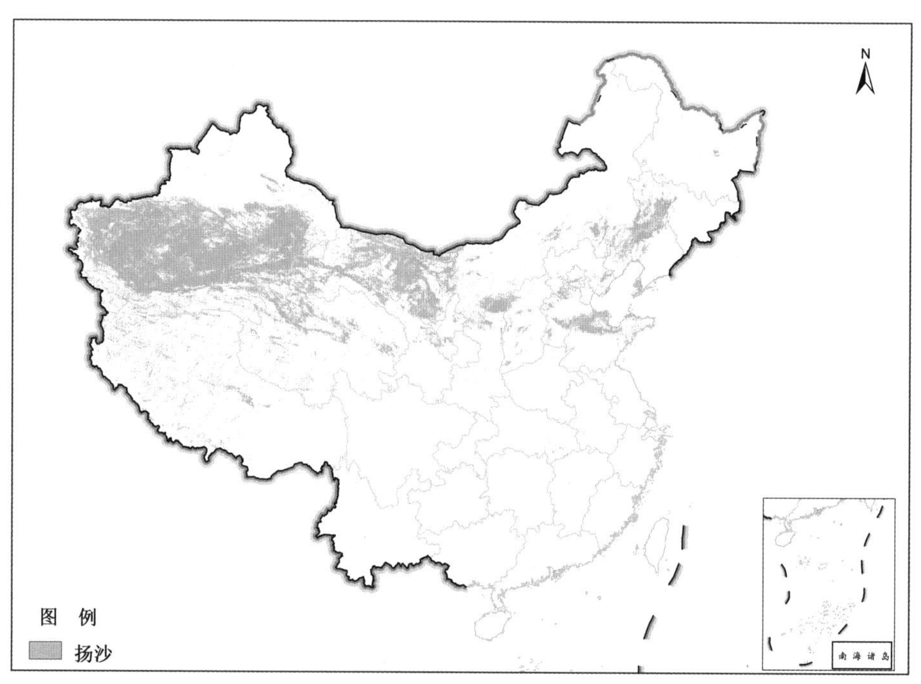
N
图 例
扬沙
南海诸岛
制图单位：生态环境部卫星环境应用中心

（c）二级

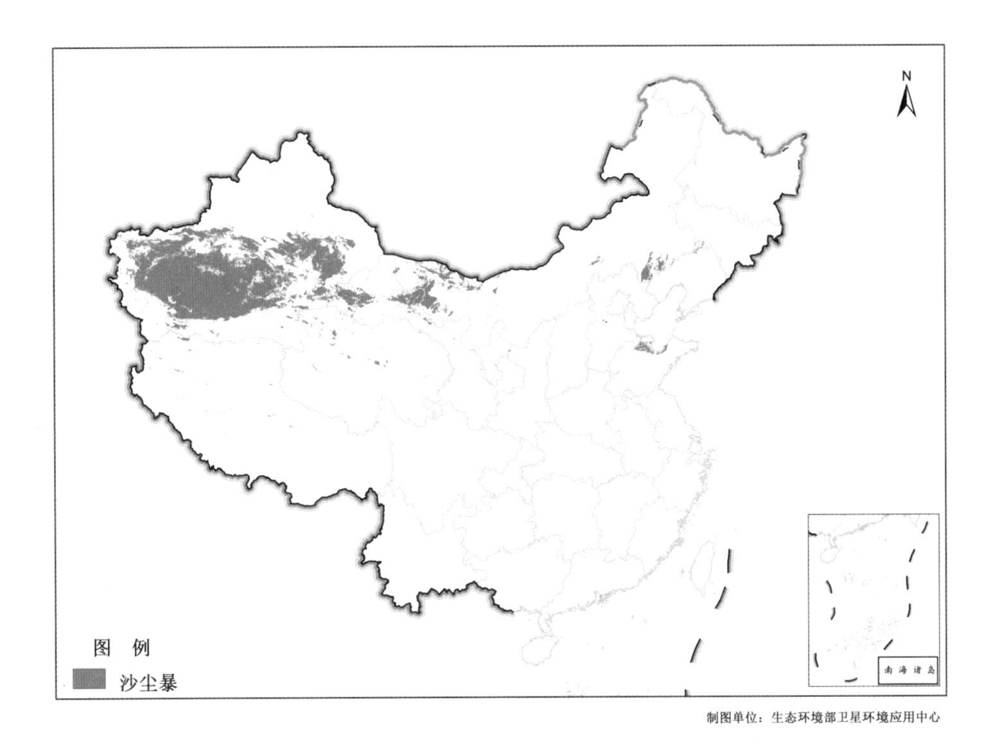

制图单位：生态环境部卫星环境应用中心

（d）三级

图 2.1-55　2022 年全国沙尘遥感监测等级分布示意图

第六节　降尘

一、“2+26”城市

2022 年，“2+26”城市降尘量年均值在 3.0 t/（km^2·30 d）（衡水市）～9.4 t/（km^2·30 d）（郑州市）之间，平均为 5.6 t/（km^2·30 d）。327 个县（市、区）降尘量年均值在 2.2 t/（km^2·30 d）（菏泽市定陶区、济宁市泗水县）～13.6 t/（km^2·30 d）（郑州市新密市）之间，平均为 5.6 t/（km^2·30 d）。

与 2021 年相比，2022 年“2+26”城市降尘量年均值下降 22.2%，各城市降尘量年均值均下降。

2022 年，“2+26”城市春夏季降尘量高于秋冬季，1 月、2 月降尘量低，3—6 月降尘量整体较高，7 月下旬进入雨季后降尘量呈明显下降趋势。

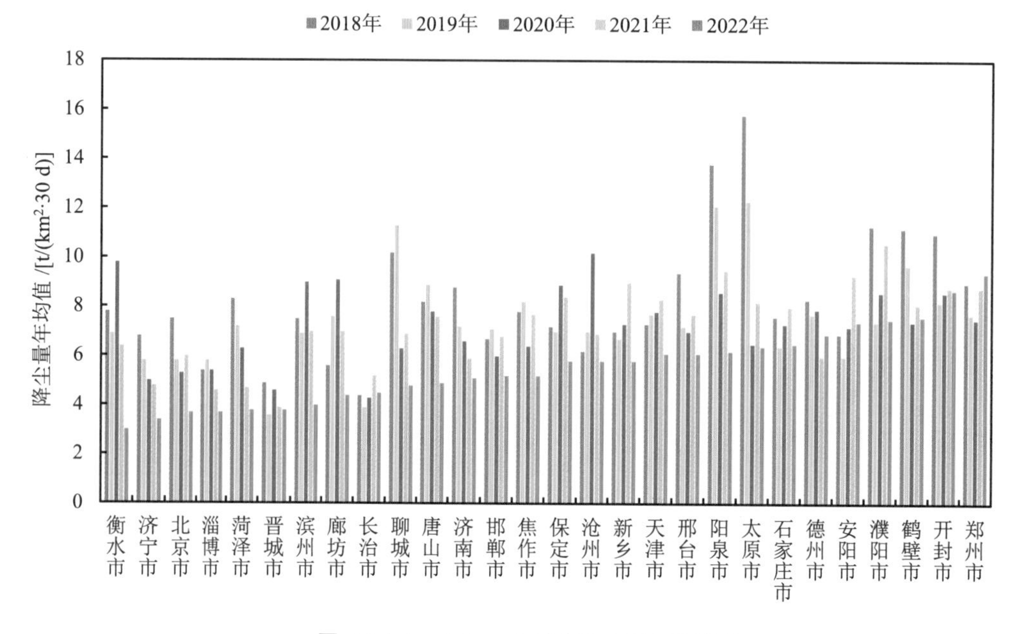

图 2.1-56 “2+26”城市降尘量年际变化

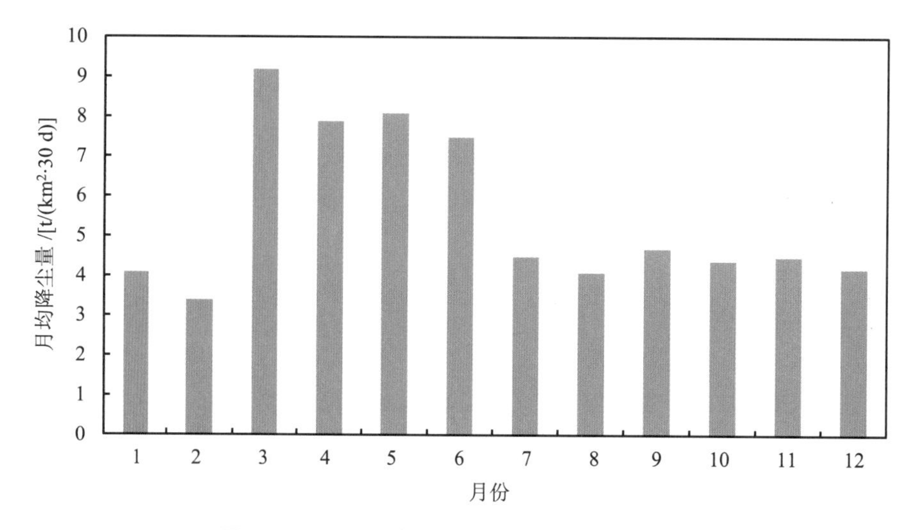

图 2.1-57 2022年“2+26”城市降尘量月际变化

二、长三角地区

2022年，长三角地区25个城市降尘量年均值在1.6 t/（km^2·30 d）（丽水市）～3.6 t/（km^2·30 d）（徐州市）之间，平均为2.4 t/（km^2·30 d）。201个县（市、区）降尘量年均值在0.7 t/（km^2·30 d）（丽水市景宁区）～4.2 t/（km^2·30 d）（上海市普陀区）之间，平均为2.4 t/（km^2·30 d）。

与 2021 年相比，2022 年长三角地区降尘量年均值下降 15.6%，其中上海市和绍兴市 2 个城市降尘量年均值上升，1 个城市不变，其他 21 个城市下降。

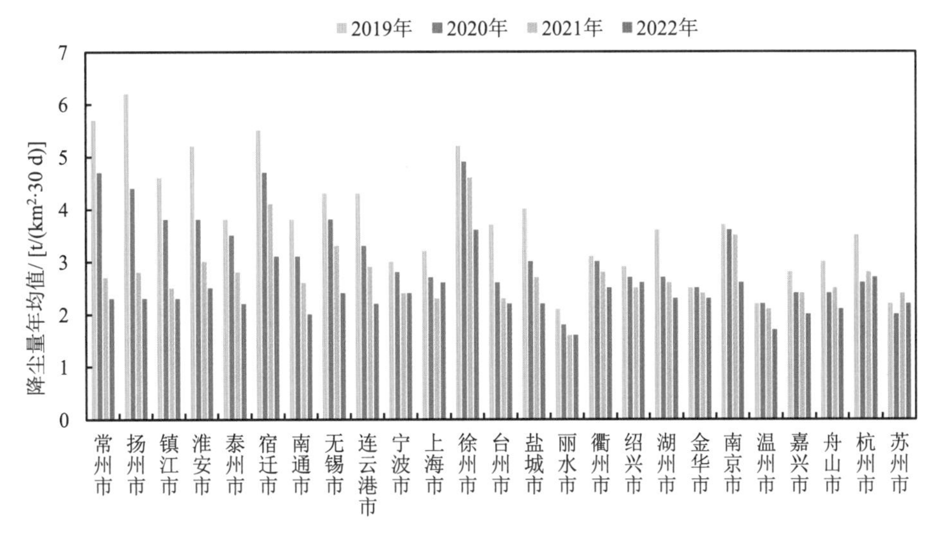

图 2.1-58　长三角地区降尘量年际变化

2022 年，长三角地区降尘量整体稳定，春夏季降尘量略高于秋冬季。

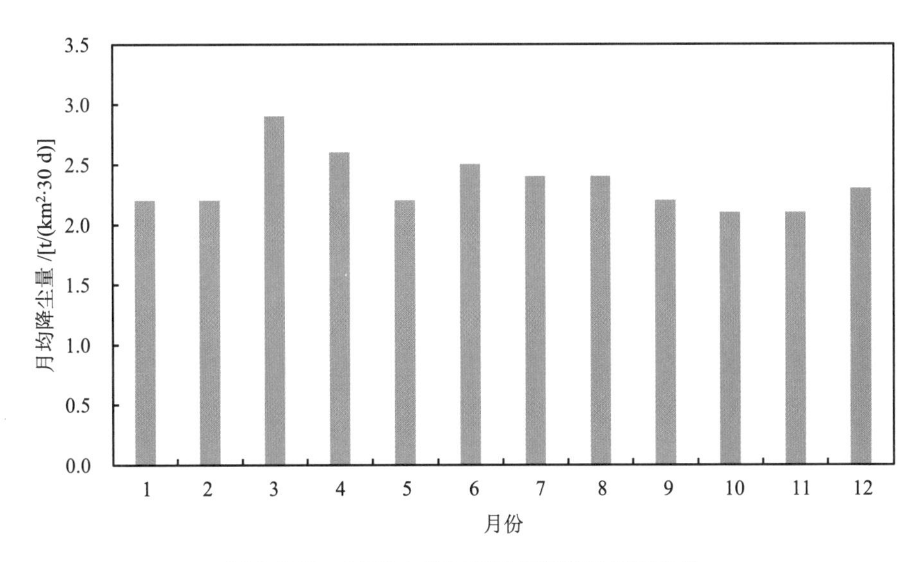

图 2.1-59　2022 年长三角地区降尘量月际变化

三、汾渭平原

2022 年，汾渭平原 11 个城市降尘量年均值在 4.4 t/(km^2·30 d)(咸阳市)～6.1 t/(km^2·30 d)(宝鸡市)之间，平均为 5.4 t/(km^2·30 d)。131 个县(市、区)降尘量年均值在 3.1 t/(km^2·30 d)

（晋中市左权县）～8.6 t/（km²·30 d）（运城市河津市）之间，平均为 5.4 t/（km²·30 d）。

与 2021 年相比，2022 年汾渭平原降尘量年均值下降 5.3%，其中咸阳市、宝鸡市和铜川市 3 个城市降尘量年均值上升，1 个城市不变，其他 7 个城市下降。

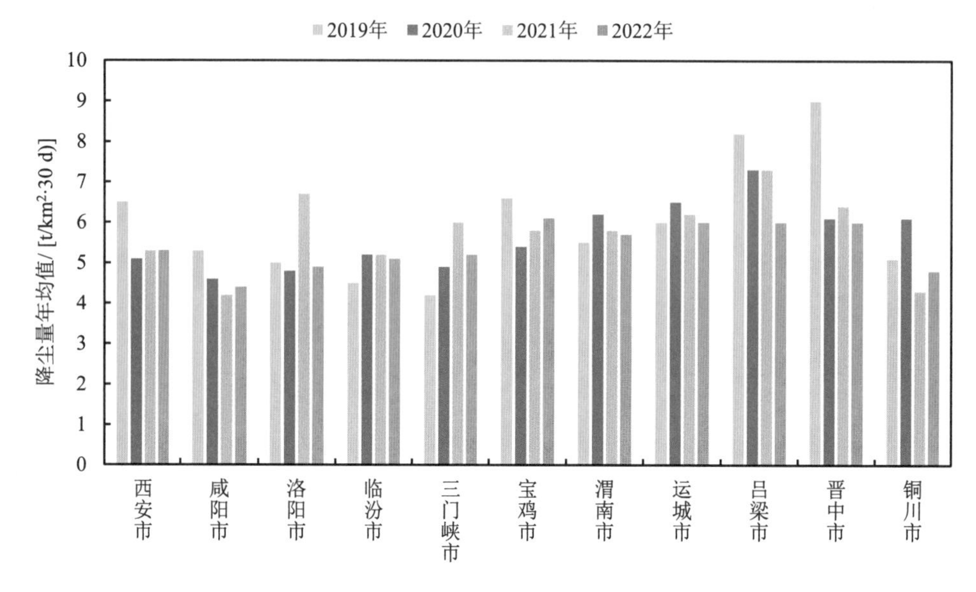

图 2.1-60　汾渭平原降尘量年际变化

2022 年，汾渭平原春夏季降尘量高于秋冬季，1 月、2 月降尘量低，3 月、4 月降尘量整体较高，5 月以后有所下降。

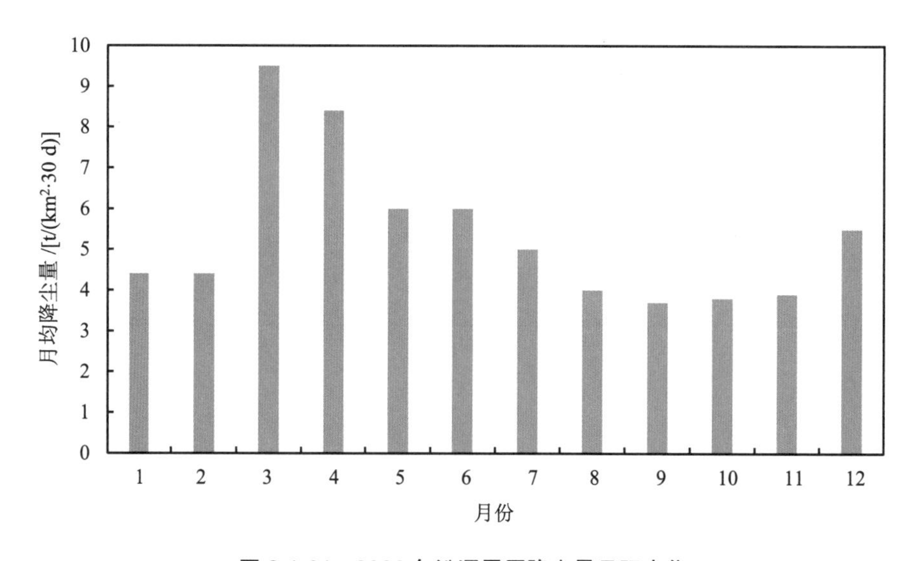

图 2.1-61　2022 年汾渭平原降尘量月际变化

第七节　降水

一、降水酸度

2022 年，全国 468 个城市（区、县）降水 pH 年均值范围为 4.60（湖南省邵阳市）～7.93（甘肃省张掖市），平均为 5.67，南方地区［292 个市（区、县）］降水 pH 年均值为 5.59，北方地区［176 个市（区、县）］降水 pH 年均值为 6.69。

与 2021 年相比，全国降水酸度上升，南方地区降水酸度上升，北方地区降水酸度下降。

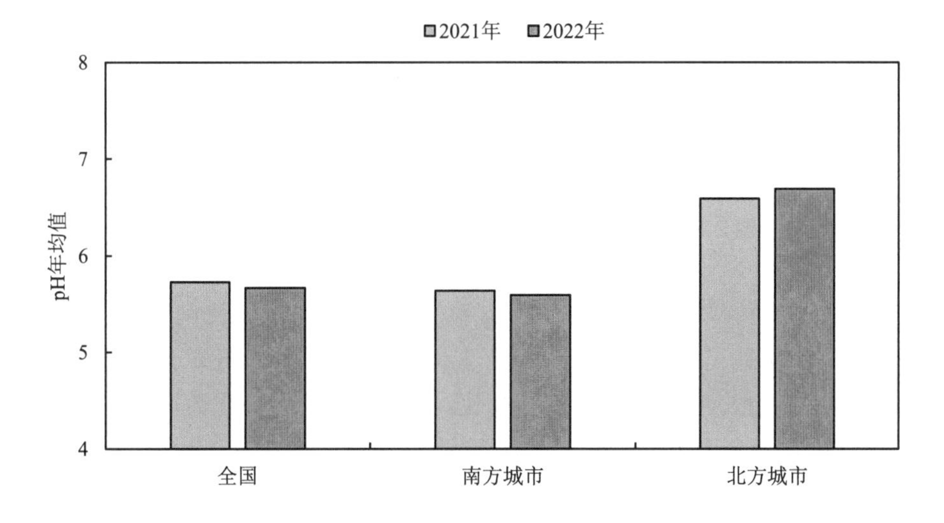

图 2.1-62　全国降水 pH 年均值年际变化

二、降水化学组成

2022 年，全国 434 个城市（区、县）降水离子组分监测结果显示，降水中主要阳离子为钙离子和铵根离子，分别占离子总当量的 29.9%和 13.6%；主要阴离子为硫酸根离子，占离子总当量的 18.0%，硝酸根离子占离子总当量的 8.5%。降水中硫酸根与硝酸根当量浓度比为 0.47，硫酸盐为全国降水中的主要致酸物质。

与 2021 年相比，硫酸根离子、氯离子和钠离子当量浓度比例有所下降，硝酸根离子、钙离子、铵根离子、钾离子和镁离子有所上升，氟离子保持稳定。

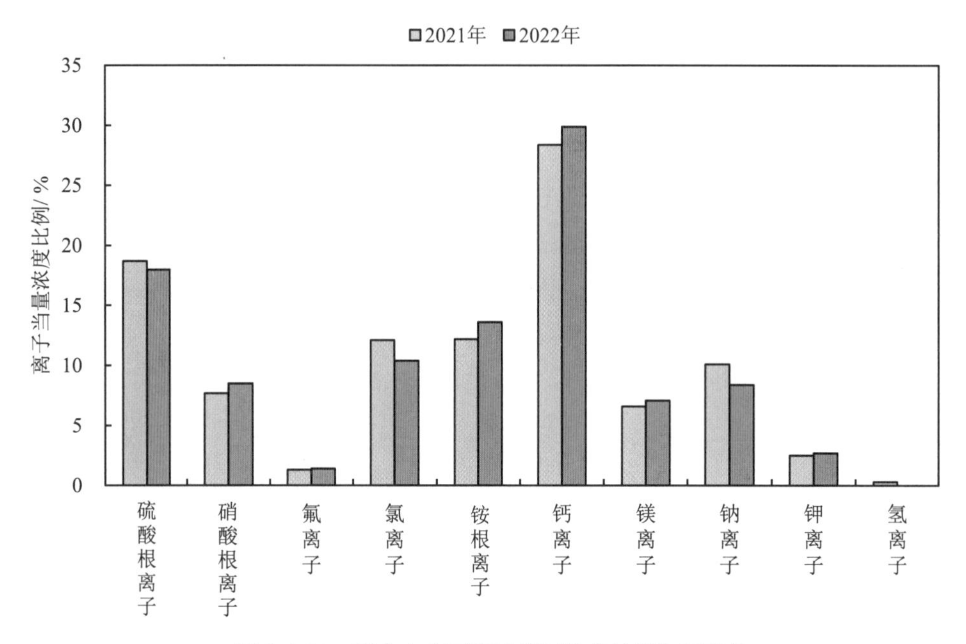

图 2.1-63 降水中主要离子当量浓度比例年际变化

2001—2022 年，全国降水主要阴离子中，硫酸根离子当量浓度比例总体呈下降趋势，硝酸根离子和氯离子总体呈上升趋势，氟离子基本保持稳定；主要阳离子中，钙离子当量浓度比例略有上升，铵根离子和钠离子波动变化，钾离子和镁离子比例基本保持稳定。

2005—2022 年，硝酸根离子与硫酸根离子当量浓度比总体呈上升趋势，由 2005 年的 0.21 上升至 2022 年的 0.70，表明近年来酸雨类型由以硫酸型为主逐渐向硝酸型转变。

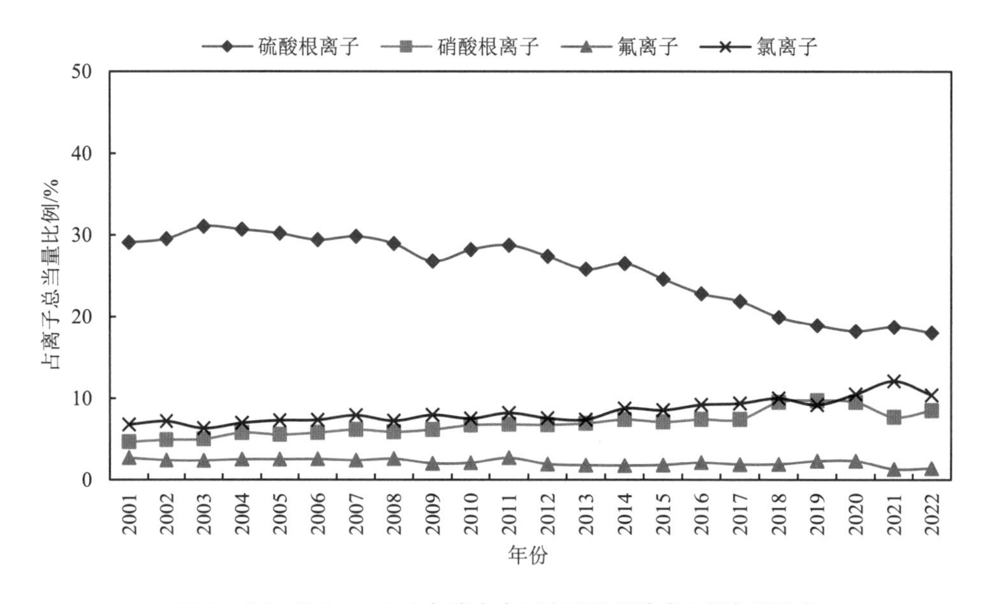

图 2.1-64 2001—2022 年降水中阴离子当量浓度比例年际变化

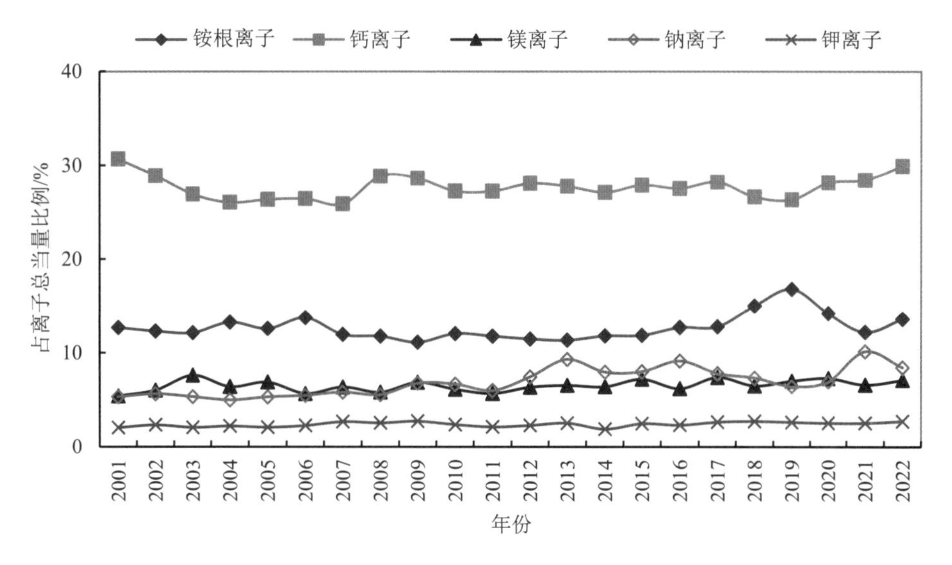

图 2.1-65 2001—2022 年阳离子当量浓度比例年际变化

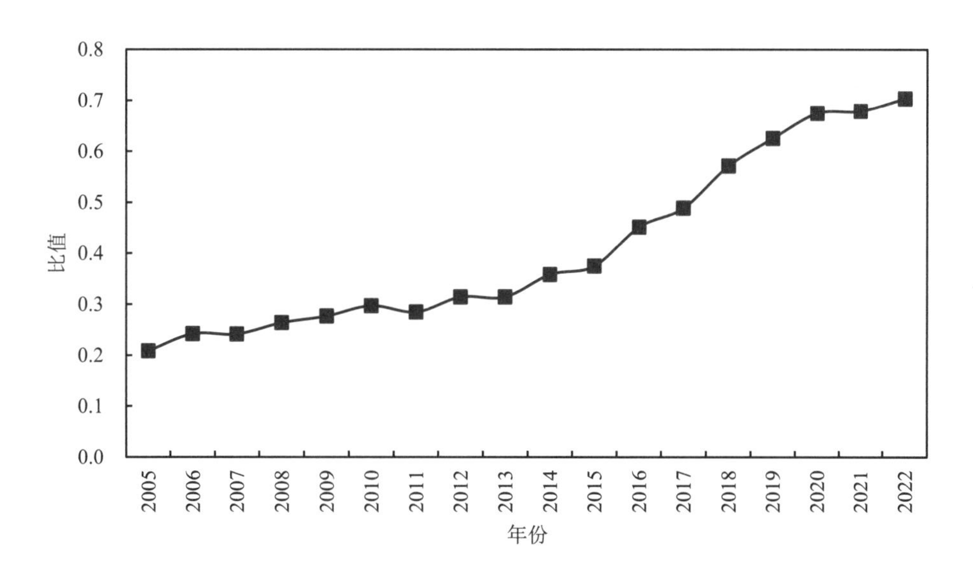

图 2.1-66 2005—2022 年全国硝酸根离子和硫酸根离子当量浓度比年际变化

三、酸雨城市比例

2022 年，全国 468 个城市（区、县）降水监测结果显示，酸雨城市有 62 个，占 13.2%。其中，较重酸雨城市 9 个，占 1.9%；重酸雨城市 0 个，占 0%。

与 2021 年相比，酸雨城市比例上升 1.6 个百分点，较重酸雨城市比例上升 0.6 个百分点，重酸雨城市比例持平。

表 2.1-15　2022 年全国降水 pH 年均值统计

pH 年均值范围	<4.5	[4.5，5.0)	[5.0，5.6)	[5.6，7.0)	≥7.0
市（区、县）数/个	0	9	53	282	124
所占比例/%	0.0	1.9	11.3	60.3	26.5

2001—2022 年，酸雨、较重酸雨和重酸雨城市比例总体上均呈先上升后下降趋势，2005 年以前基本呈上升趋势，之后呈下降趋势。

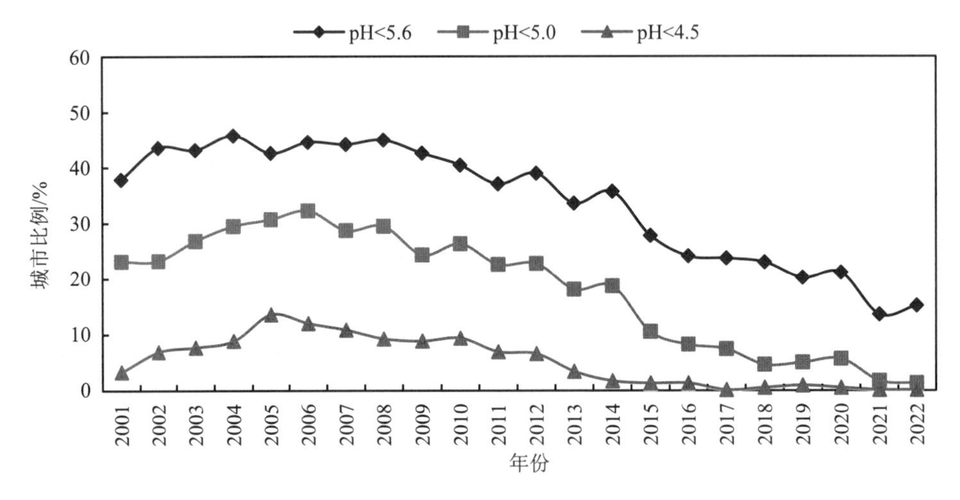

图 2.1-67　2001—2022 年全国酸雨城市比例年际变化

四、酸雨发生频率

2022 年，全国酸雨发生频率平均为 9.4%；158 个城市（区、县）出现酸雨，占总数的 33.8%。其中，酸雨发生频率在 25%及以上的有 68 个，占 14.5%；在 50%及以上的有 36 个，占 7.7%；在 75%及以上的有 9 个，占 1.9%。

与 2021 年相比，全国出现酸雨的城市比例上升 1.6 个百分点；酸雨发生频率在 25%及以上的城市比例上升 2.0 个百分点，在 50%及以上的城市比例上升 1.9 个百分点，在 75%及以上的城市比例下降 0.7 个百分点。

表 2.1-16　2022 年全国酸雨发生频率分段统计

酸雨发生频率	0	(0，25%)	[25%，50%)	[50%，75%)	≥75%
市（区、县）数/个	310	90	32	27	9
所占比例/%	66.2	19.2	6.8	5.8	1.9

2001—2022 年，全国酸雨发生频率总体呈下降趋势。2006 年以前逐年上升，之后波动下降，2017—2019 年较平稳，之后下降。

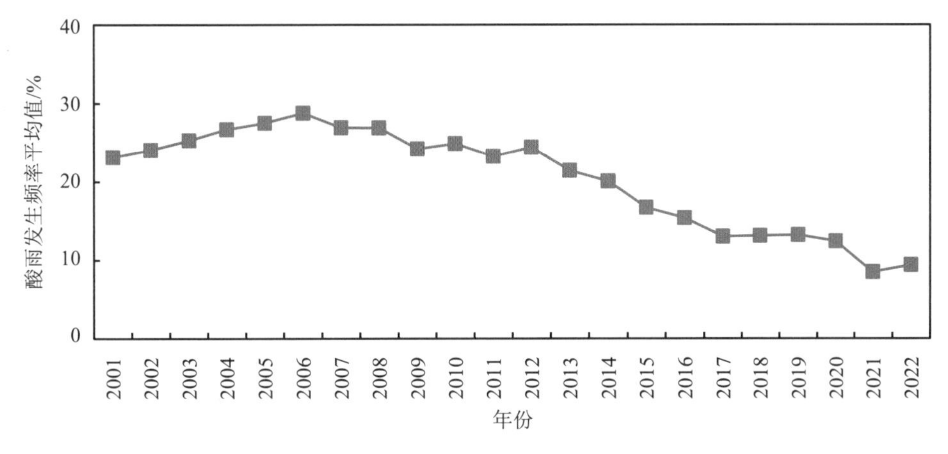

图 2.1-68　2001—2022 年全国酸雨发生频率年际变化

五、酸雨区域分布

2022 年，全国酸雨分布区域集中在长江以南—云贵高原以东地区，主要包括浙江、上海的大部分地区、福建北部、江西中部、湖南中东部、重庆西南部、广西北部和南部、广东部分区域。

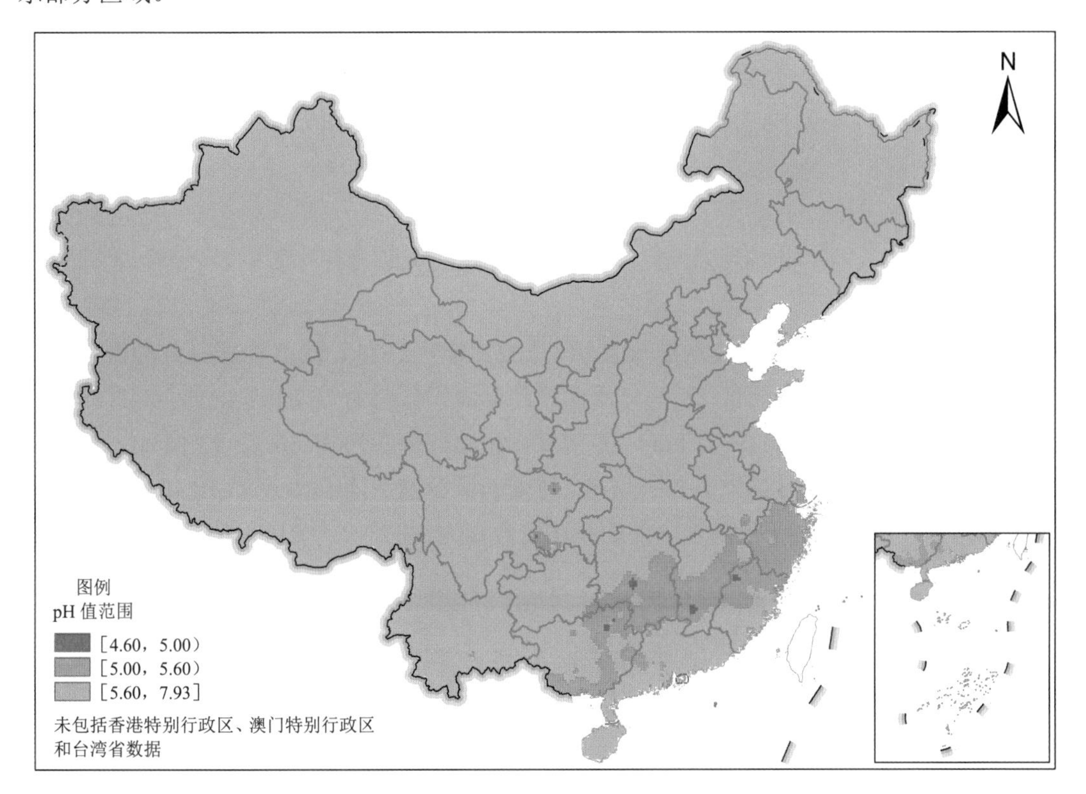

图 2.1-69　2022 年全国酸雨区域分布示意图

酸雨发生面积约 48.4 万 km^2，占国土面积的 5.0%，其中较重酸雨区面积占国土面积的比例为 0.07%。与 2021 年相比，2022 年酸雨发生面积比例上升 1.2 个百分点。

2001—2022 年，全国酸雨区面积占国土面积的比例范围为 3.8%～15.6%，总体呈下降趋势；较重酸雨区面积比例近 5 年来总体呈下降趋势；重酸雨区面积比例同样下降较明显。

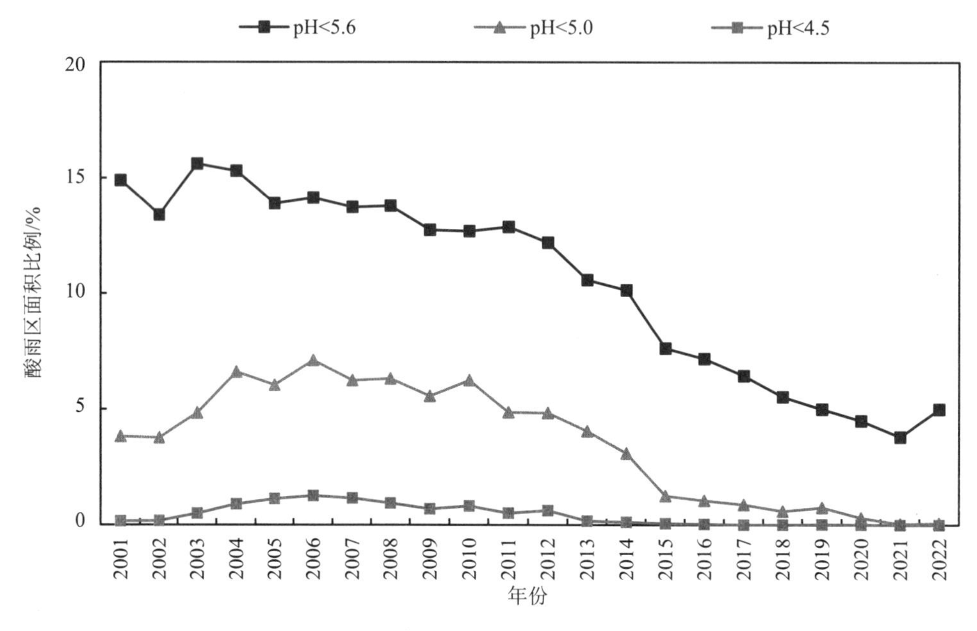

图 2.1-70　2001—2022 年全国酸雨区面积占国土面积比例年际变化

第八节　细颗粒物遥感监测

重点区域细颗粒物遥感监测结果显示，2022 年“2+26”城市、长三角地区、汾渭平原、珠三角地区和雄安新区 $PM_{2.5}$ 年均浓度超标面积分别为 10.64 万 km^2、4.42 万 km^2、3.79 万 km^2、0 万 km^2 和 0.01 万 km^2，占区域面积比例分别为 38.66%、13.15%、24.98%、0%和 2.39%，与 2021 年相比“2+26”城市、雄安新区分别下降 6.10 个和 18.40 个百分点。$PM_{2.5}$ 年均浓度比上年有所下降地区的面积比例分别为 57.55%、7.01%、33.05%、11.17%和 66.24%。

一、“2+26”城市和雄安新区

2022 年，“2+26”城市 $PM_{2.5}$ 年均浓度高值区主要分布在新乡市、焦作市、开封市、菏泽市等城市。

“2+26”城市 $PM_{2.5}$ 年均浓度超标面积比例范围为 0.01%～100%。其中，北京市、阳泉市、唐山市等 15 个城市 $PM_{2.5}$ 年均浓度超标面积比例小于 50%，衡水市 $PM_{2.5}$ 年均浓度超标面积比例大于等于 50%且小于 80%，邯郸市、邢台市、安阳市等 12 个城市 $PM_{2.5}$ 年均浓度超标面积比例大于等于 80%。

与 2021 年相比，“2+26”城市 $PM_{2.5}$ 年均浓度超标面积减少 1.68 万 km^2，超标面积比例下降 6.10 个百分点。其中，超标面积减少最大的前 3 位城市依次为德州市、沧州市和济南市，分别减少 6 263.00 km^2、5 941.00 km^2 和 2 939.00 km^2；超标面积比例降幅最大的前 3 位城市依次为德州市、沧州市和济南市，分别下降 59.74 个、41.07 个和 36.43 个百分点。

“2+26”城市 $PM_{2.5}$ 年均浓度比上年下降面积比例范围为 0.33%～100%。其中，鹤壁市、菏泽市、焦作市等 13 个城市 $PM_{2.5}$ 年均浓度下降面积比例小于 50%，长治市、淄博市、衡水市 3 个城市 $PM_{2.5}$ 年均浓度下降面积比例大于等于 50%且小于 80%，济南市、石家庄市、保定市等 12 个城市 $PM_{2.5}$ 年均浓度下降面积比例大于等于 80%。

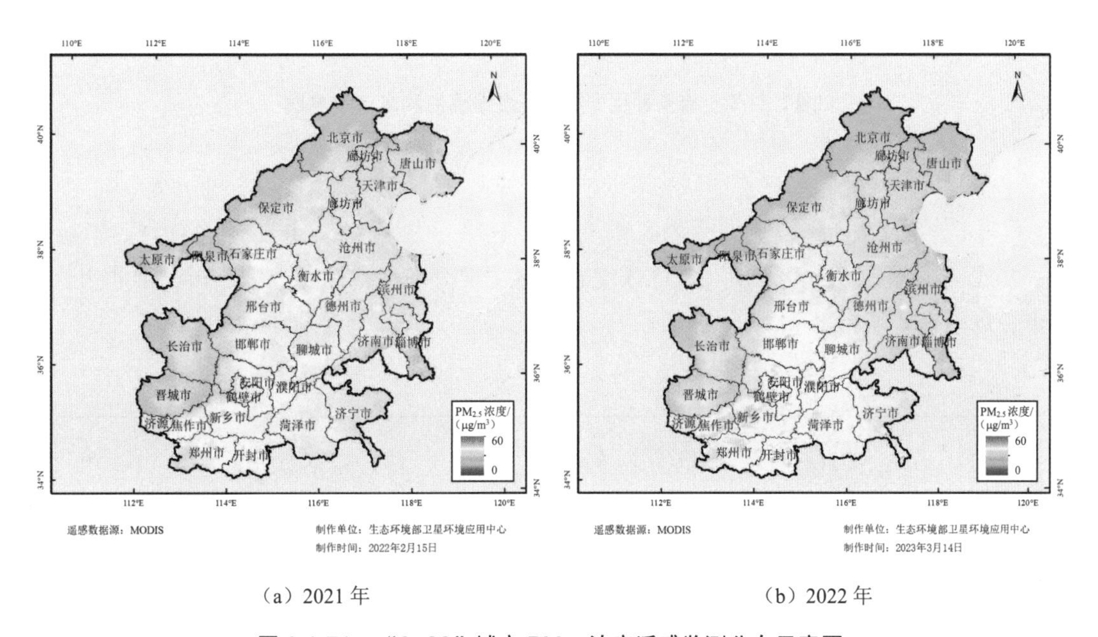

（a）2021 年　　　（b）2022 年

图 2.1-71 “2+26”城市 $PM_{2.5}$ 浓度遥感监测分布示意图

2022 年，雄安新区 $PM_{2.5}$ 年均浓度高值区在清苑区、徐水区等地区；超标面积比例为 2.39%，与 2021 年相比，超标面积减少 0.04 万 km^2，超标面积比例下降 18.39 个百分点。

雄安新区 $PM_{2.5}$ 年均浓度下降面积比例范围为 40.61%～96.16%。其中，徐水区、北市区、南市区、清苑区和安新县等 5 个县（区）$PM_{2.5}$ 年均浓度下降面积比例小于 60%，任丘市、文安县、新市区、高阳县、定兴县、雄县等 6 个县（区）$PM_{2.5}$ 年均浓度下降面积比例大于等于 60%且小于 80%，霸州市、容城县、蠡县、固安县和高碑店市等 5 个市（县）$PM_{2.5}$ 年均浓度下降面积比例大于等于 80%。

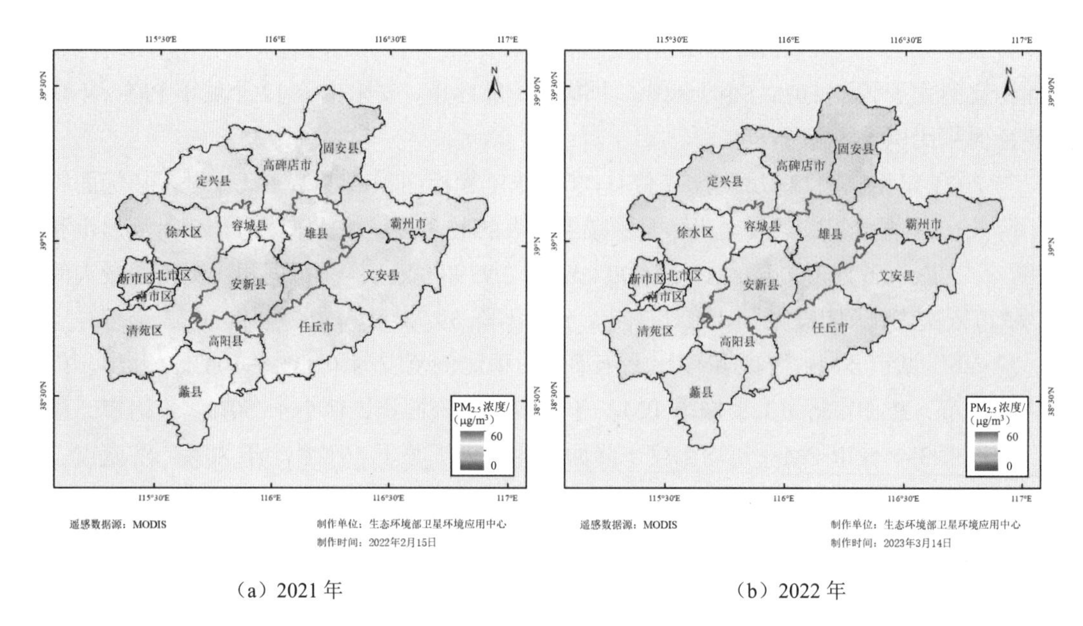

（a）2021 年　　（b）2022 年

图 2.1-72　雄安新区 PM2.5 浓度遥感监测分布示意图

二、长三角地区

2022 年，长三角地区 $PM_{2.5}$ 年均浓度高值区主要分布在徐州市、宿州市、淮北市、亳州市、阜阳市等城市。

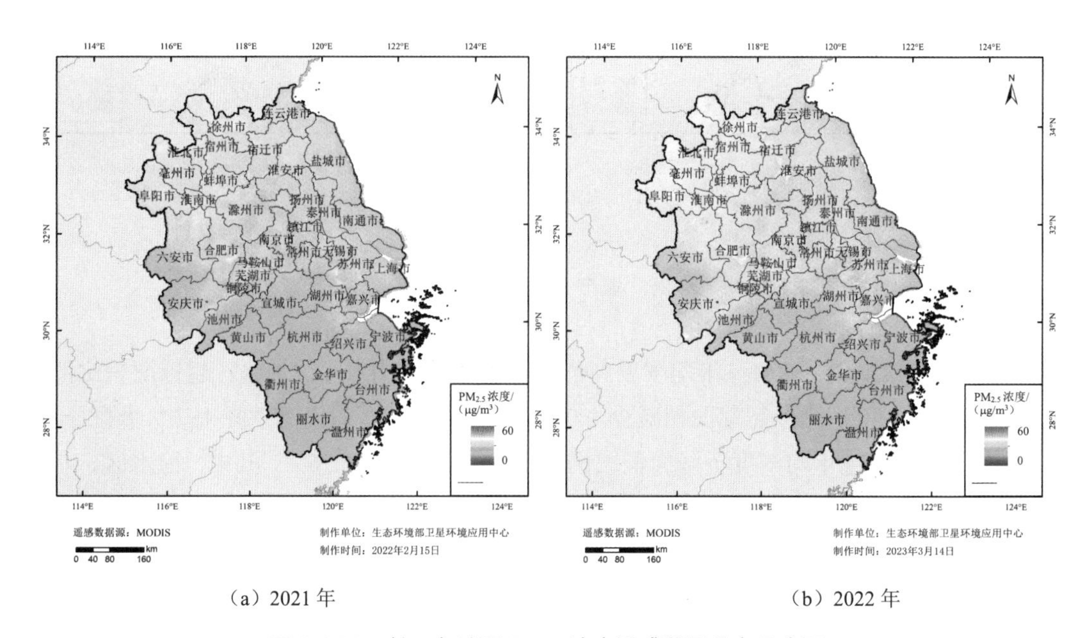

（a）2021 年　　（b）2022 年

图 2.1-73　长三角地区 PM2.5 浓度遥感监测分布示意图

长三角地区 $PM_{2.5}$ 年均浓度超标面积比例范围为 0.01%～96.22%。其中，湖州市、黄山市、金华市等 35 个城市 $PM_{2.5}$ 年均浓度超标面积比例小于 50%，宿州市、淮南市、徐州市等 3 个城市 $PM_{2.5}$ 年均浓度超标面积比例大于等于 50%且小于 80%，淮北市和亳州市 $PM_{2.5}$ 年均浓度超标面积比例大于等于 80%。

与 2021 年相比，长三角地区 $PM_{2.5}$ 年均浓度超标面积增加 3.85 万 km^2，超标面积比例上升 11.44 个百分点。其中，超标面积减少的城市为台州市，减少 1.00 km^2；超标面积比例降低最大的城市为台州市，下降 0.01 个百分点。

长三角地区 $PM_{2.5}$ 年均浓度比上年下降面积比例范围为 0.02%～42.31%。其中，池州市、阜阳市、淮南市等 35 个城市 $PM_{2.5}$ 年均浓度下降面积比例小于 20%，苏州市、台州市、舟山市等 6 个城市 $PM_{2.5}$ 年均浓度下降面积比例大于等于 20%且小于 50%。

三、汾渭平原

2022 年，汾渭平原 $PM_{2.5}$ 年均浓度高值区主要分布在西安市、咸阳市、渭南市等城市。

汾渭平原 $PM_{2.5}$ 年均浓度超标面积比例范围为 0.67%～60.18%。其中，吕梁市、晋中市、铜川市等 3 个城市 $PM_{2.5}$ 年均浓度超标面积比例小于 50%，运城市和渭南市 $PM_{2.5}$ 年均浓度超标面积比例大于等于 50%且小于 80%。

与 2021 年相比，汾渭平原 $PM_{2.5}$ 年均浓度超标面积增加 1.09 万 km^2，超标面积比例上升 7.20 个百分点。其中，超标面积减少的城市依次为晋中市和吕梁市，分别减少 1 076.00 km^2 和 617.00 km^2；超标面积比例降低的城市为晋中市和吕梁市，分别下降 6.45 个和 2.86 个百分点。

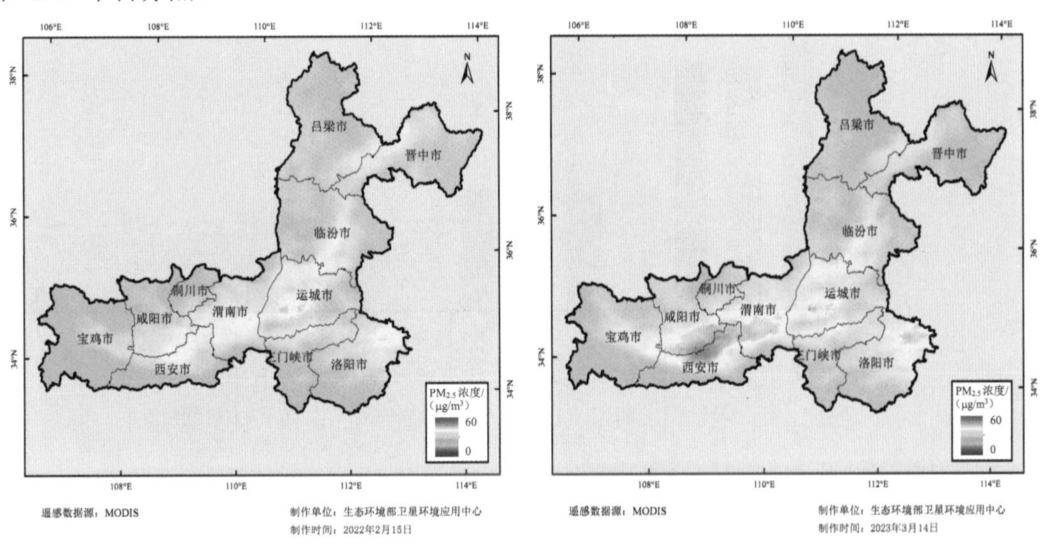

（a）2021 年　　（b）2022 年

图 2.1-74 汾渭平原 $PM_{2.5}$ 浓度遥感监测分布示意图

汾渭平原 $PM_{2.5}$ 年均浓度比 2021 年下降面积比例范围为 0.02%～99.03%。其中，铜川市、咸阳市、洛阳市等 9 个城市 $PM_{2.5}$ 年均浓度下降面积比例小于 50%，晋中市和吕梁市 $PM_{2.5}$ 年均浓度下降面积比例大于等于 80%。

第九节 颗粒物组分

一、京津冀及周边

2022 年，京津冀及周边的“2+26”城市、雄安新区、秦皇岛和张家口等 31 个城市（本节中简称京津冀及周边）$PM_{2.5}$ 中的组分主要包括硝酸盐（NO_3^-，15.40 μg/m³）、有机物（OM，14.13 μg/m³）、铵盐（NH_4^+，7.30 μg/m³）、硫酸盐（SO_4^{2-}，6.88 μg/m³）、地壳物质（2.64 μg/m³）、元素碳（EC，1.72 μg/m³）、微量元素（1.42 μg/m³）和氯盐（Cl^-，1.39 μg/m³）。其中，NO_3^-、OM、NH_4^+和 SO_4^{2-}浓度相对较高，是 $PM_{2.5}$ 的主要组分。

与 2021 年相比，京津冀及周边 $PM_{2.5}$ 组分中，地壳物质、微量元素和 Cl^-浓度下降，分别下降 49.0%、24.6%和 7.8%，NO_3^-、NH_4^+和 OM 浓度均有所上升，分别上升 0.99 μg/m³、0.47 μg/m³ 和 0.30 μg/m³，升幅为 2.1%～6.9%，EC 和 SO_4^{2-}浓度基本持平。

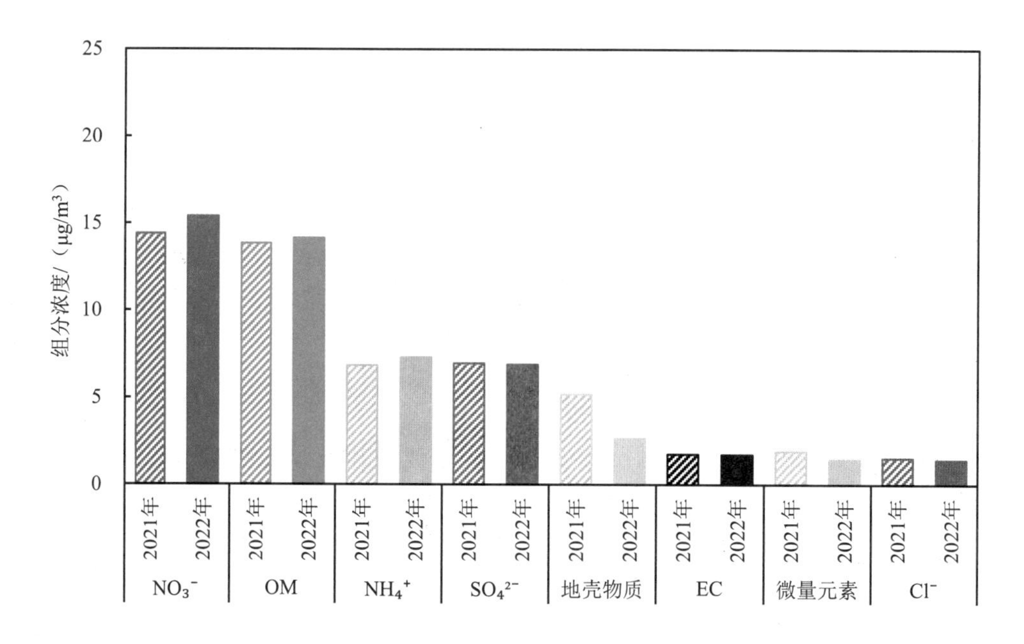

图 2.1-75 2021—2022 年京津冀及周边 $PM_{2.5}$ 组分浓度年际变化

2022 年，京津冀及周边 NO_3^-、NH_4^+和 SO_4^{2-}浓度均在 1 月最高，分别为 26.22 μg/m³、13.12 μg/m³ 和 12.24 μg/m³；OM、EC、Cl^-和微量元素浓度在 12 月最高，分别为 20.29 μg/m³、2.84 μg/m³、2.74 μg/m³ 和 2.03 μg/m³；地壳物质浓度在 3 月最高，为 4.66 μg/m³。各城市

OM 占比为 24.9%～34.0%，Cl^-占比为 1.4%～4.7%，地壳物质占比为 3.8%～8.0%，均为张家口市最高；NO_3^-占比为 20.8%～34.2%，NH_4^+占比为 12.2%～15.4%，均为开封市最高；SO_4^{2-}占比为 10.7%～17.1%，长治市最高；EC 占比为 2.3%～4.7%，德州市最高；微量元素占比为 1.5%～3.8%，滨州市最高。总体来看，京津冀及周边采暖季有机物和二次无机盐（SNA）浓度较高，对颗粒物浓度贡献显著。

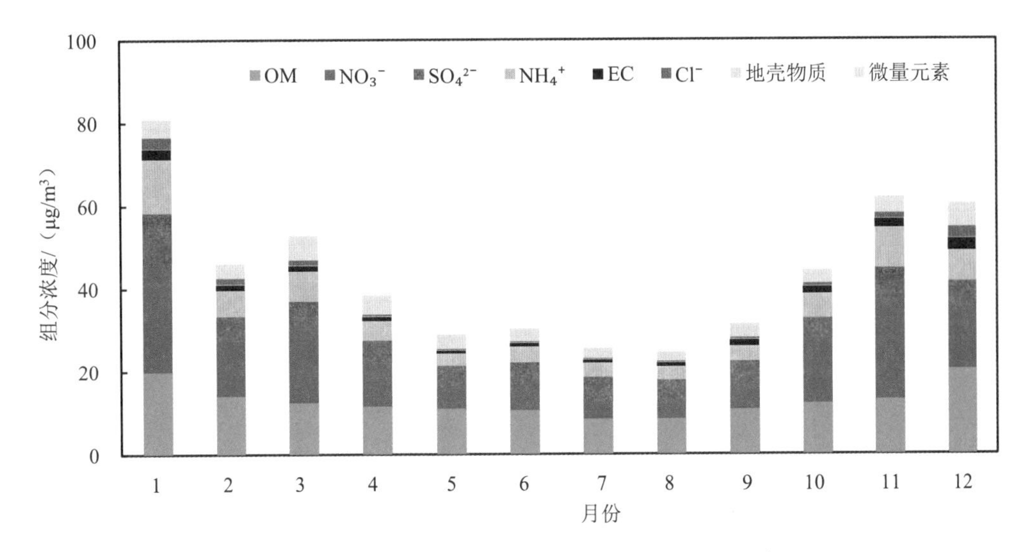

图 2.1-76　2022 年京津冀及周边 $PM_{2.5}$ 各组分浓度月际变化

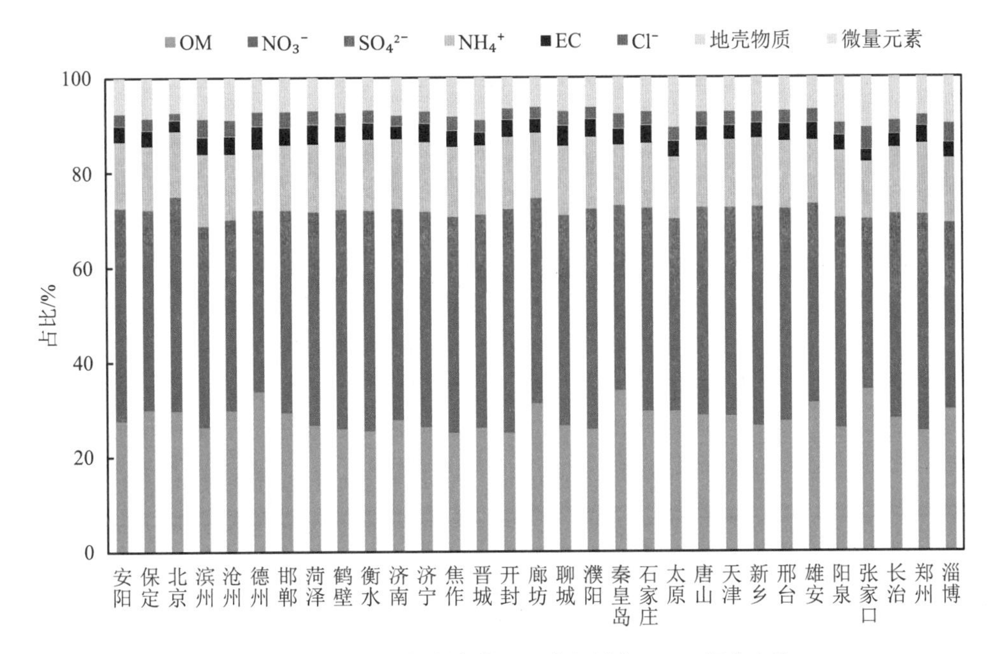

图 2.1-77　2022 年京津冀及周边各城市 $PM_{2.5}$ 组分占比

二、汾渭平原

2022 年，汾渭平原 11 个城市 $PM_{2.5}$ 中的组分主要包括有机物（OM，17.18 μg/m^3）、硝酸盐（NO_3^-，14.69 μg/m^3）、硫酸盐（SO_4^{2-}，8.03 μg/m^3）、铵盐（NH_4^+，7.34 μg/m^3）、地壳物质（3.70 μg/m^3）、元素碳（EC，1.91 μg/m^3）、微量元素（1.54 μg/m^3）和氯盐（Cl^-，1.30 μg/m^3）。其中，OM、NO_3^-、SO_4^{2-}、NH_4^+浓度相对较高，是 $PM_{2.5}$ 的主要组分。

与 2021 年相比，汾渭平原 11 个城市 $PM_{2.5}$ 组分中，除地壳物质和微量元素浓度下降（降幅分别为 41.5%、21.1%）外，NO_3^-、NH_4^+、SO_4^{2-}和 OM 浓度均有所上升，分别上升 2.40 μg/m^3、1.45 μg/m^3、1.42 μg/m^3 和 0.61 μg/m^3，升幅为 3.7%～24.7%，EC 和 Cl^-浓度基本持平。

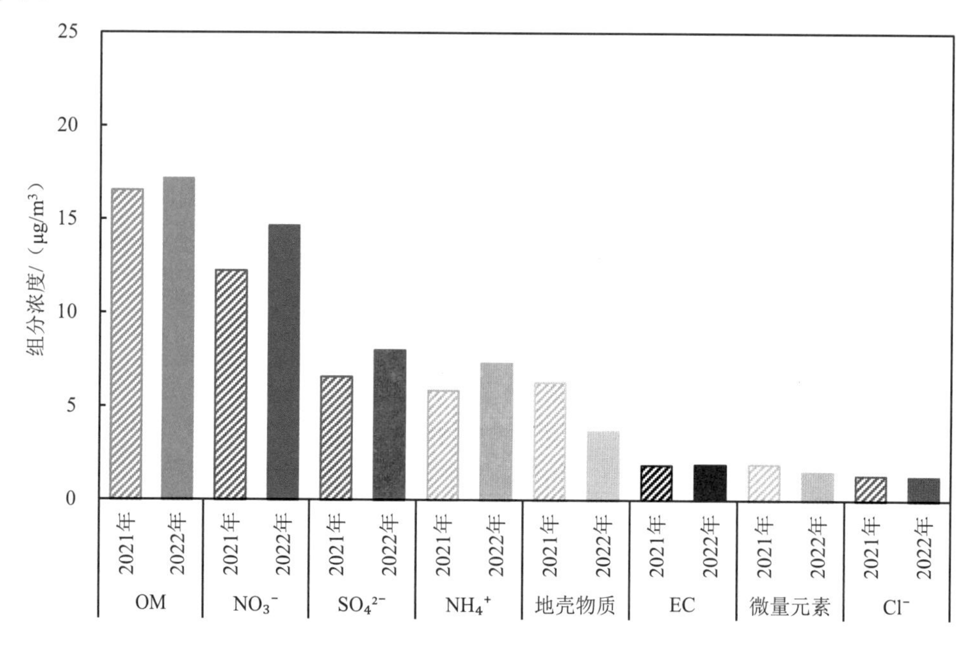

图 2.1-78　2021—2022 年汾渭平原 $PM_{2.5}$ 组分浓度年际变化

2022 年，汾渭平原 OM 和 EC 浓度均在 12 月最高，分别为 27.03 μg/m^3 和 3.08 μg/m^3；NO_3^-、SO_4^{2-}、NH_4^+、Cl^-和微量元素浓度在 1 月最高，分别为 27.87 μg/m^3、14.88 μg/m^3、14.69 μg/m^3、2.68 μg/m^3 和 2.27 μg/m^3；地壳物质浓度在 3 月最高，为 8.37 μg/m^3。各城市 OM 占比为 23.6%～36.2%，EC 占比为 2.5%～4.2%，地壳元素占比为 4.6%～12.9%，均为吕梁市最高；NO_3^-占比为 17.4%～32.4%，NH_4^+占比为 10.2%～15.4%，均为洛阳市最高；SO_4^{2-}占比为 12.1%～17.1%，临汾市最高；Cl^-占比为 2.0%～3.2%，微量元素占比为 1.8%～3.3%，均为运城市最高。总体来看，汾渭平原采暖季有机物和二次无机盐（SNA）浓度较高，对颗粒物浓度贡献显著。

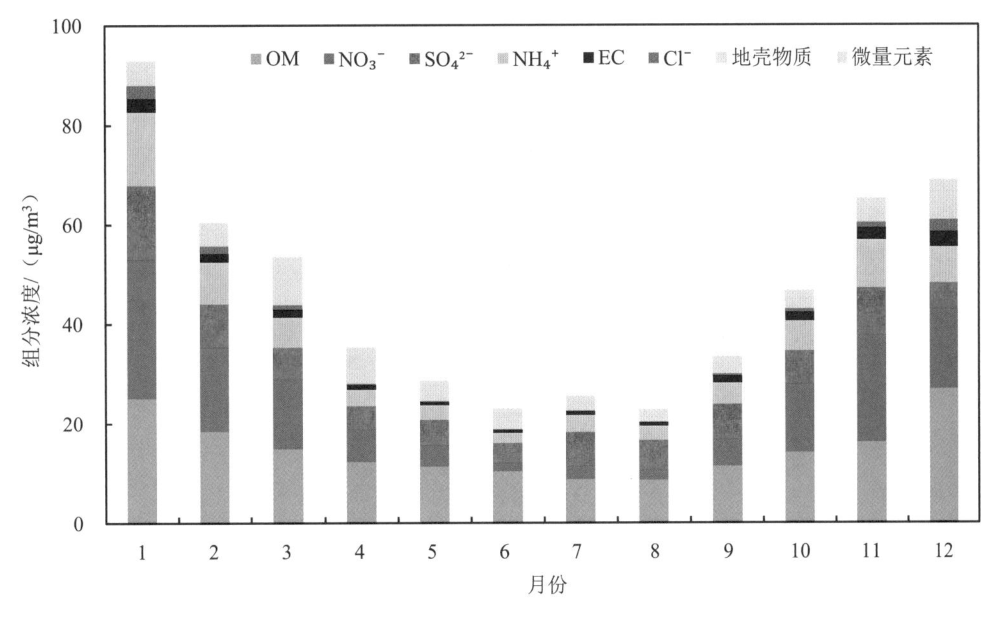

图 2.1-79　2022 年汾渭平原 $PM_{2.5}$ 各组分浓度月际变化

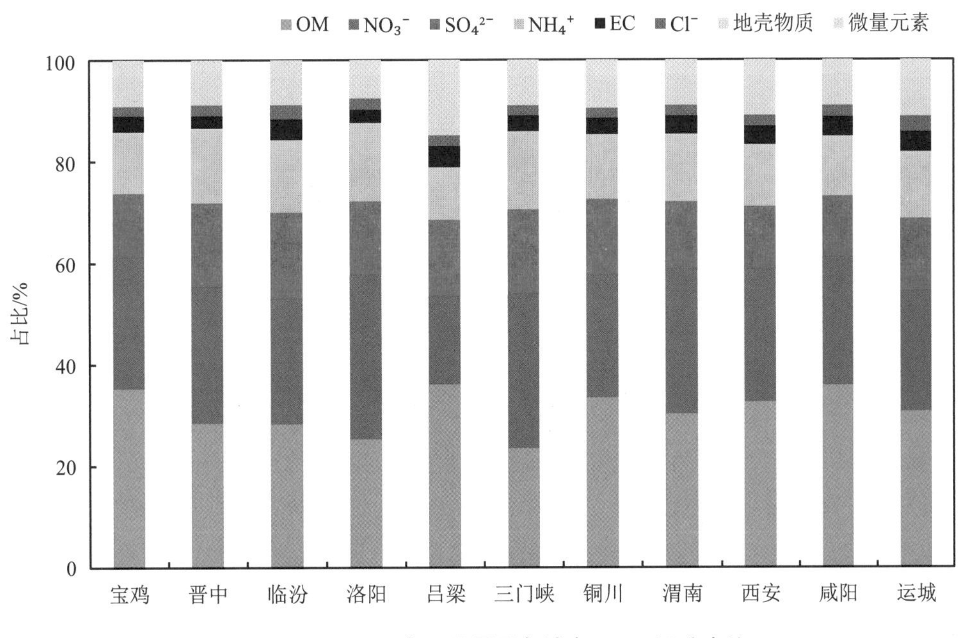

图 2.1-80　2022 年汾渭平原各城市 $PM_{2.5}$ 组分占比

三、各组分空间分布

整体来看，2022 年，京津冀及周边 31 个城市和汾渭平原 11 个城市的 OM 浓度在

7.91 μg/m^3（张家口）～21.87 μg/m^3（咸阳）之间，高值区集中在山西西南部、陕西中部及德州、菏泽、邯郸等区域；NO_3^-浓度在 4.83 μg/m^3（张家口）～21.62 μg/m^3（开封）之间，高值区集中在渭南、衡水及区域南部；SO_4^{2-}浓度在 3.50 μg/m^3（张家口）～10.23 μg/m^3（临汾）之间，高值区集中在渭南以及山西、河南的部分城市；NH_4^+浓度在 2.83 μg/m^3（张家口）～9.75（洛阳）μg/m^3 之间，高值区集中在渭南、衡水及区域南部，高值区与 NO_3^-高值区相似；地壳物质浓度在 1.72 μg/m^3（廊坊）～4.74 μg/m^3（运城）之间，高值区集中在区域西南部及保定、淄博等城市；EC 浓度在 0.57 μg/m^3（张家口）～2.59 μg/m^3（德州）之间，高值区集中在开封、鹤壁以及陕西东部、山西西部和山东西部城市；Cl^-浓度在 0.51 μg/m^3（北京）～2.07 μg/m^3（淄博）之间，高值区与 SO_4^{2-}高值区较为一致；微量元素浓度在 0.54 μg/m^3（北京）～2.04 μg/m^3（运城）之间，高值区集中在陕西、山西、河南和山东的部分城市。

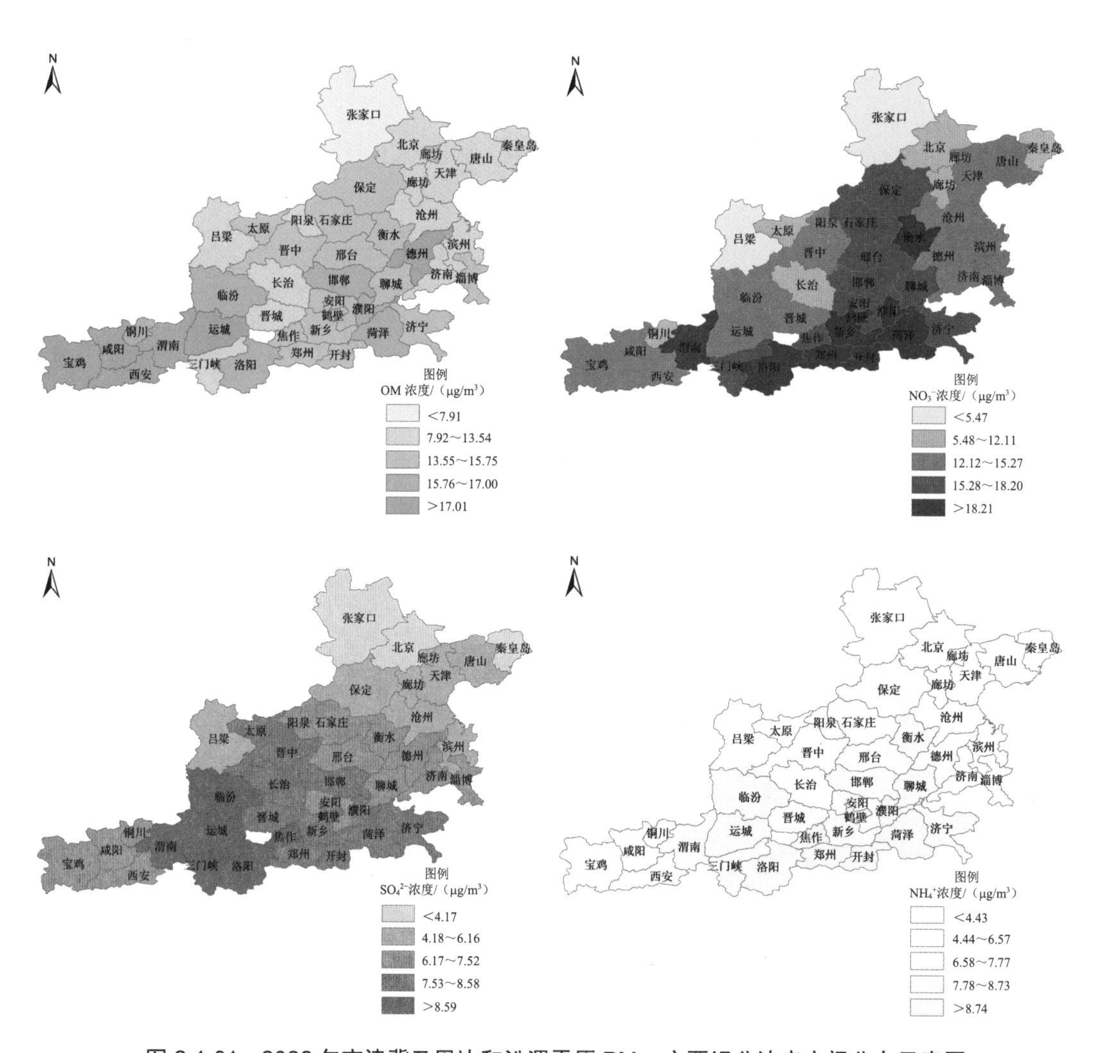

图 2.1-81　2022 年京津冀及周边和汾渭平原 $PM_{2.5}$ 主要组分浓度空间分布示意图

第十节 挥发性有机物

一、全国重点城市

2022 年 4—10 月，全国重点城市[①]57 种非甲烷烃类（PAMS）物质平均浓度为（17.54±5.84）ppbv[②]，与 2021 年同期相比有所下降，各月浓度变化规律明显，8 月浓度最高，6 月浓度最低。PAMS 物质的化学组成以烷烃、芳香烃和烯烃为主，占比分别为 63.4%、15.6% 和 13.1%。

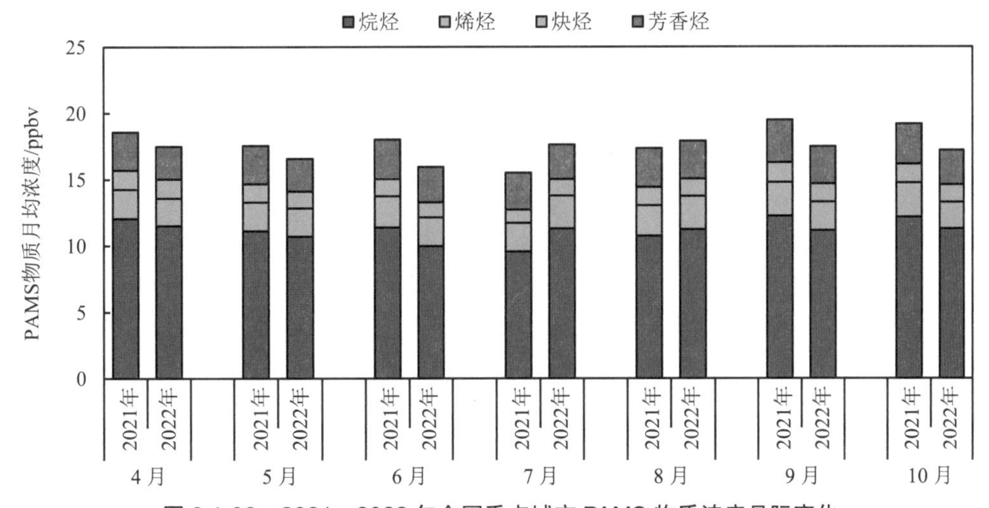

图 2.1-82 2021—2022 年全国重点城市 PAMS 物质浓度月际变化

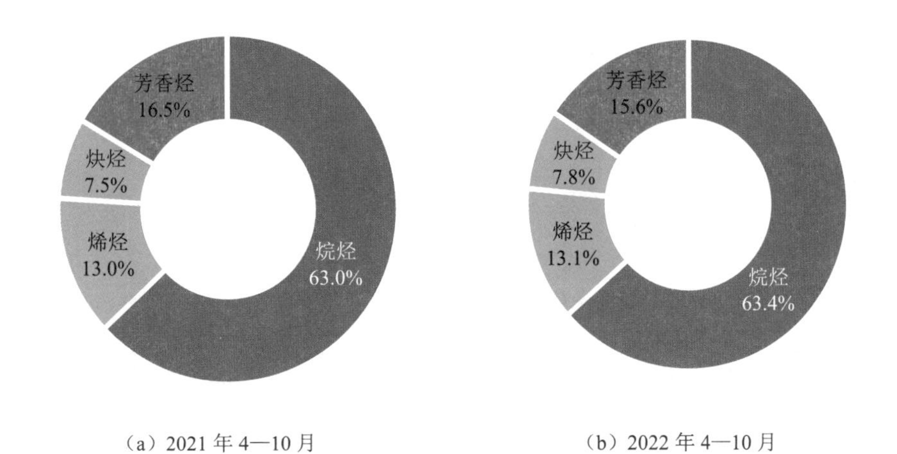

图 2.1-83 全国重点城市 PAMS 物质的化学组成年际变化

① 见书后附录一中附表 1-2。

② 1 ppbv=10^{-9}=1 nL/L，全书同。

2022 年 4—10 月，全国重点城市醛酮类物质平均浓度为（12.76±5.19）ppbv，与 2021 年同期相比有所下降，各月浓度变化规律明显，8 月浓度最高，10 月浓度最低。醛酮类物质的化学组成以甲醛、丙酮和乙醛为主，占比分别为 44.1%、25.6%和 23.2%。

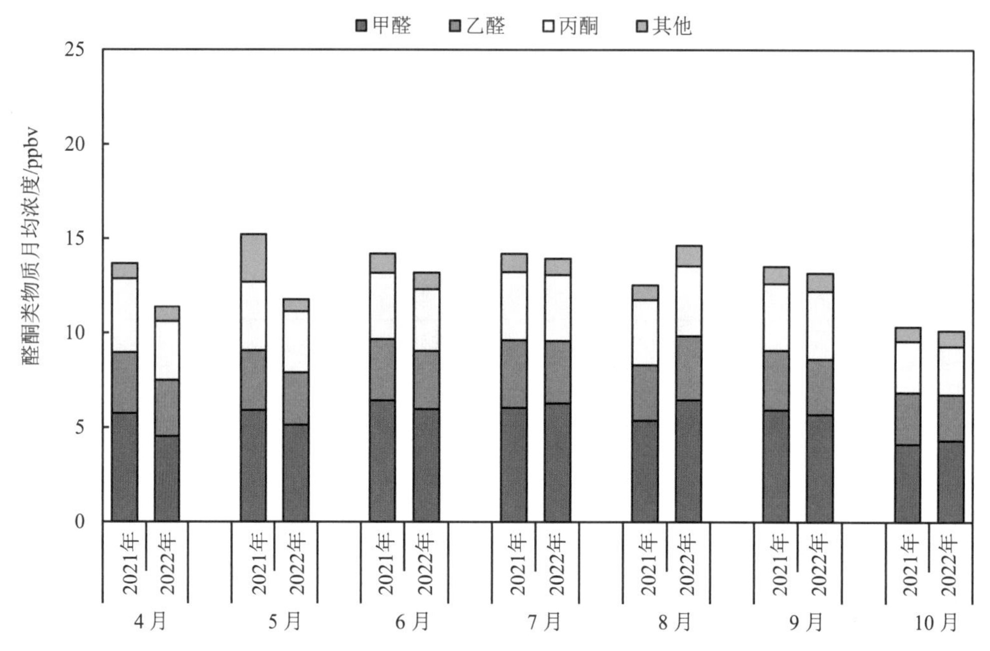

图 2.1-84 2021—2022 年全国重点城市醛酮类物质浓度月际变化

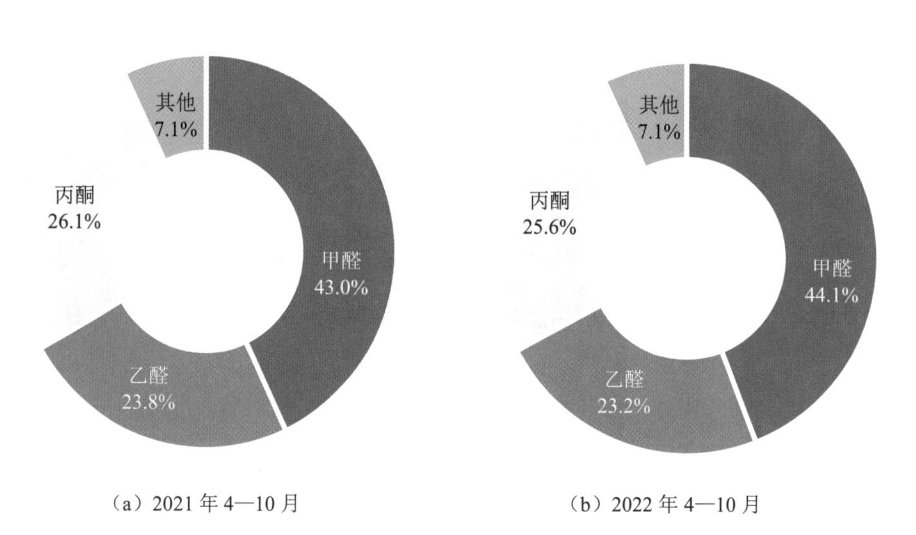

图 2.1-85 全国重点城市醛酮类物质的化学组成年际变化

二、京津冀及周边

2022 年 4—10 月，北京、雄安新区、天津、济南、郑州、太原和石家庄（本节简称京津冀及周边）自动监测 VOCs 日均浓度在 12.40～19.64 ppbv，分类组成均以烷烃为主。臭氧生成潜势（OFP）总体范围在 71.02～110.58 μg/m^3。

表 2.1-17 监测城市 VOCs 日均浓度和 OFP 范围

序号	站点	VOCs 日均浓度/ppbv	OFP/（μg/m^3）
1	北京	12.72±6.63	71.02±35.72
2	雄安新区	16.63±6.64	82.74±32.86
3	天津	15.37±6.38	89.88±53.76
4	济南	19.64±13.67	110.58±68.78
5	郑州	13.83±5.34	83.69±37.35
6	太原	16.71±7.79	71.59±39.36
7	石家庄	12.40±4.14	90.35±50.26

第十一节 温室气体

与 2021 年相比，2022 年全国万元国内生产总值二氧化碳排放①下降 0.8%。

温室气体监测结果显示，10 个背景站②CO_2 浓度范围为 398.2 ppm③（海南南沙）～431.8 ppm（山西庞泉沟），平均为 421.2 ppm；CH_4 浓度范围为 1875 ppb④（海南南沙）～2086 ppb（山西庞泉沟），平均为 2 007.7 ppb；N_2O 浓度范围为 335.3 ppb（四川海螺沟）～338.4 ppb（福建武夷山），平均为 336.9 ppb。与 2021 年相比，2022 年 CO_2、CH_4、N_2O 浓度分别上升 2.2 ppm、9.0 ppb 和 0.3 ppb。

第十二节 秸秆焚烧火点

2022 年，遥感监测到全国秸秆焚烧火点 13 583 个（不包括云覆盖下的火点信息），主要分布在黑龙江、吉林、内蒙古、湖北、山西、辽宁、河北、安徽、广西、新疆、河南、湖南、山东等 13 个省份，火点数共计 13 226 个，占全国的 97.4%，其他省份全年火点个

① 数据为初步核算结果，万元国内生产总值二氧化碳排放按 2020 年价格计算。
② 海螺沟背景站于 2022 年 9 月 6 日后因受地震影响暂停监测。长岛温室气体仪器故障时间较长，本年不计入统计。
③ 1 ppm = 10^{-6} = 1 μmol/mol，指干空气中的摩尔分数比，全书同。
④ 1 ppb = 10^{-9} = 1 nmol/mol，指干空气中的摩尔分数比，全书同。

数均不足 100 个。

与 2021 年相比，2022 年全国火点个数增加 5 854 个，增加 75.7%。全国共计 22 个省份火点个数增加，7 个省份火点个数减少。

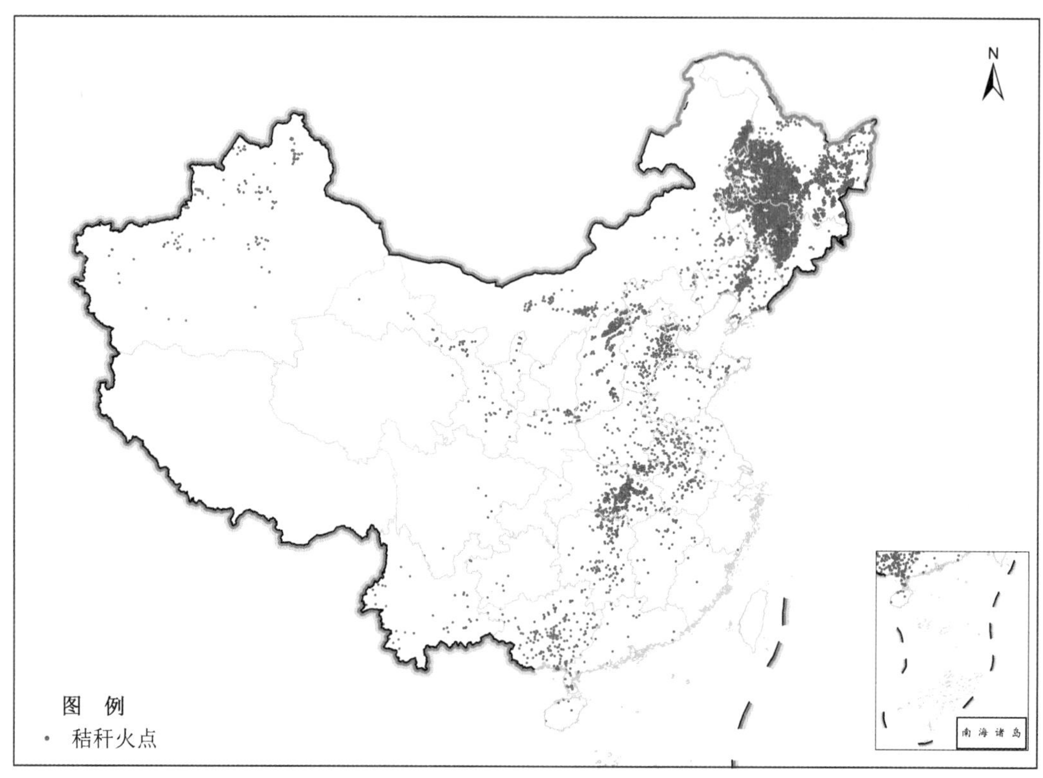

制图单位：生态环境部卫星环境应用中心

图 2.1-86 2022 年全国秸秆焚烧火点卫星遥感监测分布示意图

表 2.1-18 2022 年全国各省份秸秆焚烧火点个数及年际变化

省份	2022 年火点个数/个	比 2021 年变化个数/个	变化率/%
全国	13 583	5 854	75.7
黑龙江	5 963	3 388	131.6
吉林	3 280	594	22.1
内蒙古	972	451	86.6
湖北	691	632	1 071.2
山西	572	271	90.0
辽宁	404	204	102.0
河北	296	57	23.8
安徽	241	186	338.2

省份	2022 年火点个数/个	比 2021 年变化个数/个	变化率/%
广西	199	−208	−51.1
新疆	183	90	96.8
河南	179	36	25.2
湖南	144	128	800.0
山东	102	−22	−17.7
甘肃	65	−1	−1.5
天津	64	38	146.2
广东	44	−22	−33.3
陕西	41	12	41.4
云南	34	−15	−30.6
江苏	34	26	325.0
江西	30	12	66.7
宁夏	10	1	11.1
贵州	8	3	60.0
海南	7	−10	−58.8
四川	7	1	16.7
福建	4	0	0.0
浙江	3	−3	−50.0
重庆	2	1	100.0
青海	2	2	—
北京	1	1	—
上海	1	1	—

专栏　环境空气质量预测开展情况与评估

一、2022 年全国环境空气质量业务预报开展情况

在生态环境部指导下，总站每日有序组织六大区域预报中心开展全国未来 5 d 和重点区域 7～10 d 空气质量形势预测，组织 31 个省（区、市）开展行政区域未来 7 d 空气质量形势预测和 339 个地级及以上城市未来 7 d 空气质量业务预报；通过全国空气质量预报信息发布系统、空气质量发布 App、生态环境部和总站官方网站、微信公众号、微博等多种渠道发布预报信息，及时向管理部门和公众提供预报信息服务，指导公众日常出行和健康防护；适时组织开展区域、跨区域空气质量预报会商，每月联合六大区域预报中心、中央气象台等相关

单位共同开展2次全国空气质量预报视频会商，支持生态环境部发布未来半月全国环境空气质量形势预报信息24期。重点围绕秋冬季$PM_{2.5}$污染和夏季O_3污染，以一周为周期，定期开展全国空气质量回顾和未来形势预报，形成《空气质量形势周报》和《臭氧形势周报》等监测要情51期。积极应对区域沙尘天气过程影响，建立沙尘快报迅速响应机制，全年完成沙尘天气过程对空气质量影响的预测和分析快报5期。针对区域性重污染过程，适时组织开展加密预报研判和复盘分析，深度参与管理部门决策会商，参加生态环境部重污染天气专题预测和复盘会商会共计21次（其中部长级决策会商2次），为妥善应对重污染天气和开展大气污染精准管控提供关键技术支持。

二、2022年全国环境空气质量业务预报评估

为保障全国环境空气质量预报评估的统一性和可比性，基于《城市环境空气质量指数（AQI）预报评估技术规定（暂行）》和《区域环境空气质量预报评估技术规定（暂行）》（总站预报字〔2010〕549号）等评估方法，对2022年全国六大区域和339个地级及以上城市空气质量业务预报效果开展总体评估。

表2.1-Z1 2022年六大区域24 h和72 h跨级预报效果①

单位：%

区域	24 h预报			72 h预报			范围
	准确率	偏高率	偏低率	准确率	偏高率	偏低率	
华北	86.1	10.6	3.3	83.4	11.8	4.9	北京、天津、河北、河南、山东、陕西、内蒙古中部
华东	93.2	4.3	2.6	90.3	5.6	4.0	上海、江苏、浙江、安徽、江西
东北	96.5	2.3	1.2	95.5	2.5	1.9	辽宁、吉林、黑龙江、内蒙古东部
华南	92.8	4.3	3.0	90.2	5.0	4.8	广东、广西、海南、福建、湖北、湖南
西南	98.0	1.1	1.0	97.5	1.4	1.1	四川、重庆、贵州、云南、西藏
西北	88.9	6.4	4.8	86.6	6.9	6.5	陕西、甘肃、宁夏、青海、新疆、内蒙古西部
全国	92.6	4.7	2.8	90.6	5.4	4.1	339个城市

2022年，六大区域24 h（提前1 d）和72 h（提前3 d）跨级预报准确率分别为86.1%～98.0%和83.4%～97.5%，两个时效下全国平均预报准确率分别为92.6%和90.6%，华北区域预报准确率最低，西南区域预报准确率最高，各区域72 h预报准确率均低于24 h预报准确率。两个时效下各区域预报偏高率均高于偏低率，预报偏差以偏高为主。

① 区域跨级预报评估方法：区域内某分区所有城市当日实况AQI的算术平均值对应的空气质量级别落入分区预报级别内，则记为预报准确，否则为预报偏高或偏低。区域内所有分区预报准确率的平均值即为区域预报准确率，偏高率和偏低率同理。

2022 年，全国 339 个城市不同月份 24 h 和 72 h AQI 级别范围预报效果统计显示①②，各月预报准确率分别在 83.1%～91.0%和 78.5%～88.6%的范围波动，各月准确率相差不大，受季节转换时期气象预测不确定性较大等因素影响，1—2 月准确率相对较低；两个时效全年平均准确率分别为 88.1%和 84.6%。从各月和全年平均来看，72 h 预报准确率均低于 24 h 预报准确率。除 9 月和 12 月的 72 h 预报偏低率略高于偏高率外，其他月份和时效的预报偏差以偏高为主。

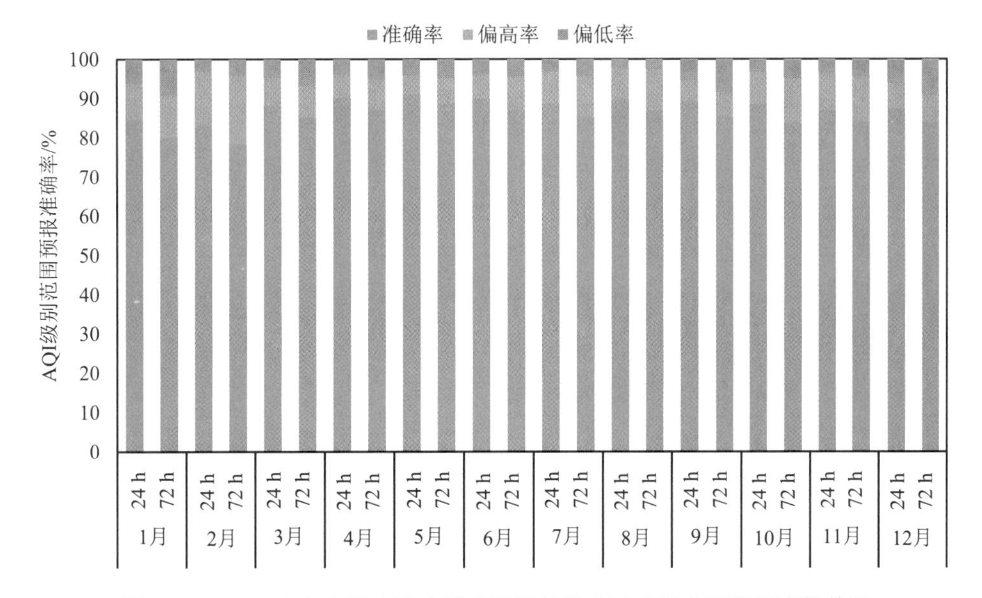

图 2.1-Z1　2022 年全国 339 个城市不同月份 24 h AQI 级别范围预报效果

2022 年，339 个城市实况空气质量不同级别下的 24 h 和 72 h AQI 级别范围预报效果如表 2.1-Z2 所示，全国 339 个城市“良”级别天次占比最高，两个时效下“良”级别的 AQI 级别范围预报准确率也均为最高，分别达到 94.9%和 94.3%，准确率由高到低其次为“优”级别和“轻度污染”级别。从“中度污染”开始，预报准确率随级别升高而显著下降，“严重污染”级别预报准确率最低。除“优”级别和“良”级别外，其他级别预报偏差均以偏低为主，其中“重度污染”级别和“严重污染”级别预报偏低最为明显。

① AQI 级别范围预报评估方法：当 AQI 预报中值≤50 时，对中值上下浮动 10（下限数值≥0），当 AQI 预报中值＞50 时，对中值上下浮动 20%，得到浮动后的 AQI 预报范围（全部向上进位取整），若城市当日实况空气质量级别落入浮动 AQI 预报范围对应的级别预报范围内，则记为预报准确，否则为预报偏高或偏低。

② 城市 AQI 预报评估中的 AQI 实况数据为实时发布数据，2022 年 339 个城市 AQI 实况或预报数据缺失的城市天次未纳入预报评估统计（24 h 和 72 h 预报评估均缺失 14 天次）。

表 2.1-Z2　2022 年 339 个城市不同级别 24 h 和 72 h AQI 级别范围预报效果

单位：%

空气质量级别	24 h 预报			72 h 预报		
	准确率	偏高率	偏低率	准确率	偏高率	偏低率
优	83.6	16.4	0	78.7	21.3	0
良	94.9	2.7	2.4	94.3	2.9	2.8
轻度污染	82.6	1.9	15.5	73.9	1.9	24.1
中度污染	56.4	1.5	42.1	42.5	1.6	55.9
重度污染	48.5	2.0	49.5	28.4	1.7	69.9
严重污染	40.0	0	60.0	26.3	0	73.7

第二章　水环境

第一节　全国

2022 年，全国地表水总体水质良好。监测的 3 629 个国控断面中，Ⅰ类水质断面 326 个，占 9.0%；Ⅱ类 1 844 个，占 50.8%；Ⅲ类 1 021 个，占 28.1%；Ⅳ类 352 个，占 9.7%；Ⅴ类 60 个，占 1.7%；劣Ⅴ类 26 个，占 0.7%（扣除自然因素影响，劣Ⅴ类 16 个，占 0.4%）。与 2021 年相比，全国地表水水质无明显变化。

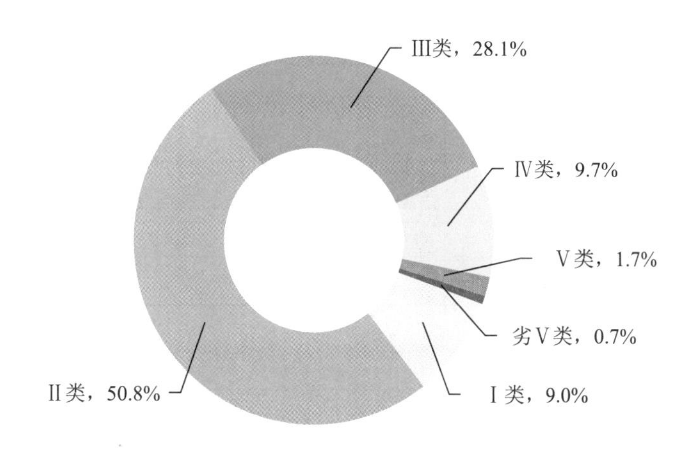

图 2.2-1　2022 年全国地表水水质类别比例

全年累计有 15 个断面出现 70 次重金属（类金属）超标现象。其中，砷超标断面 7 个，铬（六价）超标断面 4 个，镉超标断面 3 个，硒超标断面 2 个，铅超标断面 1 个。砷超标倍数范围为 0.08～2.3 倍，最大超标断面为西藏自治区拉萨市堆龙河东嘎断面；铬（六价）超标倍数范围为 0.04～3.6 倍，最大超标断面为甘肃省庆阳市马莲河洪德断面；镉超标倍数范围为 0.1～1.9 倍，最大超标断面为云南省红河哈尼族彝族自治州泸江石桥断面；硒超标倍数范围为 0.05～1.6 倍，最大超标断面为宁夏回族自治区中卫市清水河泉眼山断面；铅超标倍数为 0.6 倍，超标断面为吉林省吉林市蛟河口断面。从流域来看，砷超标断面集中在西南诸河、西北诸河、长江流域和珠江流域；铬（六价）和硒超标断面集中在黄河流域；镉超标断面在珠江流域、松花江流域和长江流域，铅超标断面在松花江流域。从省份来看，超标断面分布在西藏、甘肃、陕西、内蒙古、宁夏、云南、湖北、江西和吉林。

表 2.2-1　2022 年全国地表水重金属（类金属）超标情况

序号	指标	断面名称	所属流域	所在河流	考核省份	责任城市	超标倍数	超标月份
1	砷	革吉县狮泉河下游	西南诸河	狮泉河	西藏自治区	阿里地区	0.08～0.9	1—12
2		东嘎*	西南诸河	堆龙河	西藏自治区	拉萨市	0.2～2.3	1—6、10—12
3		达里诺尔湖湖中*	西北诸河	达里诺尔湖	内蒙古自治区	赤峰市	0.4～0.9	5—9
4		色林错*	西北诸河	色林错	西藏自治区	那曲市	0.4～0.9	5—7、10、11
5		石桥	珠江流域	泸江	云南省	红河哈尼族彝族自治州	0.2～1.4	4、5、9
6		洪下水文站	长江流域	陆水	湖北省	咸宁市	0.1	1
7		石矶头大桥上	长江流域	陆水	湖北省	咸宁市	1.1	1
8	铬（六价）	洪德*	黄河流域	马莲河	甘肃省	庆阳市	0.3～3.6	1—3、5、6、9—12
9		白石咀*	黄河流域	北洛河	陕西省	延安市	0.04～1.6	4、5、7、9—12
10		井沟*	黄河流域	祖厉河	甘肃省	白银市	0.4～1.4	1、2、5、8、11、12
11		黑城岔*	黄河流域	马莲河	陕西省	榆林市	0.8～2.3	4—6、9
12	镉	石桥	珠江流域	泸江	云南省	红河哈尼族彝族自治州	1.9	10
13		蛟河口	松花江流域	蛟河	吉林省	吉林市	0.1	7
14		洎水河河口	长江流域	洎水河	江西省	上饶市	0.1	7
15	硒	泉眼山	黄河流域	清水河	宁夏回族自治区	中卫市	0.05～1.6	1、6、8
16		苦水河入黄口	黄河流域	苦水河	宁夏回族自治区	吴忠市	0.2～0.5	1、2
17	铅	蛟河口	松花江流域	蛟河	吉林省	吉林市	0.6	7

注：*受自然因素影响较大。

第二节　主要江河

一、总体情况

2022 年，主要江河水质为优。长江、黄河、珠江、松花江、淮河、海河、辽河七大流域和浙闽片河流、西北诸河、西南诸河监测的 3 115 个国控断面中，Ⅰ类水质断面 299 个，占 9.6%；Ⅱ类 1 672 个，占 53.7%；Ⅲ类 840 个，占 27.0%；Ⅳ类 260 个，占 8.3%；Ⅴ类 30 个，占 1.0%；劣Ⅴ类 14 个，占 0.4%。长江流域、珠江流域、浙闽片河流、西北诸河和西南诸河水质均为优，黄河流域、淮河流域和辽河流域水质均为良好，松花江流域和海河流域均为轻度污染。

与 2021 年相比，主要江河水质有所好转。其中，Ⅰ类水质断面比例上升 2.4 个百分点，Ⅱ类上升 1.3 个百分点，Ⅲ类下降 0.5 个百分点，Ⅳ类下降 2.1 个百分点，Ⅴ类下降 0.6 个百分点，劣Ⅴ类下降 0.5 个百分点。

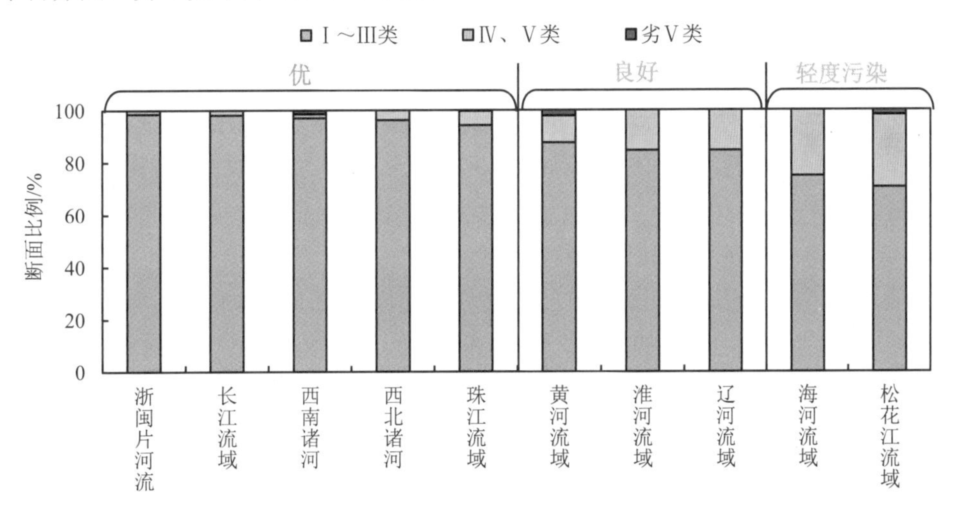

图 2.2-2　2022 年主要江河水质状况

二、长江流域

（一）水质现状

2022 年，长江流域主要江河水质为优。监测的 1 017 个国控断面中，Ⅰ类水质断面占 11.8%，Ⅱ类占 69.8%，Ⅲ类占 16.5%，Ⅳ类占 1.8%，Ⅴ类占 0.1%，无劣Ⅴ类。

与 2021 年相比，水质无明显变化。Ⅰ类水质断面比例上升 4.3 个百分点，Ⅱ类下降 0.9 个百分点，Ⅲ类下降 2.4 个百分点，Ⅳ类下降 0.6 个百分点，Ⅴ类下降 0.4 个百分点，劣Ⅴ类下降 0.1 个百分点。

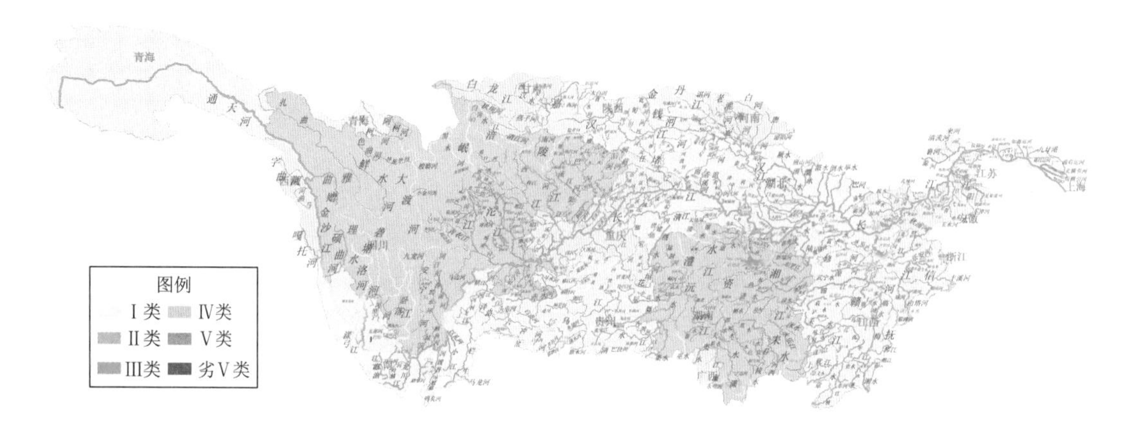

图 2.2-3 2022 年长江流域水质分布示意图

长江干流水质为优。监测的 82 个国控断面中，Ⅰ类水质断面占 12.2%，Ⅱ类占 87.8%，无其他类。

与 2021 年相比，水质无明显变化。Ⅰ类水质断面比例下降 1.2 个百分点，Ⅱ类上升 1.2 个百分点，其他类均持平。

长江主要支流水质为优。监测的 935 个国控断面中，Ⅰ类水质断面占 11.8%，Ⅱ类占 68.2%，Ⅲ类占 18.0%，Ⅳ类占 1.9%，Ⅴ类占 0.1%，无劣Ⅴ类。其中，螳螂川为中度污染，利河、大陆溪、姚市河、掌鸠河、来河、沛河、淦水、神定河、竹皮河、菜园河（武定河）、虎渡河和鸣矣河为轻度污染，其他支流水质优良。

与 2021 年相比，水质无明显变化。Ⅰ类水质断面比例上升 4.8 个百分点，Ⅱ类下降 1.1 个百分点，Ⅲ类下降 2.5 个百分点，Ⅳ类下降 0.7 个百分点，Ⅴ类下降 0.4 个百分点，劣Ⅴ类下降 0.1 个百分点。

长江流域省界断面水质为优。监测的 156 个国控断面中，Ⅰ类水质断面占 16.0%，Ⅱ类占 67.3%，Ⅲ类占 13.5%，Ⅳ类占 3.2%，无Ⅴ类和劣Ⅴ类。

与 2021 年相比，水质无明显变化。Ⅰ类水质断面比例上升 9.6 个百分点，Ⅱ类下降 10.3 个百分点，Ⅲ类上升 2.0 个百分点，Ⅳ类下降 0.6 个百分点，Ⅴ类下降 0.6 个百分点，劣Ⅴ类持平。

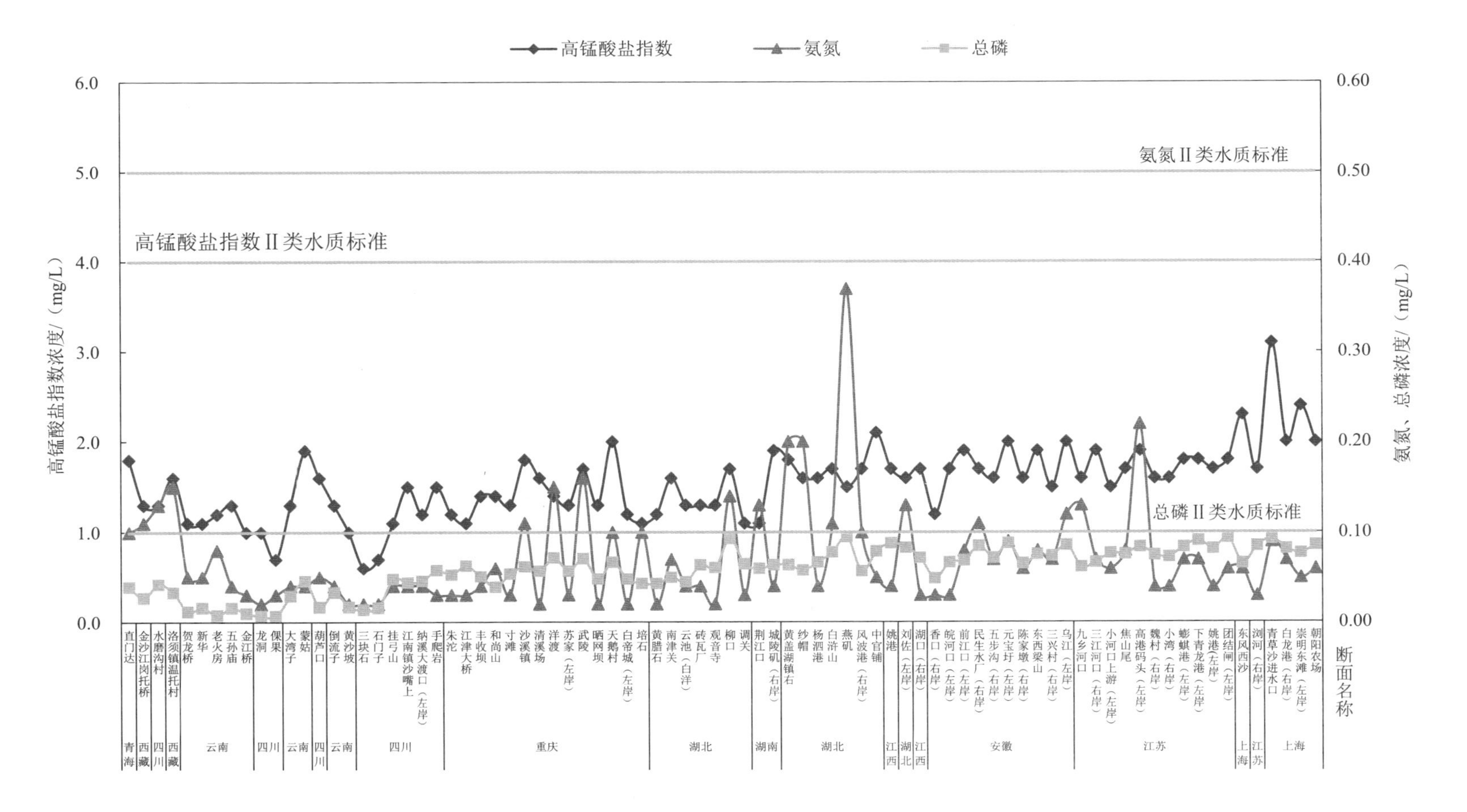

图 2.2-4　2022 年长江干流高锰酸盐指数、氨氮和总磷浓度沿程变化

（二）超标指标

2022 年，长江流域主要江河水质超标指标中总磷、化学需氧量和高锰酸盐指数排名前三，断面超标率分别为 0.9%、0.8%和 0.5%。

表 2.2-2　2022 年长江流域水质超标指标情况

指标	断面数/个	年均值断面超标率/%	年均值范围/（mg/L）	年均值超标最高断面及超标倍数	
				断面名称	超标倍数
总磷	1 017	0.9	未检出～0.330	螳螂川昆明市富民大桥	0.6
化学需氧量	1 017	0.8	未检出～23.6	竹皮河荆门市马良龚家湾	0.2
高锰酸盐指数	1 017	0.5	未检出～7.0	来河滁州市水口	0.2
五日生化需氧量	1 017	0.2	未检出～5.1	螳螂川昆明市富民大桥	0.3
氨氮	1 017	0.2	未检出～1.27	漾弓江丽江市龙兴村	0.3
溶解氧	1 017	0.2	4.1～14.4	淦水咸宁市窑嘴大桥	—

三、黄河流域

（一）水质现状

2022 年，黄河流域主要江河水质良好。监测的 263 个国控断面中，Ⅰ类水质断面占 7.2%，Ⅱ类占 57.8%，Ⅲ类占 22.4%，Ⅳ类占 8.4%，Ⅴ类占 1.9%，劣Ⅴ类占 2.3%。

图 2.2-5　2022 年黄河流域水质分布示意图

与 2021 年相比，水质无明显变化。Ⅰ类水质断面比例上升 0.8 个百分点，Ⅱ类上升 6.1 个百分点，Ⅲ类下降 1.4 个百分点，Ⅳ类下降 4.1 个百分点，Ⅴ类持平，劣Ⅴ类下降 1.5 个百分点。

黄河干流水质为优。监测的 43 个国控断面中，Ⅰ类水质断面占 14.0%，Ⅱ类占 86.0%，无其他类。

与 2021 年相比，水质无明显变化。Ⅱ类水质断面比例上升 4.6 个百分点，Ⅲ类下降 4.7 个百分点，其他类均持平。

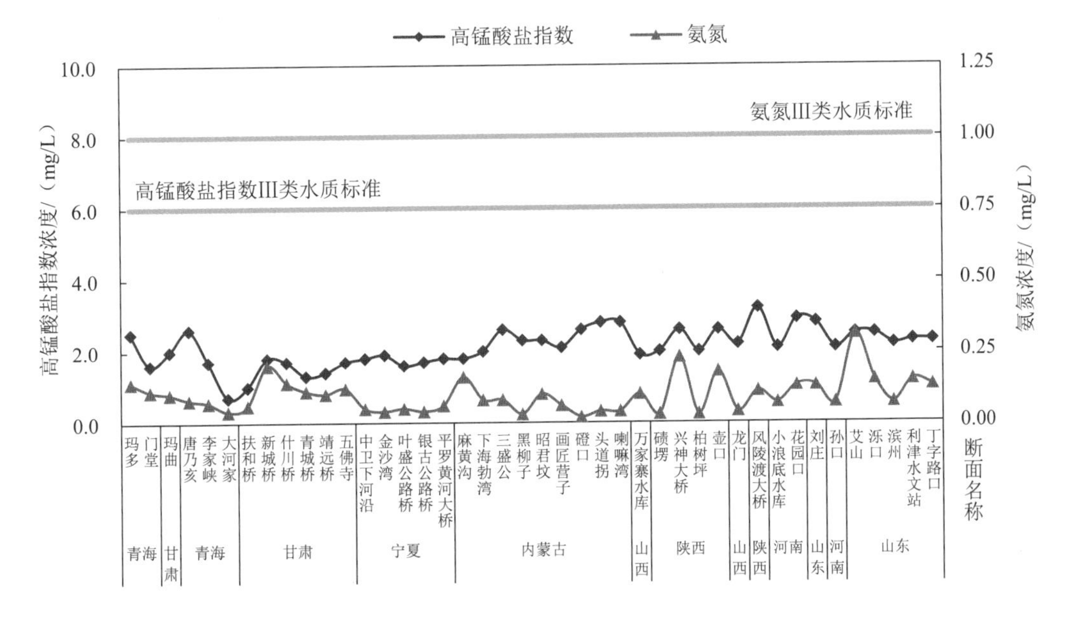

图 2.2-6　2022 年黄河干流高锰酸盐指数和氨氮浓度沿程变化

黄河主要支流水质良好。监测的 220 个国控断面中，Ⅰ类水质断面占 5.9%，Ⅱ类占 52.3%，Ⅲ类占 26.8%，Ⅳ类占 10.0%，Ⅴ类占 2.3%，劣Ⅴ类占 2.7%。其中，四道沙河、散渡河、朱家川河和苦水河为重度污染，祖厉河、马莲河和黄甫川为中度污染，小韦河、小黑河、总排干、新漭河、汾河、浍河、涑水河、涝河、清河、磁窑河、西柳青河、都思兔河和金堤河为轻度污染，其他支流水质优良。

与 2021 年相比，水质无明显变化。Ⅰ类水质断面比例上升 0.9 个百分点，Ⅱ类上升 6.4 个百分点，Ⅲ类下降 0.7 个百分点，Ⅳ类下降 4.9 个百分点，Ⅴ类持平，劣Ⅴ类下降 1.8 个百分点。

黄河重要支流汾河为轻度污染，主要污染指标为化学需氧量、高锰酸盐指数和石油类。监测的 12 个国控断面中，Ⅰ类水质断面占 16.7%，Ⅱ类占 33.3%，Ⅲ类占 8.3%，Ⅳ类占 41.7%，无其他类。

与 2021 年相比，水质无明显变化。Ⅱ类水质断面比例上升 16.6 个百分点，Ⅲ类下降

8.4 个百分点，Ⅳ类下降 8.3 个百分点，其他类均持平。

黄河重要支流渭河水质为优。监测的 13 个国控断面中，Ⅱ类水质断面占 53.8%，Ⅲ类占 38.5%，Ⅳ类占 7.7%，无其他类。

与 2021 年相比，水质无明显变化。Ⅱ类水质断面比例下降 7.7 个百分点，Ⅳ类上升 7.7 个百分点，其他类均持平。

黄河流域省界断面水质为优。监测的 72 个国控断面中，Ⅰ类水质断面占 11.1%，Ⅱ类占 61.1%，Ⅲ类占 19.4%，Ⅳ类占 2.8%，Ⅴ类占 2.8%，劣Ⅴ类占 2.8%。

与 2021 年相比，水质有所好转。Ⅰ类水质断面比例上升 3.0 个百分点，Ⅱ类下降 1.1 个百分点，Ⅲ类上升 1.8 个百分点，Ⅳ类下降 5.3 个百分点，Ⅴ类上升 2.8 个百分点，劣Ⅴ类下降 1.3 个百分点。

（二）超标指标

2022 年，黄河流域主要江河水质超标指标中化学需氧量、高锰酸盐指数和氟化物排名前三，断面超标率分别为 8.7%、5.3%和 4.2%。

表 2.2-3 2022 年黄河流域水质超标指标情况

指标	断面数/个	年均值断面超标率/%	年均值范围/（mg/L）	年均值超标最高断面及超标倍数	
				断面名称	超标倍数
化学需氧量	263	8.7	未检出～34.0	马莲河榆林市黑城岔	0.7
高锰酸盐指数	263	5.3	0.7～8.0	涑水河运城市张留庄	0.3
氟化物	263	4.2	0.063～2.86	朱家川河忻州市花园子	1.9
氨氮	263	2.3	未检出～2.15	散渡河定西市小河口村	1.2
铬（六价）	263	1.5	未检出～0.136	马莲河庆阳市洪德*	1.7
总磷	263	1.5	未检出～0.260	涑水河运城市张留庄	0.3
五日生化需氧量	263	1.1	未检出～5.2	金堤河濮阳市贾垓桥（张秋）	0.3
石油类	263	0.8	未检出～0.16	汾河运城市柴村桥	2.2
溶解氧	263	0.4	3.8～12.8	四道沙河包头市四道沙河入黄口	—

注：*受自然因素影响较大。

四、珠江流域

（一）水质现状

2022 年，珠江流域主要江河水质为优。监测的 364 个国控断面中，Ⅰ类水质断面占

10.4%，Ⅱ类占 63.5%，Ⅲ类占 20.3%，Ⅳ类占 4.9%，Ⅴ类占 0.5%，劣Ⅴ类占 0.3%。

与 2021 年相比，水质无明显变化。Ⅰ类水质断面比例上升 1.3 个百分点，Ⅱ类上升 1.4 个百分点，Ⅲ类下降 0.9 个百分点，Ⅳ类下降 0.3 个百分点，Ⅴ类下降 0.9 个百分点，劣Ⅴ类下降 0.8 个百分点。

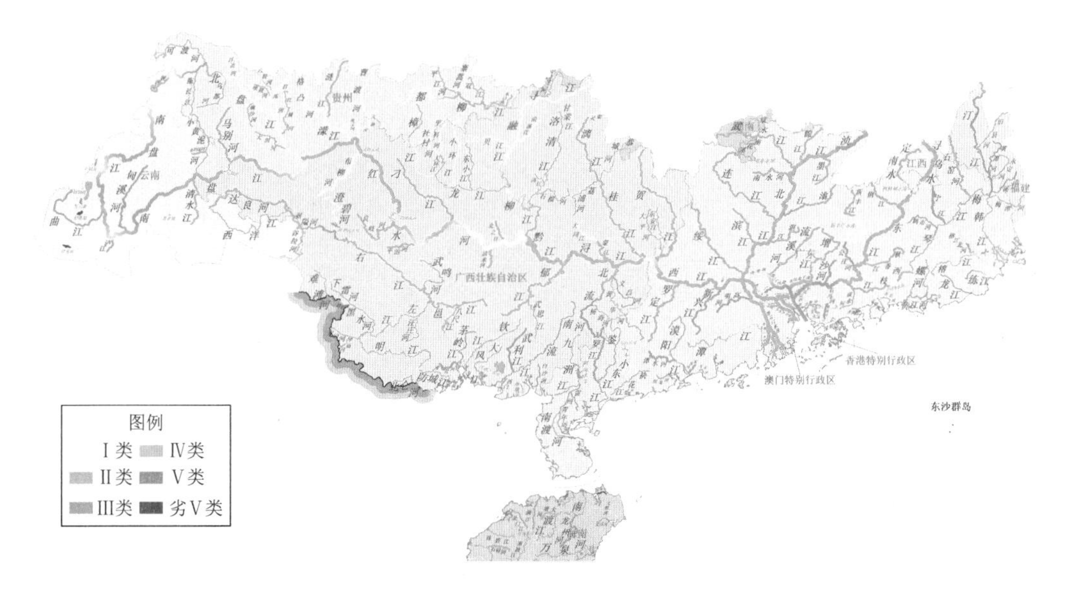

图 2.2-7　2022 年珠江流域水质分布示意图

珠江干流水质为优。监测的 62 个国控断面中，Ⅰ类水质断面占 9.7%，Ⅱ类占 71.0%，Ⅲ类占 14.5%，Ⅳ类占 4.8%，无其他类。

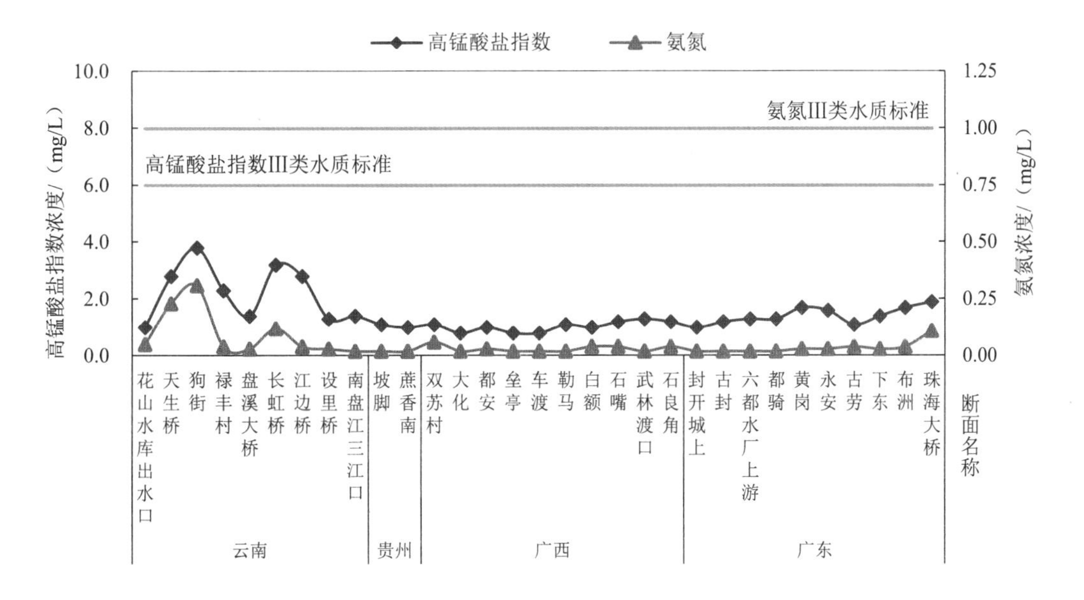

图 2.2-8　2022 年珠江干流高锰酸盐指数和氨氮浓度沿程变化

与 2021 年相比，水质无明显变化。Ⅰ类水质断面比例下降 8.0 个百分点，Ⅱ类上升 8.1 个百分点，Ⅲ类上升 1.6 个百分点，Ⅴ类下降 1.6 个百分点，其他类均持平。

珠江主要支流水质为优。监测的 180 个国控断面中，Ⅰ类水质断面占 17.2%，Ⅱ类占 68.3%，Ⅲ类占 10.6%，Ⅳ类占 3.9%，无其他类。其中，东莞运河、石马河和西南涌为轻度污染，其他河流水质优良。

与 2021 年相比，水质无明显变化。Ⅰ类水质断面比例上升 6.1 个百分点，Ⅱ类下降 5.6 个百分点，Ⅲ类下降 0.5 个百分点，Ⅳ类上升 1.1 个百分点，Ⅴ类下降 0.6 个百分点，劣Ⅴ类下降 0.6 个百分点。

粤桂沿海诸河水质为优。监测的 79 个国控断面中，Ⅱ类水质断面占 44.3%，Ⅲ类占 46.8%，Ⅳ类占 6.3%，Ⅴ类占 2.5%，无其他类。其中，枫江为中度污染，大榄河、小东江和练江为轻度污染，其他河流水质优良。

与 2021 年相比，水质有所好转。Ⅰ类水质断面比例下降 1.3 个百分点，Ⅱ类上升 8.9 个百分点，Ⅲ类下降 1.3 个百分点，Ⅳ类下降 5.1 个百分点，Ⅴ类上升 1.2 个百分点，劣Ⅴ类下降 2.5 个百分点。

海南诸河水质为优。监测的 43 个国控断面中，Ⅰ类水质断面占 2.3%，Ⅱ类占 67.4%，Ⅲ类占 20.9%，Ⅳ类占 7.0%，劣Ⅴ类占 2.3%，无Ⅴ类。其中，珠溪河为重度污染，东山河、文教河和罗带河为轻度污染，其他河流水质优良。

与 2021 年相比，水质有所好转。Ⅱ类水质断面比例上升 6.9 个百分点，Ⅲ类下降 4.7 个百分点，Ⅳ类上升 2.3 个百分点，Ⅴ类下降 4.7 个百分点，其他类均持平。

珠江流域省界断面水质为优。监测的 45 个国控断面中，Ⅰ类水质断面占 24.4%，Ⅱ类占 66.7%，Ⅲ类占 8.9%，无其他类。

与 2021 年相比，水质无明显变化。Ⅰ类水质断面比例上升 4.4 个百分点，Ⅲ类下降 2.2 个百分点，Ⅳ类下降 2.2 个百分点，其他类均持平。

（二）超标指标

2022 年，珠江流域主要江河水质超标指标中总磷、溶解氧和高锰酸盐指数排名前三，断面超标率分别为 2.7%、2.7%和 1.1%。

表 2.2-4　2022 年珠江流域水质超标指标情况

指标	断面数/个	年均值断面超标率/%	年均值范围/（mg/L）	年均值超标最高断面及超标倍数	
				断面名称	超标倍数
总磷	364	2.7	未检出～0.567	珠溪河文昌市珠溪河河口	1.8
溶解氧	364	2.7	3.3～10.2	东山河万宁市后山村	—
高锰酸盐指数	364	1.1	未检出～15.8	珠溪河文昌市珠溪河河口	1.6

指标	断面数/个	年均值断面超标率/%	年均值范围/（mg/L）	年均值超标最高断面及超标倍数	
				断面名称	超标倍数
化学需氧量	363	0.8	未检出～45.0	珠溪河文昌市珠溪河河口	1.2
氨氮	364	0.8	未检出～1.90	练江揭阳市青洋山桥	0.9
五日生化需氧量	364	0.5	未检出～4.4	榕江北河揭阳市龙石	0.1

五、松花江流域

（一）水质现状

2022 年，松花江流域主要江河为轻度污染，主要污染指标为高锰酸盐指数、化学需氧量、总磷、氨氮和氟化物。监测的 254 个国控断面中，II 类水质断面占 20.1%，III类占 50.4%，Ⅳ类占 23.6%，Ⅴ类占 3.9%，劣Ⅴ类占 2.0%，无 I 类。

与 2021 年相比，水质有所好转。Ⅰ类水质断面比例持平，Ⅱ类上升 5.1 个百分点，Ⅲ类上升 4.3 个百分点，Ⅳ类下降 3.6 个百分点，Ⅴ类下降 3.6 个百分点，劣Ⅴ类下降 2.3 个百分点。

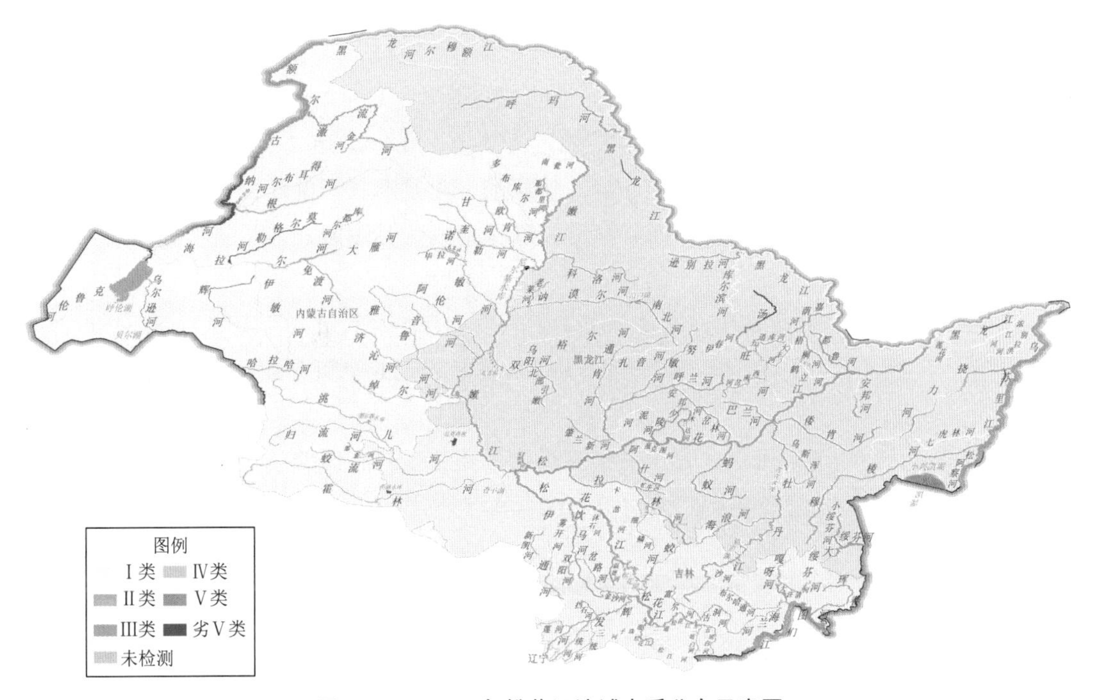

图 2.2-9 2022 年松花江流域水质分布示意图

松花江干流水质为优。监测的 20 个国控断面中，Ⅱ类水质断面占 15.0%，Ⅲ类占 85.0%，无其他类。

与 2021 年相比，水质有所好转。Ⅱ类水质断面比例下降 0.8 个百分点，Ⅲ类上升 16.6 个百分点，Ⅳ类下降 15.8 个百分点，其他类均持平。

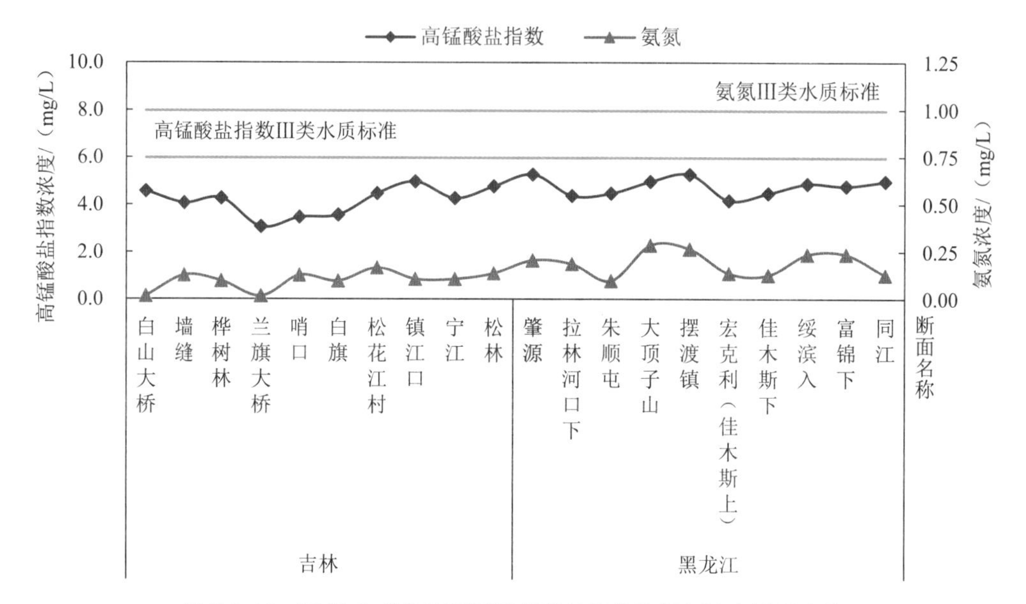

图 2.2-10　2022 年松花江干流高锰酸盐指数和氨氮浓度沿程变化

松花江主要支流水质良好。监测的 155 个国控断面中，无Ⅰ类水质断面，Ⅱ类占 28.4%，Ⅲ类占 51.6%，Ⅳ类占 16.1%，Ⅴ类占 3.2%，劣Ⅴ类占 0.6%。其中，安肇新河、少陵河、新凯河和肇兰新河为中度污染，乌裕尔河、伊春河、南瓮河、卡岔河、多布库尔河、扎音河、松江河、汤旺河、沐石河、沙河、泥河、珠子河、蜚克图河、雾开河和鹤立河为轻度污染，其他支流水质优良。

与 2021 年相比，水质有所好转。Ⅰ类水质断面比例持平，Ⅱ类上升 7.1 个百分点，Ⅲ类上升 5.1 个百分点，Ⅳ类下降 8.4 个百分点，Ⅴ类下降 2.6 个百分点，劣Ⅴ类下降 1.3 个百分点。

黑龙江水系为轻度污染，主要污染指标为化学需氧量、高锰酸盐指数和氟化物。监测的 45 个国控断面中，Ⅲ类水质断面占 20.0%，Ⅳ类占 60.0%，Ⅴ类占 11.1%，劣Ⅴ类占 8.9%，无其他类。

与 2021 年相比，水质有所好转。Ⅲ类水质断面比例上升 2.2 个百分点，Ⅳ类上升 17.8 个百分点，Ⅴ类下降 11.1 个百分点，劣Ⅴ类下降 8.9 个百分点，其他类均持平。

乌苏里江水系为轻度污染，主要污染指标为高锰酸盐指数和化学需氧量。监测的 15 个国控断面中，Ⅲ类水质断面占 66.7%，Ⅳ类占 33.3%，无其他类。

与 2021 年相比，水质无明显变化。各类水质断面比例均持平。

图们江水系水质为优。监测的14个国控断面中，Ⅱ类水质断面占28.6%，Ⅲ类占64.3%，Ⅳ类占7.1%，无其他类。

与2021年相比，水质有所好转。Ⅱ类水质断面比例上升15.3个百分点，Ⅲ类下降9.0个百分点，Ⅳ类下降6.2个百分点，其他类均持平。

绥芬河水系为轻度污染，主要污染指标为化学需氧量和高锰酸盐指数。监测的5个国控断面中，Ⅲ类水质断面占60.0%，Ⅳ类占40.0%，无其他类。

与2021年相比，水质无明显变化。各类水质断面比例均持平。

松花江流域省界断面水质为优。监测的33个国控断面中，Ⅱ类水质断面占45.5%，Ⅲ类占51.5%，Ⅳ类占3.0%，无其他类。

与2021年相比，水质明显好转。Ⅱ类水质断面比例上升18.2个百分点，Ⅲ类上升3.0个百分点，Ⅳ类下降21.2个百分点，其他类均持平。

（二）超标指标

2022年，松花江流域主要江河水质超标指标中高锰酸盐指数、化学需氧量和总磷排名前三，断面超标率分别为24.4%、23.2%和4.3%。

表 2.2-5 2022年松花江流域水质超标指标情况

指标	断面数/个	年均值断面超标率/%	年均值范围/（mg/L）	年均值超标最高断面及超标倍数	
				断面名称	超标倍数
高锰酸盐指数	254	24.4	1.1～22.2	辉河呼伦贝尔市入伊敏河河口	2.7
化学需氧量	253	23.3	5.7～81.8	辉河呼伦贝尔市入伊敏河河口	3.1
总磷	254	4.3	未检出～0.294	雾开河长春市十三家子大桥	0.5
氨氮	254	3.1	未检出～1.85	少陵河哈尔滨市少陵河桥	0.8
氟化物	253	1.6	未检出～1.73	新开河呼伦贝尔市二卡牧场	0.7
五日生化需氧量	253	0.4	未检出～4.1	卡岔河吉林市魏家桥	0.02

六、淮河流域

（一）水质现状

2022年，淮河流域主要江河水质良好。监测的341个国控断面中，Ⅰ类水质断面占

0.3%，Ⅱ类占 23.2%，Ⅲ类占 61.0%，Ⅳ类占 15.0%，Ⅴ类占 0.6%，无劣Ⅴ类。

与 2021 年相比，水质无明显变化。Ⅰ类水质断面比例下降 0.6 个百分点，Ⅱ类上升 3.8 个百分点，Ⅲ类上升 0.9 个百分点，Ⅳ类下降 4.1 个百分点，其他类均持平。

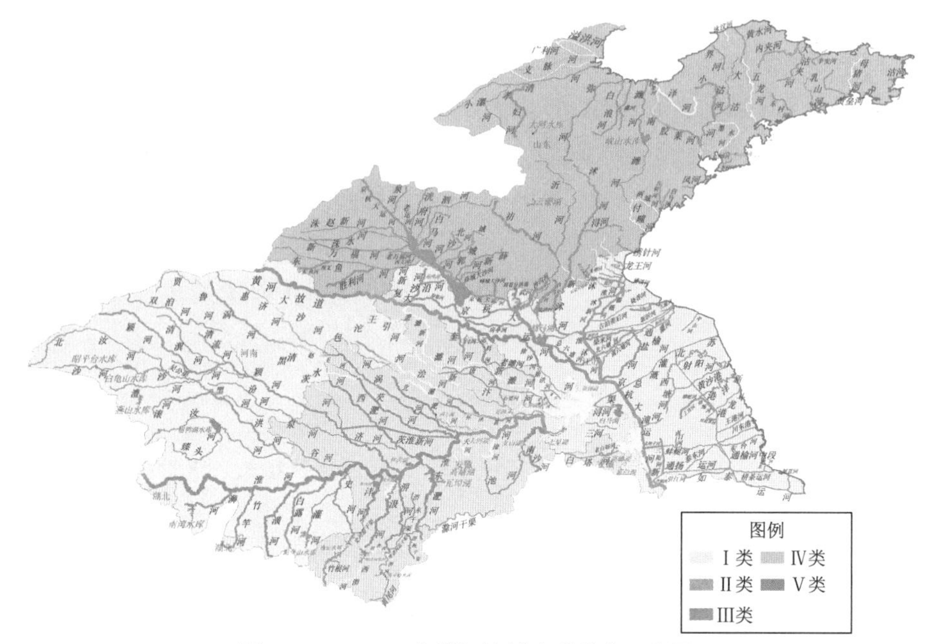

图 2.2-11　2022 年淮河流域水质分布示意图

淮河干流水质为优。监测的 13 个国控断面中，Ⅱ类水质断面占 46.2%，Ⅲ类占 53.8%，无其他类。

与 2021 年相比，水质无明显变化。Ⅱ类水质断面比例下降 15.3 个百分点，Ⅲ类上升 15.3 个百分点，其他类均持平。

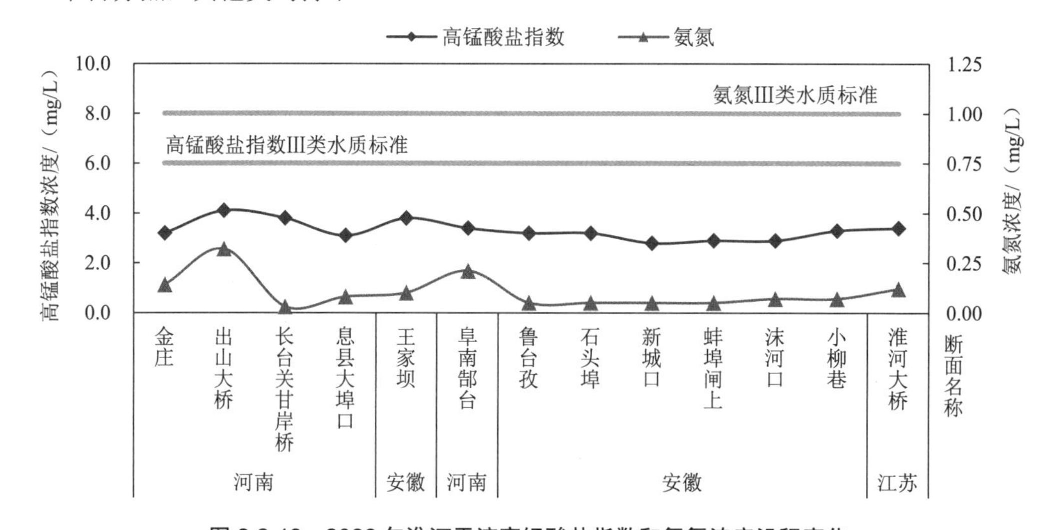

图 2.2-12　2022 年淮河干流高锰酸盐指数和氨氮浓度沿程变化

淮河主要支流水质良好。监测的 182 个国控断面中，Ⅰ类水质断面占 0.5%，Ⅱ类占 23.6%，Ⅲ类占 57.7%，Ⅳ类占 17.0%，Ⅴ类占 1.1%，无劣Ⅴ类。其中，刘府河、包河、北淝河、大沙河（小洪河）、新濉河、沱河、浍河、清水河（油河）、濠河、王引河、石梁河、萧濉新河、黄河故道杨庄以上段和黑茨河为轻度污染，其他支流水质优良。

与 2021 年相比，水质无明显变化。Ⅰ类水质断面比例下降 1.1 个百分点，Ⅱ类上升 7.1 个百分点，Ⅲ类下降 2.2 个百分点，Ⅳ类下降 3.9 个百分点，其他类均持平。

沂沭泗水系水质为优。监测的 98 个国控断面中，Ⅱ类水质断面占 22.4%，Ⅲ类占 71.4%，Ⅳ类占 6.1%，无其他类。

与 2021 年相比，水质有所好转。Ⅱ类水质断面比例上升 7.1 个百分点，Ⅲ类下降 2.1 个百分点，Ⅳ类下降 5.1 个百分点，其他类均持平。

山东半岛独流入海河流为轻度污染，主要污染指标为化学需氧量、高锰酸盐指数和五日生化需氧量。监测的 48 个国控断面中，Ⅱ类水质断面占 16.7%，Ⅲ类占 54.2%，Ⅳ类占 29.2%，无其他类。

与 2021 年相比，水质无明显变化。Ⅱ类水质断面比例下降 10.4 个百分点，Ⅲ类上升 14.6 个百分点，Ⅳ类下降 4.1 个百分点，其他类均持平。

淮河流域省界断面为轻度污染，主要污染指标为化学需氧量、高锰酸盐指数和氟化物。监测的 49 个国控断面中，Ⅱ类水质断面占 20.4%，Ⅲ类占 44.9%，Ⅳ类占 32.7%，Ⅴ类占 2.0%，无其他类。

与 2021 年相比，水质无明显变化。Ⅱ类水质断面比例上升 4.1 个百分点，Ⅲ类下降 4.1 个百分点，Ⅳ类下降 2.0 个百分点，Ⅴ类上升 2.0 个百分点，其他类均持平。

（二）超标指标

2022 年，淮河流域主要江河水质超标指标中化学需氧量、高锰酸盐指数和氟化物排名前三，断面超标率分别为 12.6%、9.7%和 3.5%。

表 2.2-6 2022 年淮河流域水质超标指标情况

指标	断面数/个	年均值断面超标率/%	年均值范围/（mg/L）	年均值超标最高断面及超标倍数	
				断面名称	超标倍数
化学需氧量	341	12.6	7.2～34.8	黄河故道杨庄以上段徐州市/宿州市铜山贾楼桥	0.7
高锰酸盐指数	341	9.7	1.4～10.0	沱河商丘市永城张板桥	0.7
氟化物	341	3.5	0.090～1.350	沱河商丘市老杨楼*	0.4
五日生化需氧量	341	2.3	0.9～5.1	青口河临沂市黑林桥	0.3
总磷	341	2.1	未检出～0.323	贾鲁河周口市西华大王庄	0.6

注：*受自然因素影响较大。

七、海河流域

（一）水质现状

2022 年，海河流域主要江河为轻度污染，主要污染指标为化学需氧量、高锰酸盐指数、五日生化需氧量、总磷和氨氮。监测的 246 个国控断面中，Ⅰ类水质断面占 12.6%，Ⅱ类占 30.1%，Ⅲ类占 32.1%，Ⅳ类占 24.4%，Ⅴ类占 0.8%，无劣Ⅴ类。

与 2021 年相比，水质无明显变化。Ⅰ类水质断面比例上升 6.5 个百分点，Ⅱ类上升 1.0 个百分点，Ⅲ类下降 1.1 个百分点，Ⅳ类下降 3.9 个百分点，Ⅴ类下降 2.1 个百分点，劣Ⅴ类下降 0.4 个百分点。

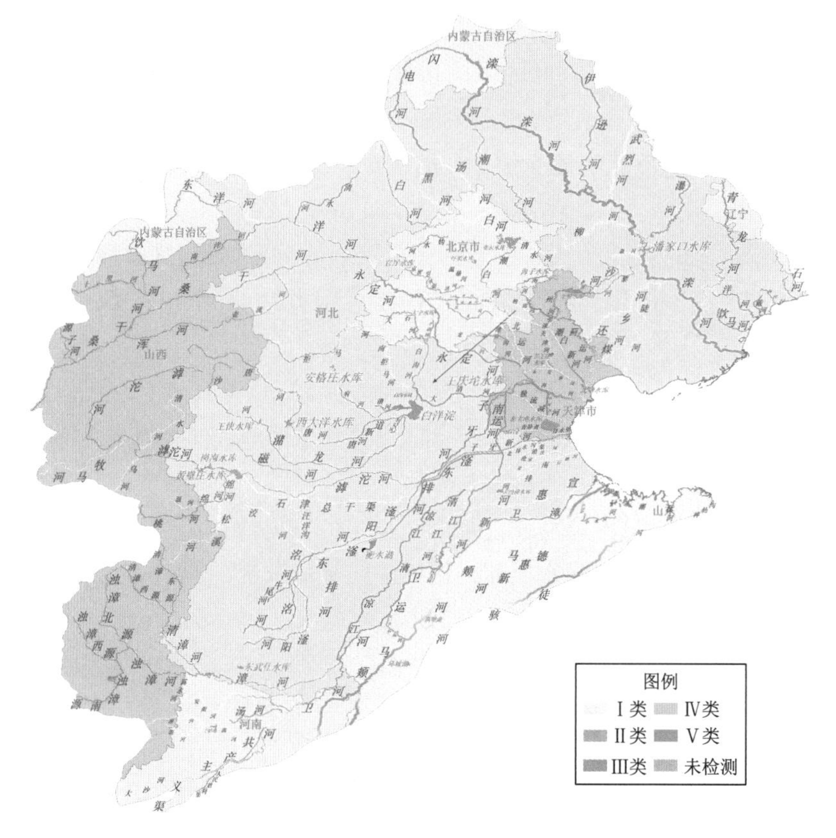

图 2.2-13 2022 年海河流域水质分布示意图

海河干流三岔口、海津大桥和海河大闸断面水质分别为Ⅲ类、Ⅲ类和Ⅳ类，海河大闸断面主要污染指标为化学需氧量、高锰酸盐指数和五日生化需氧量。与 2021 年相比，海津大桥和海河大闸断面水质无明显变化，三岔口断面水质有所下降。

海河主要支流水质良好。监测的 193 个国控断面中，Ⅰ类水质断面占 13.0%，Ⅱ类占 31.1%，Ⅲ类占 32.1%，Ⅳ类占 23.3%，Ⅴ类占 0.5%，无劣Ⅴ类。其中，八团排干渠、共产主义渠、凤港减河、北京排污河（港沟河）、北排水河、北运河、南排河、大沙河、宣惠河、廖家洼河、永定新河、江江河、汪洋沟、沧浪渠、洨河、温榆河、温河、港沟河、潮白新河、煤河、牧马河、独流减河、石碑河、运潮减河、还乡河、青静黄排水渠、鲍邱（武）河和龙河为轻度污染，其他支流水质优良。

与 2021 年相比，水质有所好转。Ⅰ类水质断面比例上升 7.2 个百分点，Ⅱ类上升 1.3 个百分点，Ⅲ类下降 0.4 个百分点，Ⅳ类下降 4.4 个百分点，Ⅴ类下降 3.2 个百分点，劣Ⅴ类下降 0.5 个百分点。

滦河水系水质为优。监测的 21 个国控断面中，Ⅰ类水质断面占 23.8%，Ⅱ类占 47.6%，Ⅲ类占 28.6%，无其他类。

与 2021 年相比，水质无明显变化。Ⅰ类水质断面比例上升 4.8 个百分点，Ⅱ类上升 4.7 个百分点，Ⅲ类下降 4.7 个百分点，Ⅳ类下降 4.8 个百分点，其他类均持平。

冀东沿海诸河水系水质良好。监测的 7 个国控断面中，Ⅱ类占 28.6%，Ⅲ类占 57.1%，Ⅳ类占 14.3%，无其他类。

与 2021 年相比，水质有所好转。Ⅱ类上升 14.3 个百分点，Ⅳ类下降 14.3 个百分点，其他类均持平。

徒骇马颊河水系为轻度污染，主要污染指标为化学需氧量、高锰酸盐指数和五日生化需氧量。监测的 22 个国控断面中，Ⅰ类水质断面占 4.5%，Ⅱ类占 9.1%，Ⅲ类占 22.7%，Ⅳ类占 59.1%，Ⅴ类占 4.5%，无劣Ⅴ类。

与 2021 年相比，水质无明显变化。Ⅰ类水质断面比例上升 4.5 个百分点，Ⅱ类下降 4.5 个百分点，Ⅲ类下降 9.1 个百分点，Ⅳ类上升 4.6 个百分点，Ⅴ类上升 4.5 个百分点，劣Ⅴ类持平。

海河流域省界断面为轻度污染，主要污染指标为化学需氧量、高锰酸盐指数和五日生化需氧量。监测的 66 个国控断面中，Ⅰ类水质断面占 13.6%，Ⅱ类占 21.2%，Ⅲ类占 39.4%，Ⅳ类占 25.8%，无其他类。

与 2021 年相比，水质无明显变化。Ⅰ类水质断面比例上升 7.5 个百分点，Ⅱ类下降 7.6 个百分点，Ⅲ类上升 7.6 个百分点，Ⅳ类下降 6.0 个百分点，Ⅴ类下降 1.5 个百分点，劣Ⅴ类持平。

（二）超标指标

2022 年，海河流域主要江河水质超标指标中化学需氧量、高锰酸盐指数和五日生化需氧量排名前三，断面超标率分别为 22.4%、10.2%和 7.7%。

表 2.2-7　2022 年海河流域水质超标指标情况

指标	断面数/个	年均值断面超标率/%	年均值范围/（mg/L）	年均值超标最高断面及超标倍数	
				断面名称	超标倍数
化学需氧量	245	22.4	未检出～30.5	沧浪渠天津市沧浪渠出境	0.5
高锰酸盐指数	246	10.2	0.8～9.1	汪洋沟石家庄市高庄	0.5
五日生化需氧量	246	7.7	0.5～5.8	沧浪渠天津市沧浪渠出境	0.4
总磷	246	2.8	未检出～0.263	港沟河北京市罗庄	0.3
氨氮	246	2.0	未检出～1.58	马颊河濮阳市北外环路桥	0.6
氟化物	246	0.4	0.163～1.28	子牙河天津市西河闸	0.3

八、辽河流域

（一）水质现状

2022 年，辽河流域主要江河水质良好。监测的 194 个国控断面中，Ⅰ类水质断面占 5.7%，Ⅱ类占 52.1%，Ⅲ类占 26.8%，Ⅳ类占 12.4%，Ⅴ类占 3.1%，无劣Ⅴ类。

与 2021 年相比，水质无明显变化。Ⅰ类水质断面比例上升 1.1 个百分点，Ⅱ类上升 4.2 个百分点，Ⅲ类下降 2.1 个百分点，Ⅳ类下降 4.1 个百分点，Ⅴ类上升 1.0 个百分点，劣Ⅴ类持平。

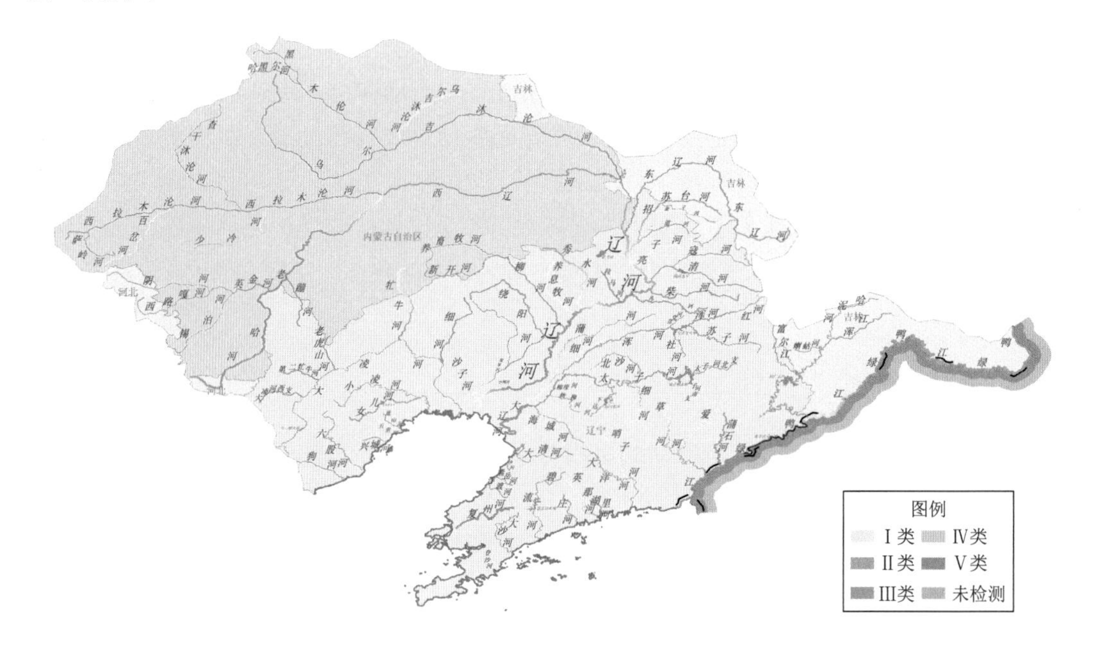

图 2.2-14　2022 年辽河流域水质分布示意图

辽河干流为轻度污染，主要污染指标为高锰酸盐指数、化学需氧量和氟化物。监测的16个国控断面中，Ⅱ类水质断面占18.8%，Ⅲ类占31.2%，Ⅳ类占31.2%，Ⅴ类占18.8%，无其他类。

与2021年相比，水质无明显变化。Ⅱ类水质断面比例下降1.2个百分点，Ⅲ类下降8.8个百分点，Ⅳ类下降2.1个百分点，Ⅴ类上升12.1个百分点，其他类均持平。

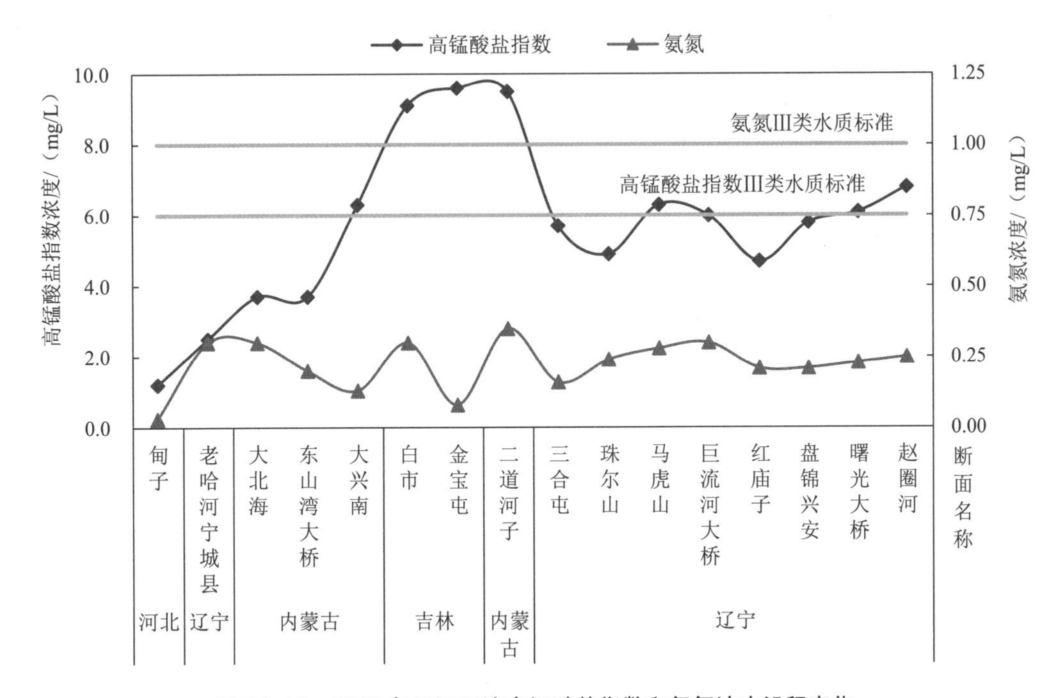

图2.2-15 2022年辽河干流高锰酸盐指数和氨氮浓度沿程变化

辽河主要支流水质良好。监测的62个国控断面中，Ⅱ类水质断面占37.1%，Ⅲ类占40.3%，Ⅳ类占19.4%，Ⅴ类占3.2%，无其他类。其中，新开河（汇入西辽河）为中度污染，亮子河、养息牧河、小柳河、少冷河、庞家河、百岔河和秀水河为轻度污染，其他支流水质优良。

与2021年相比，水质有所好转。Ⅱ类水质断面比例上升11.7个百分点，Ⅲ类下降4.1个百分点，Ⅳ类下降9.2个百分点，Ⅴ类上升1.6个百分点，其他类均持平。

大辽河水系水质良好。监测的38个国控断面中，Ⅰ类水质断面占7.9%，Ⅱ类占47.4%，Ⅲ类占28.9%，Ⅳ类占13.2%，Ⅴ类占2.6%，无劣Ⅴ类。

与2021年相比，水质无明显变化。Ⅰ类水质断面比例上升2.6个百分点，Ⅱ类下降5.2个百分点，Ⅲ类上升7.8个百分点，Ⅳ类下降2.6个百分点，Ⅴ类下降2.7个百分点，劣Ⅴ类持平。

大凌河水系水质为优。监测的16个国控断面中，Ⅰ类水质断面占6.2%，Ⅱ类占56.2%，Ⅲ类占37.5%，无其他类。

与 2021 年相比，水质有所好转。Ⅰ类水质断面比例上升 6.2 个百分点，Ⅱ类下降 18.8 个百分点，Ⅲ类上升 25.0 个百分点，Ⅳ类下降 12.5 个百分点，其他类均持平。

鸭绿江水系水质为优。监测的 27 个国控断面中，Ⅰ类水质断面占 18.5%，Ⅱ类占 81.5%，无其他类。

与 2021 年相比，水质无明显变化。Ⅰ类水质断面比例下降 3.7 个百分点，Ⅱ类上升 14.8 个百分点，Ⅲ类下降 11.1 个百分点，其他类均持平。

辽东沿海诸河水质为优。监测的 22 个国控断面中，Ⅰ类水质断面占 9.1%，Ⅱ类占 68.2%，Ⅲ类占 18.2%，Ⅳ类占 4.5%，无其他类。

与 2021 年相比，水质无明显变化。Ⅰ类水质断面比例上升 4.6 个百分点，Ⅲ类下降 4.5 个百分点，其他类均持平。

辽西沿海诸河水质为优。监测的 13 个国控断面中，Ⅱ类水质断面占 84.6%，Ⅲ类占 7.7%，Ⅳ类占 7.7%，无其他类。

与 2021 年相比，水质无明显变化。Ⅱ类水质断面比例上升 15.4 个百分点，Ⅲ类下降 23.1 个百分点，Ⅳ类上升 7.7 个百分点，其他类均持平。

辽河流域省界断面为轻度污染，主要污染指标为化学需氧量、高锰酸盐指数和氟化物。监测的 22 个国控断面中，Ⅰ类水质断面占 4.5%，Ⅱ类占 45.5%，Ⅲ类占 22.7%，Ⅳ类占 4.5%，Ⅴ类占 22.7%，无劣Ⅴ类。

与 2021 年相比，水质无明显变化。Ⅰ类水质断面比例上升 4.5 个百分点，Ⅱ类上升 2.6 个百分点，Ⅲ类下降 5.9 个百分点，Ⅳ类下降 19.3 个百分点，Ⅴ类上升 17.9 个百分点，劣Ⅴ类持平。

（二）超标指标

2022 年，辽河流域主要江河水质超标指标中化学需氧量、高锰酸盐指数和五日生化需氧量排名前三，断面超标率分别为 10.9%、9.3%和 4.1%。

表 2.2-8　2022 年辽河流域水质超标指标情况

指标	断面数/个	年均值断面超标率/%	年均值范围/（mg/L）	年均值超标最高断面及超标倍数	
				断面名称	超标倍数
化学需氧量	193	10.9	未检出～36.4	西辽河通辽市白市	0.8
高锰酸盐指数	194	9.3	0.6～9.6	西辽河四平市金宝屯	0.6
五日生化需氧量	194	4.1	0.5～5.4	蒲河沈阳市团结水库	0.4
总磷	194	2.6	0.010～0.346	秀水河通辽市常胜	0.7
氟化物	194	2.1	0.056～1.400	新开河通辽市大瓦房	0.4
氨氮	194	2.1	未检出～1.18	五里河葫芦岛市茨山桥南	0.2

九、浙闽片河流

（一）水质现状

2022 年，浙闽片河流水质为优。监测的 198 个国控断面中，Ⅰ类水质断面占 9.1%，Ⅱ类占 62.6%，Ⅲ类占 26.8%，Ⅳ类占 1.5%，无其他类。

与 2021 年相比，水质无明显变化。Ⅰ类水质断面比例上升 0.5 个百分点，Ⅱ类上升 0.5 个百分点，Ⅲ类上升 2.6 个百分点，Ⅳ类下降 3.0 个百分点，Ⅴ类下降 0.5 个百分点，劣Ⅴ类持平。

图 2.2-16　2022 年浙闽片河流水质分布示意图

浙江境内河流水质为优。监测的101个国控断面中，Ⅰ类水质断面占14.9%，Ⅱ类占64.4%，Ⅲ类占19.8%，Ⅳ类占1.0%，无其他类。

与2021年相比，水质无明显变化。Ⅰ类水质断面比例上升3.0个百分点，Ⅲ类上升1.0个百分点，Ⅳ类下降4.0个百分点，其他类均持平。

福建境内河流水质为优。监测的90个国控断面中，Ⅰ类水质断面占3.3%，Ⅱ类占58.9%，Ⅲ类占35.6%，Ⅳ类占2.2%，无其他类。

与2021年相比，水质无明显变化。Ⅰ类水质断面比例下降2.3个百分点，Ⅱ类上升1.1个百分点，Ⅲ类上升4.5个百分点，Ⅳ类下降2.2个百分点，Ⅴ类下降1.1个百分点，劣Ⅴ类持平。

安徽境内河流水质为优。监测的7个国控断面中，Ⅱ类水质断面占85.7%，Ⅲ类占14.3%，无其他类。

与2021年相比，水质无明显变化。各类水质断面比例均持平。

浙闽片河流省界断面水质为优。监测的7个国控断面中，Ⅰ类水质断面占14.3%，Ⅱ类占85.7%，无其他类。

与2021年相比，水质无明显变化。Ⅰ类水质断面比例下降2.4个百分点，Ⅱ类上升2.4个百分点，其他类均持平。

（二）超标指标

2022年，浙闽片河流水质超标指标为总磷、氨氮、化学需氧量和五日生化需氧量，断面超标率均为0.5%。

表2.2-9 2022年浙闽片河流水质超标指标情况

指标	断面数/个	年均值断面超标率/%	年均值范围/（mg/L）	年均值超标最高断面及超标倍数	
				断面名称	超标倍数
总磷	198	0.5	未检出～0.236	木兰溪莆田市木兰溪三江口	0.20
氨氮	198	0.5	未检出～1.06	鹿溪漳州市后港大桥	0.06
化学需氧量	197	0.5	未检出～20.8	金清港台州市金清新闸	0.04
五日生化需氧量	198	0.5	未检出～4.1	鹿溪漳州市后港大桥	0.02

十、西北诸河

（一）水质现状

2022年，西北诸河水质为优。监测的105个国控断面中，Ⅰ类水质断面占46.7%，Ⅱ类占45.7%，Ⅲ类占3.8%，Ⅳ类占2.9%，Ⅴ类占1.0%，无劣Ⅴ类。

与 2021 年相比，水质无明显变化。Ⅰ类水质断面比例上升 6.5 个百分点，Ⅱ类下降 8.5 个百分点，Ⅲ类上升 1.9 个百分点，Ⅳ类上升 1.0 个百分点，Ⅴ类下降 0.9 个百分点，劣Ⅴ类持平。

西北诸河省界断面水质良好。监测的 8 个国控断面中，Ⅰ类水质断面占 37.5%，Ⅱ类占 37.5%，Ⅲ类占 12.5%，Ⅳ类占 12.5%，无其他类。

与 2021 年相比，水质无明显变化。Ⅰ类水质断面比例上升 12.5 个百分点，Ⅱ类下降 12.5 个百分点，Ⅳ类上升 12.5 个百分点，Ⅴ类下降 12.5 个百分点，其他类均持平。

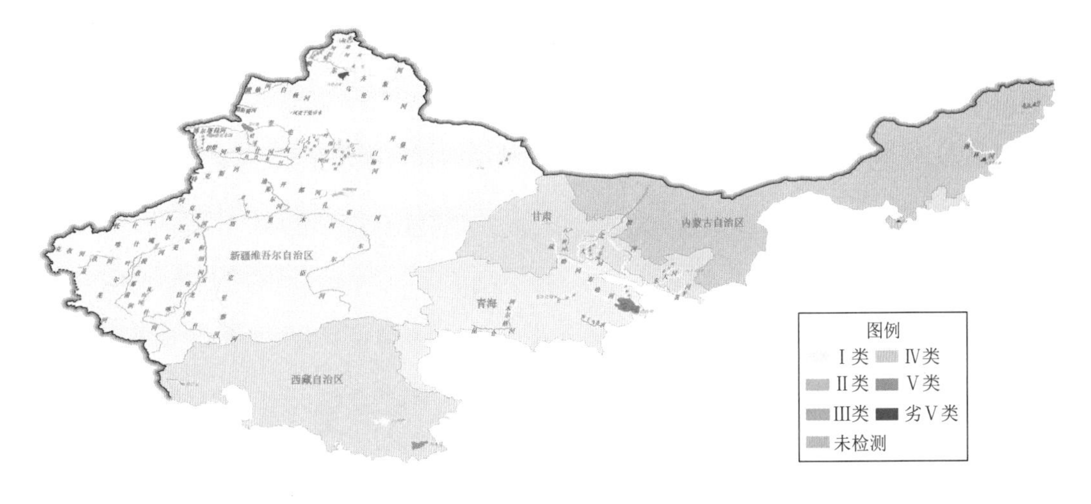

图 2.2-17 2022 年西北诸河水质分布示意图

（二）超标指标

2022 年，西北诸河水质超标指标为化学需氧量、高锰酸盐指数和氟化物，断面超标率分别为 2.9%、2.9%和 1.9%。

表 2.2-10 2022 年西北诸河水质超标指标情况

指标	断面数/个	年均值断面超标率/%	年均值范围/（mg/L）	年均值超标最高断面及超标倍数	
				断面名称	超标倍数
化学需氧量	105	2.9	未检出～31.8	乌拉盖河锡林郭勒盟奴乃庙水文站	0.6
高锰酸盐指数	105	2.9	未检出～9.6	乌拉盖河锡林郭勒盟奴乃庙水文站	0.6
氟化物	105	1.9	0.082～1.16	乌鲁木齐河乌鲁木齐市跃进桥	0.2

十一、西南诸河

（一）水质现状

2022年，西南诸河水质为优。监测的133个国控断面中，Ⅰ类水质断面占9.0%，Ⅱ类占76.7%，Ⅲ类占11.3%，Ⅳ类占0.8%，Ⅴ类占0.8%，劣Ⅴ类占1.5%。

与2021年相比，水质无明显变化。Ⅱ类水质断面比例上升0.8个百分点，Ⅳ类下降1.5个百分点，Ⅴ类上升0.8个百分点，其他类均持平。

西南诸河省界断面水质为优。监测的5个国控断面中，Ⅰ类水质断面占20.0%，Ⅱ类占80.0%，无其他类。

与2021年相比，水质无明显变化。各类水质断面比例均持平。

图2.2-18　2022年西南诸河水质分布示意图

（二）超标指标

2022年，西南诸河水质超标指标中氨氮、总磷和砷排名前三，断面超标率均为1.5%。

表2.2-11　2022年西南诸河水质超标指标情况

指标	断面数/个	年均值断面超标率/%	年均值范围/（mg/L）	年均值超标最高断面及超标倍数	
				断面名称	超标倍数
氨氮	133	1.5	未检出～3.5	西洱河大理白族自治州四级坝	2.5
总磷	133	1.5	未检出～0.492	西洱河大理白族自治州四级坝	1.5

指标	断面数/个	年均值断面超标率/%	年均值范围/（mg/L）	年均值超标最高断面及超标倍数	
				断面名称	超标倍数
砷	133	1.5	未检出～0.1106	堆龙河拉萨市东嘎*	1.2
五日生化需氧量	131	1.5	未检出～6.2	西洱河大理白族自治州四级坝	0.6
化学需氧量	133	1.5	未检出～21.5	西洱河大理白族自治州四级坝	0.08
溶解氧	133	0.8	4.5～9.4	思茅河普洱市莲花乡	—

注：*受自然因素影响较大。

第三节 重要湖库

一、总体情况

2022 年，开展水质监测的 210 个（座）重要湖库中，水质优良湖库 155 个，占 73.8%；轻度污染 33 个，占 15.7%；中度污染 12 个，占 5.7%；重度污染 10 个，占 4.8%。主要污染指标为总磷、化学需氧量和高锰酸盐指数。

与 2021 年相比，水质优良湖库比例上升 0.9 个百分点，轻度污染下降 1.4 个百分点，中度污染上升 0.9 个百分点，重度污染下降 0.4 个百分点。

表 2.2-12 2022 年重要湖库水质状况

分类	个数	优	良好	轻度污染	中度污染	重度污染
老三湖（太湖、巢湖、滇池）	3	0	0	3	0	0
新三湖（洱海、丹江口水库、白洋淀）	3	2	1	0	0	0
重要湖泊/个	81	14	24	26	9	8
重要水库/座	123	93	21	4	3	2
总计/个（座）	210	109	46	33	12	10
比例/%		51.9	21.9	15.7	5.7	4.8

开展营养状态监测的 204 个（座）重要湖库中，贫营养状态湖库 20 个，占 9.8%；中营养状态 123 个，占 60.3%；轻度富营养状态 49 个，占 24.0%；中度富营养状态 12 个，占 5.9%；无重度富营养状态。

与 2021 年相比，贫营养状态湖库比例下降 0.7 个百分点，中营养状态下降 1.9 个百分点，轻度富营养状态上升 1.0 个百分点，中度富营养状态上升 1.6 个百分点。

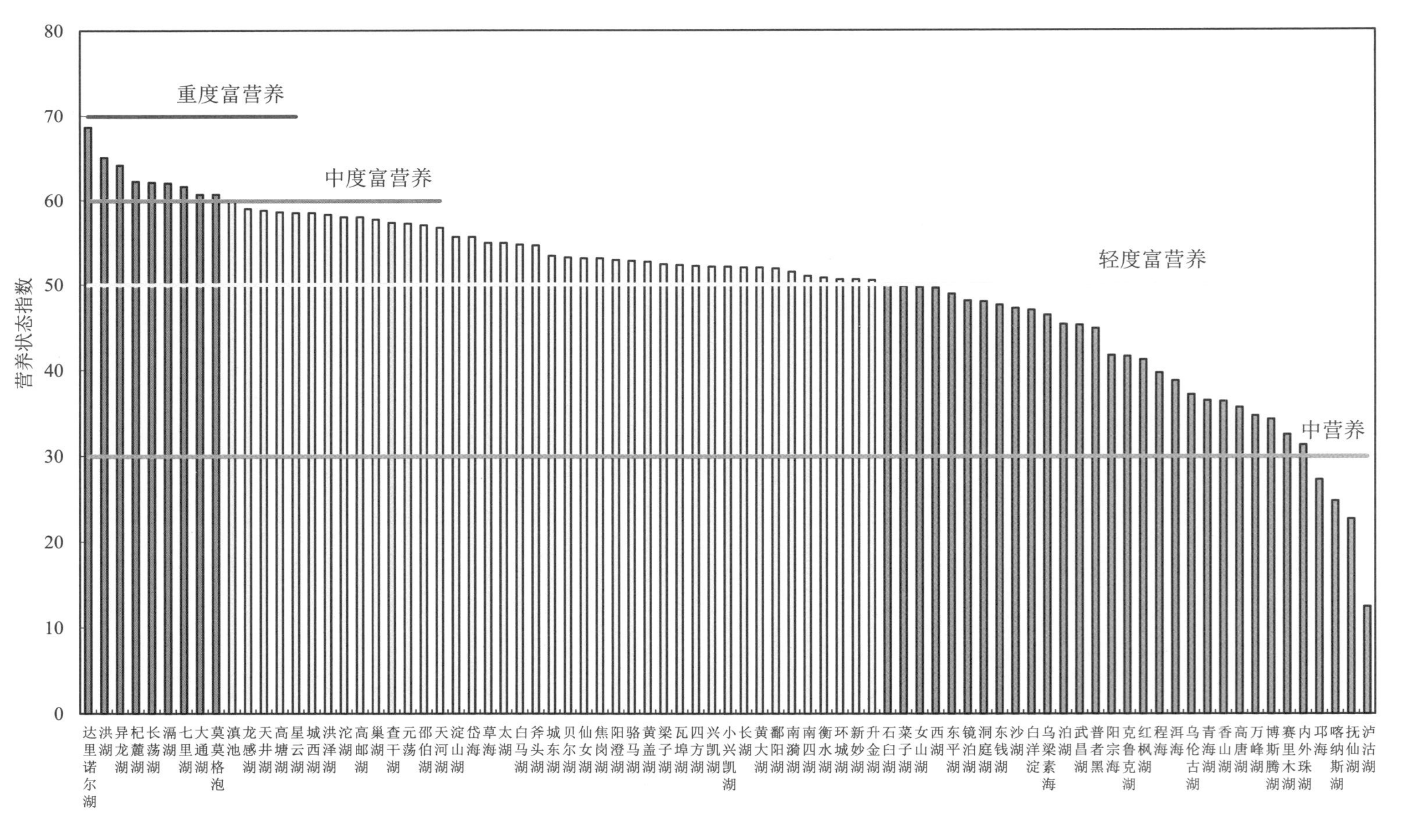

图 2.2-19 2022 年重要湖泊综合营养状态指数

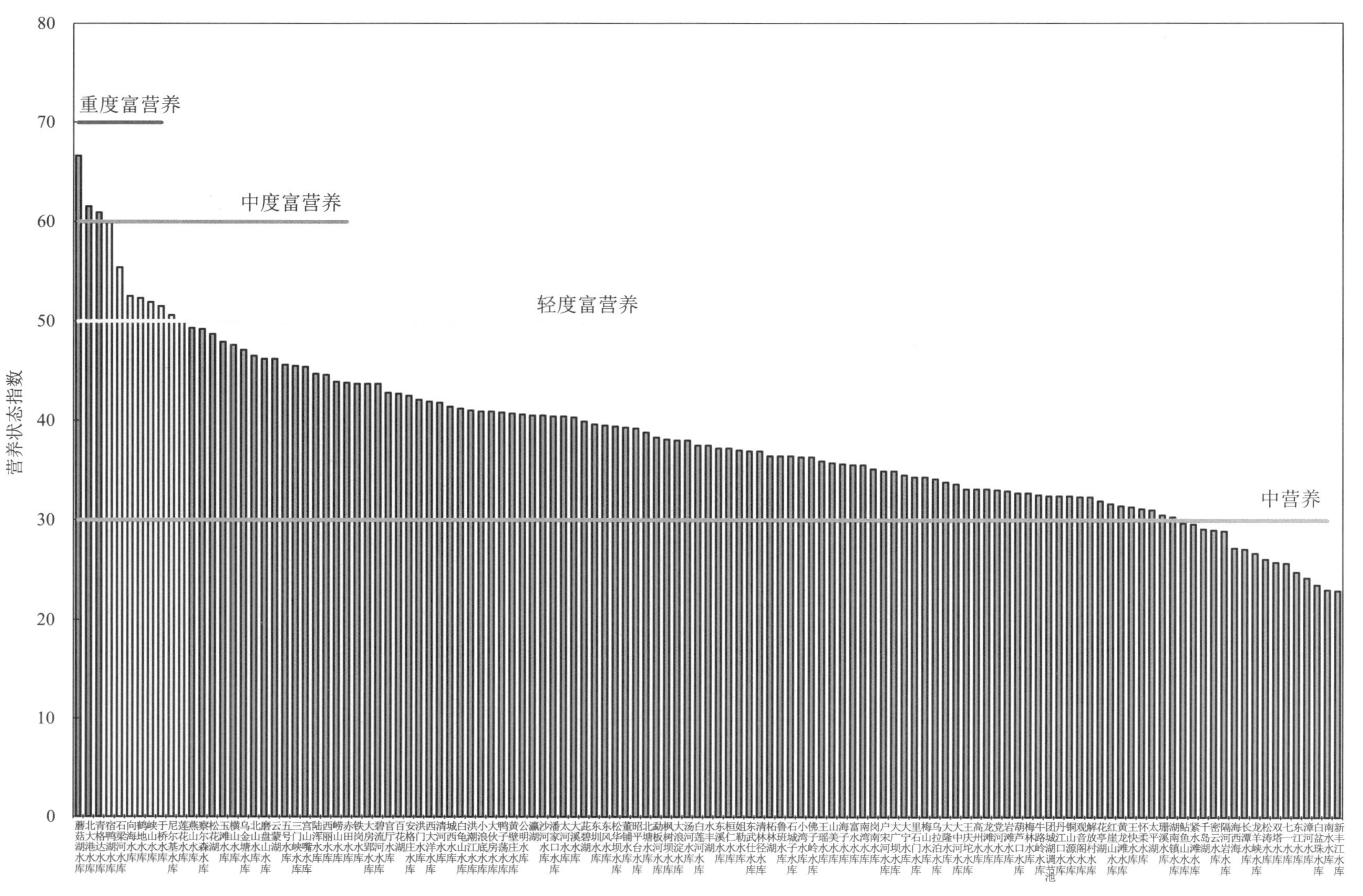

图 2.2-20　2022 年重要水库综合营养状态指数

二、太湖

（一）水质与营养状态

2022年，太湖湖体为轻度污染，主要污染指标为总磷。其中，湖心区、北部沿岸区和西部沿岸区为轻度污染，东部沿岸区水质良好。

总氮单独评价时：全湖整体水质为Ⅳ类；其中，西部沿岸区为Ⅴ类水质，湖心区和北部沿岸区为Ⅳ类，东部沿岸区为Ⅲ类。

营养状态评价表明：全湖整体为轻度富营养；其中，湖心区、北部沿岸区和西部沿岸区为轻度富营养，东部沿岸区为中营养。

与2021年相比，全湖、湖心区、东部沿岸区、北部沿岸区和西部沿岸区水质和营养状态均无明显变化。

表2.2-13　2022年太湖水质状况及营养状态

湖区	综合营养状态指数	营养状态	水质类别		主要污染指标（超标倍数）
			2022年	2021年	
全湖	54.9	轻度富营养	Ⅳ	Ⅳ	总磷（0.3）
湖心区	54.3	轻度富营养	Ⅳ	Ⅳ	总磷（0.3）
东部沿岸区	48.7	中营养	Ⅲ	Ⅲ	—
北部沿岸区	55.0	轻度富营养	Ⅳ	Ⅳ	总磷（0.1）
西部沿岸区	59.3	轻度富营养	Ⅳ	Ⅳ	总磷（0.8）

105条主要环湖河流总体水质为优。监测的133个国控断面中，Ⅰ类水质断面占0.8%，Ⅱ类占36.8%，Ⅲ类占62.4%，无其他类。

与2021年相比，水质无明显变化。Ⅱ类水质断面比例上升7.5个百分点，Ⅲ类下降5.3个百分点，Ⅳ类下降0.8个百分点，Ⅴ类下降1.5个百分点，其他类均持平。

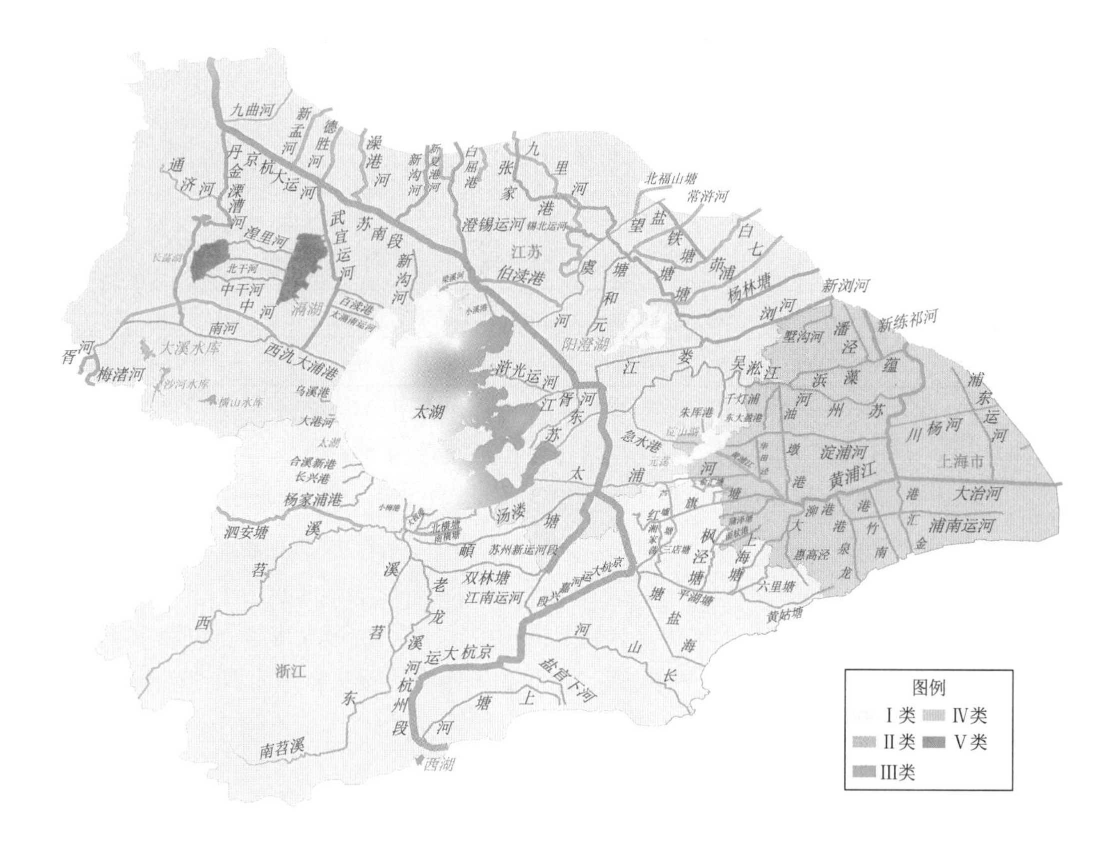

图 2.2-21　2022 年太湖流域水质分布示意图

（二）水华状况

2022 年，基于全湖藻密度评价[①]，太湖水华程度为“无明显水华”～“轻度水华”，以“无明显水华”为主，占 82.2%。其中，饮用水水源地金墅港藻密度范围为 48 万～3 875 万个/L，水华程度为“无水华”～“轻度水华”，以“无明显水华”为主，占 70.6%；沙渚藻密度范围为 124 万～2 587 万个/L，水华程度为“无水华”～“轻度水华”，以“无明显水华”为主，占 48.1%；渔洋山藻密度范围为 49 万～1 072 万个/L，水华程度为“无水华”～“轻度水华”，以“无明显水华”为主，占 71.0%。与 2021 年相比，“无明显水华”比例下降 17.3 个百分点，“轻度水华”上升 17.3 个百分点，“无水华”“中度水华”和“重度水华”均持平。

① 使用 2022 年 4—10 月监测数据，后同。

表 2.2-14　2022 年太湖水华程度（基于藻密度评价）

监测位置		藻密度/（万个/L）	“无水华”比例/%	“无明显水华”比例/%	“轻度水华”比例/%	“中度水华”比例/%	“重度水华”比例/%
全湖		740	—	82.2	17.8	—	—
饮用水水源地点位	金墅港	783	8.4	70.6	21.0	—	—
	沙渚	904	8.4	48.1	43.5	—	—
	渔洋山	315	28.5	71.0	0.5	—	—

2022 年，水华遥感监测①显示，太湖水华发生总次数为 126 次，与 2021 年相比上升 3.3%。基于水华面积比例评价，太湖水华程度为“无水华”～“轻度水华”，其中，“轻度水华”14 次。与 2021 年相比，“无水华”“无明显水华”“轻度水华”的比例分别下降 2.1 个百分点、上升 3.3 个百分点、下降 0.4 个百分点。太湖累计水华面积为 12 391.2 km^2，平均水华面积为 98.3 km^2，与 2021 年相比分别下降 10.2%、13.1%。最大水华面积为 467 km^2，发生在 10 月 22 日，占水体总面积的 19.5%。与 2021 年相比，最大水华面积比例下降 17.8 个百分点，发生时间推迟 151 d。

综合判断，2022 年太湖水华程度与 2021 年相比减轻。

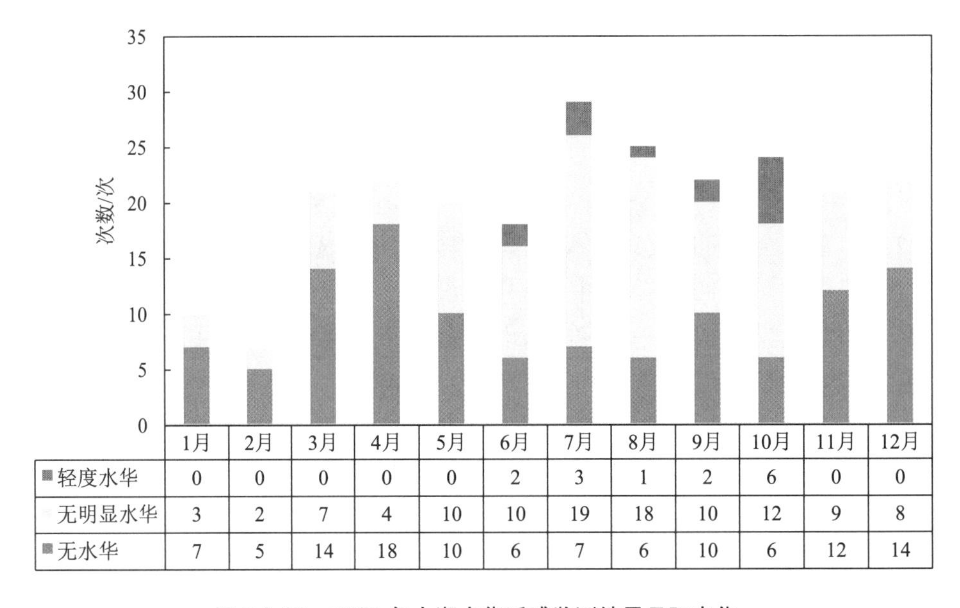

	1月	2月	3月	4月	5月	6月	7月	8月	9月	10月	11月	12月
轻度水华	0	0	0	0	0	2	3	1	2	6	0	0
无明显水华	3	2	7	4	10	10	19	18	10	12	9	8
无水华	7	5	14	18	10	6	7	6	10	6	12	14

图 2.2-22　2022 年太湖水华遥感监测结果月际变化

① 太湖遥感监测共利用 318 景 MODIS 数据，除去全云无效影像有效监测 241 次。

三、巢湖

（一）水质与营养状态

2022 年，巢湖湖体为轻度污染，主要污染指标为总磷。其中，东半湖和西半湖均为轻度污染。

总氮单独评价时：全湖整体水质为Ⅴ类；其中，西半湖为劣Ⅴ类水质，东半湖为Ⅴ类。

营养状态评价表明：全湖整体为轻度富营养；其中，西半湖为中度富营养，东半湖为轻度富营养。

与 2021 年相比，巢湖全湖整体水质无明显变化，营养状态由中度富营养变为轻度富营养；东半湖、西半湖水质和营养状态均无明显变化。

表 2.2-15　2022 年巢湖水质状况及营养状态

湖区	综合营养状态指数	营养状态	水质类别		主要污染指标（超标倍数）
			2022 年	2021 年	
全湖	57.7	轻度富营养	Ⅳ	Ⅳ	总磷（0.6）
东半湖	56.2	轻度富营养	Ⅳ	Ⅳ	总磷（0.5）
西半湖	60.3	中度富营养	Ⅳ	Ⅳ	总磷（0.9）

13 条主要环湖河流总体水质为优。监测的 21 个国控断面中，Ⅱ类水质断面占 52.4%，Ⅲ类占 42.9%，Ⅳ类占 4.8%，无其他类。其中，南淝河为轻度污染，其他河流水质优良。

与 2021 年相比，水质无明显变化。Ⅱ类水质断面比例上升 4.8 个百分点，Ⅲ类下降 4.7 个百分点，其他类均持平。

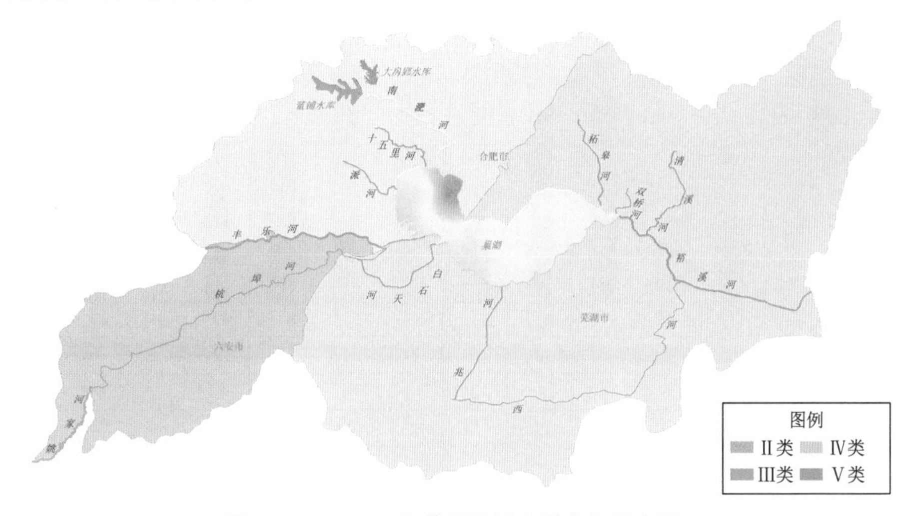

图 2.2-23　2022 年巢湖流域水质分布示意图

（二）水华状况

2022 年，基于全湖藻密度评价，巢湖水华程度为“无水华”～“无明显水华”，以“无水华”为主，占 73.3%。与 2021 年相比，“无水华”比例下降 0.9 个百分点，“无明显水华”上升 4.1 个百分点。

表 2.2-16　2022 年巢湖水华程度（基于藻密度评价）

监测位置	藻密度/（万个/L）	“无水华”比例/%	“无明显水华”比例/%	“轻度水华”比例/%	“中度水华”比例/%	“重度水华”比例/%
全湖	158	73.3	26.7	—	—	—

2022 年，水华遥感监测[①]显示，巢湖水华发生总次数为 58 次，与 2021 年相比上升 52.6%。基于水华面积比例评价，巢湖水华程度为“无水华”～“轻度水华”，其中，“轻度水华”4 次。与 2021 年相比，“无水华”的比例下降 9.1 个百分点，“无明显水华”上升 13.5 个百分点，“轻度水华”下降 3.5 个百分点。巢湖累计水华面积为 1 236.4 km^2，平均水华面积为 21.3 km^2，与 2021 年相比分别下降 53.3%、69.4%。最大水华面积为 123.8 km^2，发生在 8 月 1 日，占水体总面积的 16.3%。与 2021 年相比，最大水华面积下降 20.8 个百分点，发生时间提前 28 d。

综合判断，与 2021 年相比，2022 年巢湖水华程度明显减轻。

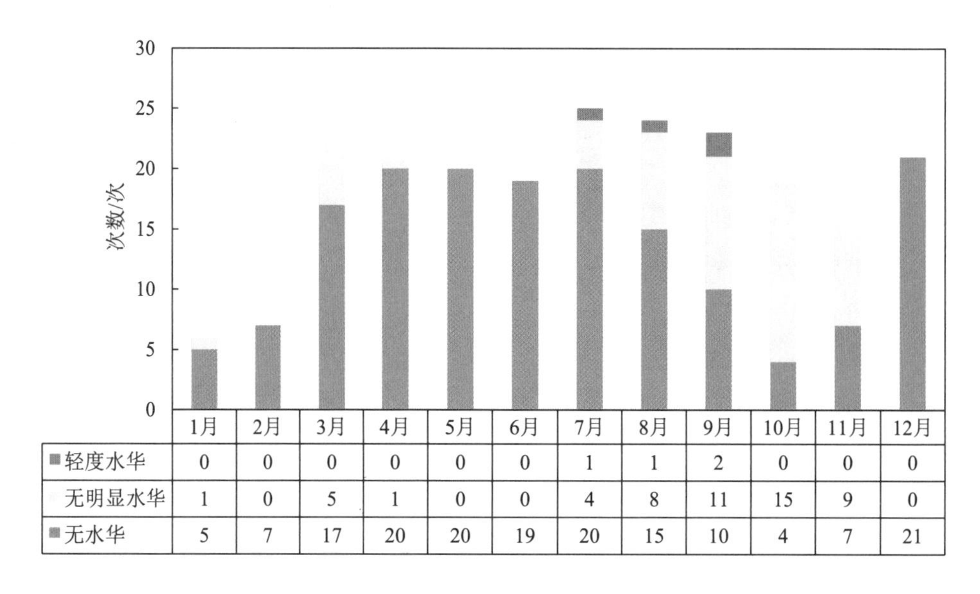

	1月	2月	3月	4月	5月	6月	7月	8月	9月	10月	11月	12月
轻度水华	0	0	0	0	0	0	1	1	2	0	0	0
无明显水华	1	0	5	1	0	0	4	8	11	15	9	0
无水华	5	7	17	20	20	19	20	15	10	4	7	21

图 2.2-24　2022 年巢湖水华遥感监测结果月际变化

① 巢湖遥感监测共利用 307 景 MODIS 数据，除去全云无效影像有效监测 223 次。

四、滇池

（一）水质与营养状态

2022 年，滇池湖体为轻度污染，主要污染指标为化学需氧量和总磷。其中，草海为轻度污染，外海为中度污染。

总氮单独评价时：全湖整体水质为劣Ⅴ类；其中，草海为劣Ⅴ类水质；外海为Ⅴ类。

营养状态评价表明：全湖整体为轻度富营养状态；其中，草海为中度富营养，外海为轻度富营养。

与 2021 年相比，全湖整体水质无明显变化，营养状态由中度富营养变为轻度富营养；草海水质有所下降，营养状态无明显变化；外海水质无明显变化，营养状态由中度富营养变为轻度富营养。

表 2.2-17　2022 年滇池水质状况及营养状态

湖区	综合营养状态指数	营养状态	水质类别		主要污染指标（超标倍数）
			2022 年	2021 年	
全湖	59.9	轻度富营养	Ⅳ	Ⅳ	化学需氧量（0.5）、总磷（0.2）
草海	61.6	中度富营养	Ⅳ	Ⅲ	总磷（0.4）、五日生化需氧量（0.1）
外海	58.9	轻度富营养	Ⅴ	Ⅴ	化学需氧量（0.6）、总磷（0.2）、高锰酸盐指数（0.02）

12 条主要环湖河流总体水质为优。监测的 12 个国控断面中，Ⅱ类水质断面占 33.3%，Ⅲ类占 58.3%，Ⅳ类占 8.3%，无其他类。其中，东大河为轻度污染，其他河流水质优良。

与 2021 年相比，水质有所好转。Ⅲ类水质断面比例上升 16.6 个百分点，Ⅳ类下降 16.7 个百分点，其他类均持平。

（二）水华状况

2022 年，基于全湖藻密度评价，滇池水华程度为“无明显水华”～“重度水华”，以“重度水华”为主，占 41.9%。与 2021 年相比，“无明显水华”的比例上升 6.5 个百分点，“轻度水华”下降 3.2 个百分点，“中度水华”下降 19.4 个百分点，“重度水华”上升 16.1 个百分点。

图 2.2-25 2022 年滇池流域水质分布示意图

表 2.2-18 2022 年滇池水华程度（基于藻密度评价）

监测位置	藻密度/（万个/L）	“无水华”比例/%	“无明显水华”比例/%	“轻度水华”比例/%	“中度水华”比例/%	“重度水华”比例/%
全湖	8 842	—	6.5	19.4	32.3	41.9

2022年，水华遥感监测①显示，滇池水华发生总次数为3次，与2021年相比下降62.5%。基于水华面积比例评价，滇池水华程度为“无水华”～“无明显水华”。与2021年相比，“无水华”的比例上升5.7个百分点，“无明显水华”下降4.3个百分点。滇池累计水华面积为1.9 km^2，平均水华面积为0.6 km^2，与2021年相比分别下降98.3%、95.5%。最大水华面积为1.1 km^2，发生在4月13日，占水体总面积的0.4%。与2021年相比，最大水华面积比例下降21.6个百分点，发生时间推迟98 d。

综合判断，与2021年相比，2022年滇池水华程度减轻。

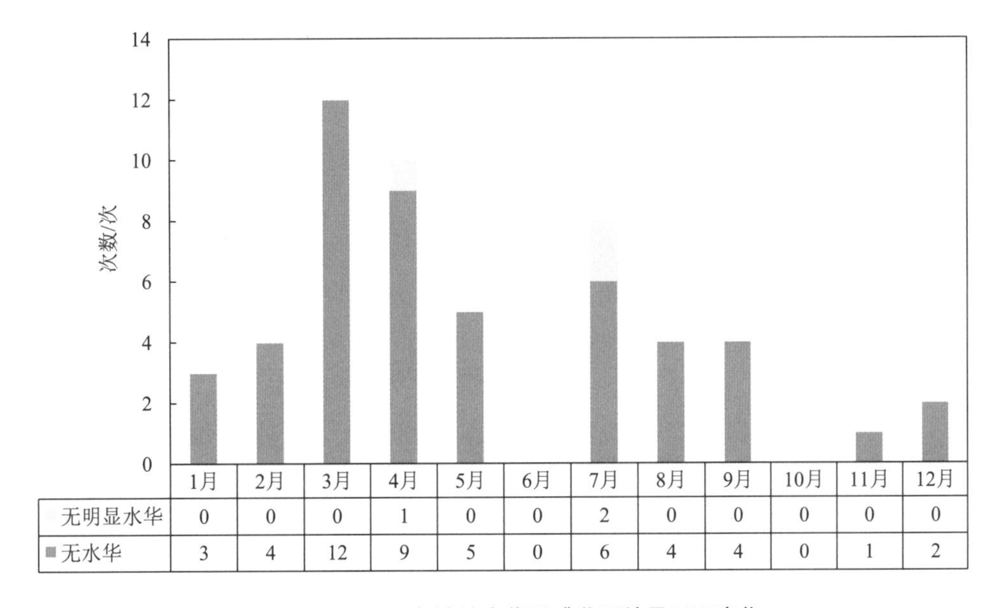

图 2.2-26　2022年滇池水华遥感监测结果月际变化

五、其他重要湖泊

2022年，开展监测的其他83个重要湖泊中，达里诺尔湖、异龙湖和杞麓湖等8个湖泊为重度污染，洪湖、长荡湖和滆湖等9个湖泊为中度污染，七里湖、龙感湖和天井湖等26个湖泊为轻度污染，博斯腾湖、克鲁克湖和阳宗海等25个湖泊水质良好，泸沽湖、抚仙湖和喀纳斯湖等15个湖泊水质为优。与2021年相比，淀山湖、焦岗湖、骆马湖、黄盖湖、环城湖、东钱湖、普者黑、万峰湖、内外珠湖和扎龙湖水质有所好转，色林错水质明显下降，大通湖、城西湖、天河湖、沙湖、克鲁克湖和青海湖水质有所下降，其他湖泊水质无明显变化。

总氮评价结果显示，东平湖、万峰湖和杞麓湖等7个湖泊为劣Ⅴ类水质，白洋淀、高唐湖和洞庭湖等13个湖泊为Ⅴ类，环城湖、仙女湖和南漪湖等21个湖泊为Ⅳ类，其他42

① 滇池遥感监测共利用73景GF1-WFV、GF6-WFV、HJ2-CCD数据，除去全云无效影像有效监测53次。

个湖泊水质均满足III类水质标准。

82个监测营养状态的湖泊中，达里诺尔湖、洪湖和异龙湖等9个湖泊为中度富营养状态，龙感湖、天井湖和高塘湖等38个湖泊为轻度富营养状态，邛海、喀纳斯湖和抚仙湖等4个湖泊为贫营养状态，其他27个湖泊为中营养状态。

洱海水质为优，白洋淀水质良好，营养状态均为中营养。

六、其他重要水库

2022年，开展监测的其他124座重要水库中，蘑菇湖水库和向海水库为重度污染，北大港水库、宿鸭湖水库和石梁河水库为中度污染；青格达水库、尼尔基水库和莲花水库等4座水库为轻度污染，南湾水库、鲁班水库和白莲河水库等21座水库水质良好，新丰江水库、南水水库和白盆珠水库等94座水库水质为优。与2021年相比，宫山嘴水库水质明显好转；北大港水库、瀛湖、潘家口水库和王瑶水库水质有所好转，城西水库和南湾水库水质有所下降，其他水库水质无明显变化。

总氮评价结果显示，东武仕水库、于桥水库和安格庄水库等33座水库为劣V类水质，北大港水库、怀柔水库和百花湖等13座水库为V类，团城湖调节池、大浪淀水库和官厅水库等18座水库为IV类，其他60座水库水质均满足III类水质标准。

123座监测营养状态的水库中，蘑菇湖水库、北大港水库和青格达水库3座水库为中度富营养状态，宿鸭湖水库、石梁河水库和向海水库等8座水库为轻度富营养状态，鲇鱼山水库、紧水滩水库和千岛湖等16座水库为贫营养状态，其他96座水库为中营养状态。

丹江口水库水质为优，营养状态为中营养。

第四节　重点水利工程水体

一、南水北调

（一）南水北调（东线）

（1）水质状况

2022年，南水北调（东线）长江取水口夹江三江营断面为II类水质。输水干线京杭运河宿迁运河段、不牢河段和梁济运河段为III类水质，里运河段、宝应运河段、韩庄运河段为II类水质。

2022年，南水北调（东线）沿线洪泽湖老山乡点位为IV类水质，其他湖泊点位均达到或优于III类水质。

表 2.2-19　2022 年南水北调（东线）沿线主要河流断面水质状况

断面名称	河流名称	汇入湖库	所在地区	水质类别	
				2022 年	2021 年
三江营	夹江	—	扬州	II	II
槐泗河口	里运河段			II	III
大运河船闸（宝应船闸）	宝应运河段			II	III
马陵翻水站	宿迁运河段		宿迁	III	II
蔺家坝	不牢河段		徐州	III	III
台儿庄大桥	韩庄运河段		枣庄	II	III
李集	梁济运河段		济宁	III	III
港上桥	沂河	骆马湖	徐州	II	III
李集桥	沿河	南四湖		III	III
群乐桥	城郭河		枣庄	III	III
于楼	洙赵新河		菏泽	III	III
西石佛	老运河		济宁	III	III
东石佛	洸府河			III	III
尹沟	泗河			II	III
鲁桥	白马河			III	III
老运河微山段	老运河			III	III
入湖口	西支河			III	III
西姚	东渔河			III	IV
105 公路桥	洙水河			III	III
王台大桥	大汶河	东平湖	泰安	III	II

表 2.2-20　2022 年南水北调（东线）沿线主要湖泊点位水质状况

点位名称	所在湖泊	所属省份	综合营养状态指数	营养状态	水质类别		主要超标指标（超标倍数）
					2022 年	2021 年	
老山乡	洪泽湖	江苏	58.7	轻度富营养	IV	V	总磷（0.8）
骆马湖乡	骆马湖	江苏	53.1	轻度富营养	III	III	—
三场			52.7	轻度富营养	III	IV	—
岛东	南四湖	山东	50.6	轻度富营养	III	IV	—
南阳			52.1	轻度富营养	III	IV	—
东平湖湖心	东平湖	山东	48.7	中营养	II	III	—
东平湖湖北			48.2	中营养	III	III	—

（2）调水期间水质状况

2022年，南水北调（东线）一期工程在11—12月进行调水。调水期间调水线路上涉及的17个断面均达到或优于III类水质。

表2.2-21 2022年南水北调（东线）一期工程调水期间干线水质状况

断面名称	所在水体	所属省份	所在地区	水质类别
三江营	夹江	江苏	扬州	II
江都西闸	芒稻河	江苏	江都	II
老山乡	洪泽湖	江苏	淮安	II
五叉河口	京杭大运河中运河段	江苏	淮安	II
马陵翻水站		江苏	宿迁	II
顾勒大桥	徐洪河	江苏	宿迁	III
骆马湖乡	骆马湖	江苏	宿迁	II
三场		江苏	宿迁	II
张楼	京杭大运河中运河段	江苏	邳州	II
蔺家坝	京杭大运河不牢河段	江苏	徐州	III
台儿庄大桥	京杭大运河韩庄运河段	山东	枣庄	II
岛东	南四湖	山东	济宁	II
南阳		山东	济宁	III
李集	京杭大运河梁济运河段	山东	济宁	III
八里湾入湖口	柳长河	山东	泰安	II
东平湖湖心	东平湖	山东	泰安	II
东平湖湖北		山东	泰安	II

（二）南水北调（中线）

（1）源头及上游地区水质状况

2022年，丹江口水库水质为优，营养状态为中营养；取水口丹江口水库陶岔点位为I类水质。与2021年相比，丹江口水库和陶岔点位水质均无明显变化。

汇入丹江口水库的9条河流水质均为优。与2021年相比，官山河水质有所好转，其他河流水质均无明显变化。

表 2.2-22 2022 年南水北调（中线）源头丹江口水库水质状况

点位名称	所在地区	水质类别	
		2022 年	2021 年
坝上中	十堰	II	II
五龙泉	南阳	I	II
宋岗		II	II
何家湾	十堰	II	III
江北大桥		II	III

表 2.2-23 2022 年南水北调（中线）取水口水质状况

断面名称	所在地区	水质类别	
		2022 年	2021 年
陶岔	南阳市	I	II

表 2.2-24 2022 年南水北调（中线）入库主要河流水质状况

河流名称	断面名称	所在地区	断面属性	水质类别	
				2022 年	2021 年
汉江	烈金坝	汉中	—	I	I
	黄金峡		—	II	II
	小钢桥	安康	市界（汉中—安康）	II	II
	老君关		—	II	II
	羊尾	十堰	省界	II	II
	陈家坡		入库口	II	II
淇河	淅川高湾	南阳	入河口	I	II
金钱河	夹河口	十堰	—	I	II
天河	天河口		—	II	II
堵河	焦家院		—	I	II
官山河	孙家湾		入库口	II	III
浪河	浪河口		入库口	II	II
丹江	构峪口	商洛	—	I	I
	丹凤下		—	II	II
	淅川荆紫关	南阳	省界	II	II
	淅川史家湾		入库口	II	II
老灌河	淅川张营			II	II

（2）调水干线水质状况

2022 年，南水北调（中线）一期工程全年调水。调水期间丹江口水库和调水沿线上涉及的 7 个断面均达到或优于Ⅱ类水质。

表 2.2-25　2022 年南水北调（中线）一期工程调水干线水质状况

所在水体	断面名称	所属省份	所在地区	断面属性	水质类别
丹江口水库	坝上中	湖北	丹江口	库体	Ⅱ
	江北大桥			库体	Ⅱ
	五龙泉	河南	南阳	库体	Ⅰ
干渠	陶岔			库体、取水口	Ⅰ
	南营村	河北	邯郸	干线、省界（豫—冀）	Ⅱ
	王庆坨	天津	天津	干线、省界（冀—津）	Ⅱ
	惠南庄	北京	北京	干线、省界（冀—京）	Ⅰ

二、三峡库区

（一）水质状况

2022 年，三峡库区主要支流水质为优。监测的 77 个断面中，Ⅱ类水质断面占 83.1%，Ⅲ类占 15.6%，Ⅳ类占 1.3%，无其他类。与 2021 年相比，水质无明显变化。Ⅰ类水质断面比例下降 1.3 个百分点，Ⅱ类上升 3.9 个百分点，Ⅲ类下降 2.6 个百分点，其他类均持平。总磷出现超标，断面超标率为 1.3%。

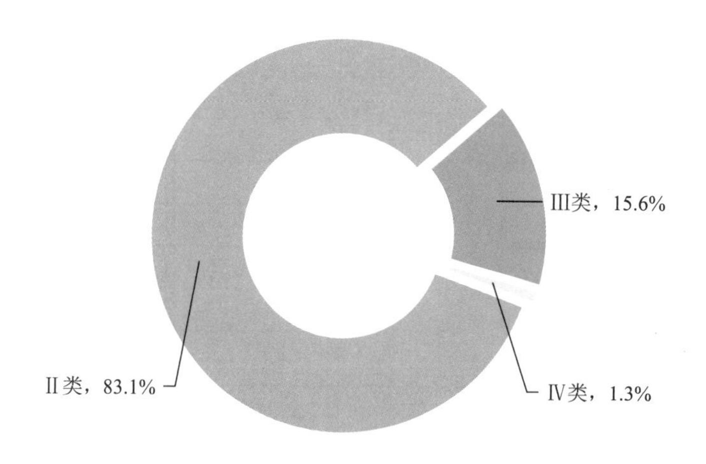

图 2.2-27　2022 年三峡库区主要支流水质类别比例

（二）营养状态

2022 年，三峡库区主要支流 77 个断面综合营养状态指数范围为 32.3～60.1，中营养状态断面占监测断面总数的 80.5%，轻度富营养状态断面占 16.9%，中度富营养状态断面占 2.6%，无其他营养状态断面。其中，回水区处于富营养状态的断面比例为 12.5%，非回水区处于富营养状态的断面比例为 27.0%。

与 2021 年相比，中营养状态断面比例上升 6.5 个百分点，轻度富营养状态断面比例下降 9.1 个百分点，中度富营养状态断面比例上升 2.6 个百分点，其他营养状态断面比例均持平。其中，回水区处于富营养状态的断面比例下降 12.5 个百分点，非回水区持平。

（三）水华状况

2022 年，三峡库区各支流“无水华”现象发生。

第五节　集中式饮用水水源地

一、地级及以上城市

2022 年，全国 338 个地级及以上城市的 919 个在用集中式生活饮用水水源监测断面（点位）中，地表水水源监测断面（点位）635 个（河流型 343 个、湖库型 292 个），地下水水源监测点位 284 个。取水总量为 427.75 亿 t，其中达标水量为 422.14 亿 t，占取水总量的 98.7%，与 2021 年相比，下降 0.2 个百分点。

从断面来看，919 个水源监测断面（点位）中，881 个全年均达标，达标率为 95.9%。地表水水源监测断面（点位）中，624 个全年均达标，达标率为 98.3%；11 个存在不同程度超标，主要超标指标为高锰酸盐指数、总磷和硫酸盐。地下水水源监测点位中，257 个全年均达标，达标率为 90.5%；27 个存在不同程度超标，主要超标指标为锰、铁和氟化物，超标主要是由于环境本底较高。

与 2021 年相比，2022 年全国地级及以上城市水源达标率上升 1.7 个百分点。其中，地表水水源达标率上升 2.2 个百分点，地下水水源达标率上升 0.2 个百分点。

从城市来看，338 个地级及以上城市中，312 个城市水源达标率为 100%，占 92.3%；6 个城市水源达标率大于等于 80.0%且小于 100%，占 1.8%；11 个城市水源达标率大于等于 50.0%且小于 80.0%，占 3.3%；2 个城市水源达标率大于 0 且小于 50.0%，占 0.6%；7 个城市水源达标率为 0，占 2.1%。

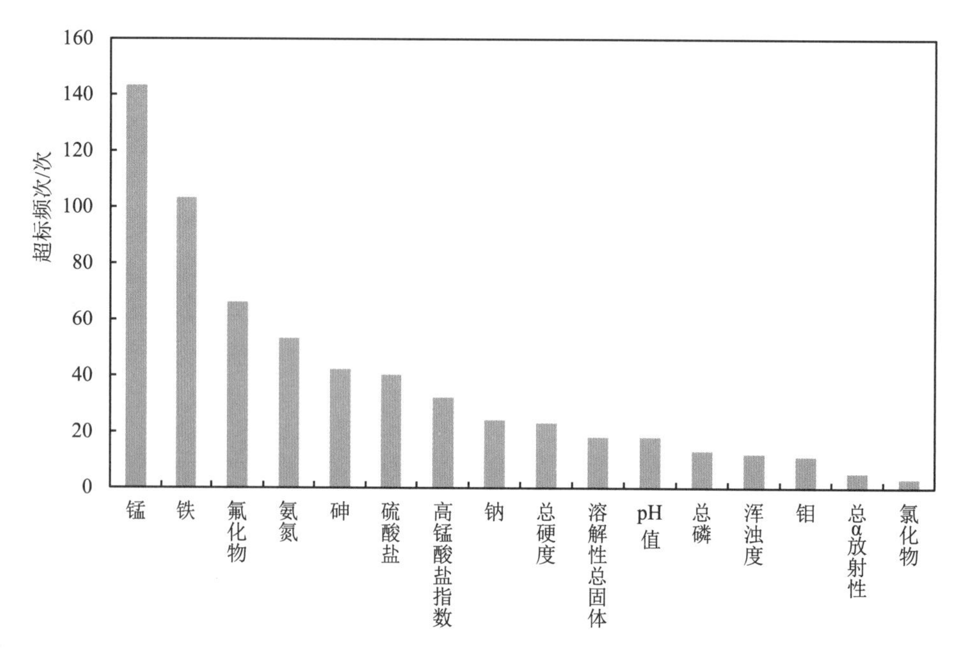

图 2.2-28　2022 年全国地级及以上城市集中式饮用水水源超标指标情况

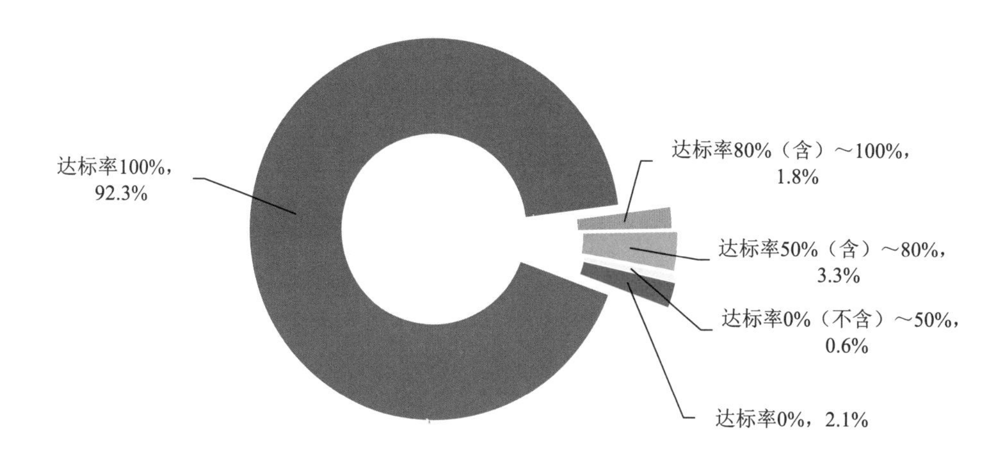

图 2.2-29　2022 年全国地级及以上城市集中式饮用水水源达标城市比例

二、县级城镇

2022 年，全国 1 860 个县级城镇的 2 622 个在用集中式生活饮用水水源监测断面（点位）中，地表水水源监测断面（点位）1 731 个（河流型 847 个、湖库型 884 个），地下水水源监测点位 891 个。

2 622 个水源监测断面（点位）中，2 461 个全年均达标，达标率为 93.9%。地表水水源监测断面（点位）中，1 709 个全年均达标，达标率为 98.7%；22 个存在不同程度超标，主要超标指标为总磷、五日生化需氧量、氟化物和硫酸盐。地下水水源监测点位中，752 个全年均达标，达标率为 84.4%；139 个存在不同程度超标，主要超标指标为锰、氟化物和铁。

与 2021 年相比，2022 年全国县级城镇水源达标率上升 1.5 个百分点。其中，地表水水源达标率上升 1.2 个百分点，地下水水源达标率上升 1.8 个百分点。

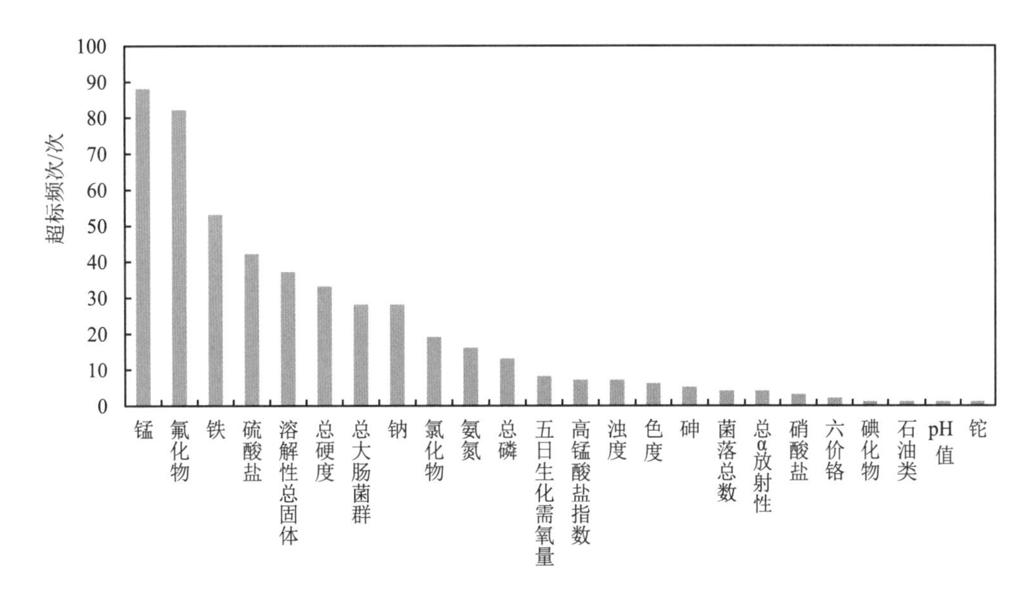

图 2.2-30　2022 年全国县级城镇集中式饮用水水源超标指标情况

第六节　地下水

2022 年，实际监测的 1 890 个国家地下水环境质量考核点位中，Ⅰ～Ⅳ类水质点位占 77.6%，Ⅴ类占 22.4%，排名前三的超标指标为铁、硫酸盐和氯化物。

从类别来看，在区域点位中，Ⅴ类水质点位占 21.6%；在污染风险监控点位中，Ⅴ类占 35.8%；在饮用水水源点位中，Ⅴ类占 9.1%。

从水层来看，浅层地下水水质劣于深层地下水。1 084 个潜水点位（表征浅层地下水）中，Ⅴ类占 57.4%；806 个承压水点位（表征深层地下水）中，Ⅴ类占 42.6%。

第七节　内陆渔业水域

2022 年，江河重要渔业水域主要超标因子为总氮。水体中总氮、总磷、高锰酸盐指数、石油类、挥发性酚、非离子氨、铜、锌、铅和镉的监测浓度优于评价标准的面积占所监测面积的比例分别为 0.4%、55.6%、72.0%、99.9%、99.7%、95.2%、97.7%、99.8%、99.3%

和 99.9%，汞、砷和铬的监测浓度均优于评价标准。

湖泊、水库重要渔业水域主要超标因子为总氮和总磷。水体中总氮、总磷、高锰酸盐指数、石油类、挥发性酚、铜和镉的监测浓度优于评价标准的面积占所监测面积的比例分别为 17.6%、16.9%、51.3%、98.7%、96.2%、89.7%和 99.3%，锌、铅、汞、砷和铬的监测浓度均优于评价标准。

39 个国家级水产种质资源保护区主要超标因子为总氮。水体中总氮、总磷、高锰酸盐指数、石油类、挥发性酚、非离子氨、铜、锌、汞和铬的监测浓度优于评价标准的面积占所监测面积的比例分别为 0.9%、96.6%、90.3%、99.3%、98.8%、76.9%、99.97%，99.9%、99.99%和 99.999%。

第八节　重点流域水生态

一、总体情况

2022 年，全国重点流域水生态状况以“中等”～“良好”为主。302 个可评价点位中，处于“优秀”和“良好”状态的占 32.4%，“中等”状态的占 57.3%，“较差”和“很差”状态的占 10.3%。

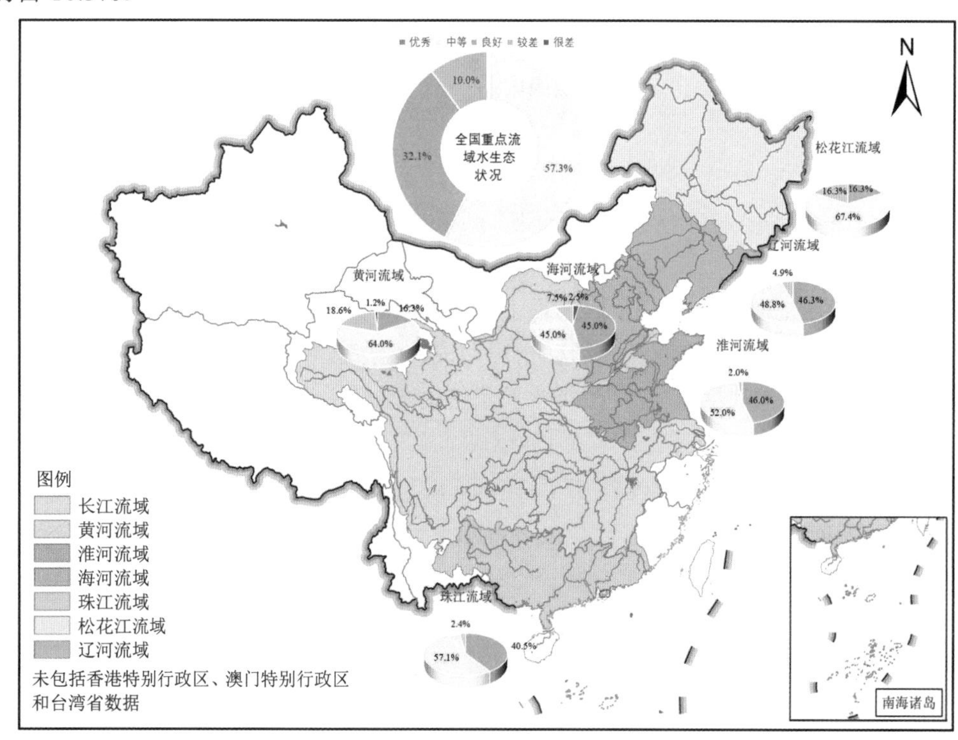

图 2.2-31　2022 年全国重点流域水生态状况示意图

二、水生生物状况

（一）黄河流域

（1）底栖动物

2022 年，黄河流域 80 个底栖动物点位共监测到底栖动物 131 种，属 3 门 7 纲 53 科。其中，河流 63 个点位监测到 120 种，湖泊 15 个点位监测到 37 种。节肢动物门为绝对优势类群，占总物种数的 79.4%，其次为软体动物门和环节动物门，分别占 15.3%和 5.3%。

黄河流域各采样点底栖动物密度差异较大，变化范围为 0.3～1 653.3 个/m^2，平均密度为 94.5 个/m^2。软体动物门和节肢动物门为流域内绝对优势类群。

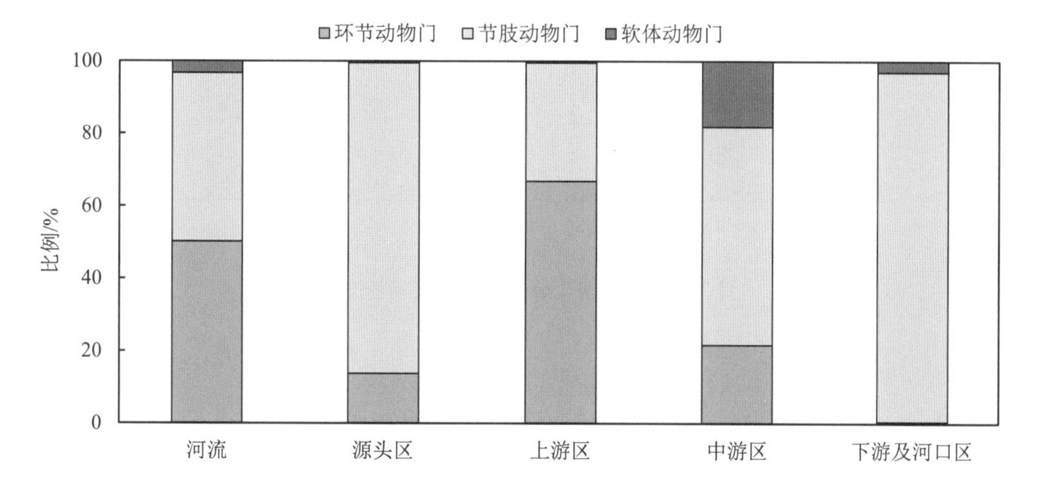

图 2.2-32　黄河流域河流底栖动物密度组成

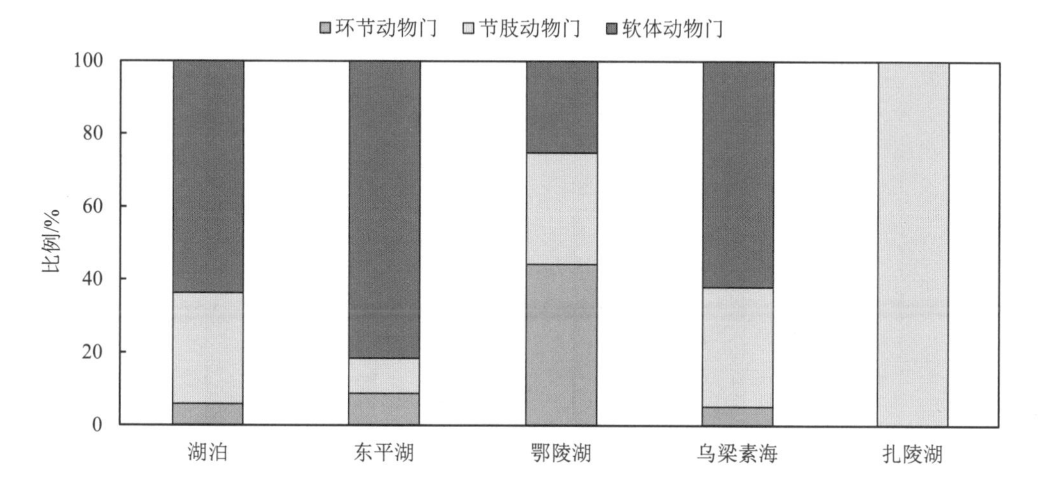

图 2.2-33　黄河流域湖库底栖动物密度组成

（2）浮游动物

2022 年，黄河流域 21 个湖库点位共监测到浮游动物 49 种，属 3 门 4 纲 23 科。轮虫类为绝对优势类群，占总物种数的 57.1%，其次为枝角类和桡足类，分别占 20.4%和 12.2%。

黄河流域各采样点浮游动物密度差异较大，变化范围为 0.2～85.6 个/L，平均密度为 24.8 个/L。桡足类和枝角类为流域内绝对优势类群。

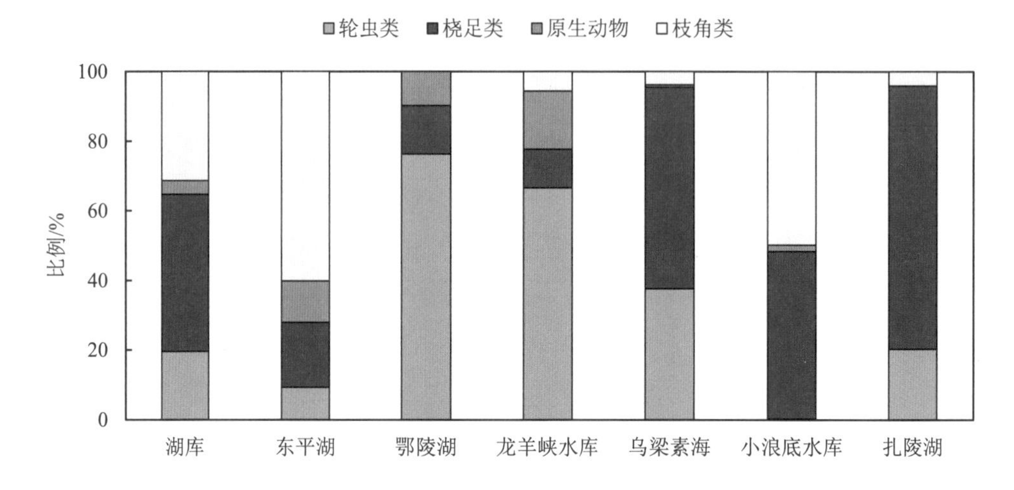

图 2.2-34 黄河流域湖库浮游动物密度组成

（3）浮游植物

2022 年，黄河流域 21 个湖库点位共监测到浮游植物 170 种，属 8 门 11 纲 41 科。绿藻门为绝对优势类群，占总物种数的 42.9%，其次为硅藻门和蓝藻门，分别占 32.9%和 13.5%。

黄河流域各采样点浮游植物密度差异较大，变化范围为 15.7 万～2 520.4 万个/L，平均密度为 788.2 万个/L。蓝藻门为流域内绝对优势类群。

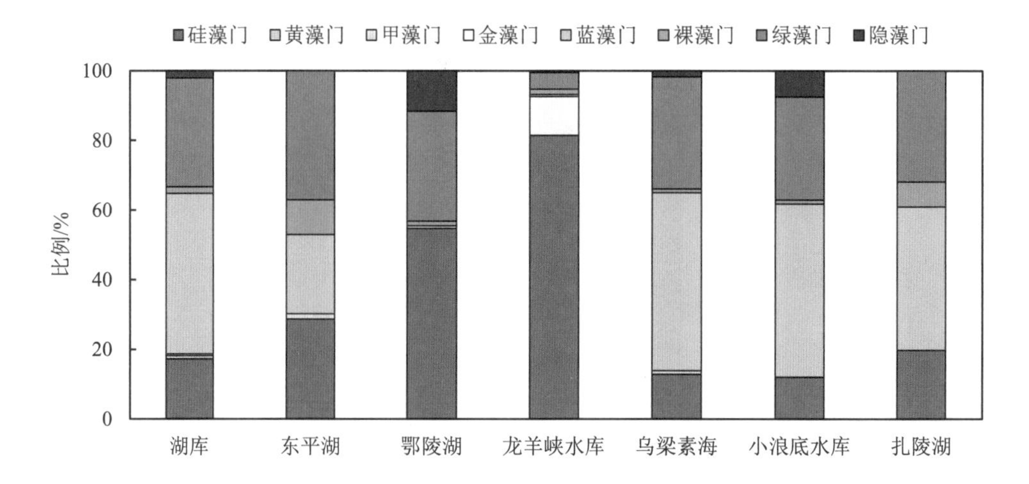

图 2.2-35 黄河流域湖库浮游植物密度组成

（4）着生藻类

2022 年，黄河流域 65 个河流点位共监测到着生藻类 132 种，属 3 门 5 纲 18 科。硅藻门为绝对优势类群，占总物种数的 90.2%，其次为蓝藻门和绿藻门，分别占 5.3%和 4.5%。

黄河流域各采样点着生藻类密度差异较大，变化范围为 0.1 万～4.8 万个/cm^2，平均密度为 1.2 万个/cm^2。硅藻门为流域内绝对优势类群。

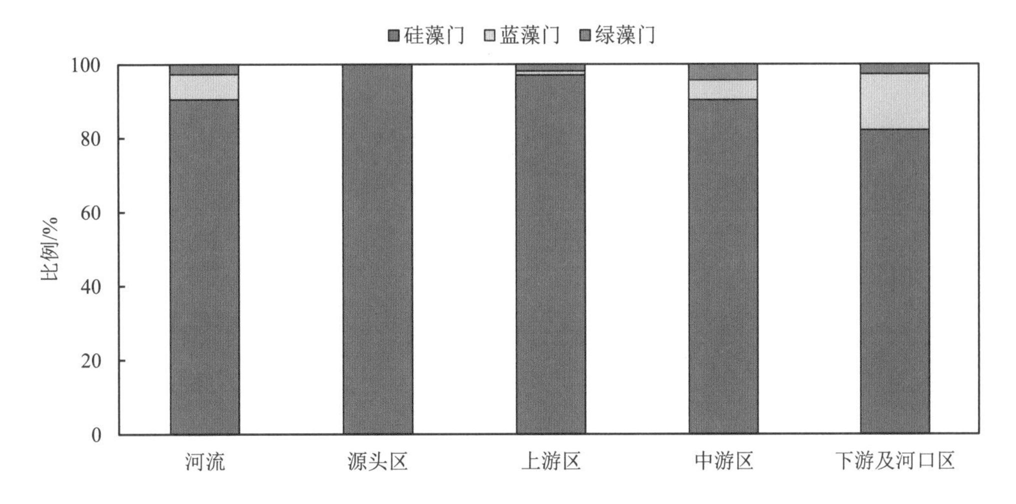

图 2.2-36　黄河流域河流着生藻类密度组成

（二）珠江流域

（1）底栖动物

2022 年，珠江流域 42 个河流点位共监测到底栖动物 135 种，属 3 门 7 纲 59 科。节肢动物门为绝对优势类群，占总物种数的 63.7%，其次为软体动物门和环节动物门，分别占 27.4%和 8.9%。

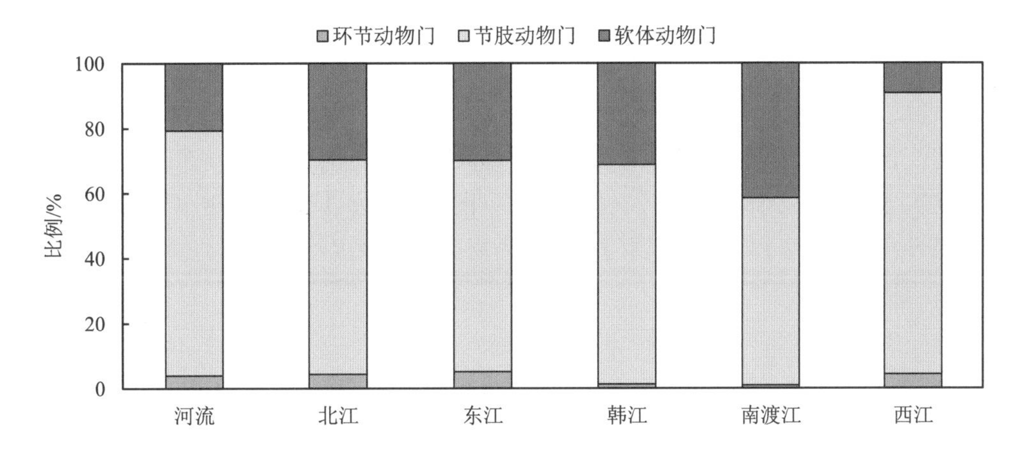

图 2.2-37　珠江流域河流底栖动物密度组成

珠江流域各采样点底栖动物密度差异较大，变化范围为7.3～282.0个/m^2，平均密度为51.2个/m^2。节肢动物门为流域内绝对优势类群。

（2）着生藻类

2022年，珠江流域42个河流着生藻类点位共监测到着生藻类320种，属1门2纲12科。硅藻门羽纹纲为绝对优势类群，占总物种数的93.8%，其次为硅藻门中心纲，占6.3%。

密度组成上，硅藻门羽纹纲为流域内绝对优势类群。

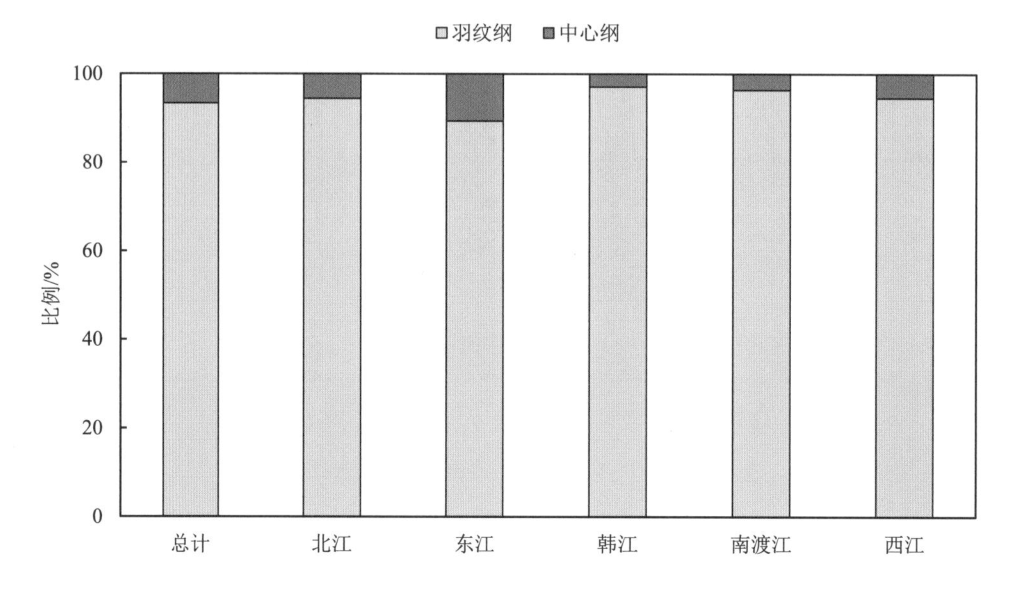

图2.2-38 珠江流域河流着生藻类密度组成

（三）松花江流域

（1）底栖动物

2022年，松花江流域45个底栖动物点位共监测到底栖动物139种，属4门8纲75科。其中，河流33个点位监测到120种，湖库12个点位监测到43种。节肢动物门为绝对优势类群，占总物种数的78.4%。

松花江流域各采样点底栖动物密度差异较大，变化范围为7.0～1 863.0个/笼（人工基质篮法）及12.0～216.0个/m^2（底泥法），平均密度为180.4个/笼（人工基质篮法）及64.3个/m^2（底泥法）。节肢动物门和软体动物门为流域内绝对优势类群。

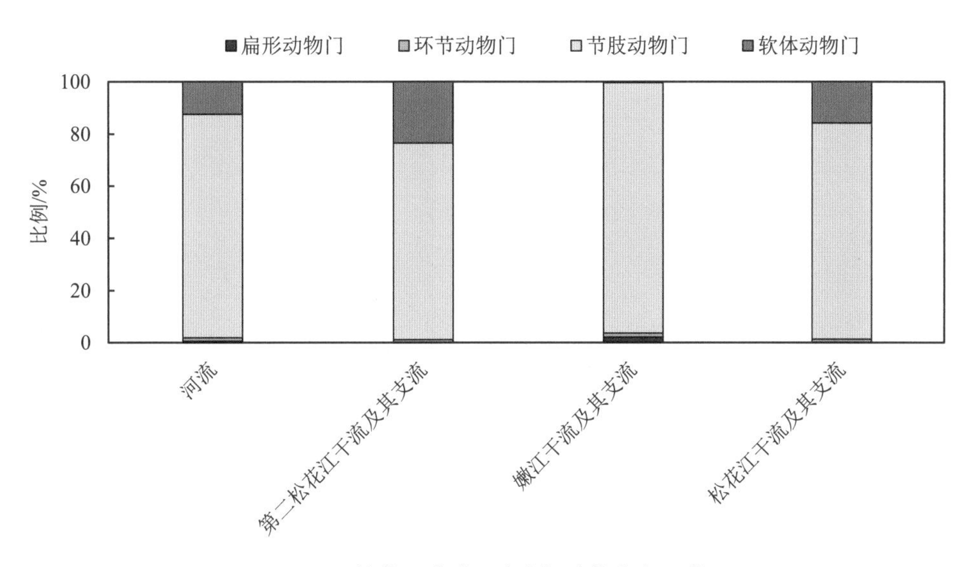

图 2.2-39　松花江流域河流底栖动物密度组成

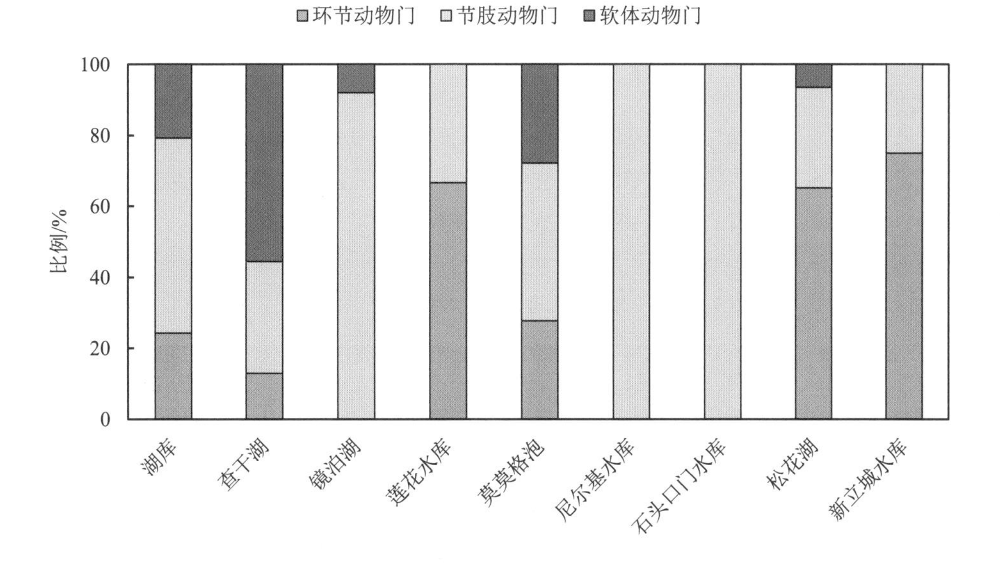

图 2.2-40　松花江流域湖库底栖动物密度组成

（2）浮游动物

2022 年，松花江流域 12 个湖库点位共监测到浮游动物 49 种，属 3 门 4 纲 39 科。原生动物为绝对优势类群，占总物种数的 55.1%，其次为轮虫类，占 28.6%。

松花江流域各采样点浮游动物密度差异较大，变化范围为 2 966.7～31 400.0 个/L，平均密度为 12 262.9 个/L。轮虫类、原生动物为流域内绝对优势类群。

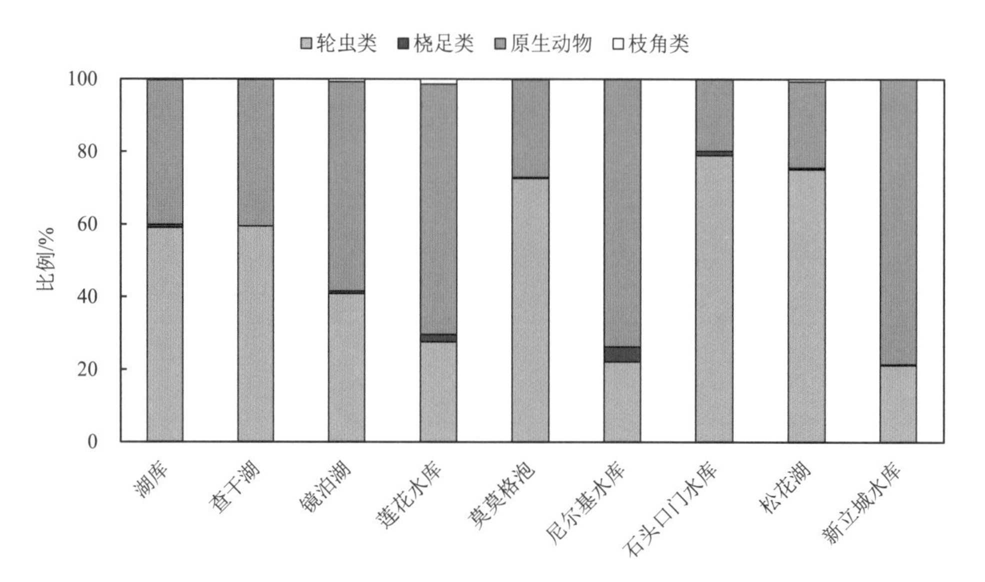

图 2.2-41　松花江流域湖库浮游动物密度组成

（3）浮游植物

2022 年，松花江流域 12 个湖库点位共监测到浮游植物 52 种，属 6 门 8 纲 23 科。硅藻门为绝对优势类群，占总物种数的 50.0%，其次为绿藻门和蓝藻门，分别占 25.0%和 17.3%。

松花江流域各采样点浮游植物密度差异较大，变化范围为 0.3 万～242.0 万个/L，平均密度为 50.9 万个/L。硅藻门和蓝藻门为流域内绝对优势类群。

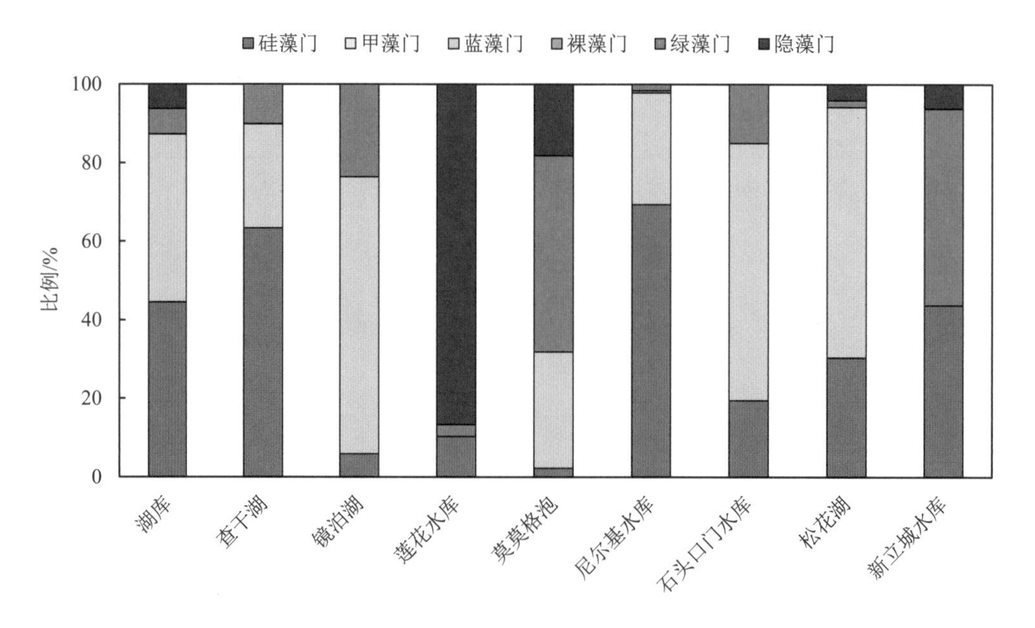

图 2.2-42　松花江流域湖库浮游植物密度组成

（4）着生藻类

2022 年，松花江流域 33 个河流点位共监测到着生藻类 91 种，属 4 门 6 纲 29 科。硅藻门为绝对优势类群，占 63.7%，其次为绿藻门和蓝藻门，分别占 22.0%和 11.0%。

松花江流域各采样点着生藻类密度差异较大，变化范围为 19.4 万～24.9 万个/cm^2，平均密度为 3.9 万个/cm^2。硅藻门为流域内绝对优势类群。

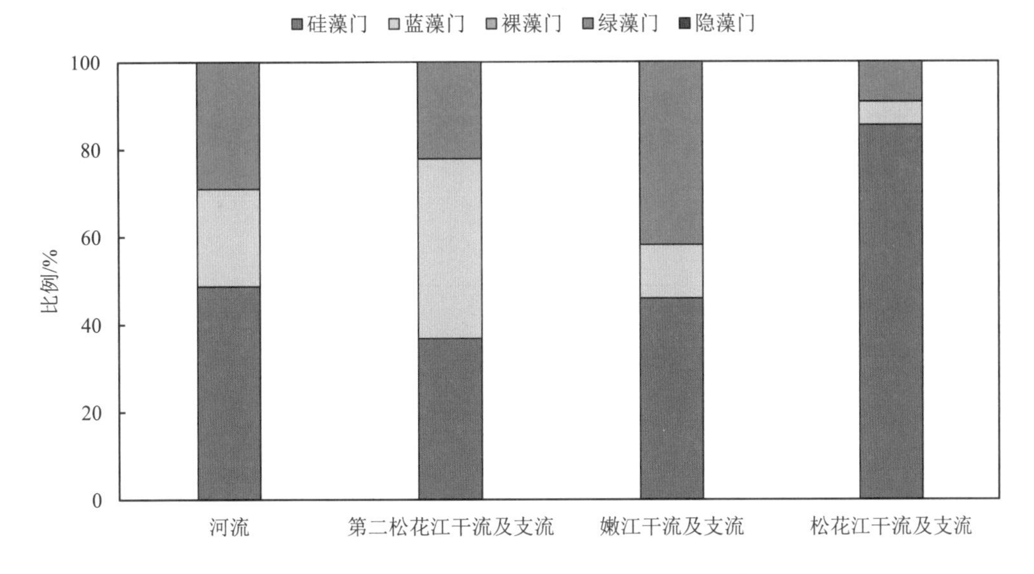

图 2.2-43 松花江流域河流着生藻类密度组成

（四）淮河流域

（1）底栖动物

2022 年，淮河流域 50 个底栖动物点位共监测到底栖动物 120 种，属 4 门 9 纲 56 科。其中，河流 36 个点位监测到 115 种，湖库 14 个点位监测到 39 种。节肢动物门为主要优势类群，占总物种数的 44.2%，其次为软体动物门和环节动物门，分别占 35.0%和 19.2%。

淮河流域各采样点底栖动物密度差异较大，变化范围为 1.8～252.0 个/m^2，平均密度为 77.8 个/m^2。软体动物门和节肢动物门为流域内主要优势类群。

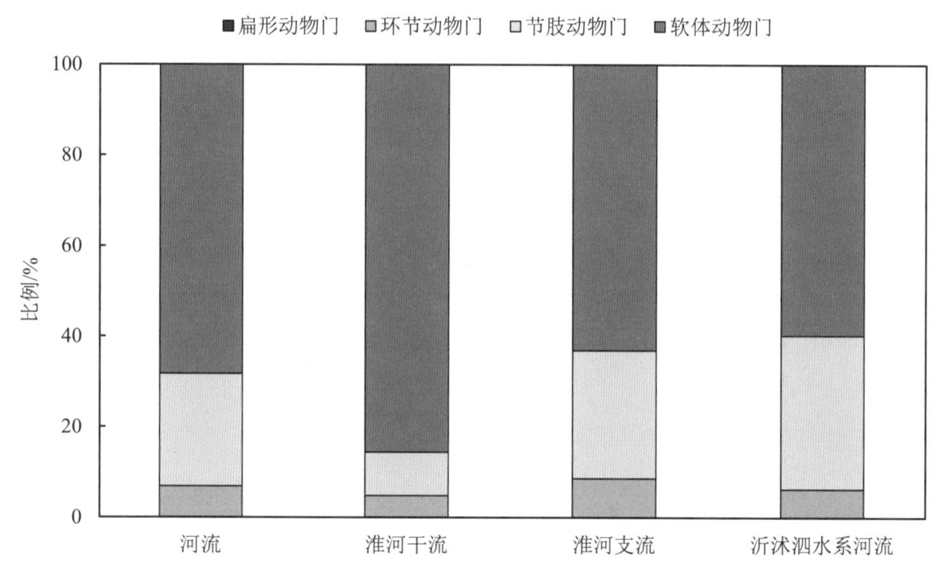

图 2.2-44 淮河流域河流底栖动物密度组成

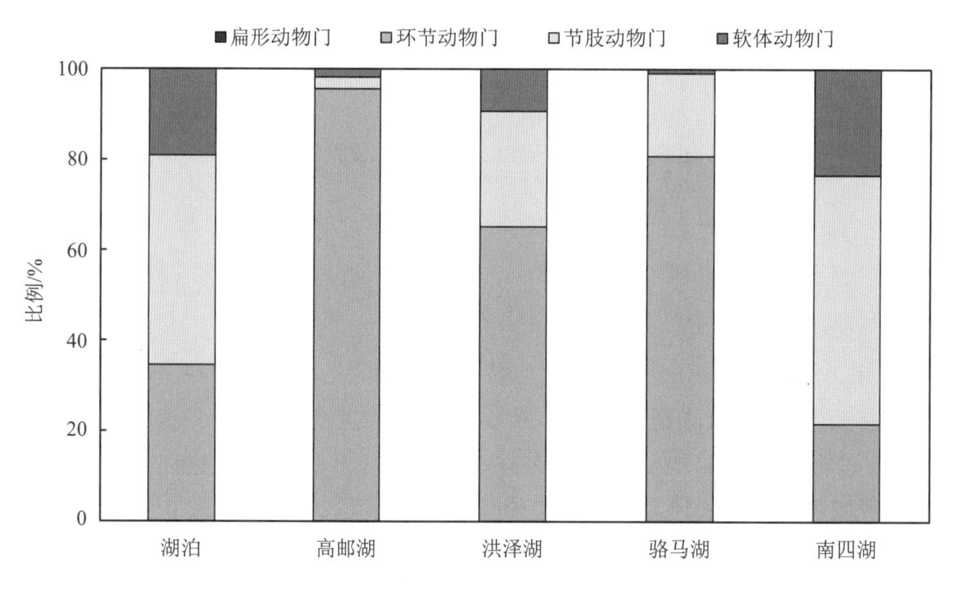

图 2.2-45 淮河流域湖库底栖动物密度组成

（2）浮游动物

2022 年，淮河流域 14 个湖泊点位共监测到浮游动物 60 种，属 2 门 2 纲 22 科。轮虫类为绝对优势类群，占总物种数的 66.7%，其次为枝角类和桡足类，分别占 23.3%和 10.0%。

淮河流域各采样点浮游动物密度差异较大，变化范围为 322.9～6 374.0 个/L，平均密度为 2 915.9 个/L。轮虫类为流域内绝对优势类群。

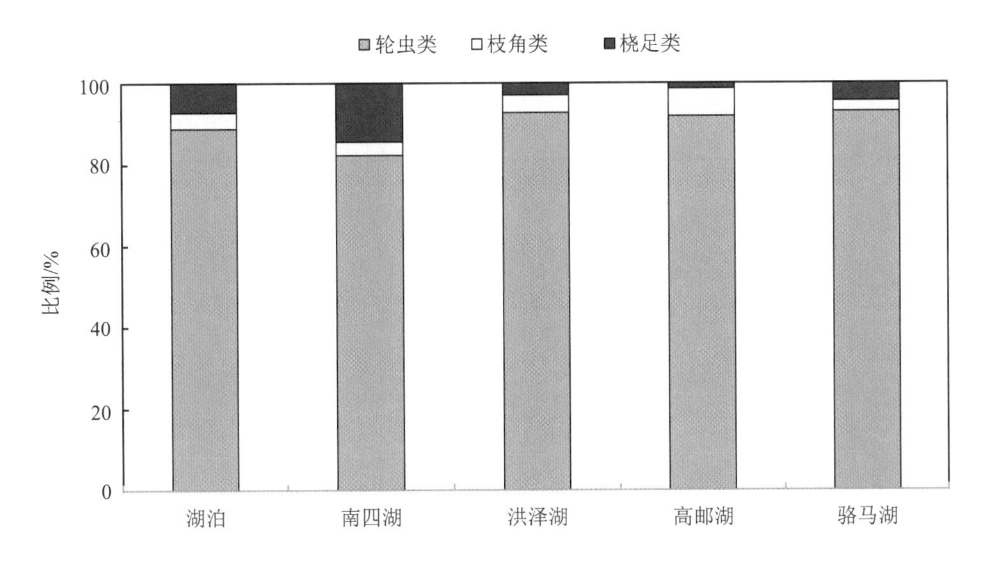

图 2.2-46 淮河流域湖库浮游动物密度组成

（3）浮游植物

2022 年，淮河流域 14 个湖泊点位共监测到浮游植物 104 种，属 8 门 10 纲 36 科。绿藻门为绝对优势类群，占总物种数的 44.2%，其次为蓝藻门和硅藻门，分别占 26.0%和 20.2%。

淮河流域各采样点浮游植物密度差异较大，变化范围为 913.0 万～14 973.7 万个/L，平均密度为 5 658.1 万个/L。蓝藻门为流域内绝对优势类群。

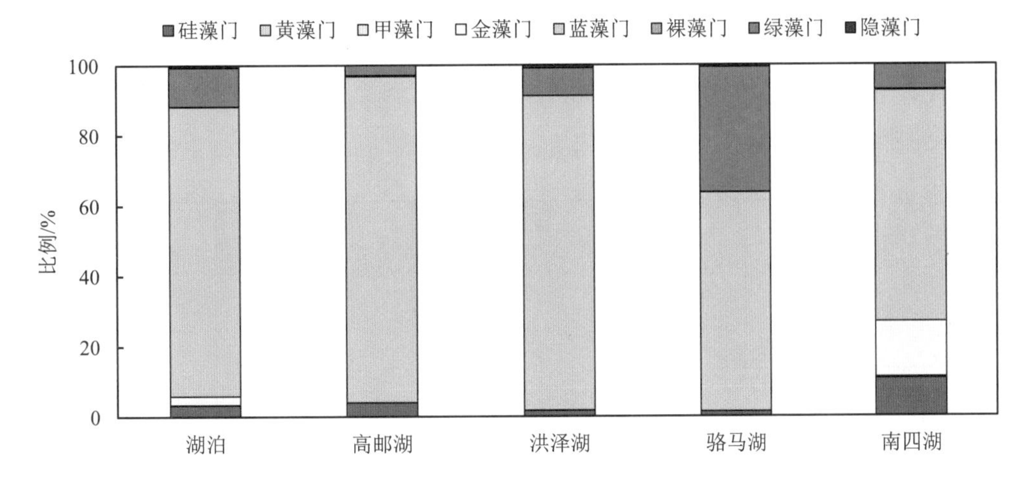

图 2.2-47 淮河流域湖库浮游植物密度组成

（4）着生藻类

2022 年，淮河流域 36 个河流点位共监测到着生藻类 37 种，属 1 门 2 纲 13 科。硅藻门羽纹纲为绝对优势类群，占总物种数的 75.7%，其次为硅藻门中心纲，占 24.3%。

淮河流域各采样点着生藻类密度差异较大，变化范围为 8.9 万～240.0 万个/cm^2，平均密度为 62 万个/cm^2。硅藻门羽纹纲为流域内绝对优势类群。

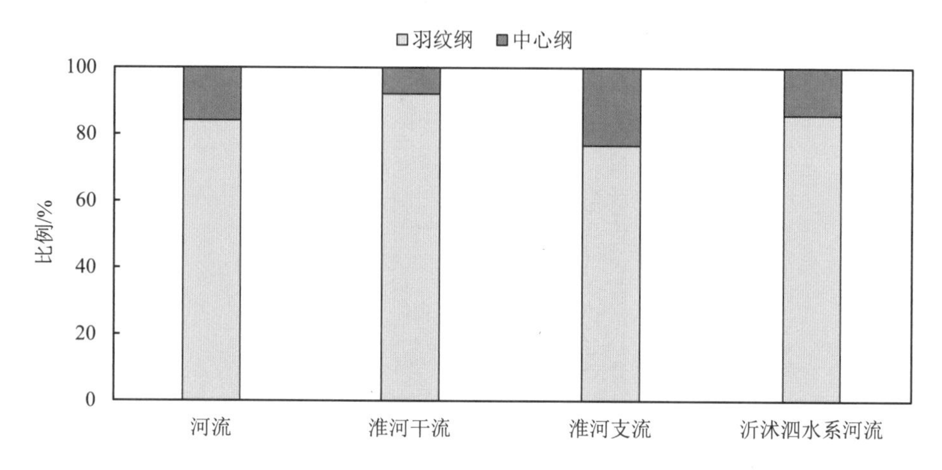

图 2.2-48 淮河流域河流着生藻类密度组成

（五）海河流域

（1）底栖动物

2022 年，海河流域 40 个底栖动物点位共监测到底栖动物 145 种，属 3 门 7 纲 59 科。其中，河流 27 个点位监测到 129 种，湖库 13 个点位监测到 53 种。节肢动物门为绝对优势类群，占总物种数的 77.2%，其次为软体动物门和环节动物门，分别占 16.6%和 6.2%。

海河流域各采样点底栖动物密度差异较大，变化范围为 0.7～331.2 个/m^2，平均密度为 80.3 个/m^2。节肢动物门和软体动物门为流域内绝对优势类群。

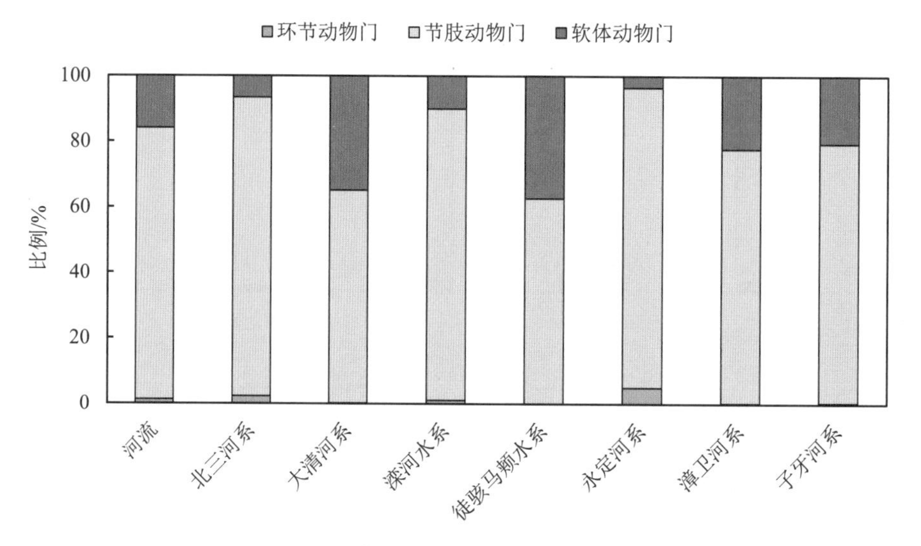

图 2.2-49 海河流域河流底栖动物密度组成

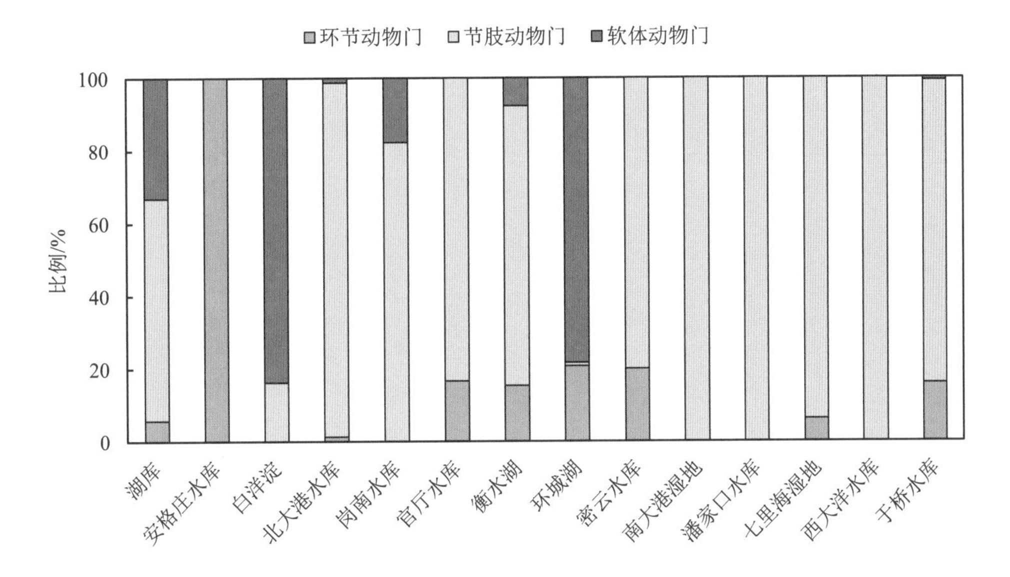

图 2.2-50　海河流域湖库底栖动物密度组成

（2）浮游动物

2022 年，海河流域 40 个点位共监测到浮游动物 73 种，属 2 门 2 纲 22 科。其中，河流 27 个点位监测到 61 种，湖库 13 个点位监测到 49 种。轮虫类为绝对优势类群，占总物种数的 68.5%，其次为枝角类，占总物种数的 17.8%。

海河流域各采样点浮游动物密度差异较大，变化范围为 0.1～3 200.7 个/L，平均密度为 273.7 个/L。轮虫类为流域内绝对优势类群。

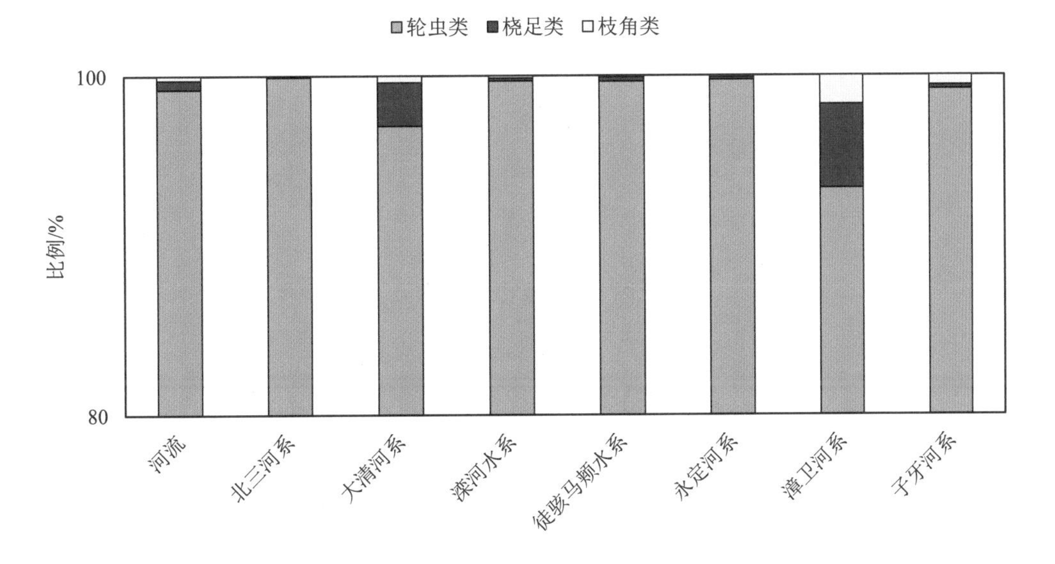

图 2.2-51　海河流域河流浮游动物密度组成

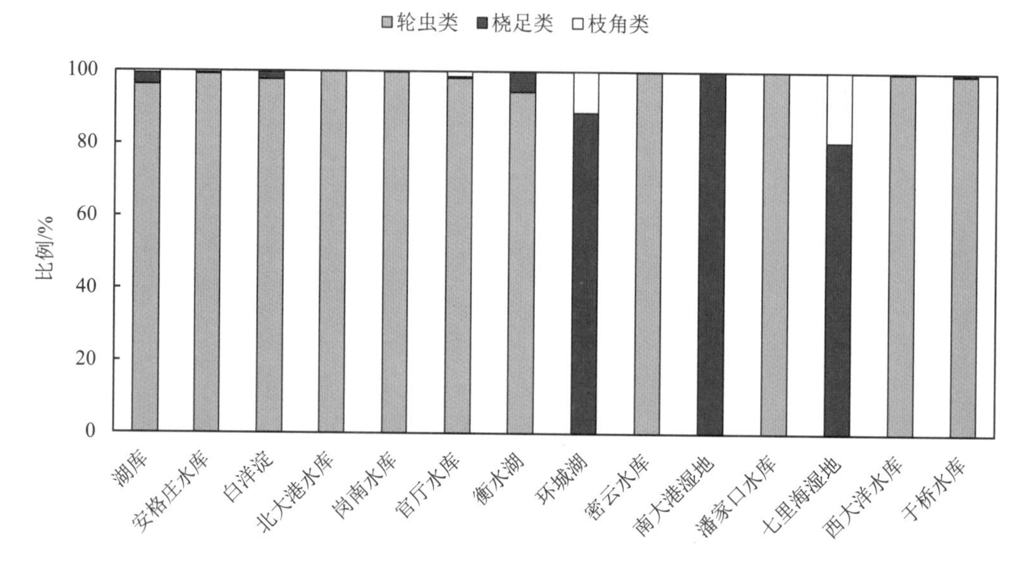

图 2.2-52　海河流域湖库浮游动物密度组成

（3）浮游植物

2022 年，海河流域 40 个点位共监测到浮游植物 287 种，属 8 门 11 纲 43 科。其中，河流 27 个点位监测到 234 种，湖库 13 个点位监测到 203 种。硅藻门为绝对优势类群，占总物种数的 39.7%，其次为绿藻门和蓝藻门，分别占 28.6%和 15.3%。

海河流域各采样点浮游植物密度差异较大，变化范围为 119.5 万～46 463.4 万个/L，平均密度为 2 628.2 万个/L。蓝藻门为流域内绝对优势类群。

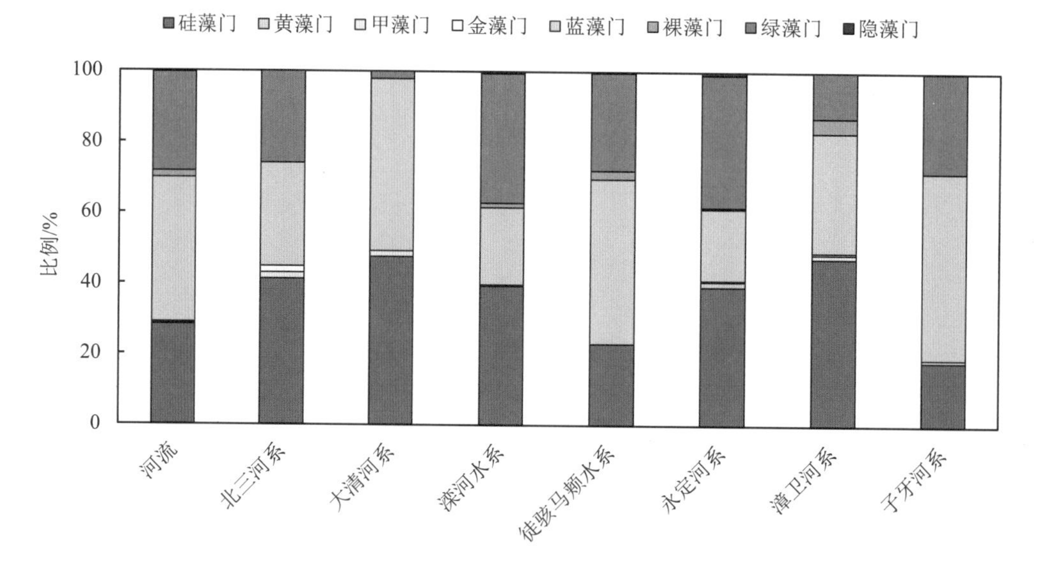

图 2.2-53　海河流域河流浮游植物密度组成

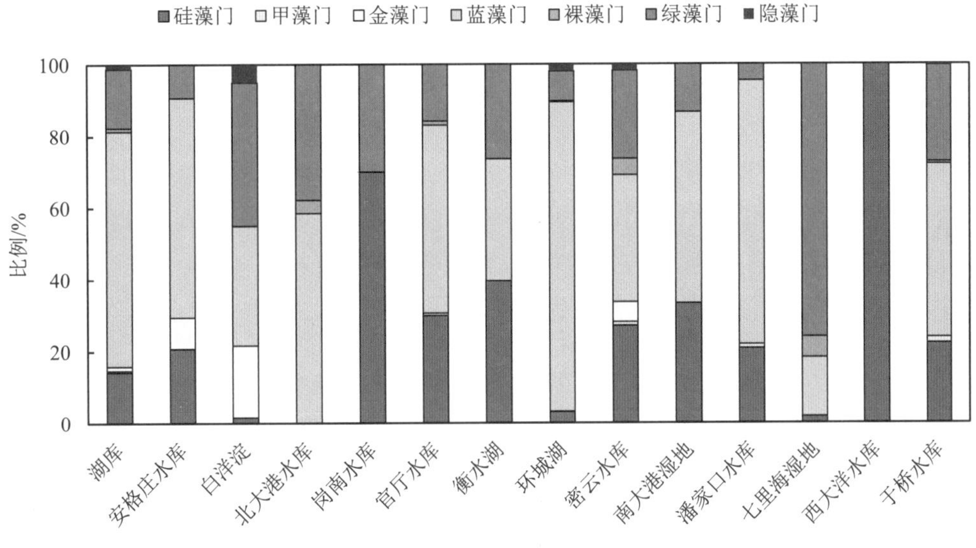

图 2.2-54　海河流域湖库浮游植物密度组成

（4）着生藻类

2022 年，海河流域 27 个河流点位共监测到着生藻类 163 种，属 6 门 8 纲 31 科。硅藻门为绝对优势类群，占总物种数的 69.9%，其次为绿藻门和蓝藻门，分别占 20.2%和 6.1%。

海河流域各采样点着生藻类密度差异较大，变化范围为 461.5 万～272.6 万个/cm^2，平均密度为 25.6 万个/cm^2。硅藻门为流域内绝对优势类群。

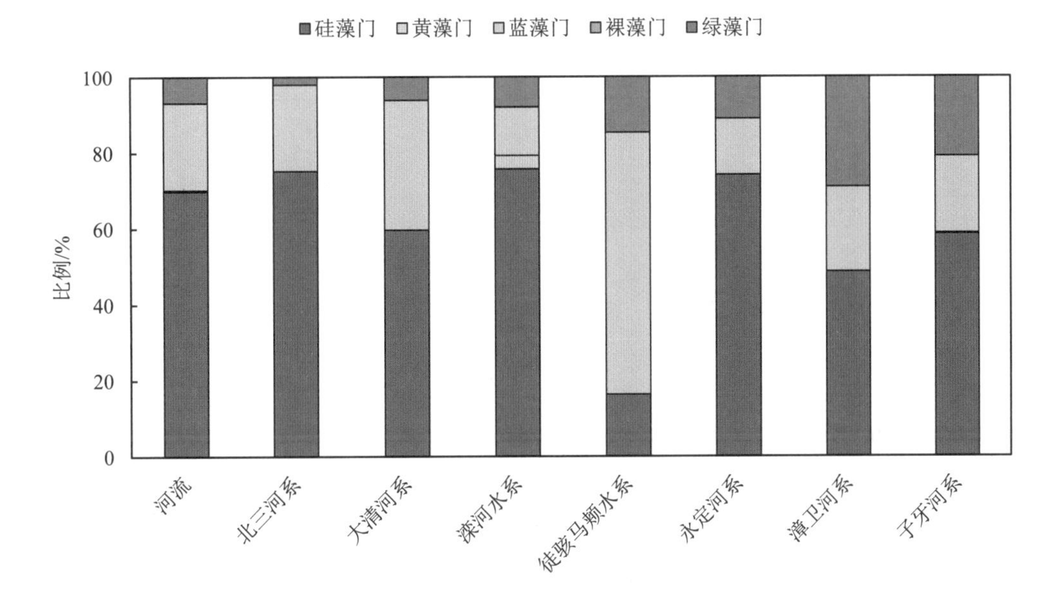

图 2.2-55　海河流域河流着生藻类密度组成

（六）辽河流域

（1）底栖动物

2022年，辽河流域41个底栖动物点位共监测到底栖动物129种，属4门8纲61科。其中，河流31个点位监测到120种，湖库10个点位监测到35种。节肢动物门为绝对优势类群，占总物种数的79.1%，其次为软体动物门和环节动物门，分别占12.4%和7.8%。

辽河流域各采样点底栖动物密度差异较大，变化范围为6.0～447.4个/m^2，平均密度为69.9个/m^2。节肢动物门为流域内绝对优势类群。

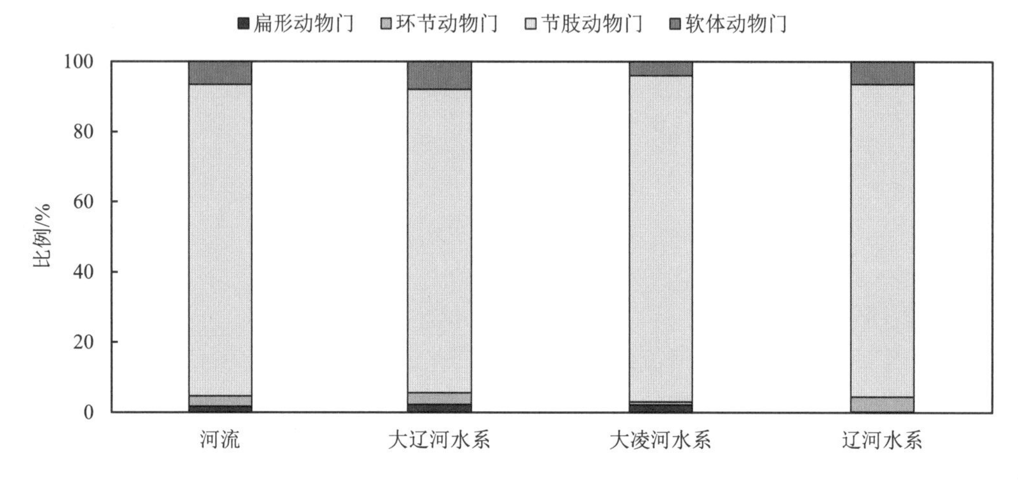

图 2.2-56　辽河流域河流底栖动物密度组成

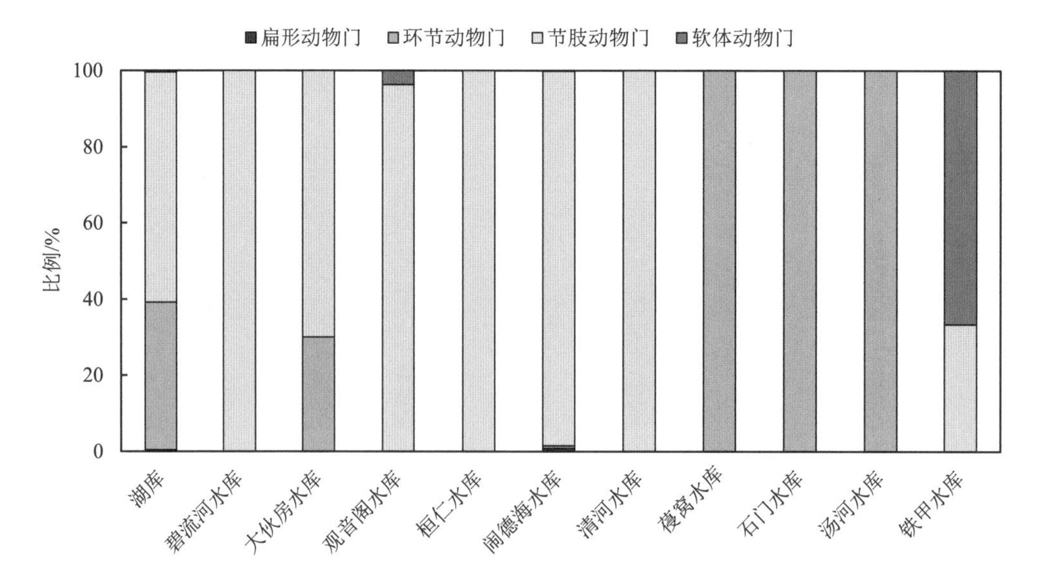

图 2.2-57　辽河流域湖库底栖动物密度组成

（2）浮游动物

2022 年，辽河流域 10 个湖库点位共监测到浮游动物 39 种，属 3 门 5 纲 30 科。原生动物为绝对优势类群，占总物种数的 59.0%，其次为轮虫类，占总物种数的 28.2%。

辽河流域各采样点浮游动物密度差异较大，变化范围为 3 010.0～31 750.0 个/L，平均密度为 11 464.1 个/L。原生动物为流域内绝对优势类群。

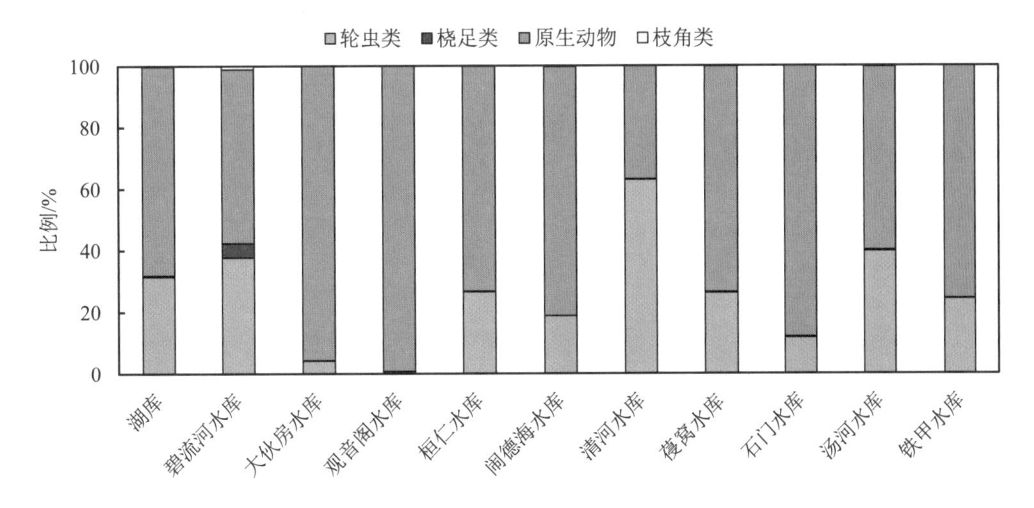

图 2.2-58　辽河流域湖库浮游动物密度组成

（3）浮游植物

2022 年，辽河流域 10 个湖库点位共监测到浮游植物 52 种，属 7 门 9 纲 24 科。硅藻门为绝对优势类群，占总物种数的 44.2%，其次为绿藻门和蓝藻门，分别占 28.8%和 15.4%。

辽河流域各采样点浮游植物密度差异较大，变化范围为 0.5 万～638.8 万个/L，平均密度为 181.6 万个/L。蓝藻门和硅藻门为流域内绝对优势类群。

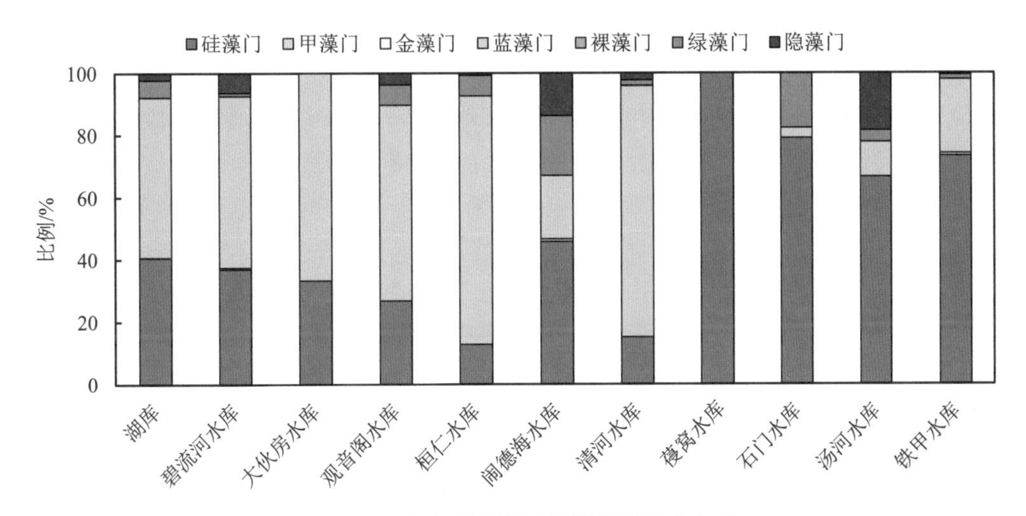

图 2.2-59　辽河流域湖库浮游植物密度组成

（4）着生藻类

2022 年，辽河流域 31 个河流点位共监测到着生藻类 96 种，属 5 门 7 纲 26 科。硅藻门为绝对优势类群，占 62.5%，其次为绿藻门和蓝藻门，分别占 25.0%和 10.4%。

辽河流域各采样点着生藻类密度差异较大，变化范围为 120.0～60.1 万个/cm^2，平均密度为 9.1 万个/cm^2。硅藻门和蓝藻门为流域内绝对优势类群。

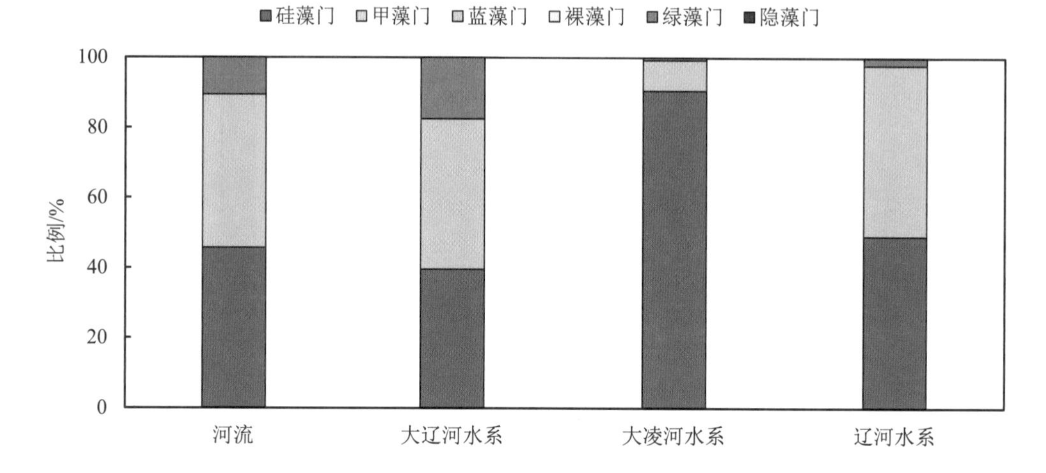

图 2.2-60　辽河流域河流着生藻类密度组成

专栏　重点区域河流断流干涸遥感监测

2022 年，京津冀地区国控断面所在河流（除渠道外）断流干涸遥感监测采用亚米级分辨率遥感数据（GF-2）和 2 m 分辨率遥感数据（GF-1B、C、D 和 GF-6），以及 1∶25 万基础地理信息数据。考虑云覆盖量等情况，累计筛选出 126 景有效影像，其中 GF-2 影像 14 景，GF-1B、C、D 系列影像 84 景，GF-6 影像 28 景，影像覆盖率为 100%。监测频次为 1 次，监测时期为汛期（6—9 月）。

监测采用人机交互等方法，对 1∶25 万基础地理信息数据库中京津冀地区 87 条国控断面所在河流（除渠道外）开展监测。监测指标包括河流断流干涸位置、长度、数量、指数、所在行政区等，并根据断流干涸程度分级标准进行分级评价。评价指标为河流干涸程度，采用河流断流干涸指数作为单因子判定标准，即某条河流有效影像覆盖范围内断流干涸河道长度与河流总长度的比值（%）。

$$I_{河流} = \frac{\sum_{i=1}^{n} l_i}{n \times L} \times 100\%$$

式中，$I_{河流}$为河流断流干涸指数，%；n 为监测频次，次；l_i 为第 i 次监测河流断流干涸长度，km；L 为河流总长度，km。

表 2.2-Z1 河流断流干涸程度分级标准（暂行）

遥感监测河流断流干涸指数/%	河流断流干涸程度
$I_{\text{河流}}<1$	无明显干涸
$1\leqslant I_{\text{河流}}<10$	轻度干涸
$10\leqslant I_{\text{河流}}<20$	中度干涸
$20\leqslant I_{\text{河流}}<40$	重度干涸
$40\leqslant I_{\text{河流}}$	极重度干涸

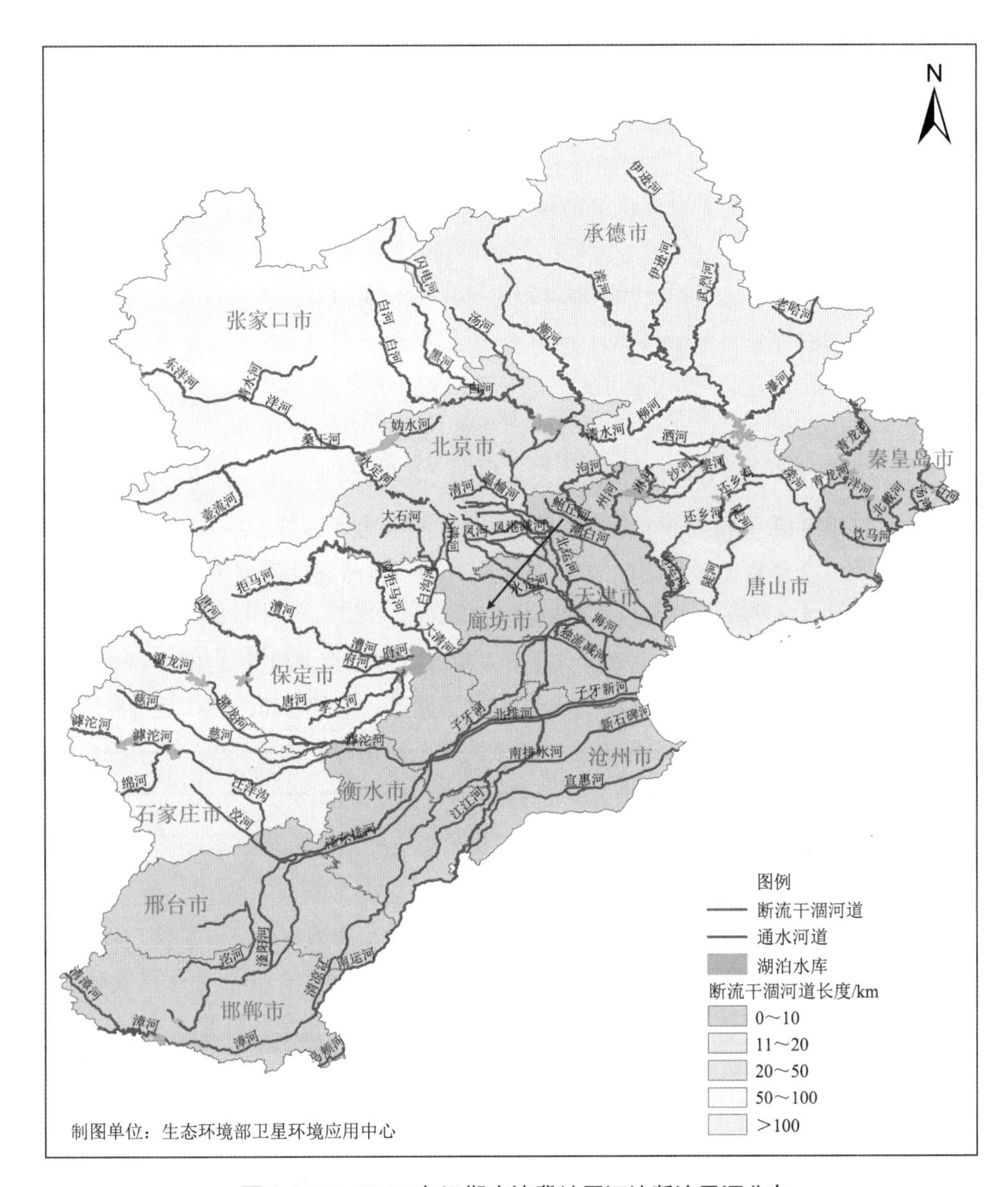

图 2.2-Z1 2022 年汛期京津冀地区河流断流干涸分布

监测结果表明，2022 年，京津冀地区汛期开展监测的 87 条国控断面所在河流（除渠道外）中，有 37 条监测到断流干涸现象，占 42.5%。断流干涸河道总长度为 555.6 km，占河流总长度的 5.4%。无明显干涸的 54 条，占 62.1%；轻度干涸的 19 条，占 21.8%；中度干涸的 11 条，占 12.6%；重度干涸的 1 条，占 1.1%；极重度干涸的 2 条，占 2.3%。2 条河流断流干涸河道长度超过 50 km，分别为潴龙河和慈河。

专栏　水环境质量预测开展情况

2022 年 3 月起，基于机器学习技术、国家网水质自动监测站数据和相关气象监测预报数据，总站开展长江流域水环境质量月度预测方法探索，利用循环神经网络模型（RNN）和梯度提升树模型（XGBoost）以及时间序列模型（Prophet）等 3 种不同模型，预测分析长江流域 570 个自动监测站点的月度水质类别和水质变化趋势。自 5 月起，每月对长江流域自动监测站点开展长江流域水质预测以及准确性分析评估，经过不断研究探索和优化改进，总站初步构建了基于机器学习技术的月度水质类别和变化趋势预测技术方法体系和工作流程，编写完成《长江流域月度水质预测报告》（5—12 月）。

专栏　中俄界河联合监测

2006 年，我国和俄罗斯签署《中俄跨界水体水质联合监测谅解备忘录》，共同制定《中俄跨界水体水质联合监测计划》。自 2007 年起，中俄双方根据共同制定的年度《中俄跨界水体水质联合监测实施方案》开展联合监测。

2022 年，受新冠疫情影响，中俄双方未开展联合监测。中方根据《2022 年中俄跨界水体水质联合监测实施方案》，继续在额尔古纳河、黑龙江、乌苏里江、绥芬河和兴凯湖 5 个跨界水体的 9 个断面（中方侧）单独开展监测（具体监测断面见表 2.2-Z2）。水质监测项目 40 项，监测时段为 2—3 月、5—6 月、6—7 月和 8—9 月，共 4 次。

2022 年，中俄跨界水体总体为Ⅳ类水质，主要污染指标为高锰酸盐指数和化学需氧量。除石油类外，所有有机污染物均未检出。

额尔古纳河整体为Ⅴ类水质，主要污染指标为高锰酸盐指数和化学需氧量。其中，嘎洛托为Ⅳ类水质，室韦断面[①]为Ⅴ类水质，黑山头断面为劣Ⅴ类水质。黑山头断面铁超标。

黑龙江整体为Ⅳ类水质，主要污染指标为高锰酸盐指数和化学需氧量。其中，黑河下、名山上 1 公里和同江东港断面均为Ⅳ类水质。名山上 1 公里、同江东港断面以及黑龙江整体铁均超标。

乌苏里江乌苏镇哨所上 2 公里断面、兴凯湖龙王庙断面、绥芬河三岔口断面均为Ⅲ类水

① 额尔古纳河室韦断面和黑山头断面、黑龙江名山上断面化学需氧量、高锰酸盐指数受自然因素影响。

质。乌苏镇哨所上 2 公里断面铁超标。

与 2021 年相比，中俄跨界水体水质整体保持稳定。

表 2.2-Z2　中俄跨界水体水质联合监测断面

序号	水体名称	位置	承担监测任务单位	断面名称
1	额尔古纳河	内蒙古自治区（中）外贝加尔边疆区（俄）	中方：内蒙古自治区环境监测总站呼伦贝尔分站 俄方：外贝加尔水文气象和环境监测局	嘎洛托（莫罗勘村）
2				黑山头（库齐村）
3				室韦（奥洛齐）
4	黑龙江	黑龙江省（中） 阿穆尔州（俄）	中方：黑龙江省黑河生态环境监测中心 俄方：阿穆尔水文气象和环境监测中心	黑河下（布市下）
5		黑龙江省（中） 犹太自治州（俄）	中方：黑龙江省佳木斯生态环境监测中心 俄方：哈巴罗夫斯克跨地区水文气象和环境监测中心	名山上 1 公里（阿穆尔泽特村）
6		黑龙江省（中） 犹太自治州（俄）		同江东港（下列宁斯克村）
7	乌苏里江	黑龙江省（中） 哈巴罗夫斯克边疆区（俄）		乌苏镇哨所上 2 公里（卡扎克维切瓦村上 7 公里）
8	兴凯湖	黑龙江省（中） 滨海边疆区（俄）	中方：黑龙江省鸡西生态环境监测中心 俄方：滨海边疆区水文气象和环境监测局	龙王庙（松阿察河河口）
9	绥芬河	黑龙江省（中） 滨海边疆区（俄）	中方：黑龙江省牡丹江生态环境监测中心 俄方：滨海边疆区水文气象和环境监测局	三岔口（中俄边界处）

专栏　中哈界河联合监测

2011 年，我国和哈萨克斯坦签署了《中哈跨界河流水质保护协定》和《中哈环境保护合作协定》。2012 年，两国环境保护主管部门共同制定《中哈跨界河流水质监测数据交换方案》，并于当年 7 月起，每月按照约定的时间在各自境内跨界河流开展水质监测。

2022 年，中哈双方继续在 5 条中哈跨界河流开展水质监测（具体监测断面见表 2.2-Z3），监测项目 28 项。其中，特克斯河、伊犁河、额尔齐斯河和额敏河监测频次为每月 1 次，霍尔果斯河监测频次为每年 2 次。

2022 年，中哈跨界河流整体水质为优。其中，特克斯河、伊犁河、额尔齐斯河、霍尔果斯河为 I 类水质，额敏河为 II 类水质。

与 2021 年相比，2022 年中哈跨界河流整体水质保持稳定。

表 2.2-Z3　中哈跨界河流水质监测断面

序号	河流名称	断面名称	断面属性	所在国家	承担监测任务单位	所在地区
1	特克斯河	特克斯	上游	哈萨克斯坦	阿拉木图市水文气象局	哈萨克斯坦阿拉木图州纳雷科地区
2		昭苏戍边桥	下游	中国	伊犁哈萨克自治州环境监测站	中国新疆维吾尔自治区伊犁哈萨克自治州
3	伊犁河	三道河子	上游	中国	伊犁哈萨克自治州环境监测站	中国新疆维吾尔自治区伊犁哈萨克自治州
4		杜本	下游	哈萨克斯坦	阿拉木图市水文气象局	哈萨克斯坦阿拉木图州维吾尔地区
5	额尔齐斯河	南湾	上游	中国	新疆阿勒泰地区环境监测中心站	中国新疆维吾尔自治区阿勒泰地区
6		布兰	下游	哈萨克斯坦	乌斯季卡缅诺戈尔斯克市水文气象局	哈萨克斯坦东哈萨克斯坦州库尔什姆地区
7	额敏河	巴士拜大桥	上游	中国	伊犁哈萨克自治州塔城地区环境监测站	中国新疆维吾尔自治区塔城地区
8		克济尔图	下游	哈萨克斯坦	乌斯季卡缅诺戈尔斯克市水文气象局	哈萨克斯坦东哈萨克斯坦州克济尔图地区
9	霍尔果斯河	中哈会晤桥	界河	中国、哈萨克斯坦	伊犁哈萨克自治州环境监测站、阿拉木图市水文气象局	中国新疆维吾尔自治区伊犁哈萨克自治州、哈萨克斯坦阿拉木图州帕菲洛夫地区

专栏　黑臭水体遥感监测

2022年3月28日，住房和城乡建设部、生态环境部、国家发展改革委、水利部联合印发《深入打好城市黑臭水体治理攻坚战实施方案》（建城〔2022〕29号），文件指出2022年6月底前，县级城市完成建成区内黑臭水体排查；2025年，县级城市建成区内黑臭水体消除比例达到90%，长三角地区、珠三角地区以及京津冀地区等区域力争提前一年完成。《关于深入打好污染防治攻坚战的意见》《农村人居环境整治提升五年行动方案（2021—2025年）》等文件明确提出“加强农村黑臭水体治理，摸清全国农村黑臭水体底数，建立治理台账，明确治理优先序，开展农村黑臭水体治理试点”。为深入推进城市及农村监管工作，生态环境部卫星环境应用中心充分发挥卫星遥感监测技术优势，开展了城乡黑臭水体遥感监测。

1. 城市黑臭水体遥感筛查方面

2022 年，重点聚焦长三角地区、珠三角地区以及京津冀地区 55 个典型城市建成区（分布在 12 个省份，包括 11 个地级城市和 44 个县级城市），开展城市疑似黑臭水体遥感筛查，同步开展实地核查，为城市黑臭水体监管提供数据支撑，助力深入打好城市黑臭水体治理攻坚战。

2022 年，共筛查获取疑似黑臭水体 169 条。其中，河北省任丘市、吉林省舒兰市和江苏省江阴市疑似黑臭水体数量最多，分别为 16 条、10 条和 10 条；广东省东莞市、中山市、化州市，安徽省明光市，湖北省石首市，浙江省平湖市，河南省济源市和巩义市，共 8 个城市未发现疑似黑臭水体。

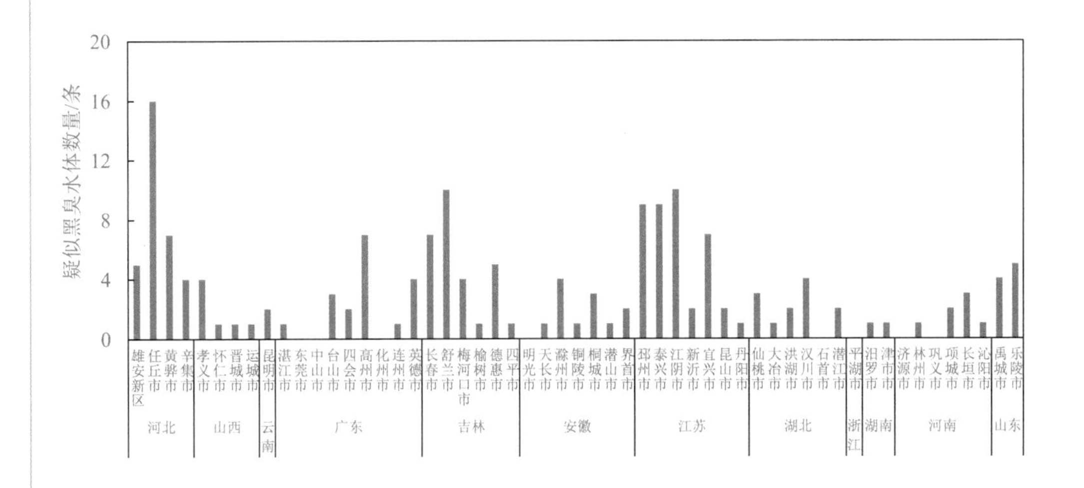

图 2.2-Z2 2022 年典型城市疑似黑臭水体统计[①]

2. 农村黑臭水体遥感筛查方面

2022 年，充分发挥卫星遥感监测技术优势，综合运用卫星遥感和地面监测等多种技术手段，在 14 个重点区（县）（分布在 6 个省份的 12 个城市，包括 4 个区和 10 个县市）开展农村疑似黑臭水体遥感筛查工作，为农村生态环境治理改善提供支撑。

经遥感筛查和地面核查，共获取农村疑似黑臭水体 97 条。其中，南宁市的横县和宾阳县、昆明市的晋宁区、长春市的德惠市疑似黑臭水体数量较多；乌鲁木齐县和石河子市未发现黑臭水体。

① 此处“雄安新区”包括容城县和安新县。

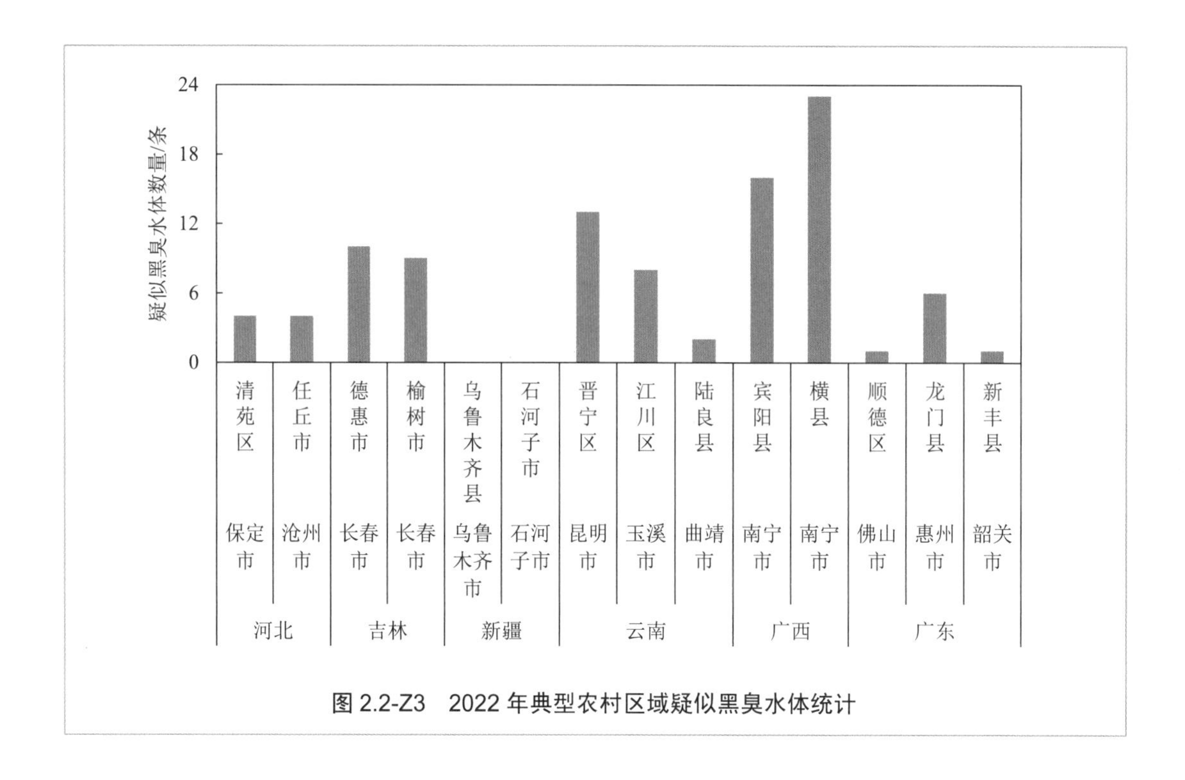

图 2.2-Z3　2022 年典型农村区域疑似黑臭水体统计

专栏　贵州省盘州市宏盛煤焦化有限公司洗油泄漏次生重大突发环境事件

2022 年 2 月 7 日，贵州省六盘水市盘州市境内小黄泥河出现石油类超标，造成贵州、云南跨界水污染。宏盛煤焦化有限公司洗油泄漏导致此次突发环境事件，水污染的特征污染物为石油类。2 月 7—13 日，小黄泥河和黄泥河监测点位均出现石油类浓度超标，最高超标 531 倍。

事故发生后，生态环境部副部长翟青率工作组赶赴现场，与地方一起迅速开展应急工作。总站立即启动应急监测预案，按照《重特大突发水环境事件应急监测工作规程》工作要求，第一时间组织贵州、云南和广西组建联合应急监测组，制订联合应急监测方案。截至 2022 年 7 月 12 日，累计投入应急监测人员 32 685 人，调用应急监测设备近 100 台（套），使用海事和渔政部门采样船舶 283 艘次，出动车辆 12 735 辆次，编制各类应急监测报告 1 187 期，为实现污染不入万峰湖水库的应急处置目标提供了重要的技术支撑。

总结梳理此次事件和近年来重大突发环境事件，事件处置初期应急监测工作相对被动，应急决策支撑能力相对不足。下一步将分级分区加强地方应急监测能力，形成“2+24+72”三级应急监测快速响应和调度机制，即省内 2 小时应急响应圈、区域 24 小时应急监测支援、社会力量 72 小时征用到位，提升突发环境事件初期应急监测响应能力。针对重点流域、区域重点风险源和重点污染因子，推动应急预警监测网建设，进一步健全流域上、下游协同联动应急预警监测机制，有效防范和应对重特大突发水环境事件。

第三章 海洋生态环境

第一节 海洋环境

一、管辖海域水质

（一）总体情况

2022 年，夏季一类水质海域面积占管辖海域面积的 97.4%，与 2021 年相比下降 0.3 个百分点；劣四类水质海域面积为 24 880 km^2，与 2021 年相比增加 3 530 km^2。主要超标指标为无机氮和活性磷酸盐。

无机氮含量未达到第一类海水水质标准的海域面积为 72 000 km^2，与 2021 年相比增加 10 710 km^2，其中劣四类水质海域面积为 24 580 km^2，与 2021 年相比增加 3 650 km^2，劣四类水质海域主要分布在辽东湾、渤海湾、莱州湾、长江口、杭州湾和珠江口等近岸海域；活性磷酸盐含量未达到第一类海水水质标准的海域面积为 30 170 km^2，与 2021 年相比减少 10 230 km^2，其中劣四类水质海域面积为 6 070 km^2，与 2021 年相比减少 1 440 km^2，劣四类水质海域主要分布在辽东湾、杭州湾等近岸海域。

（二）各海区状况

1. 渤海

2022 年，渤海未达到第一类海水水质标准的海域面积为 24 650 km^2，与 2021 年相比增加 11 800 km^2；劣四类水质海域面积为 7 800 km^2，主要分布在辽东湾、渤海湾和莱州湾近岸海域，与 2021 年相比增加 6 200 km^2。

2. 黄海

2022 年，黄海未达到第一类海水水质标准的海域面积为 13 710 km^2，与 2021 年相比增加 4 190 km^2；劣四类水质海域面积为 1 210 km^2，主要分布在黄海北部和海州湾近岸海域，与 2021 年相比增加 550 km^2。

3. 东海

2022 年，东海未达到第一类海水水质标准的海域面积为 28 940 km^2，与 2021 年相比减少 7 030 km^2；劣四类水质海域面积为 11 350 km^2，主要分布在长江口和杭州湾近岸海域，与 2021 年相比减少 4 960 km^2。

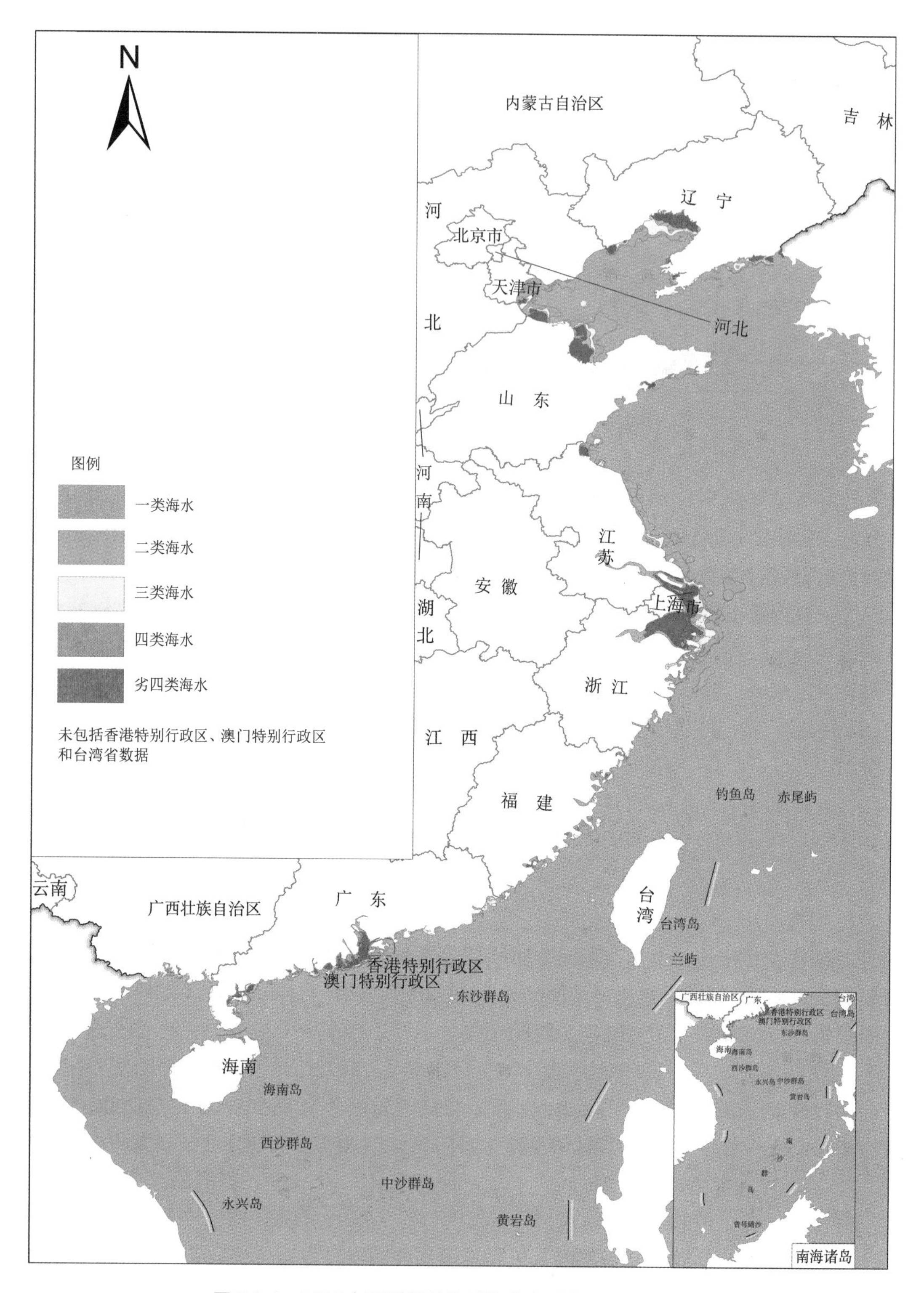

图 2.3-1　2022 年夏季管辖海域海水水质类别分布示意图

4. 南海

2022 年，南海未达到第一类海水水质标准的海域面积为 9 540 km^2，与 2021 年相比减少 2 120 km^2；劣四类水质海域面积为 4 520 km^2，主要分布在珠江口近岸海域，与 2021 年相比增加 1 740 km^2。

表 2.3-1　2022 年夏季管辖海域未达到第一类海水水质标准的各类海域面积

海区	海域面积/km^2				
	二类	三类	四类	劣四类	合计
渤海	10 910	3 790	2 150	7 800	24 650
黄海	9 850	1 650	1 000	1 210	13 710
东海	11 190	4 030	2 370	11 350	28 940
南海	2 440	1 560	1 020	4 520	9 540
管辖海域	34 390	11 030	6 540	24 880	76 840

（三）海水富营养状态

2022 年，夏季呈富营养状态的海域面积共 28 770 km^2，其中轻度、中度和重度富营养海域面积分别为 12 900 km^2、6 940 km^2 和 8 930 km^2。重度富营养海域主要集中在辽东湾、长江口、杭州湾、珠江口等近岸海域。

表 2.3-2　2022 年夏季管辖海域呈富营养状态的海域面积

海区	海域面积/km^2			
	轻度富营养	中度富营养	重度富营养	合计
渤海	2 530	640	1 640	4 810
黄海	2 140	190	460	2 790
东海	5 770	4 130	4 910	14 810
南海	2 460	1 980	1 920	6 360
管辖海域	12 900	6 940	8 930	28 770

二、近岸海域水质

（一）总体情况

2022 年，全国近岸海域水质总体保持改善趋势，主要超标指标为无机氮和活性磷酸盐。

优良（一、二类）水质面积比例为 81.9%，与 2021 年相比上升 0.6 个百分点；劣四类水质面积比例为 8.9%，与 2021 年相比下降 0.7 个百分点，主要分布在辽东湾、渤海湾、莱州湾、长江口、杭州湾、珠江口等近岸海域。

表 2.3-3　2022 年全国近岸海域各类海水水质海域面积比例及同比变化　单位：%

	季节	一类	二类	三类	四类	劣四类	优良
2022 年	春季	66.4	12.7	5.6	4.3	11.0	79.1
2021 年		73.3	8.6	5.4	3.7	9.0	81.9
同比变化/个百分点		↓6.9	↑4.1	↑0.2	↑0.6	↑2.0	↓2.8
2022 年	夏季	66.7	19.0	3.4	2.1	8.8	85.7
2021 年		70.8	15.5	4.0	2.4	7.3	86.3
同比变化/个百分点		↓4.1	↑3.5	↓0.6	↓0.3	↑1.5	↓0.6
2022 年	秋季	52.5	28.4	3.5	8.8	6.8	80.9
2021 年		56.4	19.2	6.3	5.7	12.4	75.6
同比变化/个百分点		↓3.9	↑9.2	↓2.8	↑3.1	↓5.6	↑5.3
2022 年	平均	61.9	20.0	4.1	5.1	8.9	81.9
2021 年		66.8	14.5	5.2	3.9	9.6	81.3
同比变化/个百分点		↓4.9	↑5.5	↓1.1	↑1.2	↓0.7	↑0.6

（二）沿海省份

与 2021 年相比，天津、江苏、上海、浙江和广西年均优良水质面积比例有所上升，福建、广东和海南基本持平，辽宁、河北和山东有所下降；河北、天津、上海、浙江和广西年均劣四类水质面积比例有所下降，江苏、福建、广东和海南基本持平，辽宁和山东有所上升。

辽宁省海域优良水质面积比例为 85.7%，与 2021 年相比下降 5.3 个百分点；其中，一类水质面积比例为 75.2%，下降 2.8 个百分点，劣四类为 8.2%，上升 4.1 个百分点。

河北省海域优良水质面积比例为 91.8%，与 2021 年相比下降 2.3 个百分点；其中，一类水质面积比例为 57.8%，下降 5.0 个百分点，劣四类为 1.1%，下降 1.4 个百分点。

天津市海域优良水质面积比例为 71.7%，与 2021 年相比上升 13.4 个百分点；其中，一类水质面积比例为 8.9%，下降 13.7 个百分点，劣四类为 3.0%，下降 8.9 个百分点。

山东省海域优良水质面积比例为 85.4%，与 2021 年相比下降 1.4 个百分点；其中，一类水质面积比例为 67.3%，下降 8.2 个百分点，劣四类为 8.4%，上升 3.2 个百分点。

江苏省海域优良水质面积比例为88.9%，与2021年相比上升1.5个百分点；其中，一类水质面积比例为56.2%，下降10.3个百分点，劣四类为1.7%，持平。

上海市海域优良水质面积比例为30.3%，与2021年相比上升8.1个百分点；其中，一类水质面积比例为6.3%，下降2.5个百分点，劣四类为50.8%，下降14.3个百分点。

浙江省海域优良水质面积比例为54.9%，与2021年相比上升8.4个百分点；其中，一类水质面积比例为29.9%，上升2.5个百分点，劣四类为21.9%，下降8.5个百分点。

福建省海域优良水质面积比例为85.8%，与2021年相比上升0.6个百分点；其中，一类水质面积比例为57.2%，下降9.6个百分点，劣四类为2.6%，下降0.5个百分点。

广东省海域优良水质面积比例为89.7%，与2021年相比下降0.5个百分点；其中，一类水质面积比例为71.8%，下降6.3个百分点，劣四类为6.2%，上升0.8个百分点。

广西壮族自治区海域优良水质面积比例为94.5%，与2021年相比上升1.9个百分点；其中，一类水质面积比例为83.1%，下降3.4个百分点，劣四类为1.1%，下降2.5个百分点。

海南省海域优良水质面积比例为99.8%，与2021年相比上升0.1个百分点；其中，一类水质面积比例为98.7%，上升1.4个百分点，劣四类为0.1%，与2021年持平。

表2.3-4　2022年沿海省份各类海水水质状况　　单位：%

省份	优良水质	一类水质	二类水质	三类水质	四类水质	劣四类水质
辽宁	85.7	75.2	10.5	3.7	2.4	8.2
河北	91.8	57.8	34.0	4.5	2.6	1.1
天津	71.7	8.9	62.8	17.7	7.6	3.0
山东	85.4	67.3	18.1	3.5	2.7	8.4
江苏	88.9	56.2	32.7	6.6	2.8	1.7
上海	30.3	6.3	24.0	7.8	11.1	50.8
浙江	54.9	29.9	25.0	7.9	15.3	21.9
福建	85.8	57.2	28.6	4.1	7.5	2.6
广东	89.7	71.8	17.9	2.0	2.1	6.2
广西	94.5	83.1	11.4	1.9	2.5	1.1
海南	99.8	98.7	1.1	0.0	0.1	0.1

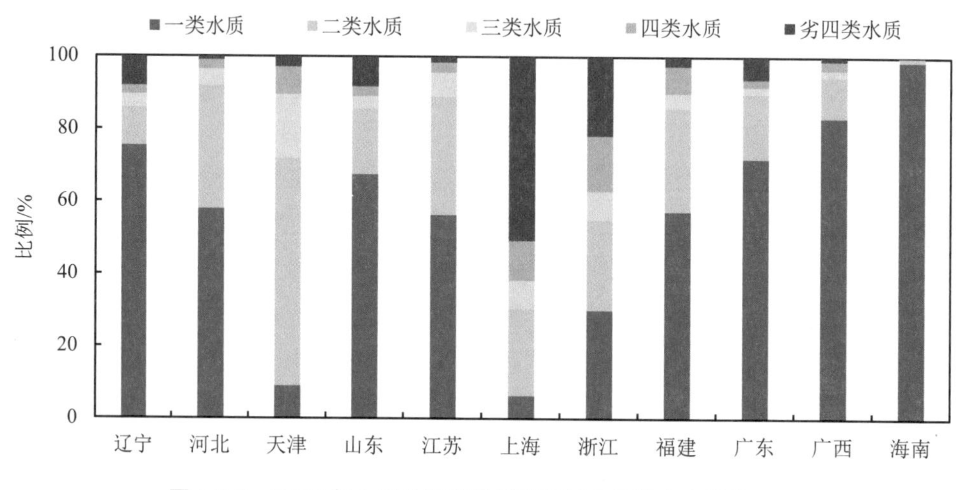

图 2.3-2　2022 年全国沿海省份近岸海域各类海水水质状况

三、重点海湾水质

2022 年，面积大于 100 km^2 的 44 个海湾中，10 个海湾春季、夏季、秋季三期均为优良水质，20 个海湾三期均未出现劣四类水质。23 个海湾年均优良水质面积比例同比有所增加，11 个海湾基本持平，10 个海湾有所下降。

四、海洋垃圾

海面漂浮垃圾　2022 年，海上目测的漂浮垃圾平均个数为 65 个/km^2；表层水体拖网漂浮垃圾平均个数为 2 859 个/km^2，平均密度为 2.8 kg/km^2。塑料类垃圾数量最多，占 86.2%；其次为木制品类和纸制品类，分别占 6.4%和 6.0%。塑料类垃圾主要为泡沫、塑料绳、塑料碎片、塑料薄膜、塑料瓶等。与 2021 年相比，海上目测和表层水体拖网漂浮垃圾个数分别上升 171.0%和下降 37.6%。

海滩垃圾　2022 年，海滩垃圾平均个数为 54 772 个/km^2，平均密度为 2 506 kg/km^2。塑料类垃圾数量最多，占 84.5%；其次为纸制品类，占 4.5%。塑料类垃圾主要为香烟过滤嘴、瓶盖、泡沫、包装类塑料制品、塑料碎片、塑料袋、塑料绳等。与 2021 年相比，海滩垃圾平均个数下降 64.6%。

海底垃圾　2022 年，海底垃圾平均个数为 2 947 个/km^2，平均密度为 54.7 kg/km^2。塑料类垃圾数量最多，占 86.8%；其次为木制品类和金属类，分别占 5.7%和 3.8%。塑料类垃圾主要为塑料绳、包装袋等。与 2021 年相比，海底垃圾平均个数下降 38.2%。

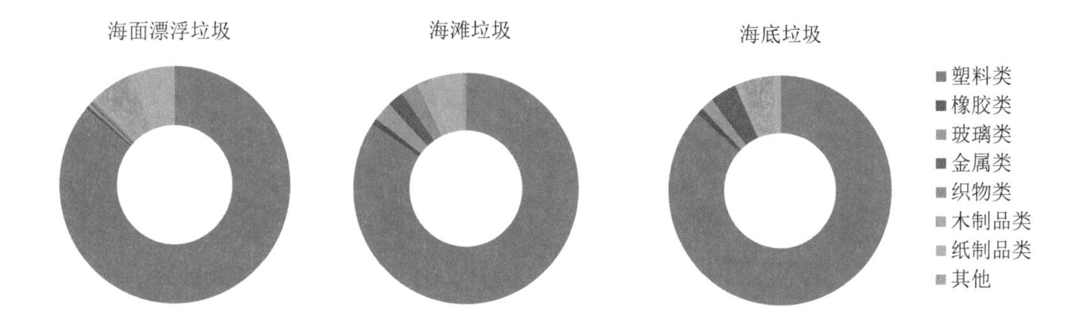

图 2.3-3　2022 年监测区域海洋垃圾主要类型

第二节　海洋生态

2022 年，全国开展监测评价的河口、海湾、滩涂湿地、珊瑚礁、红树林和海草床等 24 个海洋生态系统中，7 个呈健康状态，占 29.2%；17 个呈亚健康状态，占 70.8%；无不健康状态海洋生态系统。

一、典型海洋生态系统

（一）河口生态系统

2022 年，鸭绿江口、双台子河口、滦河口—北戴河、黄河口、长江口、闽江口和珠江口等 7 个河口生态系统均呈亚健康状态。

鸭绿江口　呈亚健康状态，与 2021 年相比，健康状态保持稳定。主要问题为浮游植物密度过高，浮游动物密度偏低，大型底栖生物生物量过高。

双台子河口　呈亚健康状态，与 2021 年相比，健康状态保持稳定。主要问题为浮游动物密度过低，大型底栖生物密度过低、生物量过高。

滦河口—北戴河　呈亚健康状态，与 2021 年相比，健康状态保持稳定。主要问题为浮游动物生物量过高，大型底栖生物生物量过低。

黄河口　呈亚健康状态，与 2021 年相比，健康状态保持稳定。主要问题为浮游动物密度过高、生物量偏高，大型底栖生物密度过高。

长江口　呈亚健康状态，与 2021 年相比，健康状态保持稳定。主要问题为浮游植物密度过高，浮游动物密度过高，大型底栖生物密度过高、生物量过低。

闽江口　呈亚健康状态，与 2021 年相比，健康状态保持稳定。主要问题为浮游植物密度过高，浮游动物密度、生物量过高，大型底栖生物密度、生物量过高。

珠江口　呈亚健康状态，与 2021 年相比，健康状态保持稳定。主要问题为浮游植物密度过高，浮游动物密度、生物量过低，大型底栖生物密度过高、生物量偏低。

（二）海湾生态系统

2022 年，渤海湾、莱州湾、胶州湾、杭州湾、乐清湾、闽东沿岸、大亚湾和北部湾等 8 个海湾生态系统均呈亚健康状态。

渤海湾 呈亚健康状态，与上年相比，健康状态保持稳定。主要问题为浮游植物密度过高，浮游动物密度偏低、生物量过高，大型底栖生物密度过高、生物量偏高。

莱州湾 呈亚健康状态，与上年相比，健康状态保持稳定。主要问题为浮游植物密度偏低，浮游动物生物量过低，大型底栖生物密度、生物量过高。

胶州湾 呈亚健康状态，与上年相比，健康状态保持稳定。主要问题为浮游植物密度过高，浮游动物密度、生物量过高，大型底栖生物密度、生物量过高。

杭州湾 呈亚健康状态，与上年相比，健康状态保持稳定。主要问题为浮游植物密度偏高，浮游动物密度、生物量过低，大型底栖生物密度偏低、生物量过低。

乐清湾 呈亚健康状态，与上年相比，健康状态保持稳定。主要问题为浮游植物密度过高，浮游动密度偏高、生物量过低，大型底栖生物密度过高。

闽东沿岸 呈亚健康状态，与上年相比，健康状态保持稳定。主要问题为浮游植物密度过高，浮游动物密度过高，大型底栖生物密度偏高。

大亚湾 呈亚健康状态，与上年相比，健康状态保持稳定。主要问题为浮游植物密度过高，浮游动物密度过低，大型底栖生物密度、生物量过低。

北部湾 呈亚健康状态，与上年相比，健康状态保持稳定。主要问题为浮游植物密度过高，浮游动物密度、生物量过低，大型底栖生物密度过低、生物量过高。

（三）滩涂湿地生态系统

2022 年，苏北浅滩滩涂湿地生态系统呈亚健康状态，与 2021 年相比，健康状态保持稳定。浮游植物密度低于正常范围，浮游动物生物量低于正常范围，大型底栖生物密度低于正常范围、生物量高于正常范围。现有滩涂植被覆盖面积为 248.9 km^2，主要植被种类为外来入侵种互花米草，其次为碱蓬和芦苇。

（四）珊瑚礁生态系统

2022 年，广东雷州半岛、广西北海、海南东海岸和西沙等 4 个珊瑚礁生态系统均呈健康状态。

广东雷州半岛 呈健康状态，与 2021 年相比，健康状态保持稳定（活珊瑚种类数为为 11 种、盖度为 10.3%，硬珊瑚种类数为 11 种，珊瑚鱼类密度为 1.5 尾/100 m^2，无珊瑚礁白化现象发生）。

广西北海 呈健康状态，与 2021 年相比，健康状态略有好转（活珊瑚种类数为 21 种、盖度为 19.9%，硬珊瑚种类数为 21 种，珊瑚鱼类密度为 4 尾/100 m^2，无珊瑚礁白化现象发生）。

海南东海岸　呈健康状态，与 2021 年相比，健康状态略有好转（活珊瑚种类数为 28 种、盖度为 15.7%，硬珊瑚种类数为 28 种，珊瑚鱼类密度为 34 尾/100 m^2，无珊瑚礁白化现象发生）。

西沙　呈健康状态，与 2021 年相比，健康状态保持稳定（活珊瑚种类数为 48 种、盖度为 19.6%，硬珊瑚种类数为 48 种，珊瑚鱼类密度为 108 尾/100 m^2，无珊瑚礁白化现象发生）。

（五）红树林生态系统

2022 年，广西北海和北仑河口红树林生态系统均呈健康状态。

广西北海　呈健康状态，与 2021 年相比，健康状态保持稳定。红树林群落包括木榄、桐花树、红海榄、白骨壤 4 个群系和 8 个群落类型。红树林的平均盖度为 89.6%，较 2021 年明显增加。

广西北仑河口　呈健康状态，与 2021 年相比，健康状态保持稳定。红树林群落分为桐花树、秋茄 2 个群系以及 4 个群落类型，红树林重要分布区成体红树林群落稳定。

（六）海草床生态系统

2022 年，广西北海、海南东海岸海草床生态系统分别呈健康、亚健康状态。

广西北海　呈健康状态，与 2021 年相比，健康状态保持稳定（监测到海草 1 属 2 种，分别为贝克喜盐草和卵叶喜盐草。海草平均覆盖度为 34.3%，海草盖度较 2021 年明显增加，海草密度范围为 413～2 832 株/m^2，平均密度为 1 430 株/m^2）。

海南东海岸　呈亚健康状态，与 2021 年相比，健康状态保持稳定（监测到海草 4 属 4 种，分别为海菖蒲、泰来草、卵叶喜盐草和单脉二药草。海草平均覆盖度为 39.8%，海草密度范围为 16～4 379 株/m^2，平均密度为 358 株/m^2）。

二、海岸线保护与利用

2022 年，滨海生态空间卫星遥感监测结果显示，全国大陆自然岸线长度略有减少。与 2021 年相比，2022 年沿海 11 个省份大陆自然岸线长度减少 2.68 km；近岸海域围填海活动基本稳定，共发现新增围填海活动 72 处，新增占用海域面积 20.02 km^2。

大陆岸线周边发现新增码头建设 39 处，占用海域面积 1.36 km^2；新增交通开发 19 处，占用滨海生态空间面积 2.07 km^2；新增工业开发建设 13 处，占用滨海生态空间面积 1.15 km^2；新增毁林毁湿等其他人类活动 80 处，占用滨海生态空间 4.45 km^2。

第三节　入海河流与污染源

一、入海河流

（一）水质状况

2022 年，全国入海河流总体水质良好。与 2021 年相比，水质有所好转。监测的 230 个入海河流断面中，Ⅱ类水质断面占 30.4%，Ⅲ类占 49.6%，Ⅳ类占 19.1%，Ⅴ类占 0.4%，劣Ⅴ类占 0.4%，无Ⅰ类。与 2021 年相比，Ⅰ类水质断面比例下降 0.4 个百分点，Ⅱ类上升 3.9 个百分点，Ⅲ类上升 4.8 个百分点，Ⅳ类下降 7.0 个百分点，Ⅴ类下降 1.3 个百分点，劣Ⅴ类持平。

从四大海区来看，东海入海河流水质为优，黄海和南海入海河流水质良好，渤海入海河流为轻度污染。与 2021 年相比，渤海、黄海和南海入海河流水质无明显变化；东海入海河流水质有所好转。

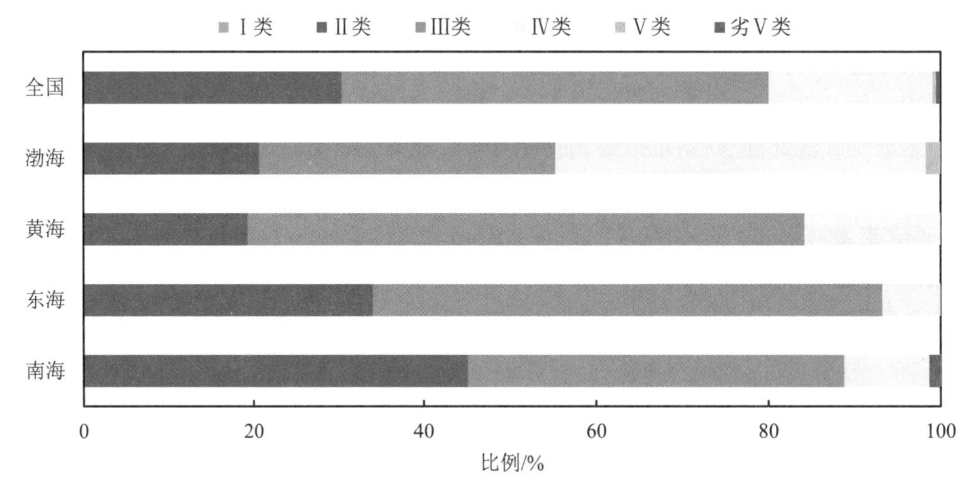

图 2.3-4　2022 年全国及各海区入海河流断面水质类别比例

表 2.3-5　2022 年四大海区入海河流断面水质状况

海区	断面总数/个	Ⅰ类		Ⅱ类		Ⅲ类		Ⅳ类		Ⅴ类		劣Ⅴ类	
		断面数/个	比例/%	断面数/个	比例/%	断面数/个	比例/%	断面数/个	比例/%	断面数/个	比例/%	断面数/个	比例/%
全国	230	0	0.0	70	30.4	114	49.6	44	19.1	1	0.4	1	0.4
渤海	58	0	0.0	12	20.7	20	34.5	25	43.1	1	1.7	0	0.0

海区	断面总数/个	Ⅰ类		Ⅱ类		Ⅲ类		Ⅳ类		Ⅴ类		劣Ⅴ类	
		断面数/个	比例/%	断面数/个	比例/%	断面数/个	比例/%	断面数/个	比例/%	断面数/个	比例/%	断面数/个	比例/%
黄海	57	0	0.0	11	19.3	37	64.9	9	15.8	0	0.0	0	0.0
东海	44	0	0.0	15	34.1	26	59.1	3	6.8	0	0.0	0	0.0
南海	71	0	0.0	32	45.1	31	43.7	7	9.9	0	0.0	1	1.4

2022 年，全国入海河流总氮平均浓度为 3.92 mg/L，与 2021 年相比上升 8.9%。230 个入海河流断面中，76 个断面总氮年均浓度高于全国平均水平。

（二）超标指标

2022 年，入海河流主要超标指标为化学需氧量、高锰酸盐指数和五日生化需氧量，部分断面总磷、溶解氧、氨氮、氟化物超标。

化学需氧量断面超标率为 14.3%，浓度范围为 2.0～45.0 mg/L，平均为 15.0 mg/L。高锰酸盐指数断面超标率为 11.7%，浓度范围为 1.0～15.8 mg/L，平均为 4.2 mg/L。五日生化需氧量断面超标率为 4.3%，浓度范围为 0.3～5.8 mg/L，平均为 2.3 mg/L。总磷断面超标率为 2.6%，浓度范围为 0.014～0.567 mg/L，平均为 0.108 mg/L。溶解氧断面超标率为 1.3%，浓度范围为 3.3～15.6 mg/L，平均为 8.5 mg/L。氨氮断面超标率为 0.9%，浓度范围为 0.02～1.18 mg/L，平均为 0.26 mg/L。氟化物断面超标率为 0.4%，浓度范围为 0.003～1.033 mg/L，平均为 0.384 mg/L。

与 2021 年相比，化学需氧量、高锰酸盐指数、五日生化需氧量、总磷、溶解氧和氨氮断面超标率均下降，氟化物持平。

表 2.3-6　2022 年入海河流水质指标超标情况

海区	超标率＞30%	30%≥超标率≥10%	超标率＜10%
全国	—	化学需氧量（14.3%）、高锰酸盐指数（11.7%）	五日生化需氧量（4.3%）、总磷（2.6%）、溶解氧（1.3%）、氨氮（0.9%）、氟化物（0.4%）
渤海	化学需氧量（39.3%）	高锰酸盐指数（29.3%）、五日生化需氧量（10.3%）	氨氮（1.7%）、氟化物（1.7%）
黄海	—	化学需氧量（12.3%）、高锰酸盐指数（10.5%）	五日生化需氧量（3.5%）、总磷（1.8%）
东海	—	—	化学需氧量（2.3%）、五日生化需氧量（2.3%）、总磷（2.3%）、氨氮（2.3%）
南海	—	—	高锰酸盐指数（5.6%）、总磷（5.6%）、化学需氧量（4.2%）、溶解氧（4.2%）、五日生化需氧量（1.4%）

注：括号中数据为超标率。

二、直排海污染源

（一）各类直排海污染源

2022 年，457 个直排海污染源污水排放总量约为 75.0 亿 t。不同类型污染源中，综合排污口污水排放量最大，其次为工业污染源，生活污染源排放量最小。其他主要监测指标中，除六价铬外，综合排污口排放量均最大。

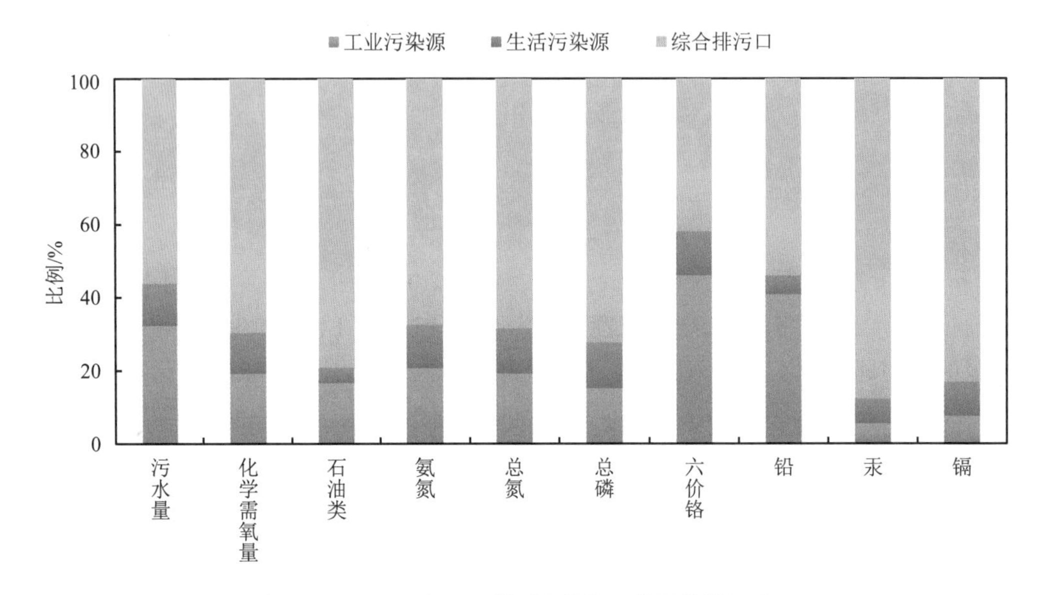

图 2.3-5　2022 年不同类型直排海污染源排放组成

表 2.3-7　2022 年不同类型直排海污染源排放情况

污染源类型	排口数/个	污水量/万 t	化学需氧量/t	石油类/t	氨氮/t	总氮/t	总磷/t	六价铬/kg	铅/kg	汞/kg	镉/kg
工业	212	241 566	26 046	76	748	9 381	138	896.7	1 866.3	18.3	30.0
生活	51	86 161	15 235	20	431	6 098	116	237.8	238.1	23.1	37.8
综合	194	422 472	95 009	365	2 454	33 656	664	819.6	2 481.4	297.1	334.9
合计	457	750 199	136 290	461	3 633	49 135	918	1 954.1	4 585.8	338.5	402.7

（二）四大海区纳污情况

2022 年，四大海区中，受纳污水排放量最多的是东海，其次是南海和黄海，渤海最少。其他主要监测指标中，除六价铬、铅外，东海的受纳量均最大。

表 2.3-8　2022 年四大海区纳污情况

海区	排口数/个	污水量/万 t	化学需氧量/t	石油类/t	氨氮/t	总氮/t	总磷/t	六价铬/kg	铅/kg	汞/kg	镉/kg
渤海	59	61 828	6 278	55	123	2 755	52	32	2 111.7	23.6	28.9
黄海	80	89 907	21 010	80	614	7 410	159	655.6	856.9	110.4	60.1
东海	173	434 290	77 042	279	1 732	28 216	435	355.1	1 424.9	173.9	280.6
南海	145	164 173	31 961	48	1 165	10 754	272	911.4	192.2	30.6	33.2

（三）沿海省份排污情况

2022 年，沿海省份中，直排海污染源污水排放量最大的是浙江，其次是福建；化学需氧量排放量最大的是浙江，其次是山东。

表 2.3-9　2022 年沿海省份直排海污染源排放情况[①]

省份	排口数/个	污水量/万 t	化学需氧量/t	石油类/t	氨氮/t	总氮/t	总磷/t	六价铬/kg	铅/kg	汞/kg	镉/kg
辽宁	28	4 744	568	0	13	193	3	—	—	—	—
河北	5	39 131	688	6	23	1 356	21	—	1 523.2	12.7	1.0
天津	16	5 825	954	1	19	368	7	—	65.8	1.2	9.0
山东	71	94 488	22 824	108	646	7 615	166	609.9	1 126.6	115.1	37.1
江苏	19	7 548	2 254	20	36	633	14	77.7	253.0	5.0	41.8
上海	10	22 040	4 176	14	103	1 382	34	—	26.2	19.8	5.7
浙江	113	219 219	56 692	219	1 048	18 371	280	57.2	1 202.0	120.5	253.7
福建	50	193 031	16 174	46	581	8 464	121	297.9	196.7	33.6	21.2
广东	70	106 372	18 245	24	576	6 504	148	816.8	65.7	19.6	7.1
广西	37	16 472	2 879	9	132	1 340	42	52.5	83.0	1.6	10.0
海南	38	41 330	10 837	16	457	2 910	82	42.0	43.5	9.4	16.0

第四节　主要用海区域

一、海洋倾倒区

2022 年，全国海洋倾倒量 32 366 万 m^3，与 2021 年相比上升 19.9%。倾倒物质主要为清洁疏浚物，倾倒活动主要分布在广东近岸海域、长江口邻近海域和浙江近岸海域。开展

① 注：“—”为相应污染物浓度低于检出限或未开展监测。

监测评价的倾倒区及其周边海域环境状况基本保持稳定。

二、海洋油气区

2022 年，全国海洋油气平台生产水、生活污水、钻井泥浆和钻屑排海量分别为 20 979 万 m^3、122.1 万 m^3、14.1 万 m^3 和 12.7 万 m^3。生产水排海量与 2021 年持平，生活污水、钻井泥浆和钻屑排海量与 2021 年相比分别上升 2.9%、30.0%和 23.0%。开展监测评价的海洋油气区及邻近海域环境状况基本保持稳定。

三、海水浴场

2022 年游泳季节和旅游时段，对全国 32 个海水浴场开展监测。监测时段，25 个海水浴场水质等级均为优或良，其中，大连棒棰岛、秦皇岛老虎石、秦皇岛平水桥、烟台开发区、威海国际、舟山朱家尖、平潭龙王头、大鹏湾下沙、海口假日海滩和三亚亚龙湾海水浴场监测时段水质等级均为优。青岛第一、连云港连岛、连云港苏马湾、汕头南澳青澳湾、深圳大梅沙、北海银滩和防城港金滩 7 个海水浴场部分时段水质等级为差。影响海水浴场水质的主要指标为粪大肠菌群和石油类。

四、海洋渔业水域

2022 年，海洋天然重要渔业水域主要超标因子为无机氮。水体中无机氮、活性磷酸盐、石油类、化学需氧量、铜和锌的监测浓度优于评价标准的面积占所监测面积的比例分别为 39.8%、67.5%、99.4%、91.5%、99.9%和 99.995%，铅、镉、汞、砷和铬的监测浓度均优于评价标准。

海水重点增养殖区水体中主要超标因子为无机氮。水体中无机氮、活性磷酸盐、石油类和化学需氧量的监测浓度优于评价标准的面积占所监测面积的比例分别为 60.4%、66.5%、98.7%和 97.4%，铜、锌、铅、镉、汞、砷和铬的监测浓度均优于评价标准。

7 个国家级水产种质资源保护区水体中主要超标因子为无机氮。水体中无机氮、活性磷酸盐、石油类、化学需氧量、铜和汞的监测浓度优于评价标准的面积占所监测面积的比例分别为 9.5%、75.9%、92.3%、53.0%、98.2%和 99.98%，锌、铅、镉、砷和铬的监测浓度均优于评价标准。

部分海洋天然重要渔业水域和海水重点增养殖区沉积物状况良好。沉积物中石油类、铜、锌、铅、镉、铬、汞和砷的监测结果优于评价标准的面积占所监测面积的比例分别为 98.2%、93.8%、98.7%、99.96%、96.9%、95.2%、100.0%和 100.0%。

图 2.3-6 2022 年全国沿海城市海水浴场水质状况

第四章　声环境

第一节　功能区声环境

一、全国

2022 年，325 个地级及以上城市声环境功能区昼间、夜间达标率分别为 96.0%和 86.6%。与 2021 年相比，昼间和夜间达标率分别上升 0.6 个百分点和 3.7 个百分点。

全国城市功能区声环境质量昼间点次达标率高于夜间。0 类区昼间、夜间点次达标率分别为 83.9%、67.9%；1 类区昼间、夜间点次达标率分别为 91.1%、83.1%；2 类区昼间、夜间点次达标率分别为 96.2%、93.2%；3 类区昼间、夜间点次达标率分别为 98.9%、94.6%；4a 类区昼间、夜间点次达标率分别为 98.5%、70.4%；4b 类区昼间、夜间点次达标率分别为 98.2%、82.0%。

表 2.4-1　2022 年全国城市功能区各类监测点次达标情况

功能区类别	0 类		1 类		2 类		3 类		4a 类		4b 类	
	昼	夜	昼	夜	昼	夜	昼	夜	昼	夜	昼	夜
监测点次	56	56	3 149	3 149	5 258	5 258	2 809	2 809	2 733	2 733	228	228
达标点次	47	38	2 869	2 618	5 057	4 898	2 777	2 656	2 692	1 923	224	187
达标率/%	83.9	67.9	91.1	83.1	96.2	93.2	98.9	94.6	98.5	70.4	98.2	82.0

二、直辖市和省会城市

2022 年，31 个直辖市和省会城市声环境功能区昼间、夜间达标率分别为 95.1%和 83.0%。与 2021 年相比，分别上升 0.2 个百分点和 6.2 个百分点。与全国城市各类功能区平均监测点次达标率相比，直辖市和省会城市 3 类功能区昼间平均监测点次达标率高于全国平均水平，其他各类功能区平均监测点次达标率低于全国平均水平。

2022 年，0 类区昼间、夜间点次达标率分别为 50.0%、25.0%；1 类区昼间、夜间点次达标率分别为 90.3%、79.9%；2 类区昼间、夜间点次达标率分别为 96.0%、90.9%；3 类区昼间、夜间点次达标率分别为 99.3%、93.2%；4a 类区昼间、夜间点次达标率分别为 94.2%、

58.3%；4b 类区昼间、夜间点次达标率分别为 100.0%、53.1%。

表 2.4-2 2022 年直辖市和省会城市各类功能区监测点次达标情况

功能区类别	0 类		1 类		2 类		3 类		4a 类		4b 类	
	昼	夜	昼	夜	昼	夜	昼	夜	昼	夜	昼	夜
监测点次	4	4	493	493	1 104	1 104	425	425	417	417	32	32
达标点次	2	1	445	394	1 060	1 004	422	396	393	243	32	17
达标率/%	50.0	25.0	90.3	79.9	96.0	90.9	99.3	93.2	94.2	58.3	100.0	53.1

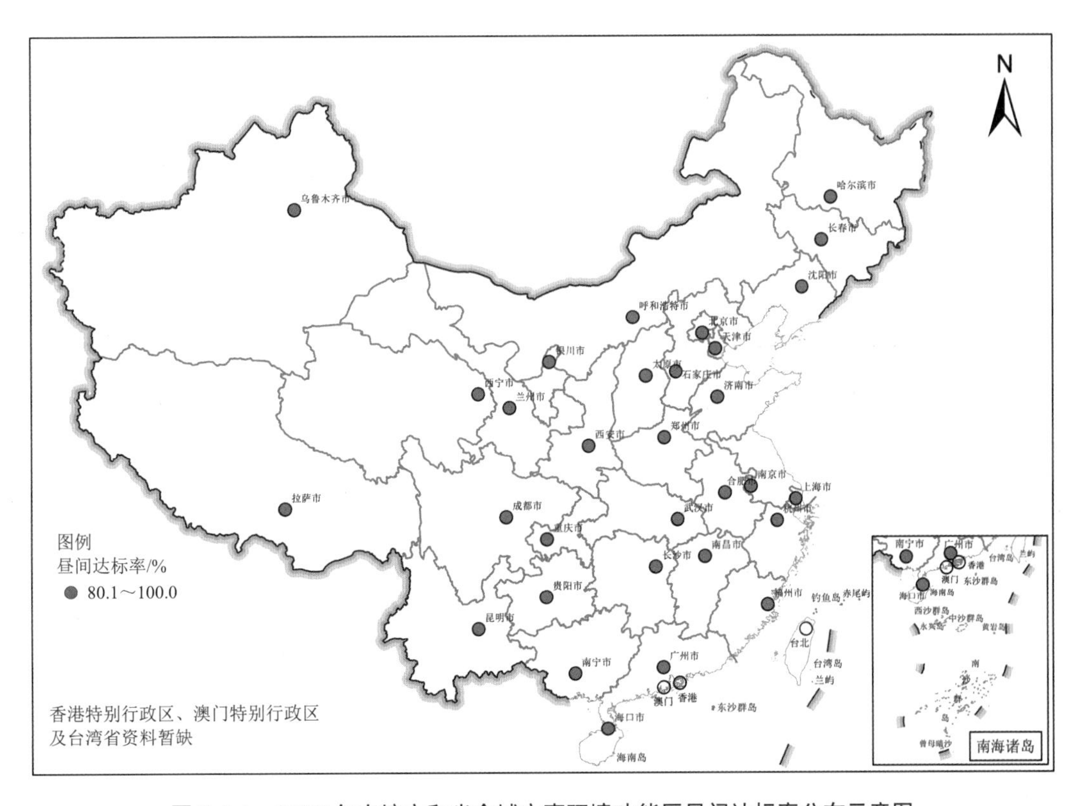

图 2.4-1 2022 年直辖市和省会城市声环境功能区昼间达标率分布示意图

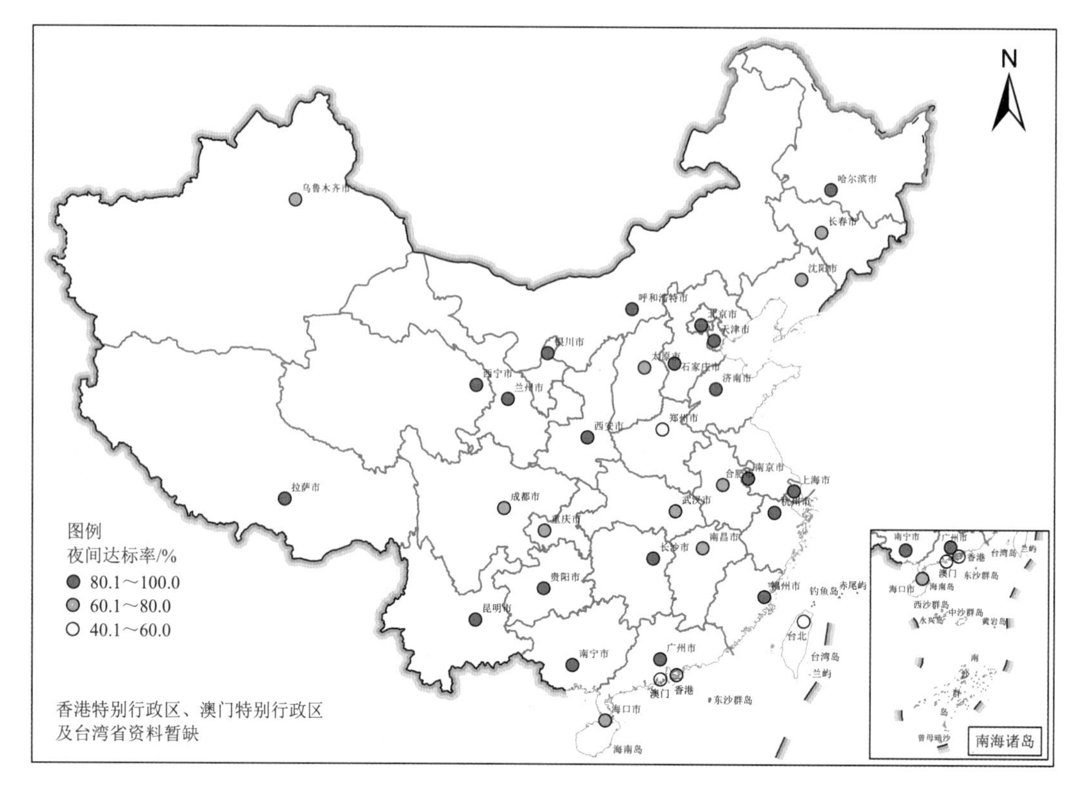

图 2.4-2　2022 年直辖市和省会城市声环境功能区夜间达标率分布示意图

第二节　区域声环境

一、全国

2022 年，320 个地级及以上城市昼间区域等效声级平均值为 54.0 dB（A）。城市昼间区域环境噪声总体水平评价为一级（好）的城市有 16 个，占 5.0%；评价为二级（较好）的城市有 212 个，占 66.3%；评价为三级（一般）的城市有 87 个，占 27.2%；评价为四级（较差）的城市有 4 个，占 1.2%；评价为五级（差）的城市有 1 个，占 0.3%。

与 2021 年相比，2022 年全国城市昼间区域环境噪声总体水平评价为一级（好）的城市比例上升 0.1 个百分点；二级（较好）上升 4.6 个百分点；三级（一般）下降 4.3 个百分点；四级（较差）下降 0.7 个百分点；五级（差）上升 0.3 个百分点。

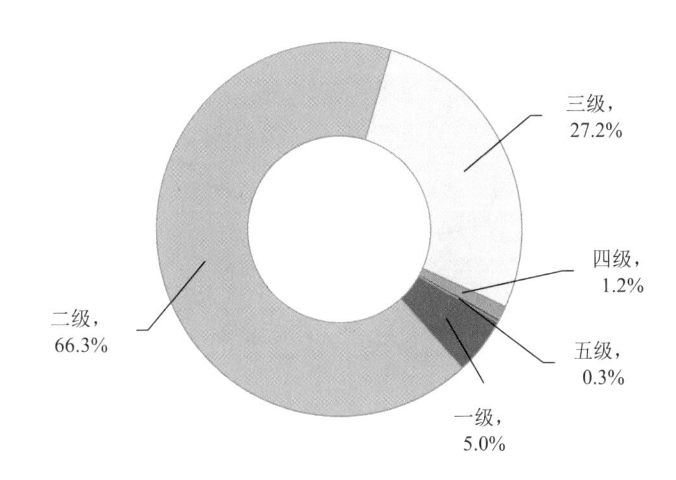

图 2.4-3　2022 年全国城市昼间区域环境噪声总体水平评价等级分布比例

表 2.4-3　全国城市昼间区域环境噪声总体水平评价等级分布年度比较

年度	城市数/个	城市比例/%				
		一级（好）	二级（较好）	三级（一般）	四级（较差）	五级（差）
2021	324	4.9	61.7	31.5	1.9	0
2022	320	5.0	66.3	27.2	1.2	0.3
变幅/个百分点	—	0.1	4.6	−4.3	−0.7	0.3

二、直辖市和省会城市

2022 年，31 个直辖市和省会城市昼间区域等效声级平均值为 54.1 dB（A）。其中，城市昼间区域环境噪声总体水平评价为一级（好）的城市有 1 个，占 3.3%；评价为二级（较好）的城市有 21 个，占 70.0%；评价为三级（一般）的城市有 8 个，占 26.7%；无评价为四级（较差）和五级（差）的城市。

与 2021 年相比，2022 年直辖市和省会城市昼间区域环境噪声总体水平评价为一级（好）的城市比例上升 3.3 个百分点，评价为二级（较好）的城市比例上升 11.9 个百分点，评价为三级（一般）的城市比例下降 12.0 个百分点，评价为四级（较差）的城市比例下降 3.2 个百分点，两年均无评价为五级（差）的城市。

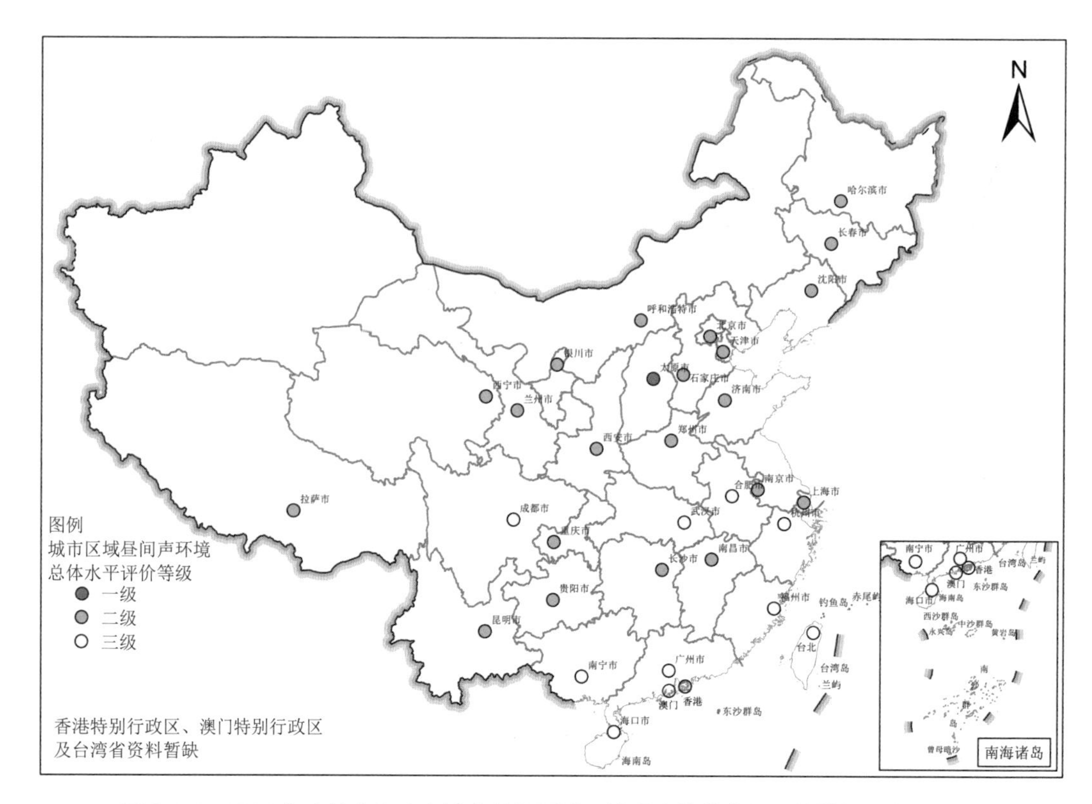

图 2.4-4 2022 年直辖市和省会城市昼间区域环境噪声总体水平评价等级分布示意图

表 2.4-4 直辖市和省会城市昼间区域环境噪声总体水平评价等级分布年度比较

年份	城市数/个	城市个数				
		一级（好）	二级（较好）	三级（一般）	四级（较差）	五级（差）
2021	31	0	58.1	38.7	3.2	0
2022	30	3.3	70.0	26.7	0	0
变幅/个百分点	—	3.3	11.9	−12.0	−3.2	0

第三节 道路交通声环境

一、全国

2022 年，全国 324 个地级及以上城市道路交通昼间等效声级平均值为 66.2 dB（A）。道路交通昼间噪声强度评价为一级（好）的城市有 252 个，占 77.8%；评价为二级（较好）的城市有 64 个，占 19.8%；评价为三级（一般）的城市有 7 个，占 2.1%；评价为四级（较差）的城市有 1 个，占 0.3%；无评价为五级（差）的城市。

与 2021 年相比，2022 年道路交通昼间噪声强度评价为一级（好）的城市比例上升 6.2 个百分点；二级（较好）的城市比例下降 4.9 个百分点；三级（一般）的城市比例下降 0.7 个百分点；四级（较差）的城市比例下降 0.6 个百分点；两年均无评价为五级（差）的城市。

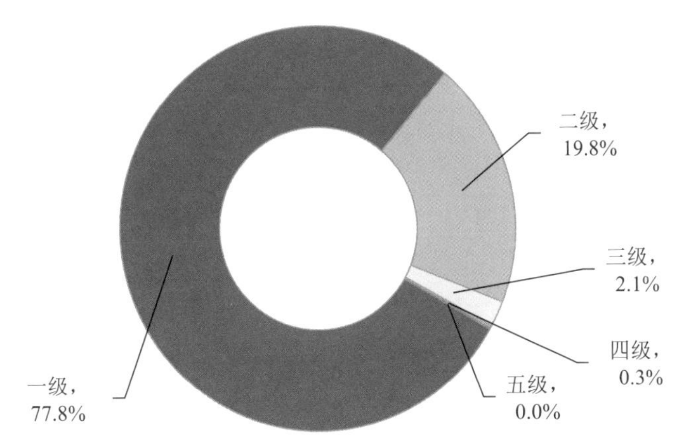

图 2.4-5　2022 年全国道路交通昼间噪声强度评价等级比例

表 2.4-5　全国城市道路交通昼间噪声强度评价等级分布年度比较

年份	城市数/个	城市比例/%				
		一级（好）	二级（较好）	三级（一般）	四级（较差）	五级（差）
2021	324	71.6	24.7	2.8	0.9	0
2022	324	77.8	19.8	2.1	0.3	0
变幅/个百分点	—	6.2	−4.9	−0.7	−0.6	0

二、直辖市和省会城市

2022 年，直辖市和省会城市道路交通昼间噪声等效声级平均值为 67.3 dB（A）。道路交通昼间噪声强度评价为一级（好）的城市有 20 个，占 64.5%；评价为二级（较好）的城市有 11 个，占 35.5%；无评价为三级（一般）、四级（较差）和五级（差）的城市。

与 2021 年相比，2022 年直辖市和省会城市道路交通昼间噪声强度评价为一级（好）的城市比例上升 12.9 个百分点；评价为二级（较好）的城市比例下降 9.7 个百分点；评价为三级（一般）的城市比例下降 3.2 个百分点；两年均无评价为四级（较差）和五级（差）的城市。

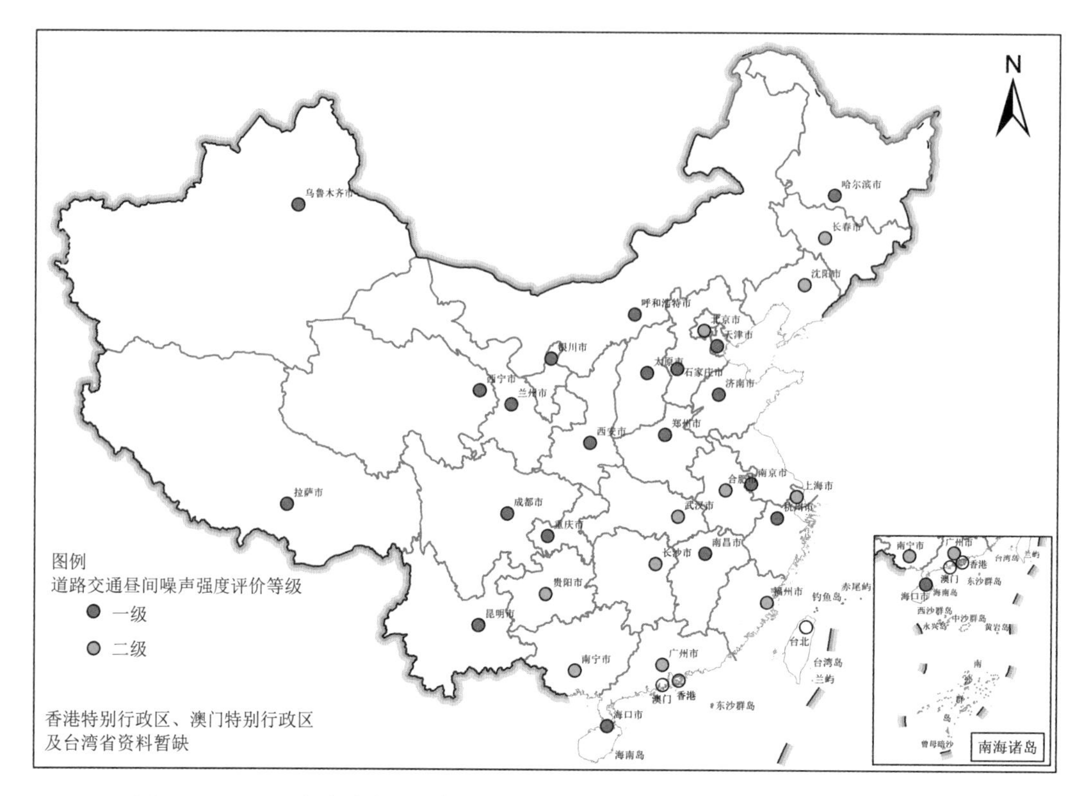

图 2.4-6 2022 年直辖市和省会城市道路交通昼间噪声强度评价等级分布示意图

表 2.4-6 直辖市和省会城市道路交通昼间噪声强度评价等级分布年度比较

年份	城市数/个	城市比例/%				
		一级（好）	二级（较好）	三级（一般）	四级（较差）	五级（差）
2021	31	51.6	45.2	3.2	0	0
2022	31	64.5	35.5	0	0	0
变幅/个百分点	—	12.9	−9.7	−3.2	0	0

第五章　自然生态

第一节　生态质量

一、全国

2022 年，全国生态质量指数（EQI）值为 59.62，生态质量属“二类”。与 2021 年相比，全国 EQI 值下降了 0.15，保持“基本稳定”（－1＜ΔEQI＜1）。据分析，EQI 值下降的主要原因是长江中下游、内蒙古中东部、新疆北部等地区受干旱影响，生态功能指数轻微下降；其次是人类活动等占用林地、草地、农田等，导致生态格局指数轻微下降和生态胁迫指数轻微上升。

二、省域

2022 年，31 个省份中，生态质量“一类”的有黑龙江、浙江、福建、江西、湖北、湖南、广东、广西、海南、四川、贵州、云南和陕西等 13 个；“二类”的有北京、河北、山西、内蒙古、辽宁、吉林、江苏、安徽、重庆、西藏和青海等 11 个；“三类”的有天津、上海、山东、河南、甘肃、宁夏和新疆等 7 个；无“四类”和“五类”省份。

与 2021 年相比，全国 31 个省（区、市）EQI 均保持“基本稳定”。EQI 增加的有北京（0.17）、河北（0.11）、山西（0.51）、辽宁（0.07）、吉林（0.22）、黑龙江（0.42）、海南（0.13）、四川（0.25）、云南（0.71）、西藏（0.04）、陕西（0.60）和宁夏（0.35）等 12 个省（区、市）；EQI 降低的有天津（−0.01）、内蒙古（−0.80）、上海（−0.11）、江苏（−0.34）、浙江（−0.36）、安徽（−0.39）、福建（−0.19）、江西（−0.43）、山东（−0.12）、河南（−0.68）、湖北（−0.39）、湖南（−0.27）、广东（−0.25）、广西（−0.18）、重庆（−0.27）、贵州（−0.08）、甘肃（−0.07）、青海（−0.12）和新疆（−0.45）等 19 个省（区、市）。

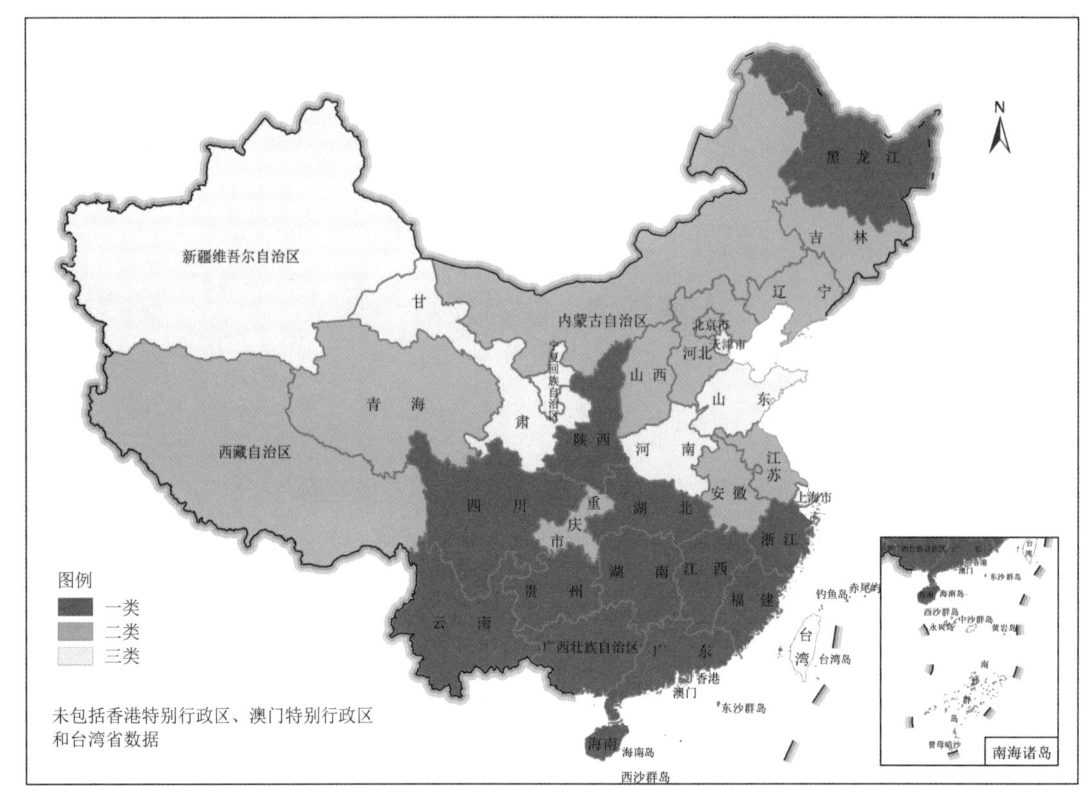

图 2.5-1　2022 年全国省域生态质量分布示意图

三、市域

2022 年，339 个城市中，生态质量“一类”的有 103 个，市域个数所占比例为 30.38%；“二类”的有 146 个，占 43.07%；“三类”的有 87 个，占 25.66%；“四类”的有 3 个，占 0.89%；无“五类”市域。生态质量“一类”和“二类”的市域个数占 73.45%。

在空间上，生态质量“一类”的市域主要分布在东北大小兴安岭和长白山、青藏高原东南部、云贵高原西部、秦岭、江南丘陵等地区；“二类”的市域主要分布在三江平原、内蒙古高原、黄土高原、昆仑山、四川盆地和长江中下游平原等地区；“三类”的市域主要分布在华北平原、阿拉善、青藏高原中西部以及新疆大部分地区；“四类”的市域主要分布在新疆中北部和甘肃西部地区。

与 2021 年相比，339 个城市中，生态质量“轻微变好”的有 17 个，市域个数所占比例为 5.01%，主要分布在青藏高原东南部、云贵高原西部和黄土高原中部；生态质量“轻微变差”的有 9 个，“一般变差”的有 3 个，市域个数所占比例分别为 2.65%和 0.88%，主要分布在内蒙古高原北部、新疆西部和长江中下游地区。

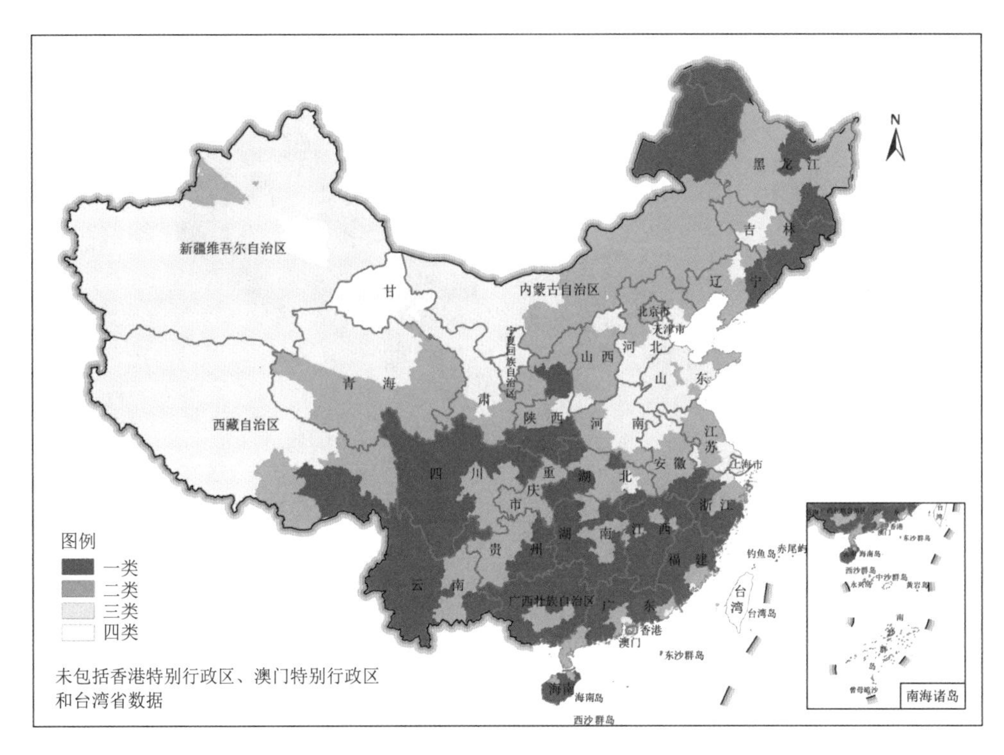

图 2.5-2　2022 年全国市域生态质量分布示意图

四、县域

2022 年，全国 2 855 个县域行政单元中，生态质量“一类”的有 795 个，县域个数所占比例为 27.85%；“二类”的有 993 个，占 34.78%；“三类”的有 925 个，占 32.40%；“四类”的有 136 个，占 4.76%；“五类”的有 6 个，占 0.21%。生态质量“一类”和“二类”的县域个数占 62.63%。

在空间上，生态质量“一类”的县域主要分布在东北大小兴安岭和长白山、青藏高原东南部，云贵高原西部、秦岭、江南丘陵等地区；“二类”的县域主要分布在三江平原、内蒙古高原、黄土高原、昆仑山、四川盆地、珠江三角洲和长江中下游平原地区；“三类”的县域主要分布在华北平原、东北平原中部、阿拉善西部、青藏高原中西部以及新疆大部分地区；“四类”和“五类”的县域主要分布在新疆中北部和甘肃西部地区。

与 2021 年相比，全国 2 855 个县域行政单元中，生态质量“轻微变好”、“一般变好”和“明显变好”的分别有 169 个、26 个和 5 个，县域个数所占比例分别为 5.92%、0.91%和 0.18%，主要分布在青藏高原东南部、云贵高原西部、黄土高原和大兴安岭中南部等地区；生态质量“轻微变差”、“一般变差”和“明显变差”的分别有 140 个、44 个和 2 个，县域个数所占比例分别为 4.90%、1.54%和 0.07%，主要分布在内蒙古高原中北部、新疆西部、长江中下游等地区。

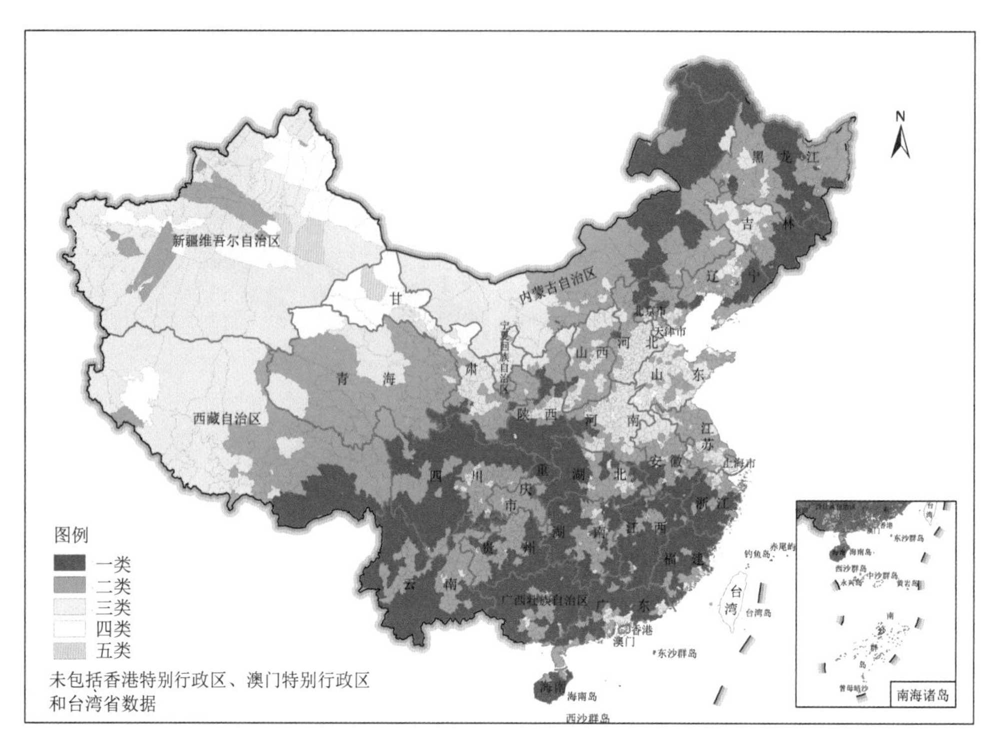

图 2.5-3 2022 年全国县域生态质量分布示意图

图 2.5-4 2021—2022 年全国县域生态质量变化幅度分布示意图

第二节　试点省域生态地面监测

2022 年，结合《区域生态质量评价办法（试行）》的落实，在天津、江苏、山东、湖北、湖南和广西 6 个省份开展生态地面监测，监测内容包括植物群落监测、水生生物监测及鸟类、蝴蝶、两栖类等动物监测。

一、天津

天津市布设生态质量监测样地 23 个，其中森林、湿地和城乡监测样地分别为 5 个、9 个和 9 个。共监测到植物 202 种，其中乔木 58 种，灌木 39 种，草本 105 种。本年度监测到《国家重点保护野生植物名录（第一批）》（1999 年国务院批准）国家二级保护野生植物（渐危）2 种，为野大豆和软枣猕猴桃。监测到 4 种外来入侵物种，分别为反枝苋、鬼针草、小蓬草、圆叶牵牛。

森林生态系统主要优势种为油松、榆树、毛白杨等，乔木层、灌木层、草本层 Shannon-Wiener 多样性指数分别为 0.64、0.88、0.91。

湿地生态系统共监测到乔木 29 种，灌木 17 种，草本 52 种。乔木层主要优势种为毛白杨、白蜡树；灌木层主要优势种为紫穗槐、柽柳等；草本层主要优势种为芦苇、狗尾草等。乔木层、灌木层、草本层 Shannon-Wiener 多样性指数分别为 0.73、0.32、0.88。

城乡生态系统共监测到乔木 25 种、灌木 26 种、草本 62 种。乔木层优势种为国槐、刺槐等；灌木层优势种为刺槐苗等；草本层优势种为狗尾草等。乔木层、灌木层、草本层 Shannon-Wiener 多样性指数分别为 0.71、0.66 和 0.98。

鸟类调查监测样地 14 个，共监测到鸟类 63 种，属于国家重点保护鸟类的共有 13 种，包括国家一级保护野生动物 3 种，为东方白鹳、遗鸥和青头潜鸭；国家二级保护野生动物 10 种，为大天鹅、小天鹅、疣鼻天鹅、鹊鹞、白腹鹞、红隼、白琵鹭、勺鸡、水雉和震旦鸦雀。属于“三有”（在中国国家林业局 2000 年 8 月 1 日发布的《国家保护的有益的或者有重要经济、科学研究价值的陆生野生动物名录》）保护鸟类的有 50 种。列入《世界自然保护联盟濒危物种红色名录》（IUCN 红色名录）极危（CR）1 种、濒危（EN）1 种、易危（VU）2 种，分别为东方白鹳、红头潜鸭、青头潜鸭、遗鸥。

哺乳动物监测样地 12 个，共监测到 16 种，列入国家“三有”野生动物名录的哺乳动物有 5 种，为普通刺猬、草兔、岩松鼠、黄鼬和狗獾；列入《濒危野生动植物种国际贸易公约》附录和国家二级保护野生动物 2 种，分别为猪獾和豹猫。

两栖、爬行类动物监测样地 12 个，共监测到 10 种。

蝶类监测样地 12 个，共监测到 24 种。

二、江苏

江苏省布设生态质量监测样地138个，其中森林、农田、湿地和水体样地分别为32个、15个、3个、88个（81个河流型、7个湖库型）。

森林、农田和湿地样地共监测到乔木5 970株，灌木837株，草本4 094株。

水体88个监测样地监测到大型底栖动物191种，优势种为梨形环棱螺，Shannon-Wiener多样性指数均值为2.16。81个河流型水体样地中，有11个无法开展着生藻类监测；剩余70个样地监测到着生藻类235种，优势种为长孢藻属某种，Shannon-Wiener多样性指数均值为2.81。7个湖库型水体样地监测到浮游植物87种，优势种为微囊藻属某种，Shannon-Wiener多样性指数均值为1.76；浮游动物26种，优势种为象鼻溞属某种，Shannon-Wiener多样性指数均值为2.26。

鸟类监测样线104条、样点52个（分区直数法），共监测到鸟类80种，其中留鸟41种，夏候鸟29种，旅鸟10种，雀形目为优势种。

两栖类监测样线52条，共监测到两栖类动物9种，优势物种为泽陆蛙。

蝶类监测样线45条，共监测到蝴蝶43种，优势种为酢酱灰蝶。

哺乳动物监测样地26个，仅监测到东北刺猬1个物种。

三、山东

山东省布设生态质量监测样地229个，其中森林样地19个、湿地/沼泽样地14个、草地样地3个、水体样地146个、城乡/农田样地47个。

森林样地共监测到乔木31种，3 831株，优势种为刺槐和柏木等。灌木样地共监测到灌木40种，410株（丛），优势种为荆条、构树等；草本104种，1 119株（丛），优势种为中华卷柏和求米草等。乔木层、灌木层、草本层Shannon-Wiener多样性指数分别为0.90、0.62、1.13。

湿地/沼泽仅3个样地有乔木分布，共4种，60株，主要为龙爪柳和速生杨。仅2个样地有灌木分布，共22株，均为柽柳；草本植物共22种，共1 433株（丛），优势种为碱蓬、芦苇。

草地监测样地主要分布在山东省东营市，样地内无乔木和灌木分布，3个样地共监测到草本植物7种，共132株（丛），分别为黄花蒿、碱蓬、茅草、芦苇、扛板归、毛白前和荻，优势种为芦苇和碱蓬。

水体监测样地共监测到浮游植物465种（属），主要优势种有阿氏颤藻、鞘丝藻等；浮游动物253种（属），主要优势种为晶囊轮虫、臂尾轮虫等；大型底栖动物140种（属），主要优势种为河蚬、中国圆田螺等；大型水生植物112种（属），主要优势种为浮萍、芦苇等。

城乡/农田监测样地进行了鸟类、两栖类和蝴蝶等指示生物监测。其中，鸟类监测样线

109 条，监测到 110 种，共 5 855 只，优势种为树麻雀、棕头鸦雀、喜鹊、白头鹎等；

两栖类监测样线 168 条，共监测到 10 种，共 727 只，优势种为金线侧褶蛙、黑斑蛙、黑斑侧褶蛙、花背蟾蜍等。

蝴蝶监测样线 111 条，共监测到 43 种，共 1 592 只，优势种为黄钩蛱蝶、酢浆灰蝶、菜粉蝶、蓝灰蝶等。

对山东省国家级重点保护动植物物种调查发现，山东省分布有国家级重点保护动植物 197 种，其中植物 26 种、动物 171 种。植物中国家一级保护野生植物 5 种，分别为珙桐、银杏、水松、水杉和红豆杉；国家二级保护野生植物 21 种，包括软枣猕猴桃、粗梗水蕨、青岛百合等。动物中鱼类和两栖动物各 1 种，分别为松江鲈鱼和大鲵，均为国家二级保护野生动物；爬行动物 2 种，分别为乌龟和棱皮龟，均为国家二级保护野生动物；哺乳动物 16 种，其中，小须鲸、梅花鹿、西太平洋斑海豹为国家一级保护野生动物，其他均为国家二级保护野生动物；鸟类 151 种，其中，国家一级保护野生动物 33 种，包括金雕、白肩雕、池鹭、青头潜鸭等，国家二级保护野生动物 118 种，包括灰背隼、白斑军舰鸟、白骨顶鸡等。

四、湖北

湖北省布设生态质量监测样地 153 个，其中森林样地 87 个、湿地（沼泽）样地 8 个、水体样地 58 个，基本覆盖所有县（市、区）。监测到维管植物 763 种，其中蕨类 32 种，裸子植物 14 种，被子植物 717 种。常绿阔叶林优势种为樟、贵州石楠；常绿针叶林优势种为杉木、马尾松；落叶阔叶林优势种为白栎、胡桃、川黄檗；常绿与落叶混交林优势种为樟与鹅掌楸、水青冈与化香树；针叶与阔叶混交林优势种为柳杉、马尾松、杉木、麻栎、化香树；竹林优势种为毛竹等；草本沼泽湿地优势种为芦苇、菰、荻。

水体监测样地监测到浮游植物 100 种（属），浮游动物 56 种，底栖动物 56 种（属），均为长江中下游常见种。

森林监测样地中共监测到国家重点保护植物 16 种，其中国家一级保护野生植物 3 种，国家二级保护野生植物 13 种。

生态质量监测样地中被子植物区系以泛热带分布及其变型为主，与湖北省所在地区的亚热带季风气候相关。另外，在生态质量监测样地中发现了芒萁、海金沙等物种，这些古老物种均起源于白垩纪晚期至早第三纪，说明了该调查区域生态质量监测样地植物区系具有原始性和古老性。

五、湖南

湖南省生态质量监测样地 175 个，其中森林 161 个、草地及湿地（沼泽）14 个。

森林监测样地共监测到乔本植物 91 种，优势种为杉木、马尾松、毛竹，监测到国家二级保护野生植物 1 种，为榉树；监测到灌木植物 132 种，优势种为油茶，多数灌木属于不能正常生长的乔木种属；监测到草本植物 59 种，优势种为蕨、芒萁、狗脊、麦冬等。

湿地生态系统监测到草本物种 23 种，主要优势种为繁缕属、芦苇。每样方内分布物种数一般为 2～3 种，群落较为单一。

鸟类调查样线 15 条，共监测到 70 种，属于国家重点保护鸟类的共有 5 种，其中国家一级保护野生动物 1 种，为青头潜鸭；国家二级保护野生动物 4 种，为凤头鹰、红隼、普通鵟和画眉。属于“三有”保护鸟类的有 49 种。列入 IUCN 红色名录 CR（极危）的 1 种，为青头潜鸭。

六、广西

广西壮族自治区布设生态质量监测样地 160 个，全部为森林样地。森林生态系统监测到乔木 421 种，共 33 851 株，优势种为马尾松、杉木等。灌木 384 种，共 2 703 株，优势种为柏拉木、茶秆竹、粗叶榕、大青、杜茎山、红背山麻杆等。草本 253 种，优势种为弓果黍、蔓生莠竹、芒萁、淡竹叶等。乔木层物种 Shannon-Wiener 多样性指数为 3.64。

2022 年，监测区内监测到国家一级保护野生植物 1 种，国家二级保护野生植物 10 种，广西壮族自治区重点保护野生植物 1 种。入侵植物 8 种，主要为菊科、马鞭草科的植物，其中菊科有 7 种，马鞭草科 1 种。

2022 年，在漓江流域布设陆域动物监测样地 10 个，监测到两栖动物 2 目 9 科 26 属 2 315 只，其中国家一级保护野生动物 1 种，为猫儿山小鲵；国家二级保护野生动物 2 种，为虎纹蛙和富钟瘰螈。列入《中国生物多样性红色名录》的有 7 种，包括濒危动物 2 种，为虎纹蛙和猫儿山小鲵，易危动物 5 种，为棘胸蛙、棘侧蛙、版纳大头蛙、瑶山肥螈和富钟瘰螈。列入 IUCN 红色名录极危等级的有 4 种，为猫儿山小鲵、濒危的棘侧蛙、易危的棘胸蛙和富钟瘰螈。在猫儿山保护区监测到新记录两栖动物 2 种，为红吸盘棱皮树蛙和桂北琴蛙。监测到蝴蝶 5 科 34 属 51 种 394 只。监测到鸟类 15 目 50 科 152 种 3 451 只，包括国家一级保护野生动物中华秋沙鸭，国家二级保护野生动物游隼、褐翅鸦鹃、红腹角雉等 19 种。列入《中国生物多样性红色名录》物种 2 种，为濒危等级的中华秋沙鸭和易危等级的林雕；列入 IUCN 红色名录的有受威胁等级物种中华秋沙鸭及易危物种白颈鸦。

第三节 生物多样性

一、生态系统多样性

中国拥有森林、草地、荒漠、湿地、海岛、海湾、红树林、珊瑚礁、海草床、河口和上升流等多种类型自然生态系统，有农田、城市等人工、半人工生态系统。

二、物种多样性

2022 年，《中国生物物种名录》收录物种及种下单元 138 293 种（物种 125 034 种、种下单元 13 259 种）。其中，动物界 63 886 种，植物界 39 188 种，细菌界 463 种，色素界 1 970 种，真菌界 16 369 种，原生动物界 2 503 种，病毒 655 种。列入《国家重点保护野生动物名录》的野生动物有 980 种和 8 类，其中国家一级保护野生动物 234 种和 1 类、国家二级保护野生动物 746 种和 7 类，大熊猫、海南长臂猿、普氏原羚、褐马鸡、长江江豚、长江鲟、扬子鳄等为中国所特有。列入《国家重点保护野生植物名录》的野生植物有 455 种和 40 类，其中国家一级保护野生植物 54 种和 4 类，国家二级保护野生植物 401 种和 36 类，百山祖冷杉、水杉、霍山石斛、云南沉香等为中国所特有。

三、遗传多样性

中国有栽培作物 528 类 1 339 个栽培种，经济树种 1 000 种以上，原产观赏植物种类 7 000 种，家养动物 948 个品种。截至 2022 年年底，长期保存农作物种质资源超过 53 万份、畜禽地方品种 568 个。

四、受威胁物种

全国 39 330 种高等植物（含种下单元）的评估结果显示，需要重点关注和保护的高等植物有 11 715 种，占评估物种总数的 29.8%，其中受威胁等级的有 4 088 种、近危等级的有 2 875 种、数据缺乏等级的有 4 752 种。4 767 种脊椎动物（除海洋鱼类外）的评估结果显示，需要重点关注和保护的脊椎动物有 2 816 种，占评估物种总数的 59.1%，其中受威胁等级的有 1 050 种、近危等级的有 774 种、数据缺乏等级的有 992 种。9 302 种已知大型真菌的评估结果显示，需要重点关注和保护的大型真菌有 6 538 种，占评估物种总数的 70.3%，其中受威胁等级的有 97 种、近危等级的有 101 种、数据缺乏等级的有 6 340 种。

第四节　自然保护区人类活动

自然保护区人类活动遥感监测[①]结果显示，2022 年上半年，国家级自然保护区新增或扩大人类活动 309 处，总面积 3.28 km^2。

从功能区来看，有 79.61%的新增或扩大人类活动面积分布在实验区，有 11 个保护区的核心区和 13 个保护区的缓冲区存在新增或扩大的矿产资源开发、工业开发、旅游开发和水电设施四类重点问题线索。

2022 年下半年，国家级自然保护区新增或扩大人类活动 357 处，总面积 3.94 km^2。

从功能区来看，有 78.15%的新增或扩大人类活动面积分布在实验区，有 17 个保护区的核心区和 19 个保护区的缓冲区存在新增或扩大的矿产资源开发、工业开发、旅游开发和水电设施四类重点问题线索。

---

① 2022 年重点监测矿产资源开发、工业开发、旅游开发、水电设施四种类型的人类活动，监测结果未经实地核实。

图 2.5-5　2022 年上半年国家级自然保护区新增或扩大人类活动数量分布示意图

图 2.5-6　2022 年下半年国家级自然保护区新增或扩大人类活动数量分布示意图

专栏　自然保护地状况

2022 年，全国共遴选出 49 个国家公园候选区（含三江源、大熊猫、东北虎豹、海南热带雨林和武夷山等 5 个正式设立的国家公园），总面积约 110 万 km^2。拥有世界自然遗产 14 处、世界自然与文化双遗产 4 处、世界地质公园 41 处。

专栏　生态保护红线划定

党的十八大以来，党中央、国务院作出划定并严守生态保护红线的重大战略部署。2023 年 4 月 22 日，自然资源部宣布已会同有关部门，结合《全国国土空间规划纲要（2021—2035 年）》编制，完成了全国生态保护红线划定。

全国生态保护红线面积不低于 315 万 km^2，其中陆域生态保护红线面积不低于 300 万 km^2，占陆域国土面积的 30%以上，海洋生态保护红线面积不低于 15 万 km^2。生态保护红线面积集中分布在青藏高原生态区、黄河重点生态区、长江重点生态区、东北森林带、北方防沙带、南方丘陵山地带、海岸带等区域，覆盖了绝大多数草原、重要湿地、珊瑚礁、红树林、海草床等重要生态系统，以及绝大多数未开发利用的无居民海岛。

生态保护红线包括整合优化后的自然保护地面积约 180 万 km^2；自然保护地外水源涵养、生物多样性维护、水土保持、防风固沙、海岸防护等生态功能极重要区域，及水土流失、沙漠化、石漠化、海岸侵蚀等生态极脆弱区域面积约 85 万 km^2；其他具有潜在重要生态价值的区域面积约 50 万 km^2。

专栏　国家生态保护红线监管平台

生态保护红线是保障和维护国家生态安全的底线和生命线。为加强生态保护红线监管工作，按照中共中央办公厅、国务院办公厅印发的《关于划定并严守生态保护红线的若干意见》要求，生态环境部组织完成了国家生态保护红线监管平台建设任务。

2022 年 9 月，国家生态保护红线监管平台信息系统通过专家验收并上线运行。国家生态保护红线监管平台围绕生态保护监管关键需求开展技术创新，突破了高性能地图切片服务、高精度快速自动变化检测、大尺度生态干扰风险评估等多项关键技术，形成了人类活动变化检测、生态状况监测与评估、生态破坏问题会商等三条业务链，综合运用遥感、数字地球、人工智能、云计算、物联网等技术手段，建成“天空地一体化”的生态保护监管平台并实现全方位业务化运行。国家生态保护红线监管平台先后为中央生态环境保护督察及“回头看”工作提供技术支持 30 余次，为长江、黄河警示片拍摄提供重要生态破坏问题线索百余条，完成生态保护红线监管试点等工作，支撑 12 个地方完成省级生态保护红线监管平台建设。国家生态保护红线监管平台为生态保护红线、自然保护地等重要生态空间监管提供了有力技术支撑和基础保障。

专栏　生态保护红线生态破坏问题监管试点①

从落实京津冀协同发展、长江经济带发展、黄河流域生态保护与高质量发展等国家战略出发，天津、河北、江苏、四川、宁夏率先开展生态保护红线生态破坏问题监管试点。监测结果显示，生态保护红线内仍存在一些占用生态空间、破坏地表植被、影响生态功能的问题，如非法采石挖沙等矿产资源开发建设活动、道路修建手续不全开工建设或建设超出审批范围、不符合生态保护红线管理要求的畜禽养殖、未经审批开展林地采伐等活动和行为等，共计问题图斑 79 个，涉及生态保护红线面积 139.16 hm^2。

专栏　《生物多样性公约》第十五次缔约方大会第二阶段会议

2021 年 10 月，我国在云南昆明顺利举办了《生物多样性公约》第十五次缔约方大会（COP 15）第一阶段会议。2022 年 12 月，我国继续作为主席国，引领推动 COP 15 第二阶段会议在加拿大蒙特利尔成功召开。习近平主席视频出席高级别会议开幕式并发表重要讲话，为大会成功注入了强大政治推动力。大会达成了历史性的兼具雄心和务实平衡的“昆明-蒙特利尔全球生物多样性框架”，为未来十年全球生物多样性治理擘画了蓝图。

① 以 2020 年 10 月为基准期、2021 年 8 月开展人类活动遥感监测，聚焦矿产资源开发、工业开发建设、能源开发建设、交通开发建设、旅游开发建设、其他可能造成生态破坏的人为活动等六类重点监管的人为活动。监测结果经技术会商、实地核实、核查相关审批等流程确认。

第六章　农村

第一节　农村环境空气

2022 年，农村环境空气质量监测村庄 3 023 个，累计监测 524 498 d，其中达标天数为 456 608 d，占 87.1%，主要超标指标为 O_3、$PM_{2.5}$ 和 PM_{10}。

从各监测指标来看，$PM_{2.5}$ 日均值浓度达到二级标准的比例为 94.7%，最大超标倍数为 21.4 倍；PM_{10} 日均值浓度达到二级标准的比例为 96.6%，最大超标倍数为 29.1 倍；O_3 日最大 8 h 平均浓度达到二级标准的比例为 93.2%，最大超标倍数为 2.5 倍；NO_2 日均值浓度达到二级标准的比例为 99.9%，最大超标倍数为 1.8 倍；SO_2 日均值浓度达到二级标准的比例为 99.996%，最大超标倍数为 0.8 倍；CO 日均值浓度达到二级标准的比例为 99.98%，最大超标倍数为 1.5 倍。

表 2.6-1　2022 年监测村庄环境空气质量监测结果

监测指标	监测天数/d	达标天数/d	达标比例/%	最大超标倍数
$PM_{2.5}$	515 554	487 979	94.7	21.4
PM_{10}	518 160	500 603	96.6	29.1
O_3	516 700	481 512	93.2	2.5
NO_2	522 021	521 366	99.9	1.8
SO_2	522 659	522 637	99.996	0.8
CO	517 024	516 946	99.98	1.5

从各季度来看，监测村庄的空气质量优良天数比例分别为第一季度 85.4%，第二季度 84.8%，第三季度 88.2%，第四季度 89.7%。

从各省份来看，黑龙江监测村庄空气质量优良天数比例为 100%；福建、云南、贵州和西藏等省份的村庄空气质量优良天数比例相对较高，均在 99.0%以上；新疆、河南、山东和河北等省份的村庄空气质量优良天数比例相对较低，为 69.2%～79.6%，主要超标指标为 $PM_{2.5}$、PM_{10}、O_3 和 NO_2。

从空间分布来看，空气质量超标的村庄多分布在西北地区和华北地区。西北地区和华北地区 $PM_{2.5}$ 超标主要与秋冬季采暖及散煤燃烧相关，同时受周边工业污染源影响。西北地区 PM_{10} 超标比例较高主要与当地植被覆盖率低、耕作方式粗放及局部干旱少雨的自然气候条件密切相关。

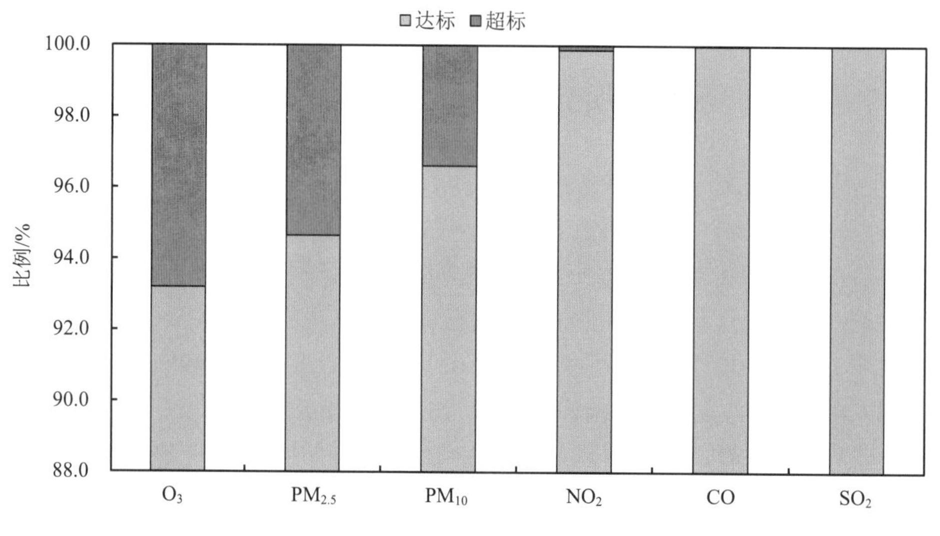

图 2.6-1　2022 年监测村庄环境空气质量状况

第二节　农村地表水

2022 年，农村地表水水质监测断面 4 741 个，其中Ⅰ～Ⅲ类水质断面 4 058 个，占断面总数的 85.6%，与 2021 年相比上升 2.2 个百分点；Ⅳ类、Ⅴ类 627 个，占 13.2%，下降 1.9 个百分点；劣Ⅴ类 56 个，占 1.2%，下降 0.3 个百分点。主要超标指标为化学需氧量、五日生化需氧量和总磷。

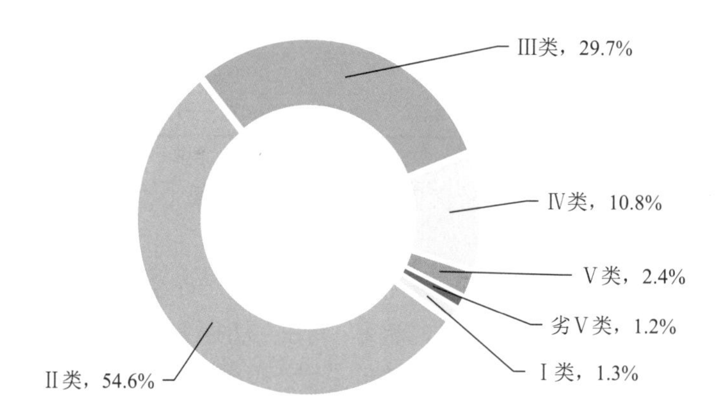

图 2.6-2　2022 年农村地表水水质类别比例

从各省份来看，全国农村地表水均存在超标现象。天津、山西、山东和内蒙古等省份的地表水水质超标断面比例超过 30.0%，且内蒙古和山西等省份劣Ⅴ类水质断面比例超过

5.0%。

从各季度来看，第一季度至第四季度Ⅰ～Ⅲ类水质断面比例分别为 87.1%、84.5%、82.9%、86.3%，劣Ⅴ类水质断面比例分别为 1.3%、1.1%、1.7%、1.4%。第三季度水质最差，可能与农村生活垃圾和污水、养殖业废水、种植业流失等农业面源污染有关。

第一季度地表水水质监测断面 4 446 个，Ⅰ～Ⅲ类水质断面占 87.1%，与 2021 年相比上升 3.2 个百分点；Ⅳ类、Ⅴ类占 11.5%，下降 3.0 个百分点；劣Ⅴ类占 1.3%，下降 0.3 个百分点，主要超标指标为化学需氧量、五日生化需氧量和高锰酸盐指数。

第二季度监测断面 4 638 个，Ⅰ～Ⅲ类水质断面占 84.5%，与 2021 年相比上升 1.4 个百分点；Ⅳ类、Ⅴ类占 14.3%，下降 0.6 个百分点；劣Ⅴ类占 1.1%，下降 1.0 个百分点，主要超标指标为化学需氧量、五日生化需氧量和高锰酸盐指数。

第三季度监测断面 4 643 个，Ⅰ～Ⅲ类水质断面占 82.9%，与 2021 年相比上升 2.4 个百分点；Ⅳ类、Ⅴ类占 15.4%，下降 2.0 个百分点；劣Ⅴ类占 1.7%，下降 0.4 个百分点，主要超标指标为化学需氧量、总磷和高锰酸盐指数。

第四季度监测断面 4 583 个，Ⅰ～Ⅲ类水质断面占 86.3%，与 2021 年相比上升 2.0 个百分点；Ⅳ类、Ⅴ类占 12.3%，下降 1.6 个百分点；劣Ⅴ类占 1.4%，下降 0.4 个百分点，主要超标指标为化学需氧量、五日生化需氧量和总磷。

从长期变化来看，2009—2022 年，农村地表水Ⅰ～Ⅲ类水质断面比例在 2009—2015 年呈上升趋势，2016 年略有下降，2017—2022 年呈上升趋势；劣Ⅴ类水质断面比例在 2009—2012 年呈快速下降趋势，2013—2017 年基本持平但有所波动，2018—2022 年持续下降。农村地表水水质整体呈改善趋势。

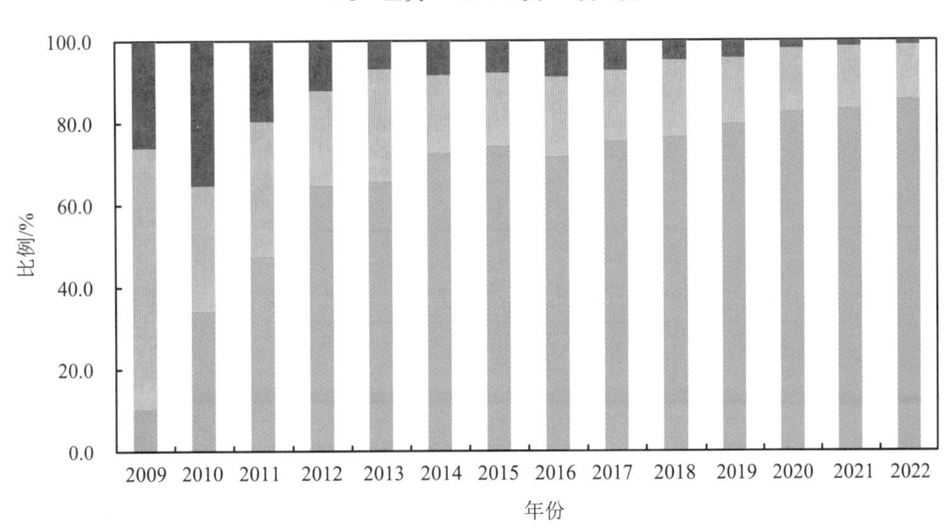

图 2.6-3　2009—2022 年农村地表水水质类别比例年际变化

第三节　农村千吨万人饮用水水源

2022 年，农村千吨万人饮用水水源水质监测范围覆盖 30 个省份 10 345 个水源地，水质达标比例为 82.9%，与 2021 年相比上升 4.9 个百分点。其中，地表水饮用水水源监测断面 5 655 个，水质达标比例为 95.4%，与 2021 年相比上升 3.4 个百分点；地下水饮用水水源监测点位 4 690 个，水质达标比例为 67.7%，与 2021 年相比上升 6.3 个百分点。地表水饮用水水源主要超标指标为总磷、硫酸盐和高锰酸盐指数，地下水饮用水水源主要超标指标为氟化物、钠和锰等自然背景指标。

从各省份来看，除江苏和西藏监测的千吨万人饮用水水源水质达标比例为 100%外（西藏仅监测 1 个地表水饮用水水源断面），其他省份均存在超标情况，其中天津、宁夏、安徽、广西、山东、内蒙古和黑龙江等 7 个省份达标比例均低于 70.0%。

从各季度来看，地表水饮用水水源水质达标比例为 97.6%～98.5%，主要超标指标为总磷、硫酸盐、高锰酸盐指数、铁和锰，其中所有季度的主要超标指标均有总磷和硫酸盐；地下水饮用水水源[①]水质达标比例为 70.8%～71.3%，主要超标指标为氟化物、钠和锰。总的来看，地表水和地下水饮用水水源各季度的水质状况较稳定。

从长期变化来看，2019—2022 年，农村千吨万人饮用水水源水质达标比例总体呈上升趋势，但地下水饮用水水源水质达标比例持续偏低，且均远低于地表水饮用水水源。

表 2.6-2　2022 年农村千吨万人地表水饮用水水源水质状况

季度	监测断面/个	达标比例/%	同比变幅/个百分点	主要超标指标
第一季度	5 538	97.6	1.6	总磷、硫酸盐、铁
第二季度	5 581	98.0	1.5	总磷、硫酸盐、高锰酸盐指数
第三季度	5 568	98.4	1.1	总磷、高锰酸盐指数、硫酸盐
第四季度	5 549	98.5	1.5	总磷、硫酸盐、锰

表 2.6-3　2022 年农村千吨万人地下水饮用水水源水质状况

半年	监测点位/个	达标比例/%	同比变幅/个百分点	主要超标指标
上半年	4 646	70.8	0.0	氟化物、钠、锰
下半年	4 589	71.3	2.0	氟化物、钠、锰

① 自 2022 年起，地下水饮用水水源每半年监测 1 次。

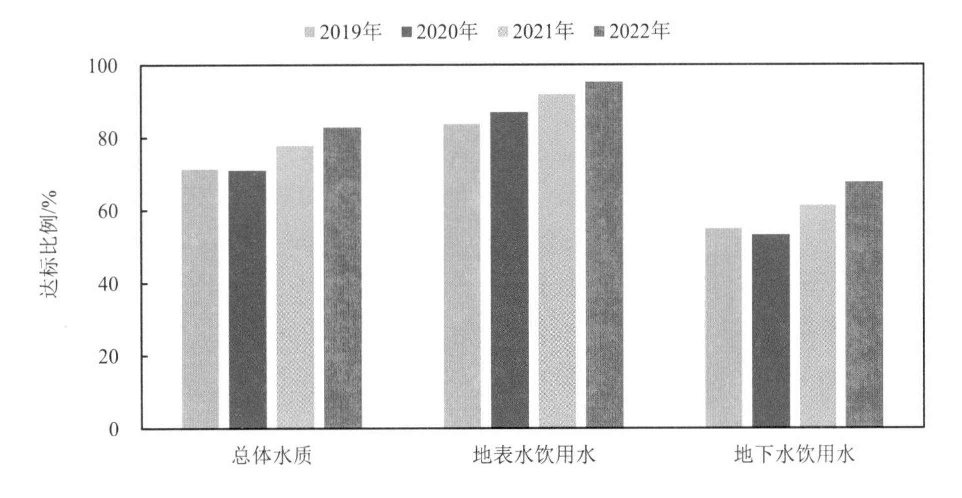

图 2.6-4　2019—2022 年农村千吨万人饮用水水源水质达标比例年际变化

第四节　农田灌溉水

2022 年，规模达到 10 万亩及以上农田灌区的灌溉用水断面（点位）监测 1 765 个，水质达标比例为 92.6%，与 2021 年相比上升 1.7 个百分点。主要超标指标为悬浮物、粪大肠菌群和 pH 值。

从各省份来看，除河北、辽宁、吉林、黑龙江、福建、江西、湖南和青海等 8 个省份的农田灌溉用水水质达标比例为 100%外，其他省份均存在超标情况，其中云南、宁夏、西藏和广西等 4 个省份灌溉用水水质达标比例均低于 80.0%。

2019—2022 年，农田灌溉用水水质达标比例总体呈上升趋势，农田灌溉用水水质有所改善。

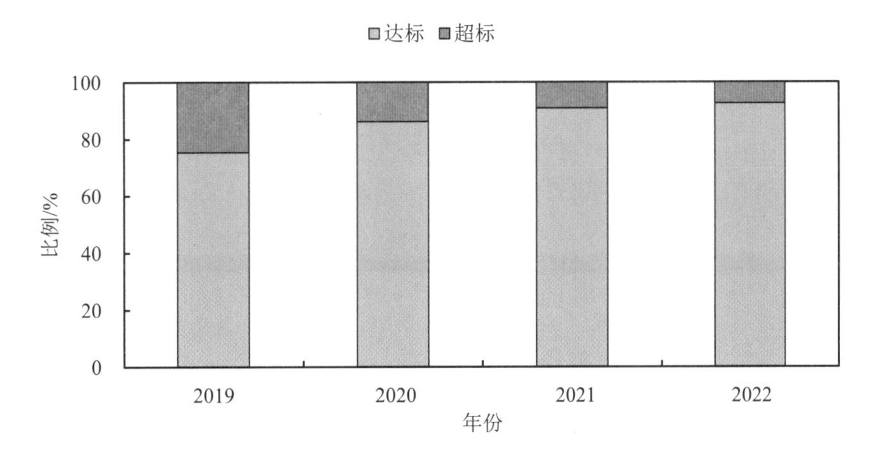

图 2.6-5　2019—2022 年农田灌溉用水水质达标比例年际变化

第五节 农业面源污染

2022 年，全国农业面源污染遥感监测结果显示①，农业面源总氮污染排放负荷为 166.0 kg/km^2，入河负荷为 69.7 kg/km^2；农业面源总磷污染排放负荷为 7.8 kg/km^2，入河负荷为 3.0 kg/km^2。农业面源污染严重区域主要分布在淮河流域、长江流域中部和珠江流域局部地区，农业面源总氮和总磷的排放负荷相对突出。

从各季度来看，2022 年全国农业面源污染第二季度排放负荷最大，总氮和总磷排放负荷分别为 70.6 kg/km^2 和 3.3 kg/km^2；第二季度入河负荷最大，总氮和总磷入河负荷分别为 29.9 kg/km^2 和 1.3 kg/km^2。

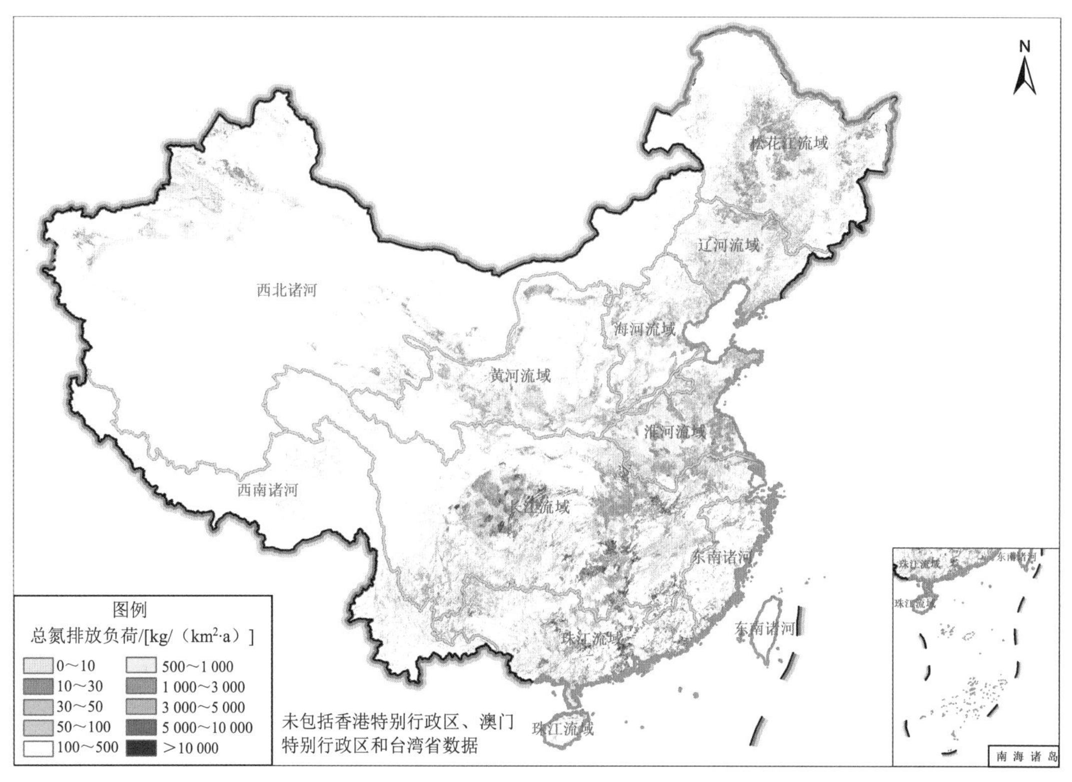

（a）总氮

① 本结果基于最新国家基础信息更新后数据源估算完成。

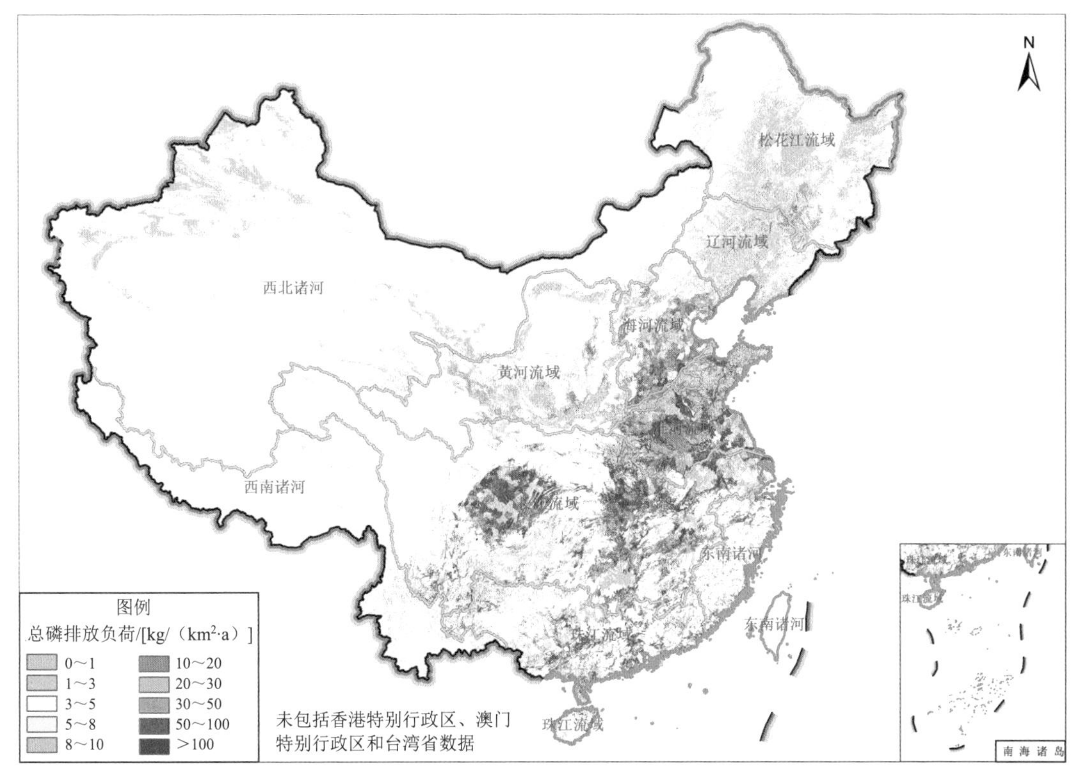

（b）总磷

图 2.6-6　2022 年全国农业面源污染排放负荷空间分布示意图

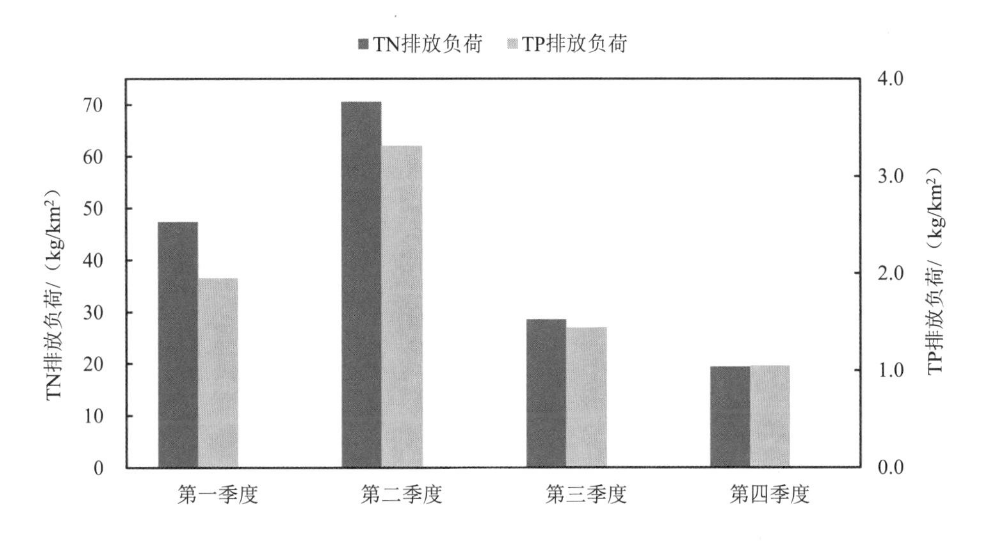

图 2.6-7　2022 年全国农业面源污染总氮和总磷排放负荷季度变化

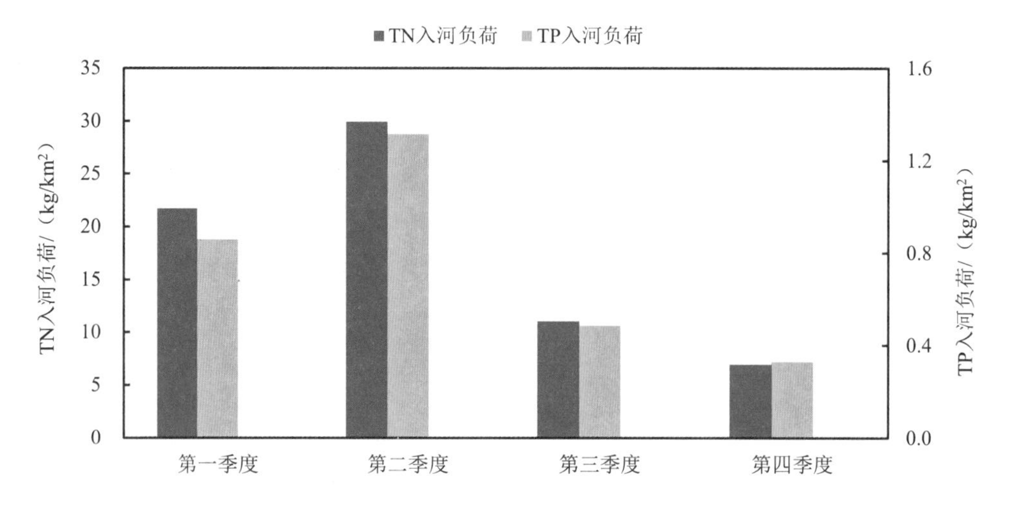

图 2.6-8　2022 年全国农业面源总氮和总磷入河负荷季度变化

专栏　农村黑臭水体

为监管农村黑臭水体治理成效，自 2022 年起，生态环境部门开始对国家监管清单中已完成治理的农村黑臭水体开展监测。2022 年全国共监测 701 个农村黑臭水体，监测断面 890 个。其中 676 个水体水质符合阈值要求，达标比例为 96.4%。已完成治理的农村黑臭水体整体达标情况良好。

从各省份来看，除福建、甘肃、广西、贵州、河北、黑龙江、湖北、湖南、吉林、江西、辽宁、宁夏、青海、陕西、四川和浙江等 16 个省份黑臭水体达标比例为 100%外，其余省份均存在已完成治理的黑臭水体返黑返臭情况，其中河南、山东、海南、山西和天津 5 个省份的黑臭水体超标个数较多，分别为 5 个、5 个、3 个、3 个和 3 个。

从各监测指标来看，氨氮、溶解氧和透明度超标比例分别为 0.9%、1.2%和 3.6%。氨氮超标主要分布在河南、江苏、山东和天津等 4 个省份；溶解氧超标主要分布在广东、河南、江苏、山东、山西、天津和云南等 7 个省份；透明度超标较多，主要分布在安徽、甘肃、广东、海南、河北、河南、湖北、湖南、江苏、山东、山西、天津、云南和重庆等 14 个省份。

第七章　土地生态环境

第一节　全国土壤环境

一、土壤环境质量

2022 年，全国土壤环境风险得到基本管控，土壤污染加重趋势得到初步遏制。全国农用地安全利用率保持在 90%以上，农用地土壤环境状况总体稳定，影响农用地土壤环境质量的主要污染物是重金属。重点建设用地安全利用得到有效保障。

依据《“十四五”土壤环境监测总体方案》，国家土壤环境监测网每五年完成一轮次监测工作。截至 2022 年年底，在北京、上海、江苏、浙江、福建、湖南、广东、广西、贵州、云南和海南等 11 个省（区、市）开展的国家土壤环境例行监测结果表明，11 个省（区、市）土壤环境质量总体稳定。

二、耕地质量

2019 年全国耕地质量等级调查评价结果显示，全国耕地质量平均等级①为 4.76 等。其中，一至三等、四至六等和七至十等耕地面积分别占耕地总面积的 31.24%、46.81%和 21.95%。

第二节　水土流失与荒漠化

2021 年水土流失动态监测成果显示，全国水土流失面积为 267.42 万 km^2。其中，水力侵蚀面积 110.58 万 km^2，风力侵蚀面积 156.84 万 km^2。按侵蚀强度分，轻度、中度、强烈、极强烈、剧烈侵蚀面积分别为 172.28 万 km^2、44.52 万 km^2、19.72 万 km^2、14.68 万 km^2、16.22 万 km^2，分别占全国水土流失总面积的 64.42%、16.65%、7.37%、5.49%、6.07%②。

第六次全国荒漠化和沙化调查结果显示，截至 2019 年，全国荒漠化土地面积 257.37 万 km^2，沙化土地面积 168.78 万 km^2。岩溶地区第四次石漠化调查结果显示，截至

① 依据《耕地质量等级》（GB/T 33469—2016）评价，耕地质量划分为 10 个等级，一等地耕地质量最好，十等地耕地质量最差。一至三等、四至六等、七至十等分别划分为高等地、中等地、低等地。截至本报告编制时，2019 年耕地质量为最新数据。

② 截至报告编制时，2021 年水土流失动态监测结果为最新数据。

2021 年，全国石漠化土地面积 722.3 万 $hm^2$①。

专栏　尾矿库遥感监测

尾矿库是指用以贮存金属、非金属矿石选别后排出尾矿的场所。2021 年 10 月，中共中央、国务院印发了《黄河流域生态保护和高质量发展规划纲要》，强调黄河流域生态保护和高质量发展是重大国家战略，要共同抓好大保护，协同推进大治理，着力加强生态保护治理、保障黄河长治久安。2022 年 8 月 5 日，生态环境部等 12 部门联合印发《黄河生态保护治理攻坚战行动方案》，要求强化尾矿库污染治理，扎实开展尾矿库污染隐患排查，优先治理黄河干流岸线 3 km 范围内和重要支流岸线 1 km 范围内等重点区域的尾矿库。为夯实尾矿库污染防治工作基础，生态环境部卫星环境应用中心利用高分二号（GF-2）、北京二号（BJ-2）等高分辨率卫星影像对黄河流域 754 座尾矿库开展遥感监测，监测内容为尾矿库空间位置及周边环境敏感情况。

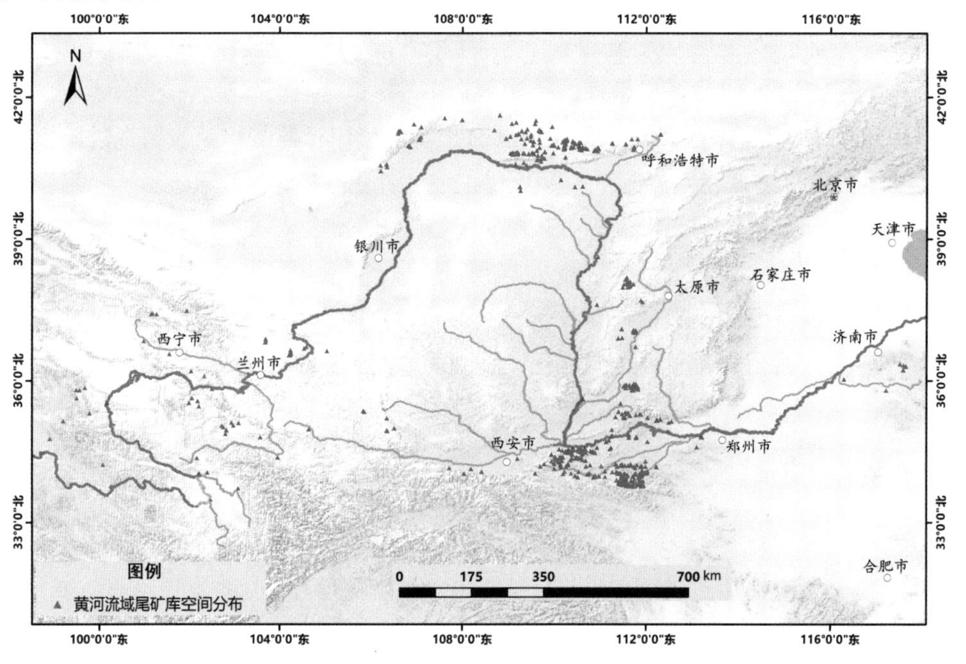

图 2.7-Z1　黄河流域尾矿库空间分布

采用卫星遥感与 GIS 空间分析相结合的方式，在 754 座现存尾矿库中筛选黄河干流岸线 3 km、重要支流岸线 1 km 范围内的尾矿库。结果显示，黄河干流岸线 3 km 范围内存在 8 座尾矿库，其中，河南、山西境内各有 3 座，青海境内有 2 座；重要支流岸线 1 km 范围内有 40 座尾矿库分布，其中河南境内有 38 座，陕西境内有 2 座。

① 截至报告编制时，第六次全国荒漠化和沙化调查、岩溶地区第四次石漠化调查结果均为最新数据。

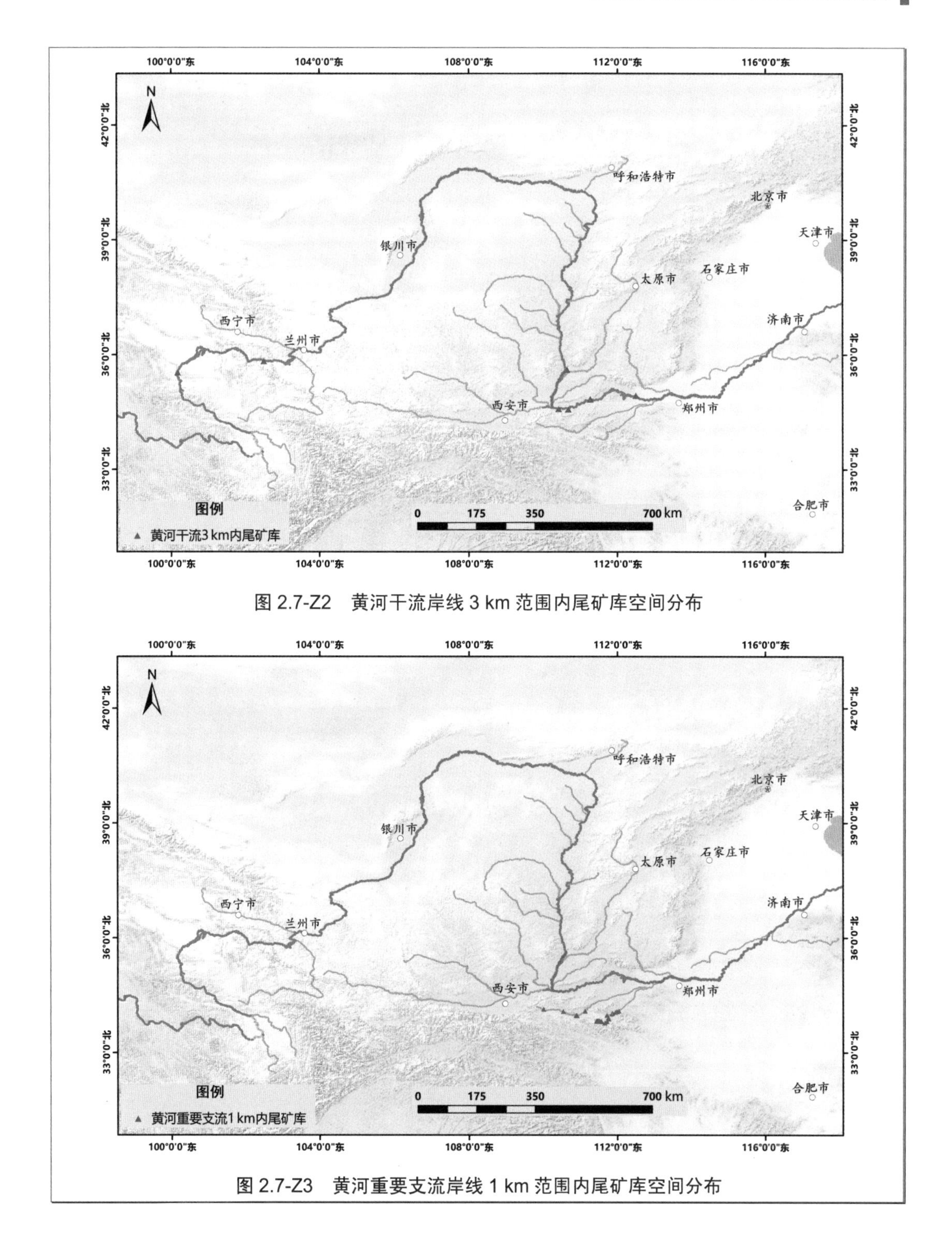

图 2.7-Z2　黄河干流岸线 3 km 范围内尾矿库空间分布

图 2.7-Z3　黄河重要支流岸线 1 km 范围内尾矿库空间分布

第八章　辐射环境

第一节　环境电离辐射

一、环境 γ 辐射

2022 年，环境 γ 辐射剂量率连续自动监测结果处于当地天然本底涨落范围内。各自动站年均值范围为 48.9～273.0 nGy/h，主要分布区间①为 66.1～102.4 nGy/h。

环境 γ 辐射剂量率连续自动监测小时均值主要分布在年均值附近，除少量自动站受降水和雪覆盖等自然因素的影响外，其他自动站小时均值在（年均值±10）nGy/h 范围内的比例为 94.0%～100.0%。

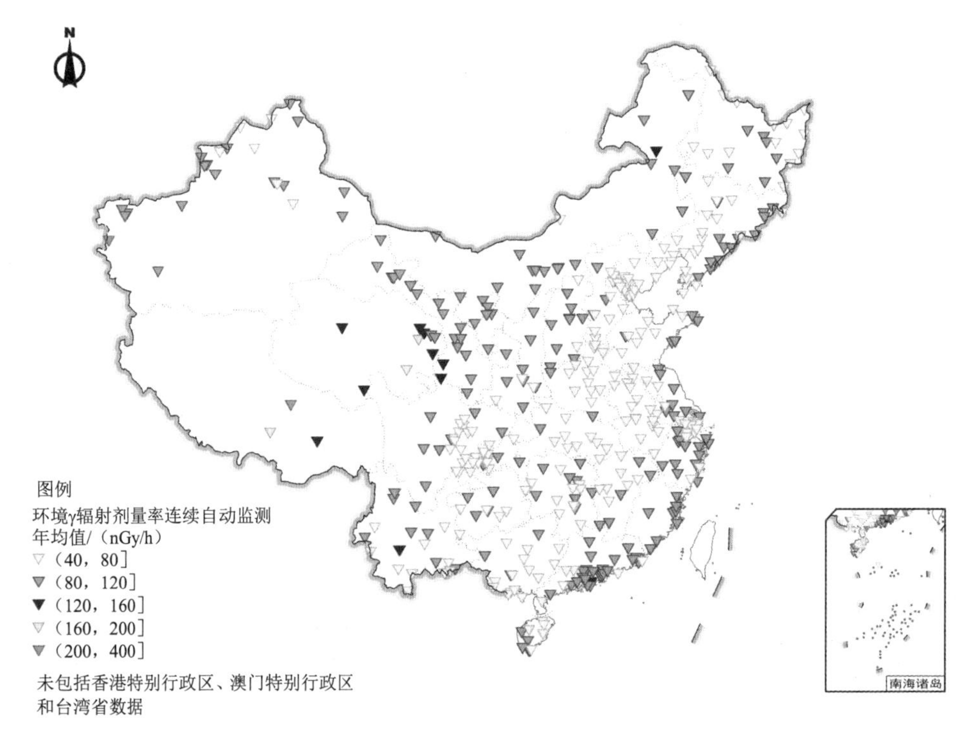

图 2.8-1　2022 年环境 γ 辐射剂量率连续自动监测年均值分布示意图

① 环境 γ 辐射剂量率连续自动监测和累积监测结果均未扣除仪器对宇宙射线的响应值，其主要分布区间下界为各点位年均值从小到大排列后的第 10 百分位数，上界为第 90 百分位数，表示为（第 10 百分位数，第 90 百分位数）。当数据个数小于 20 时，不进行主要分布区间统计。

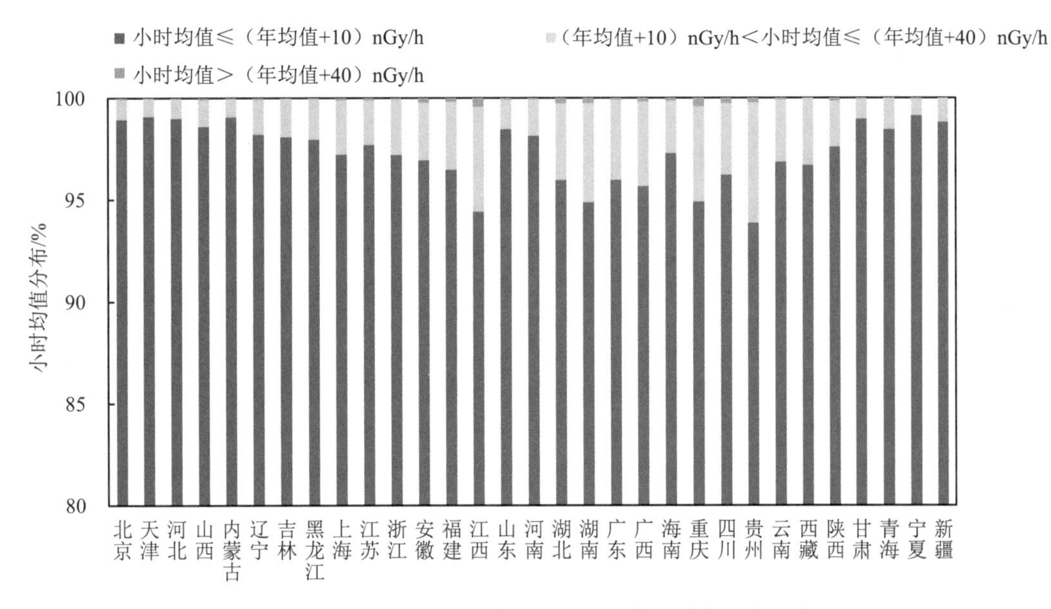

图 2.8-2　2022 年 31 个省份环境 γ 辐射剂量率连续自动监测结果

环境 γ 辐射剂量率累积监测结果处于当地天然本底涨落范围内，各点位年均值范围为 49.1～241 nGy/h，主要分布区间为 73.0～126 nGy/h。

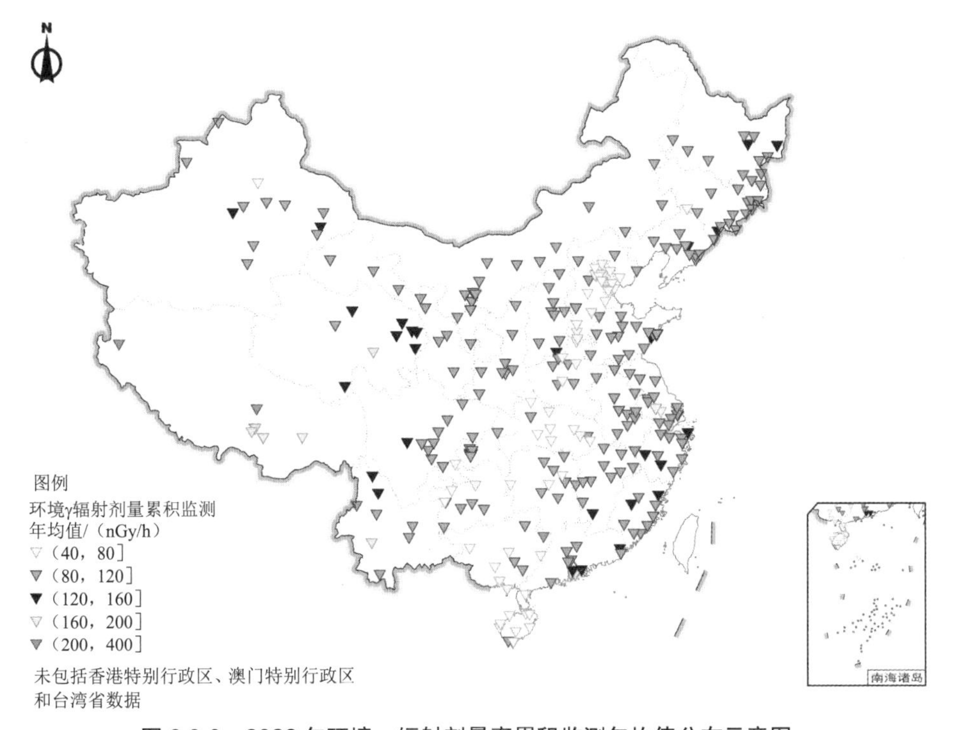

图 2.8-3　2022 年环境 γ 辐射剂量率累积监测年均值分布示意图

二、空气

2022年，气溶胶中天然放射性核素铍-7、钾-40、铅-210、钋-210活度浓度处于本底涨落范围内；人工放射性核素锶-90和铯-137活度浓度未见异常，碘-131检出主要受医疗机构核医学应用的影响，铯-134等人工γ放射性核素活度浓度小于探测下限。

沉降物中天然放射性核素铍-7和钾-40日沉降量处于本底涨落范围内；人工放射性核素锶-90和铯-137日沉降量未见异常，铯-134等人工γ放射性核素日沉降量小于探测下限。

降水和空气水分中氚活度浓度未见异常。

空气中气态放射性核素碘-131活度浓度小于探测下限。

表2.8-1　2022年气溶胶监测结果

监测项目		单位	*n*/*m*①	范围②	主要分布区间②
γ能谱分析	铍-7	mBq/m^3	1 843/1 843	0.054～23	0.81～8.2
	钾-40	μBq/m^3	1 020/1 854	6.5～624	22～113
	铅-210	mBq/m^3	350/350	0.040～7.2	0.48～2.6
	碘-131	μBq/m^3	8/1 073	2.6～14	—
	铯-137	μBq/m^3	0/1 846	—	—
	铯-137	μBq/m^3	14/1 855	0.49～5.2	—
放化分析	钋-210	mBq/m^3	347/347	0.014～0.99	0.085～0.54
	锶-90	μBq/m^3	320/343	0.017～3.8	0.15～1.9
	铯-137	μBq/m^3	324/349	0.050～2.9	0.19～1.6

表2.8-2　2022年沉降物监测结果

监测项目		单位	*n*/*m*	范围	主要分布区间
γ能谱分析	铍-7	Bq/（m^2·d）	1 332/1 332	0.005～8.8	0.10～2.5
	钾-40	mBq/（m^2·d）	1 068/1 360	2.4～757	19～192
	铯-134	mBq/（m^2·d）	0/1 349	—	—
	铯-137	mBq/（m^2·d）	22/1 358	0.65～6.7	0.68～4.0
放化分析	锶-90	mBq/（m^2·d）	284/300	0.022～5.8	0.12～2.2
	铯-137	mBq/（m^2·d）	247/290	0.041～4.2	0.18～2.2

① “*n*”为检出值数，“*m*”为测值总数，“—”为不适用（下同）。

② “范围”和“主要分布区间”均为检出值统计结果，其中，主要分布区间下界为各点位单次检出值从小到大排列后的第10百分位数，上界为第90百分位数，表示为（第10百分位数，第90百分位数）。当检出值个数小于20时，不进行主要分布区间统计（下同）。

表 2.8-3　2022 年降水和空气水分监测结果

监测项目	单位	*n/m*	范围	主要分布区间
降水中氚	Bq/L	42/114	0.44～4.1	0.76～3.0
空气水分中氚	Bq/L	7/29	1.2～3.8	—

三、水体

2022 年，长江、黄河、珠江、松花江、淮河、海河、辽河、浙闽片河流、西南诸河、西北诸河和重要湖库地表水中总 α 和总 β 活度浓度处于本底涨落范围内；天然放射性核素铀和钍浓度、镭-226 活度浓度处于本底涨落范围内，且与全国环境天然放射性水平调查结果处于同一水平；人工放射性核素锶-90 和铯-137 活度浓度未见异常。

集中式饮用水水源地水中总 α 和总 β 活度浓度处于本底涨落范围内，且低于《生活饮用水卫生标准》（GB 5749—2022）规定的放射性指标指导值；人工放射性核素锶-90 和铯-137 活度浓度未见异常。

地下水中总 α 和总 β 活度浓度处于本底涨落范围内，饮用用途的地下水中总 α 和总 β 活度浓度低于《生活饮用水卫生标准》（GB 5749—2022）规定的放射性指标指导值。天然放射性核素铀和钍浓度、铅-210、钋-210 和镭-226 活度浓度处于本底涨落范围内，其中铀和钍浓度、镭-226 活度浓度与全国环境天然放射性水平调查结果处于同一水平。

近岸海域海水中天然放射性核素铀和钍浓度处于本底涨落范围内，且与全国环境天然放射性水平调查结果处于同一水平；人工放射性核素氚、锶-90 和铯-137 活度浓度未见异常，锰-54、钴-58、钴-60、锌-65、锆-95、钌-106、银-110m、锑-124、锑-125、铯-134、铈-144 等人工 γ 放射性核素活度浓度均小于探测下限，其中钴-60、锶-90、钌-106、铯-134 和铯-137 活度浓度低于海水水质标准。海洋生物中人工放射性核素氚、碳-14、锶-90 和铯-137 活度浓度未见异常，其中氚、锶-90 和铯-137 活度浓度低于《食品中放射性物质限制浓度标准》（GB 14882—94）规定的限制浓度，锰-54、钴-58、钴-60、锌-65、锆-95、钌-106、银-110m、锑-124、锑-125、铯-134、铈-144 等人工 γ 放射性核素活度浓度均小于探测下限。

表 2.8-4　2022 年水体监测结果

监测项目			水体类型				
			江河水	湖库水	饮用水水源地水	地下水	海水
放化分析	铀/（μg/L）	*n/m*	137/137	38/39	—	28/29	48/48
		范围	0.055～7.0	0.020～9.8	—	0.014～6.7	0.86～4.4
		主要分布区间	0.22～4.1	0.090～3.7	—	0.065～5.5	1.2～3.7

监测项目			水体类型				
			江河水	湖库水	饮用水水源地水	地下水	海水
放化分析	钍/（μg/L）	n/m	133/136	30/37	—	26/28	48/48
		范围	0.016～1.0	0.045～0.44	—	0.020～0.25	0.026～0.70
		主要分布区间	0.054～0.52	0.062～0.33	—	0.030～0.19	0.030～0.48
	铅-210/（mBq/L）	n/m	—	—	—	28/28	—
		范围	—	—	—	0.77～43	—
		主要分布区间	—	—	—	1.7～19	—
	钋-210/（mBq/L）	n/m	—	—	—	29/29	—
		范围	—	—	—	0.27～7.9	—
		主要分布区间	—	—	—	0.36～5.7	—
	镭-226/（mBq/L）	n/m	133/136	38/39	—	27/29	—
		范围	1.0～17	1.8～22	—	1.2～28	—
		主要分布区间	2.8～10	2.6～7.7	—	2.0～24	—
	氚/（Bq/L）	n/m	—	—	—	—	46/48
		范围	—	—	—	—	0.074～2.0
		主要分布区间	—	—	—	—	0.099～0.73
	锶-90/（mBq/L）	n/m	140/140	39/39	73/74	—	47/48
		范围	0.52～9.6	0.59～7.3	0.39～7.2	—	0.18～4.7
		主要分布区间	1.2～5.6	1.6～6.2	0.84～4.7	—	0.29～3.2
γ能谱分析	铯-137/（mBq/L）	n/m	77/141	19/39	34/74	—	29/48
		范围	0.13～1.5	0.16～1.4	0.14～1.5	—	0.34～1.6
		主要分布区间	0.22～0.98	—	0.19～0.64	—	0.71～1.3

注：“—”表示监测方案未要求开展监测。

表 2.8-5　2022 年海洋生物监测结果

监测项目			生物类别*			
			藻类	鱼类	贝类	甲壳类
放化分析	有机结合氚/（Bq/kg-鲜）	n/m	1/6	3/15	1/11	1/5
		范围	0.070	0.31～0.65	0.11	0.14
	组织自由水氚/（Bq/kg-鲜）	n/m	0/6	2/15	0/11	0/5
		范围	—	0.38～0.72	—	—
	碳-14/（Bq/g-碳）	n/m	6/6	15/15	11/11	5/5
		范围	0.20～0.23	0.19～0.29	0.19～0.27	0.18～0.29
	锶-90/（mBq/kg-鲜）	n/m	3/5	13/14	4/11	2/3
		范围	28～36	4.1～67	12～22	11～19

监测项目			生物类别*			
			藻类	鱼类	贝类	甲壳类
γ能谱分析	铯-137/（mBq/kg-鲜）	*n/m*	0/5	6/13	6/11	1/3
		范围	—	22～159	9.5～72	57

注：* 生物类别中的藻类样品包括海带、紫菜、石莼等；鱼类样品包括梭鱼、黄鱼、鲳鱼等；贝类样品包括牡蛎、贻贝、花蚬等；甲壳类样品包括海虾和海蟹等。

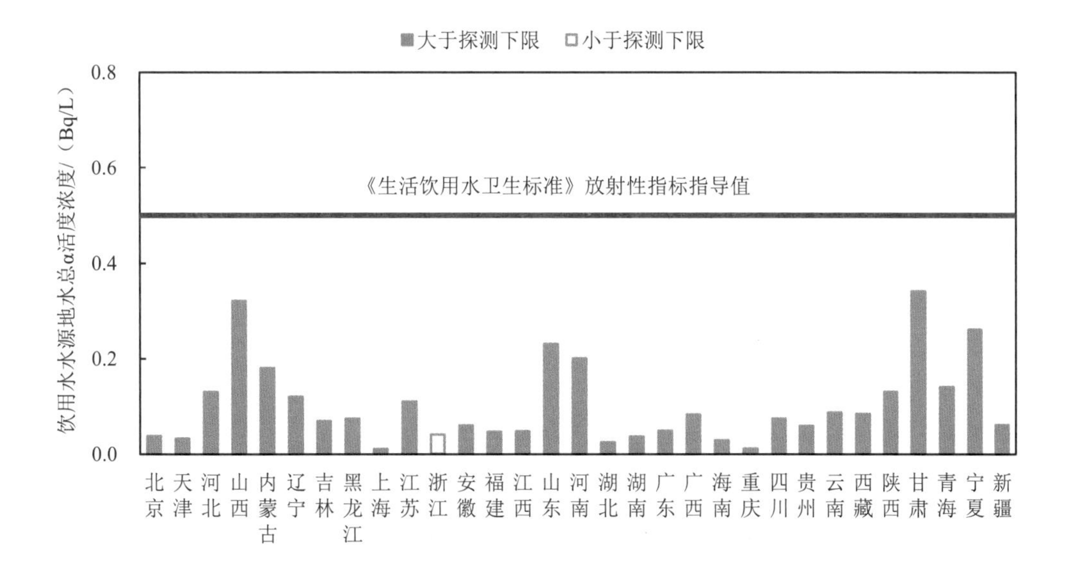

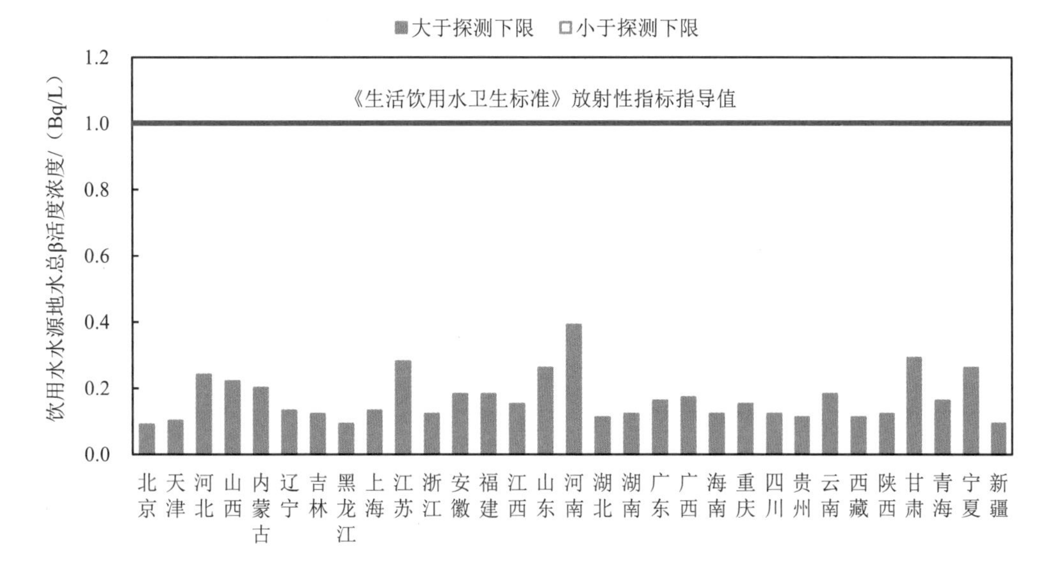

图 2.8-4　2022 年饮用水水源地水中总 α 和总 β 活度浓度

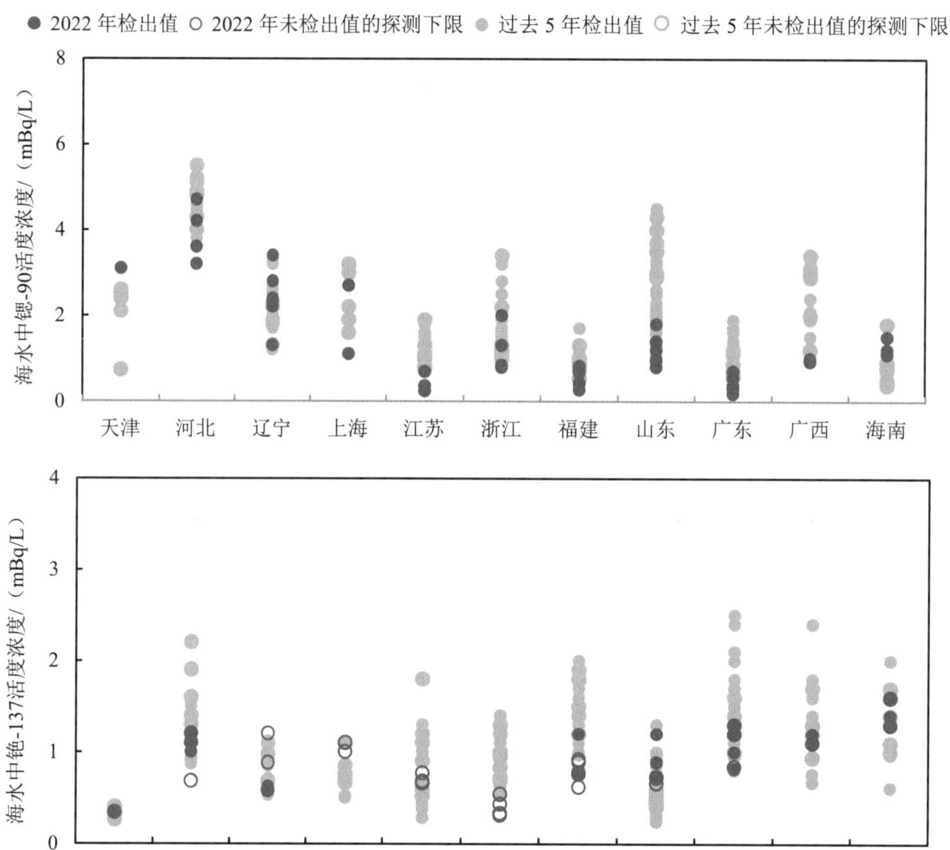

图 2.8-5 2022 年近岸海域海水中锶-90 和铯-137 活度浓度

四、土壤

2022 年，土壤中天然放射性核素铀-238、钍-232 和镭-226 活度浓度处于本底涨落范围内，且与全国环境天然放射性水平调查结果处于同一水平；人工放射性核素锶-90 和铯-137 活度浓度未见异常。

表 2.8-6 2022 年土壤放射性监测结果

监测项目		单位	*n/m*	范围	主要分布区间
γ 能谱分析	铀-238	Bq/kg-干	315/332	7.1～312	22～75
	钍-232	Bq/kg-干	344/344	13～464	32～84
	镭-226	Bq/kg-干	332/332	9.2～240	21～64
	铯-137	Bq/kg-干	188/337	0.26～14	0.52～2.8
放化分析	锶-90	Bq/kg-干	305/324	0.050～2.5	0.16～1.4

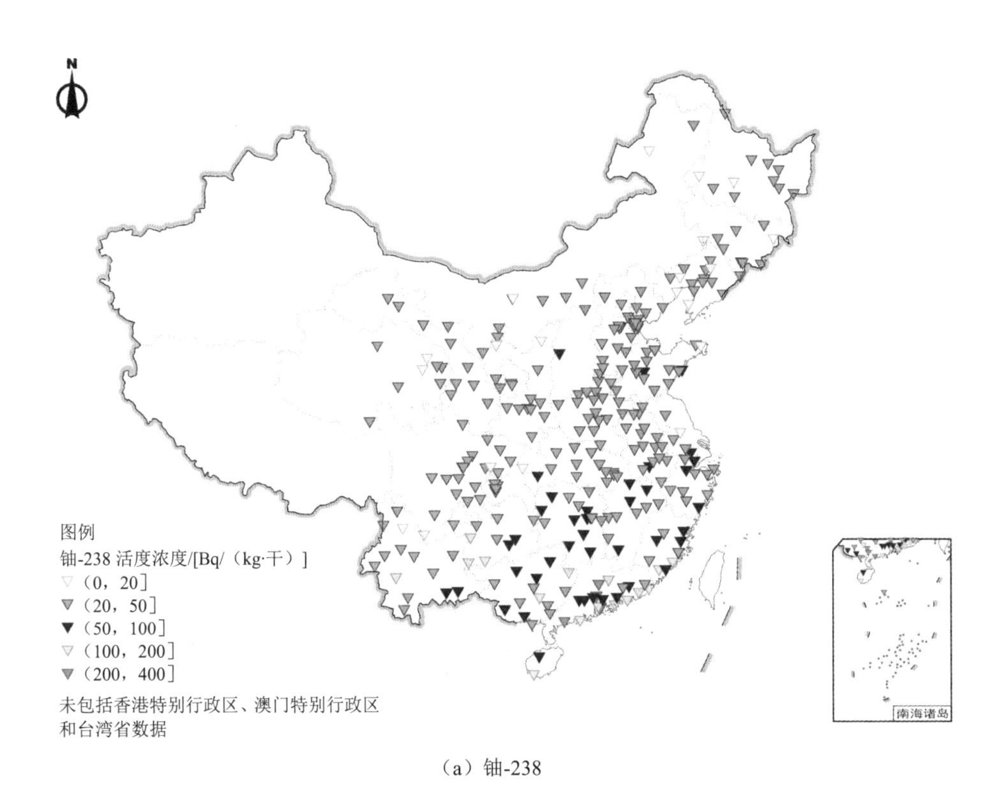
N
图例
铀-238 活度浓度/[Bq/（kg·干）]
（0，20]
（20，50]
（50，100]
（100，200]
（200，400]
未包括香港特别行政区、澳门特别行政区
和台湾省数据
南海诸岛

（a）铀-238

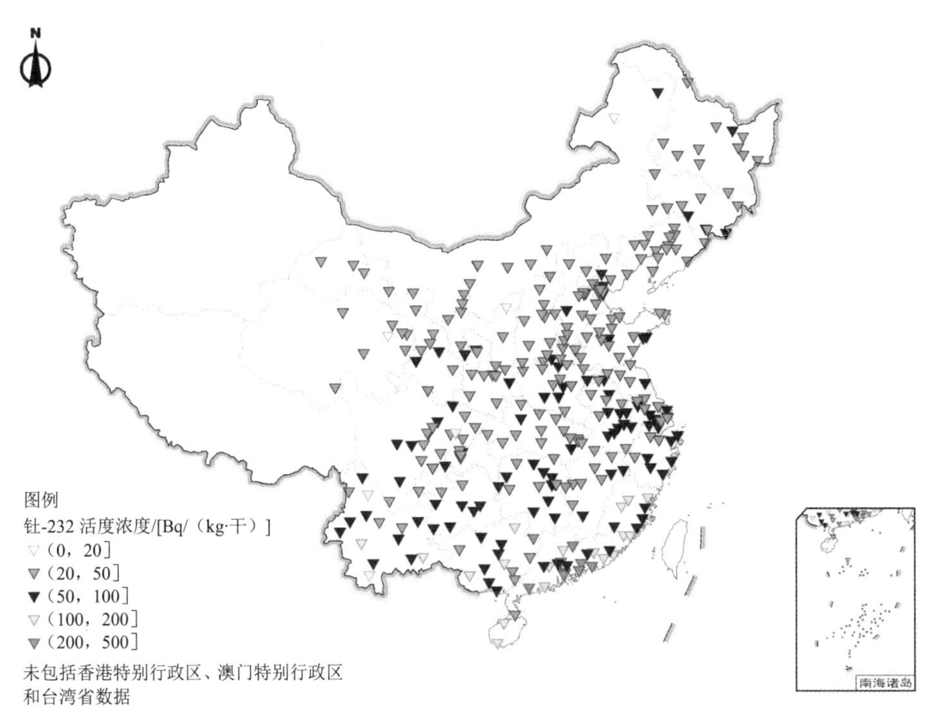
N
图例
钍-232 活度浓度/[Bq/（kg·干）]
（0，20]
（20，50]
（50，100]
（100，200]
（200，500]
未包括香港特别行政区、澳门特别行政区
和台湾省数据
南海诸岛

（b）钍-232

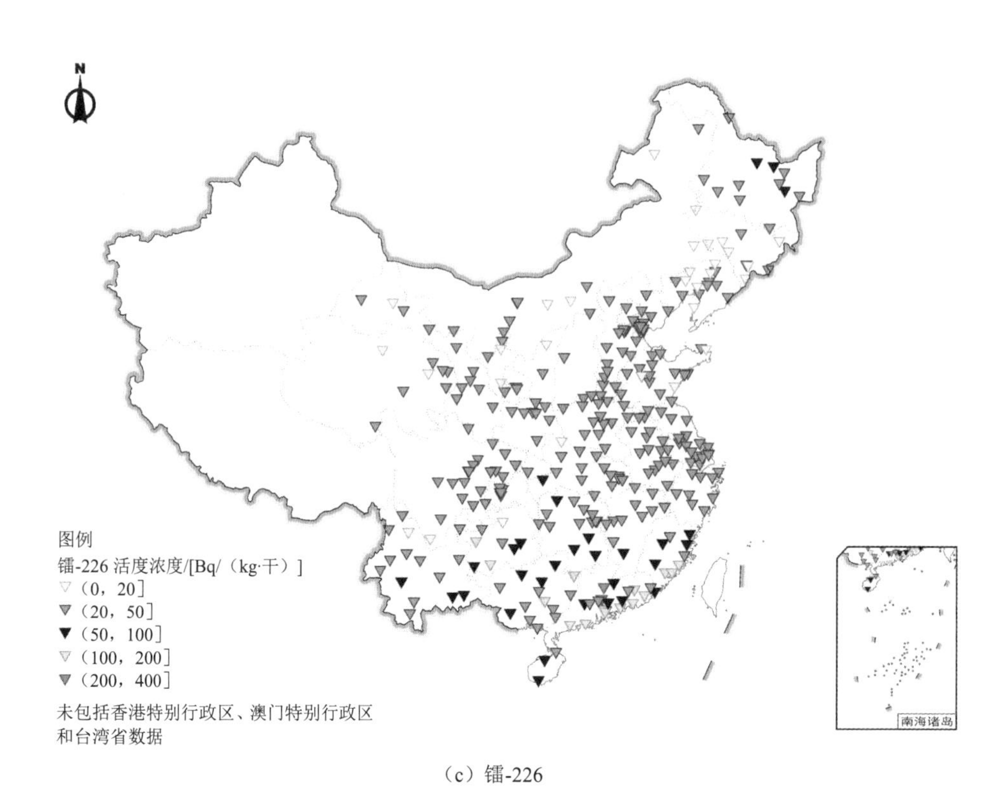
N
图例
镭-226 活度浓度/[Bq/（kg·干）]
（0，20]
（20，50]
（50，100]
（100，200]
（200，400]
未包括香港特别行政区、澳门特别行政区和台湾省数据
南海诸岛

（c）镭-226

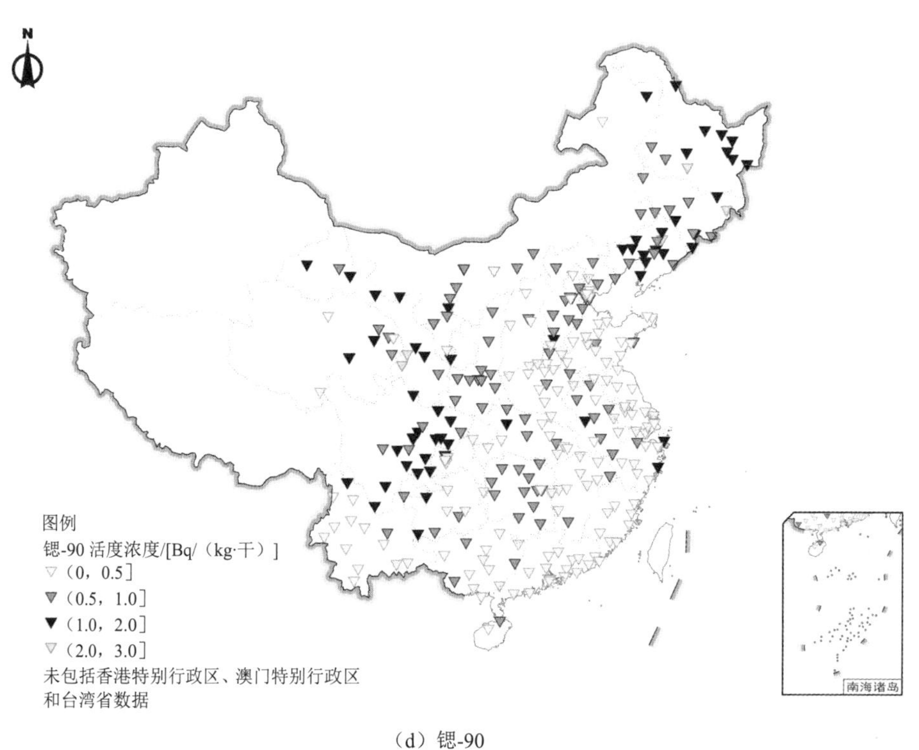
N
图例
锶-90 活度浓度/[Bq/（kg·干）]
（0，0.5]
（0.5，1.0]
（1.0，2.0]
（2.0，3.0]
未包括香港特别行政区、澳门特别行政区和台湾省数据
南海诸岛

（d）锶-90

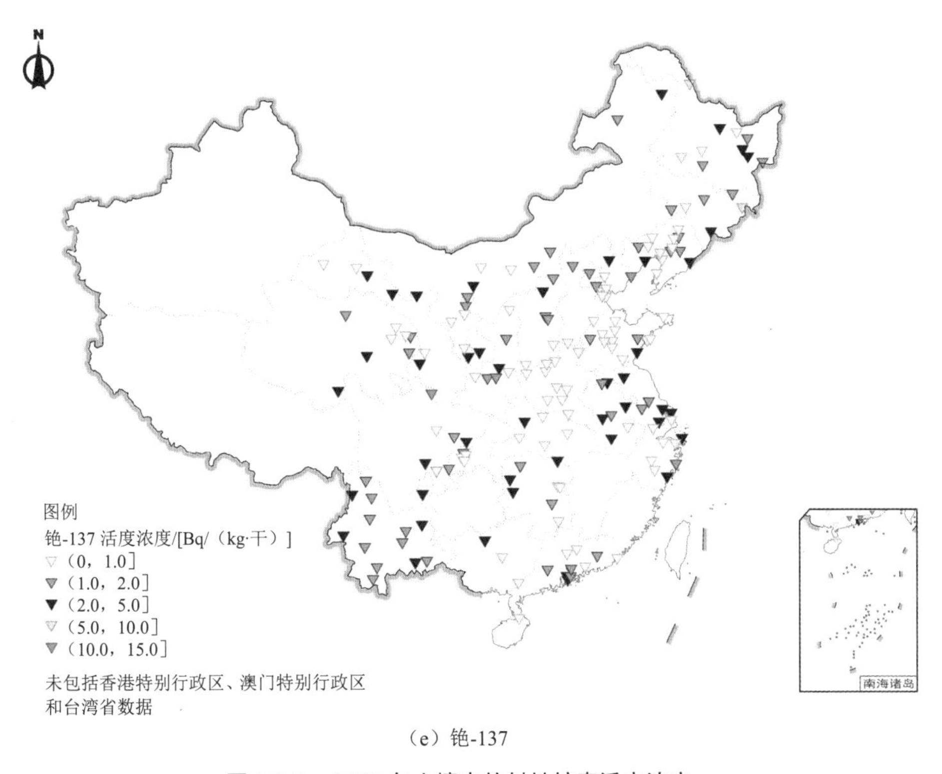

（e）铯-137

图 2.8-6 2022 年土壤中放射性核素活度浓度

第二节 环境电磁辐射

2022 年，环境中频率范围为 0.1～3 000 MHz 的功率密度范围为 0.012～3.2 μW/cm^2，低于《电磁环境控制限值》（GB 8702—2014）中规定的相应频率范围的公众曝露控制限值。

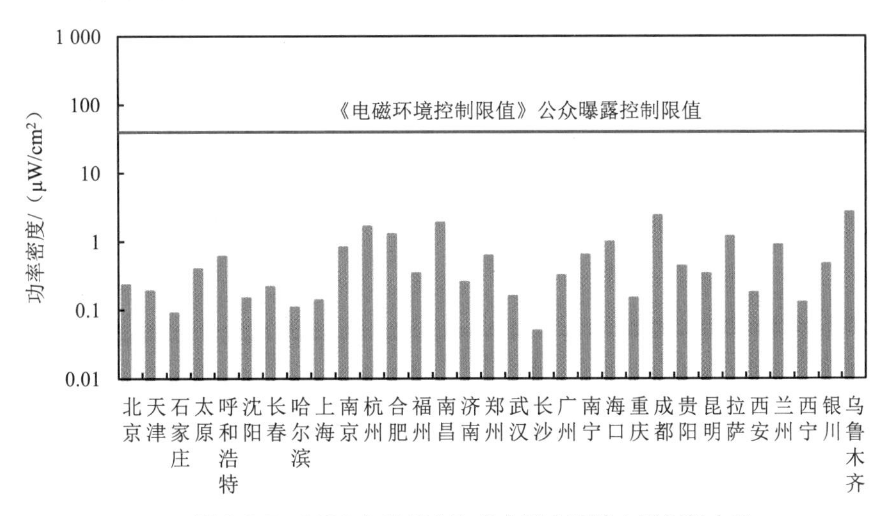

图 2.8-7 2022 年直辖市和省会城市环境电磁辐射水平

第三篇

污染源排放状况

第一章　废气污染物

第一节　二氧化硫

一、全国二氧化硫排放情况①

2022 年，在《排放源统计调查制度》确定的统计调查范围内，全国废气中二氧化硫排放量为 243.5 万 t。其中，工业源二氧化硫排放量为 183.5 万 t，占 75.3%；生活源二氧化硫排放量为 59.7 万 t，占 24.5%；集中式污染治理设施二氧化硫排放量为 0.3 万 t，占 0.1%。

表 3.1-1　2022 年全国二氧化硫排放量

排放源	全国	工业源	生活源	集中式污染治理设施*
排放量/万 t	243.5	183.5	59.7	0.3
占比/%	—	75.3	24.5	0.1

注：*集中式污染治理设施废气污染物包括生活垃圾处理场（厂）和危险废物（医疗废物）集中处理（置）厂焚烧废气中排放的污染物，下同。

二、各省份二氧化硫排放情况

2022 年，二氧化硫排放量排名前五的省份依次为内蒙古、云南、河北、山东和辽宁，排放量合计为 81.0 万 t，占全国二氧化硫排放量的 33.3%。

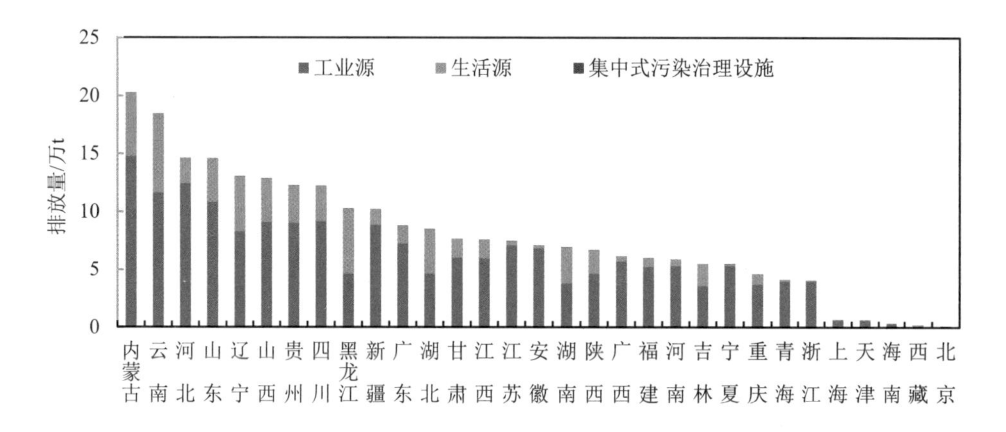

图 3.1-1　2022 年各省份二氧化硫排放情况

① 本篇中部分数据合计数或占比数由于单位取舍不同而产生的计算误差，均未做机械调整。特此说明，下同。

三、各工业行业二氧化硫排放情况

2022 年，在统计调查的 42 个工业行业中，二氧化硫排放量排名前五的行业依次为电力、热力生产和供应业，黑色金属冶炼和压延加工业，非金属矿物制品业，有色金属冶炼和压延加工业，化学原料和化学制品制造业。5 个行业的二氧化硫排放量合计为 169.2 万 t，占全国工业源二氧化硫排放量的 92.2%。

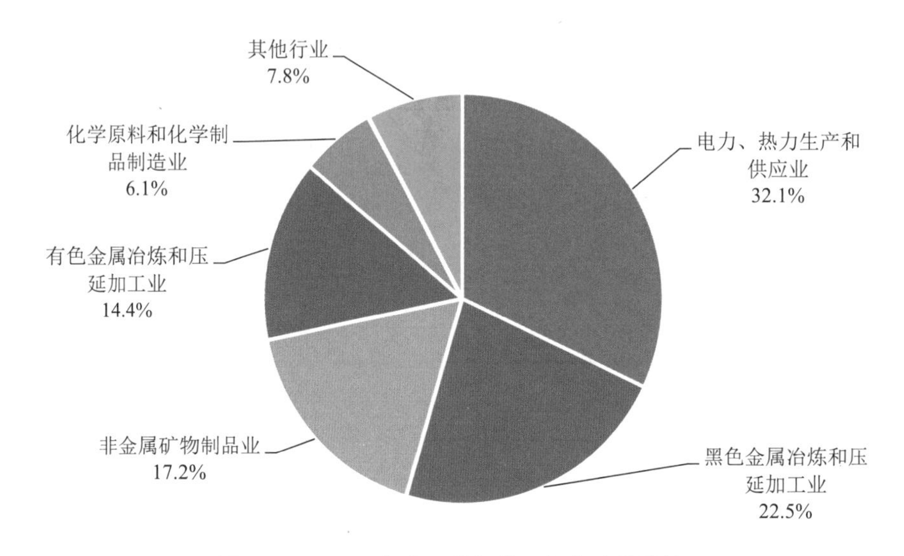

图 3.1-2　2022 年各工业行业二氧化硫排放情况

第二节　氮氧化物

一、全国氮氧化物排放情况

2022 年，在《排放源统计调查制度》确定的统计调查范围内，全国废气中氮氧化物排放量为 895.7 万 t。其中，工业源氮氧化物排放量为 333.3 万 t，占 37.2%；生活源氮氧化物排放量为 33.9 万 t，占 3.8%；移动源氮氧化物排放量为 526.7 万 t，占 58.8%；集中式污染治理设施氮氧化物排放量为 1.9 万 t，占 0.2%。

表 3.1-2　2022 年全国氮氧化物排放量

排放源	全国	工业源	生活源	移动源	集中式污染治理设施
排放量/万 t	895.7	333.3	33.9	526.7	1.9
占比/%	—	37.2	3.8	58.8	0.2

二、各省份氮氧化物排放情况

2022 年，氮氧化物排放量排名前五的省份依次为山东、河北、广东、辽宁和江苏，排放量合计为 310.6 万 t，占全国氮氧化物排放量的 34.7%。

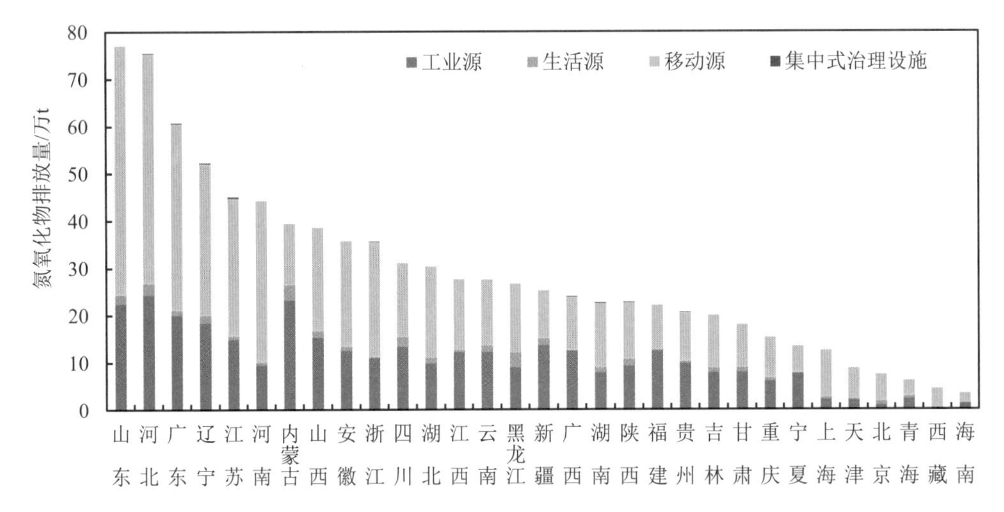

图 3.1-3　2022 年各省份氮氧化物排放情况

三、各工业行业氮氧化物排放情况

2022 年，在统计调查的 42 个工业行业中，氮氧化物排放量排名前五的行业依次为电力、热力生产和供应业，非金属矿物制品业，黑色金属冶炼和压延加工业，石油、煤炭及其他燃料加工业，化学原料和化学制品制造业。5 个行业的氮氧化物排放量合计为 306.4 万 t，占全国工业源氮氧化物排放量的 91.9%。

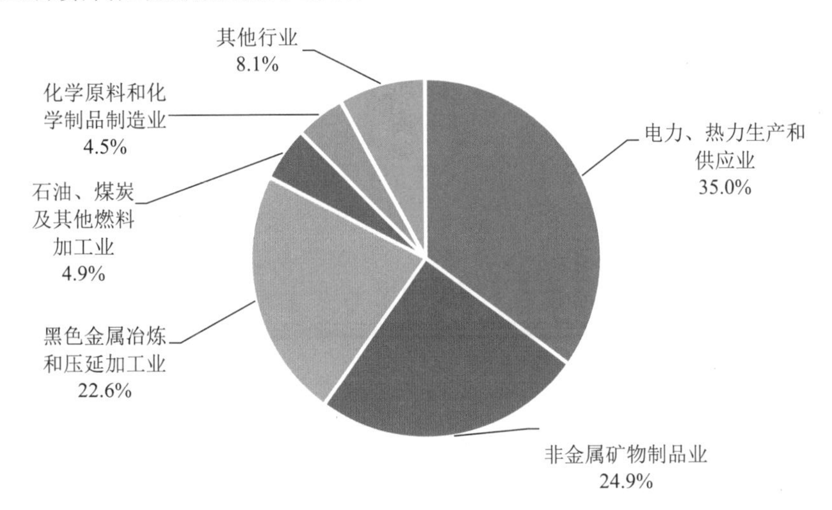

图 3.1-4　2022 年各工业行业氮氧化物排放情况

第三节 颗粒物

一、全国颗粒物排放情况

2022年，在《排放源统计调查制度》确定的统计调查范围内，全国废气中颗粒物排放量为493.4万t。其中，工业源颗粒物排放量为305.7万t，占62.0%；生活源颗粒物排放量为182.3万t，占37.0%；移动源颗粒物排放量为5.3万t，占1.1%；集中式污染治理设施颗粒物排放量为0.1万t，占0.02%。

表3.1-3 2022年全国颗粒物排放量

排放源	全国	工业源	生活源	移动源	集中式污染治理设施
排放量/万t	493.4	305.7	182.3	5.3	0.1
占比/%	—	62.0	37.0	1.1	0.02

二、各省份颗粒物排放情况

2022年，颗粒物排放量排名前五的省份依次为内蒙古、新疆、黑龙江、山西和云南，排放量合计为238.0万t，占全国颗粒物排放量的48.2%。

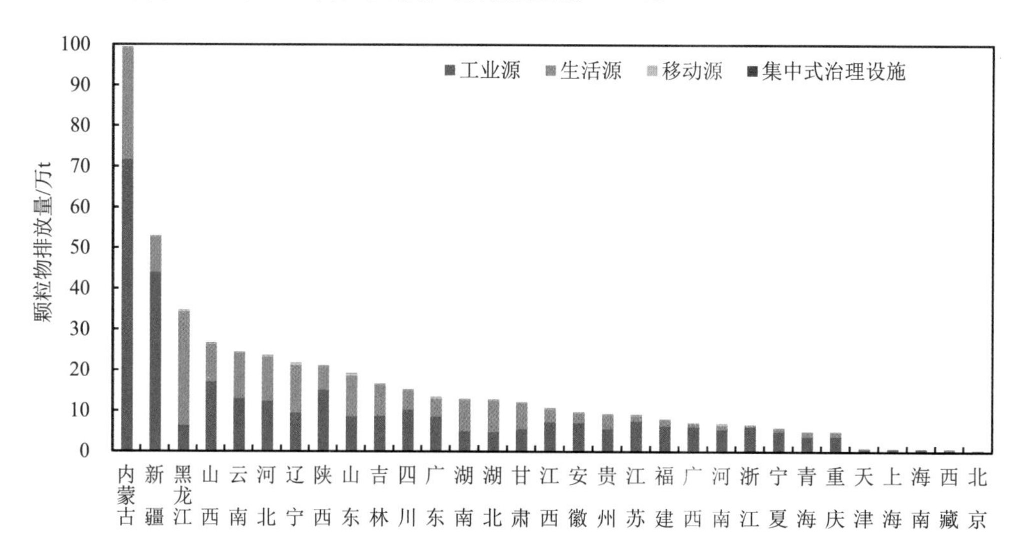

图3.1-5 2022年各省份颗粒物排放情况

三、各工业行业颗粒物排放情况

2022 年，在统计调查的 42 个工业行业中，颗粒物排放量排名前五的行业依次为煤炭开采和洗选业，非金属矿物制品业，黑色金属冶炼和压延加工业，有色金属矿采选业，电力、热力生产和供应业。5 个行业的颗粒物排放量合计为 257.7 万 t，占全国工业源颗粒物排放量的 84.3%。

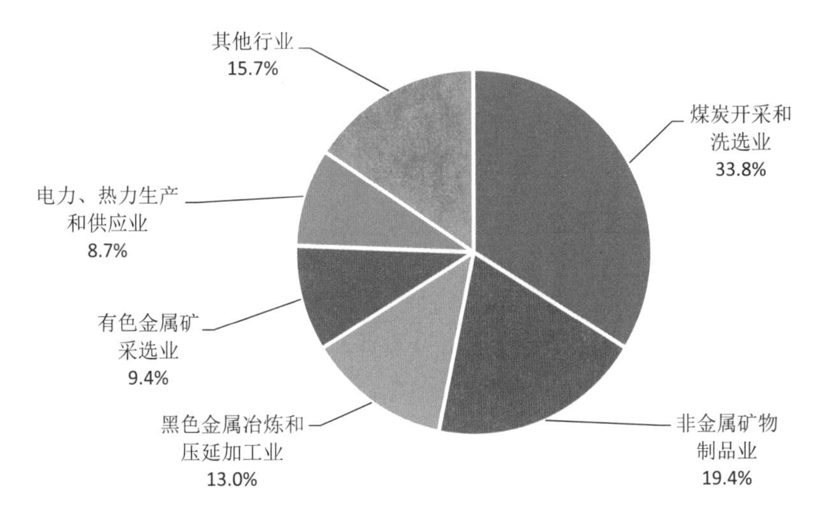

图 3.1-6　2022 年各工业行业颗粒物排放情况

第四节　挥发性有机物

一、全国挥发性有机物排放情况

2022 年，在《排放源统计调查制度》确定的统计调查范围内，全国废气中挥发性有机物排放量为 566.1 万 t。其中，工业源挥发性有机物排放量为 195.5 万 t，占 34.5%；生活源挥发性有机物排放量为 179.4 万 t，占 31.7%；移动源挥发性有机物排放量为 191.2 万 t，占 33.8%。

表 3.1-4　2022 年全国挥发性有机物排放量

排放源	全国	工业源	生活源	移动源
排放量/万 t	566.1	195.5	179.4	191.2
占比/%	—	34.5	31.7	33.8

二、各省份挥发性有机物排放情况

2022 年，挥发性有机物排放量排名前五的省份依次为山东、广东、江苏、浙江和河北，排放量合计为 205.1 万 t，占全国挥发性有机物排放量的 36.2%。

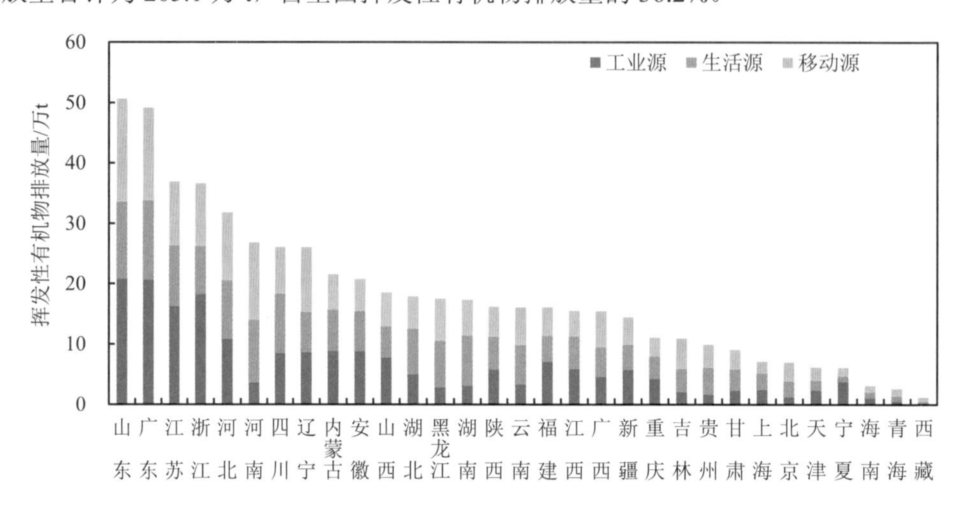

图 3.1-7　2022 年各省份挥发性有机物排放情况

三、各工业行业挥发性有机物排放情况

2022 年，在统计调查的 42 个工业行业中，挥发性有机物排放量排名前五的行业依次为化学原料和化学制品制造业，石油、煤炭及其他燃料加工业，橡胶和塑料制品业，黑色金属冶炼和压延加工业，医药制造业。5 个行业的挥发性有机物排放量合计为 126.7 万 t，占全国工业源挥发性有机物排放量的 64.8%。

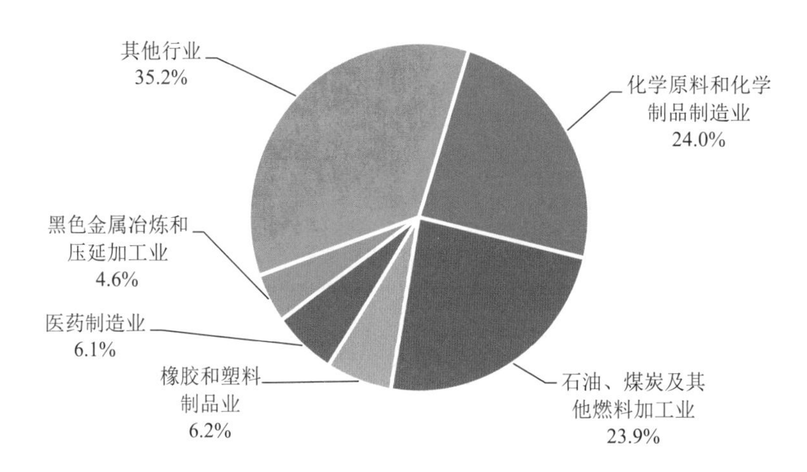

图 3.1-8　2022 年各工业行业挥发性有机物排放情况

第二章　废水污染物

第一节　化学需氧量

一、全国化学需氧量排放情况

2022 年，在《排放源统计调查制度》确定的统计调查范围内，全国化学需氧量排放量为 2 595.8 万 t。其中，工业源（含非重点）废水中化学需氧量排放量为 36.9 万 t，占 1.4%；农业源化学需氧量排放量为 1 785.7 万 t，占 68.8%；生活源污水中化学需氧量排放量为 772.2 万 t，占 29.7%；集中式污染治理设施废水（含渗滤液）中化学需氧量排放量为 1.1 万 t，占 0.04%。

表 3.2-1　2022 年全国化学需氧量排放量

排放源	全国	工业源	农业源	生活源	集中式污染治理设施
排放量/万 t	2 595.8	36.9	1 785.7	772.2	1.1
占比/%	—	1.4	68.8	29.7	0.04

二、各省份化学需氧量排放情况

2022 年，化学需氧量排放量排名前五的省份依次为河南、湖南、广东、湖北和河北，排放量合计为 805.5 万 t，占全国化学需氧量排放量的 31.0%。

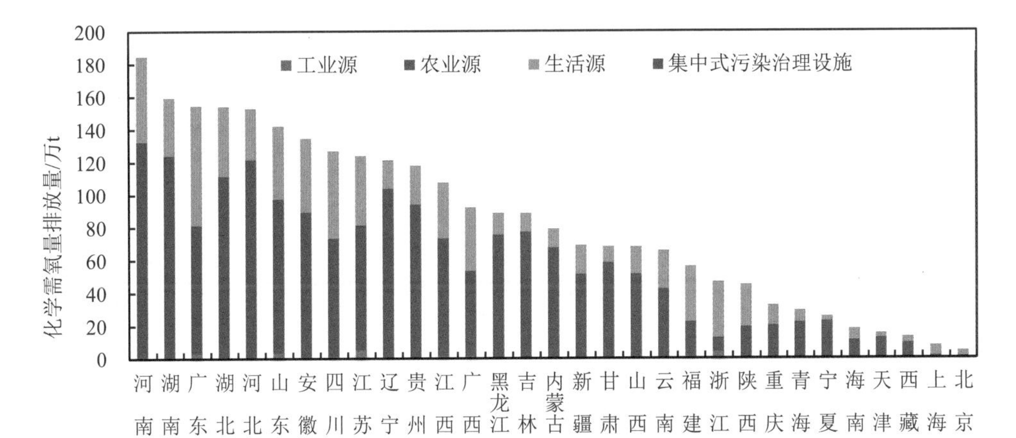

图 3.2-1　2022 年各省份化学需氧量排放情况

三、各工业行业化学需氧量排放情况

2022 年，在统计调查的 42 个工业行业中，化学需氧量排放量排名前五的行业依次为纺织业，造纸和纸制品业，化学原料和化学制品制造业，农副食品加工业，计算机、通信和其他电子设备制造业。5 个行业的排放量合计为 19.9 万 t，占全国工业源重点调查企业化学需氧量排放量的 60.4%。

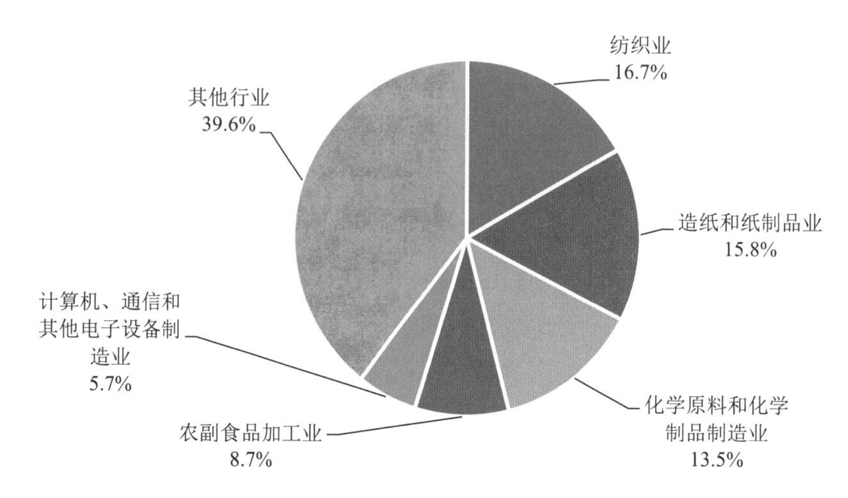

图 3.2-2　2022 年各工业行业化学需氧量排放量情况

第二节　氨氮

一、全国氨氮排放情况

2022 年，在《排放源统计调查制度》确定的统计调查范围内，全国氨氮排放量为 82.0 万 t。其中，工业源（含非重点）废水中氨氮排放量为 1.4 万 t，占 1.7%；农业源氨氮排放量为 28.1 万 t，占 34.2%；生活源污水中氨氮排放量为 52.5 万 t，占 64.0%；集中式污染治理设施废水（含渗滤液）中氨氮排放量为 0.1 万 t，占 0.1%。

表 3.2-2　2022 年全国氨氮排放量

排放源	全国	工业源	农业源	生活源	集中式污染治理设施
排放量/万 t	82.0	1.4	28.1	52.5	0.1
占比/%	—	1.7	34.2	64.0	0.1

二、各省份氨氮排放情况

2022 年，氨氮排放量排名前五的省份依次为广东、四川、湖南、湖北和广西，排放量合计为 29.3 万 t，占全国氨氮排放量的 35.7%。

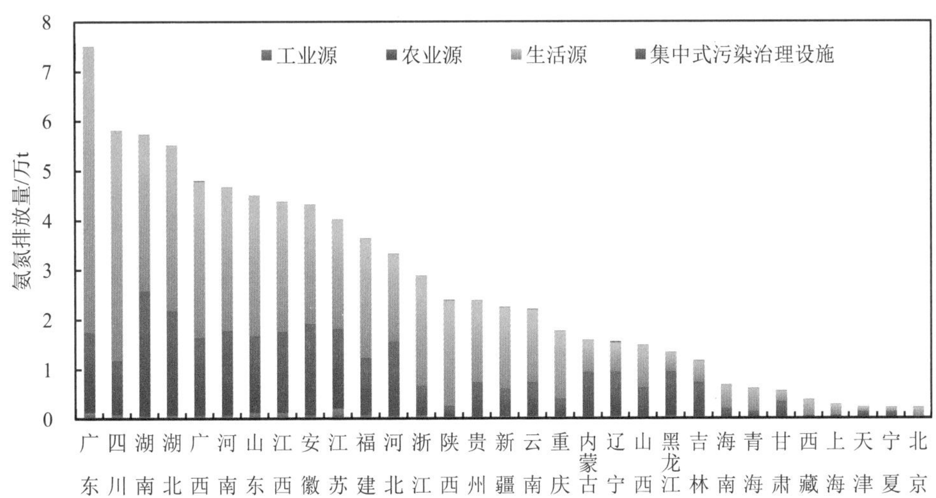

图 3.2-3 2022 年各省份氨氮排放情况

三、各工业行业氨氮排放情况

2022 年，在统计调查的 42 个工业行业中，氨氮排放量排名前五的行业依次为化学原料和化学制品制造业、造纸和纸制品业、农副食品加工业、纺织业、食品制造业。5 个行业的排放量合计为 0.7 万 t，占全国工业源重点调查企业氨氮排放量的 59.7%。

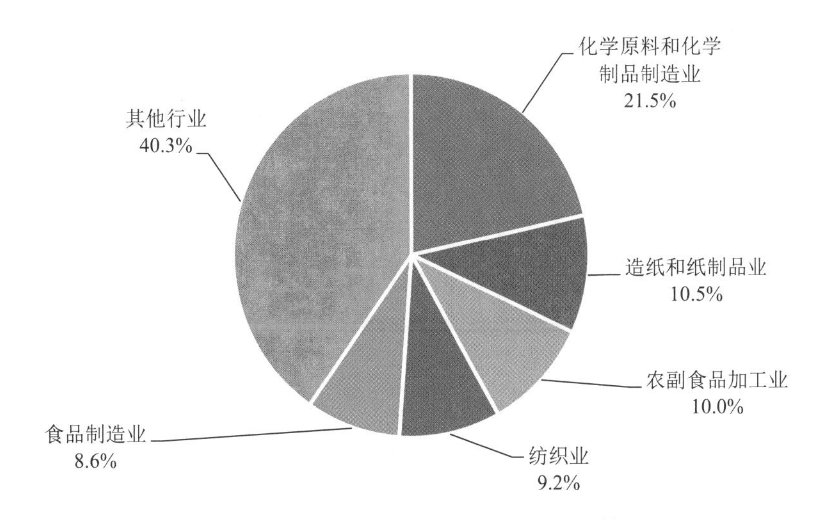

图 3.2-4 2022 年各工业行业氨氮排放量情况

第三节　总氮

一、全国总氮排放情况

2022年，在《排放源统计调查制度》确定的统计调查范围内，全国总氮排放量为317.2万t。其中，工业源（含非重点）废水中总氮排放量为9.1万t，占2.9%；农业源总氮排放量为174.4万t，占55.0%；生活源污水中总氮排放量为133.5万t，占42.1%；集中式污染治理设施废水（含渗滤液）中总氮排放量为0.2万t，占0.1%。

表3.2-3　2022年全国总氮排放量

排放源	全国	工业源	农业源	生活源	集中式污染治理设施
排放量/万t	317.2	9.1	174.4	133.5	0.2
占比/%	—	2.9	55.0	42.1	0.1

二、各省份总氮排放情况

2022年，总氮排放量排名前五的省份依次为广东、湖南、湖北、广西和河南，排放量合计为107.3万t，占全国总氮排放量的33.8%。

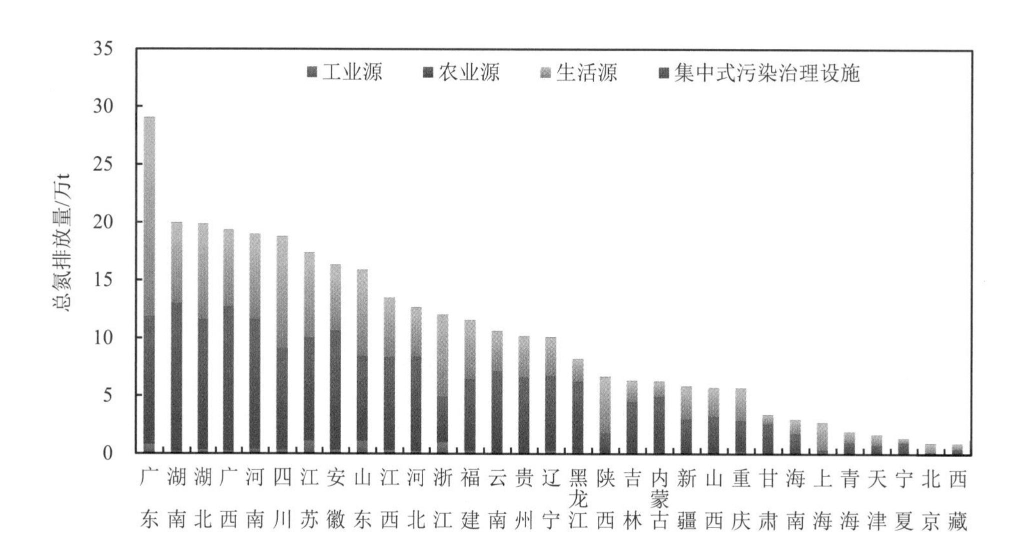

图3.2-5　2022年各省份总氮排放情况

三、各工业行业总氮排放情况

2022 年，在统计调查的 42 个工业行业中，总氮排放量排名前五的行业依次为化学原料和化学制品制造业，纺织业，农副食品加工业，计算机、通信和其他电子设备制造业，造纸和纸制品业。5 个行业的排放量合计为 4.4 万 t，占全国工业源重点调查企业总氮排放量的 58.9%。

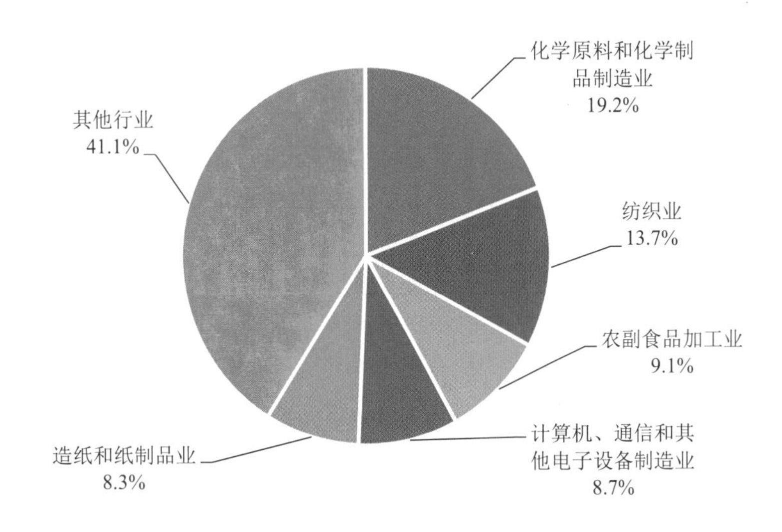

图 3.2-6　2022 年各工业行业总氮排放量情况

第四节　总磷

一、全国总磷排放情况

2022 年，在《排放源统计调查制度》确定的统计调查范围内，全国总磷排放量为 34.6 万 t。其中，工业源（含非重点）废水中总磷排放量为 0.2 万 t，占 0.7%；农业源总磷排放量为 27.7 万 t，占 80.2%；生活源污水中总磷排放量为 6.6 万 t，占 19.1%；集中式污染治理设施废水（含渗滤液）中总磷排放量为 52.5 t，占 0.02%。

表 3.2-4　2022 年全国总磷排放量

排放源	全国	工业源	农业源	生活源	集中式污染治理设施
排放量/万 t	34.6	0.2	27.7	6.6	0.005 2
占比/%	—	0.7	80.2	19.1	0.02

二、各省份总磷排放情况

2022 年，总磷排放量排名前五的省份依次为广东、湖南、湖北、广西和河南，排放量合计为 12.6 万 t，占全国总磷排放量的 36.4%。

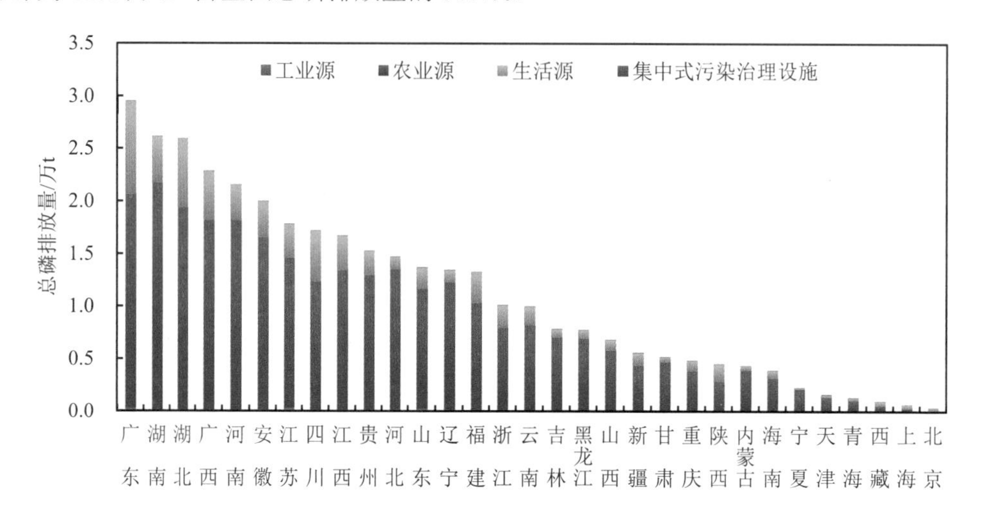

图 3.2-7　2022 年各省份总磷排放情况

三、各工业行业总磷排放情况

2022 年，在统计调查的 42 个工业行业中，总磷排放量排名前五的行业依次为农副食品加工业，化学原料和化学制品制造业，纺织业，食品制造业，计算机、通信和其他电子设备制造业。5 个行业的排放量合计为 0.1 万 t，占全国工业源重点调查企业总磷排放量的 61.3%。

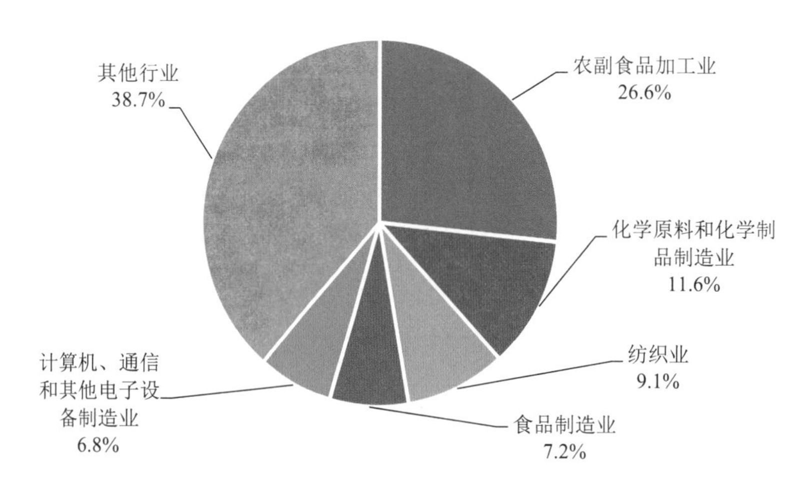

图 3.2-8　2022 年各工业行业总磷排放量情况

第五节　重金属

2022 年，全国废水重金属[①]排放量为 48.1 t。其中，工业源废水重金属排放量为 45.1 t，占全国排放量的 93.8%；集中式污染治理设施废水重金属排放量为 3.0 t，占 6.2%。

表 3.2-5　2022 年全国废水重金属排放量

排放源	全国	工业源	集中式污染治理设施
排放量/t	48.1	45.1	3.0
占比/%	—	93.8	6.2

① 废水重金属排放量指废水中总砷、总铅、总镉、总汞、总铬排放量合计。

第三章　工业固体废物

第一节　一般工业固体废物

一、全国一般工业固体废物产生及处理情况

2022年，在《排放源统计调查制度》确定的统计调查范围内，全国一般工业固体废物产生量为41.1亿t，综合利用量为23.7亿t，处置量为8.9亿t。

二、各省份一般工业固体废物产生及处理情况

2022年，一般工业固体废物产生量排名前五的省份依次为山西、内蒙古、河北、辽宁和山东，产生量合计为17.9亿t，占全国一般工业固体废物产生量的43.4%。

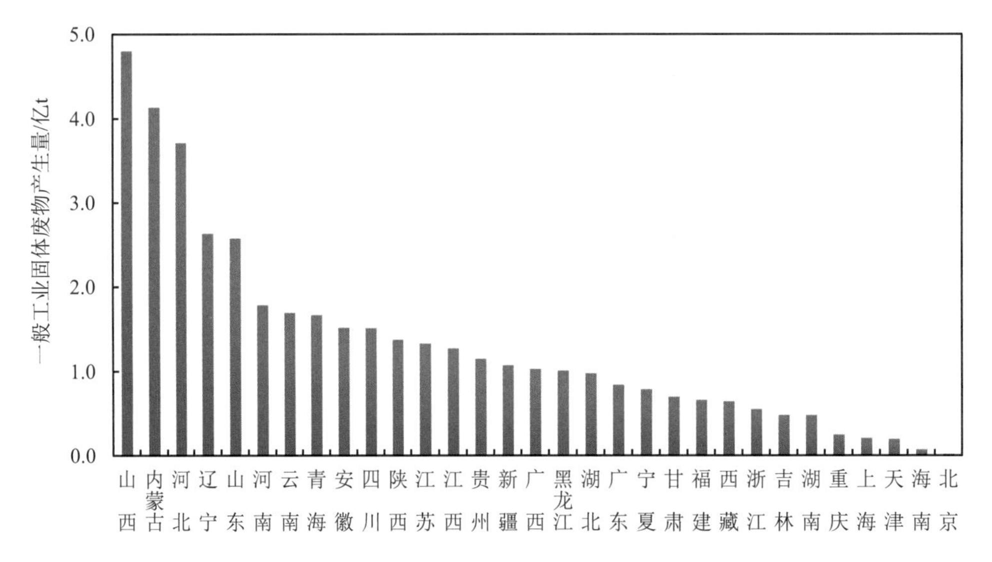

图3.3-1　2022年各省份一般工业固体废物产生量

一般工业固体废物综合利用量排名前五的省份依次为河北、山东、山西、内蒙古和河南，综合利用量合计为9.1亿t，占全国一般工业固体废物综合利用量的38.2%。

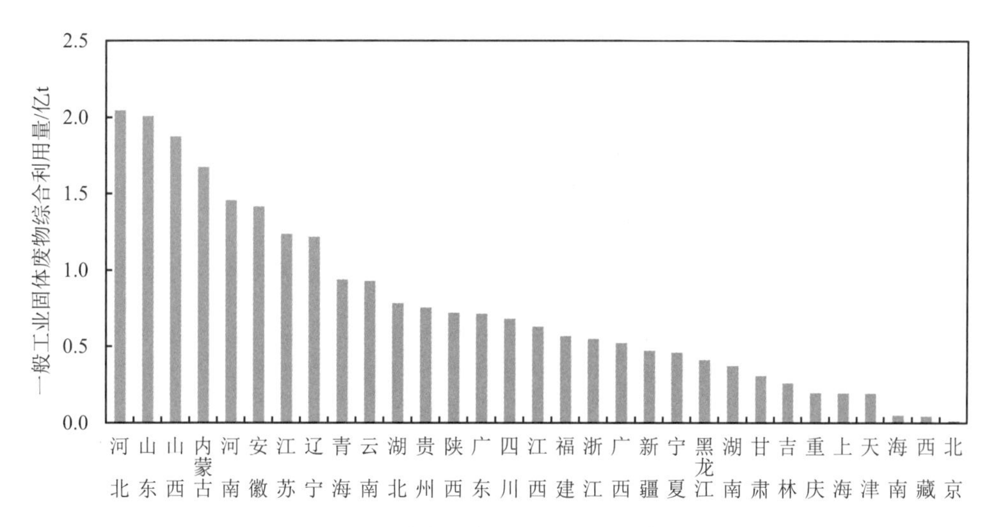

图 3.3-2 2022 年各省份一般工业固体废物综合利用量

一般工业固体废物处置量排名前五的省份依次为山西、内蒙古、辽宁、河北和陕西，处置量合计为 5.9 亿 t，占全国一般工业固体废物处置量的 67.0%。

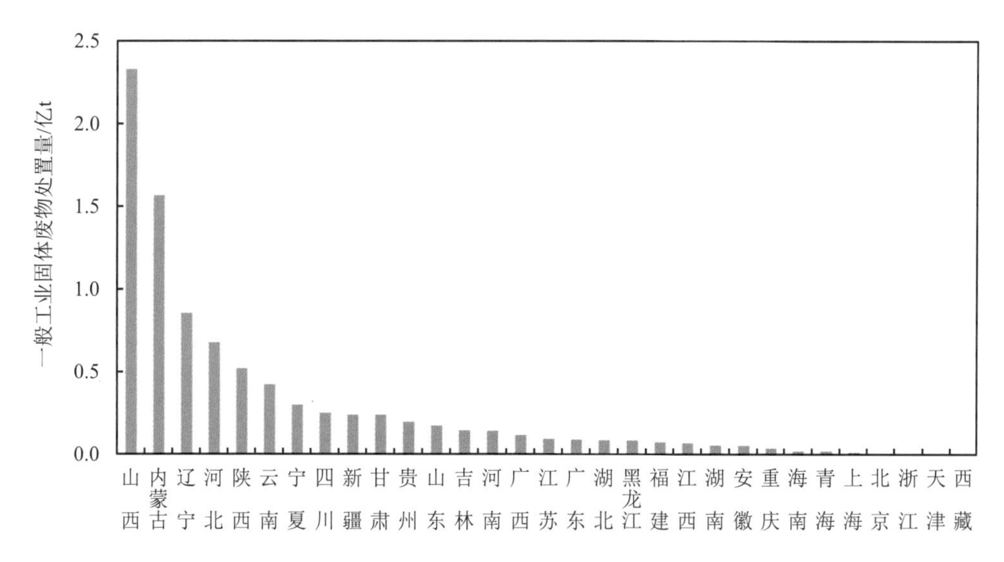

图 3.3-3 2022 年各省份一般工业固体废物处置量

三、各行业一般工业固体废物产生及处理情况

2022 年，在统计调查的 42 个工业行业中，一般工业固体废物产生量排名前五的行业依次为电力、热力生产和供应业，有色金属矿采选业，黑色金属冶炼和压延加工业，黑色金属矿采选业，煤炭开采和洗选业。5 个行业的一般工业固体废物产生量合计为 31.8 亿 t，占全国一般工业固体废物产生量的 77.4%。

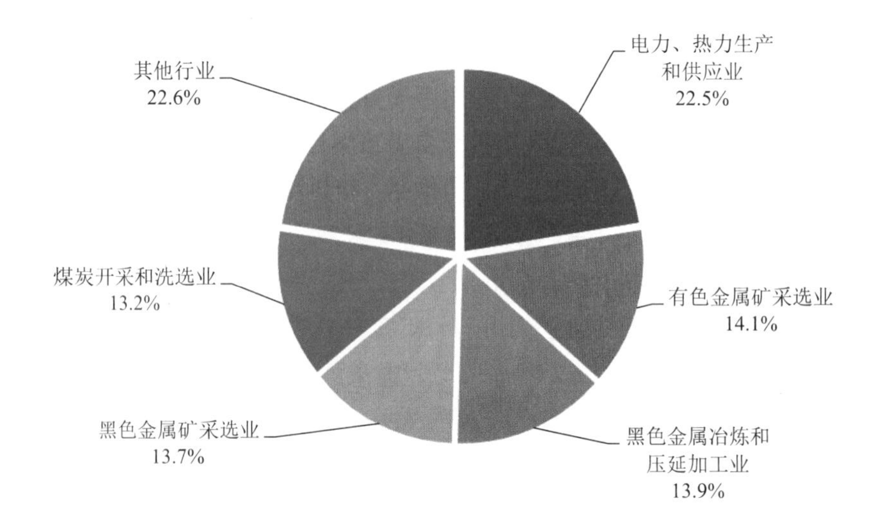

图 3.3-4　2022 年一般工业固体废物产生量行业分布

2022 年，一般工业固体废物综合利用量排名前五的行业依次为电力、热力生产和供应业，黑色金属冶炼和压延加工业，煤炭开采和洗选业，化学原料和化学制品制造业，黑色金属矿采选业。5 个行业的一般工业固体废物综合利用量合计为 19.5 亿 t，占全国一般工业固体废物综合利用量的 82.2%。

2022 年，一般工业固体废物处置量排名前五的行业依次为煤炭开采和洗选业，电力、热力生产和供应业，黑色金属矿采选业，有色金属矿采选业，化学原料和化学制品制造业。5 个行业的一般工业固体废物处置量合计为 6.9 亿 t，占全国一般工业固体废物处置量的 78.2%。

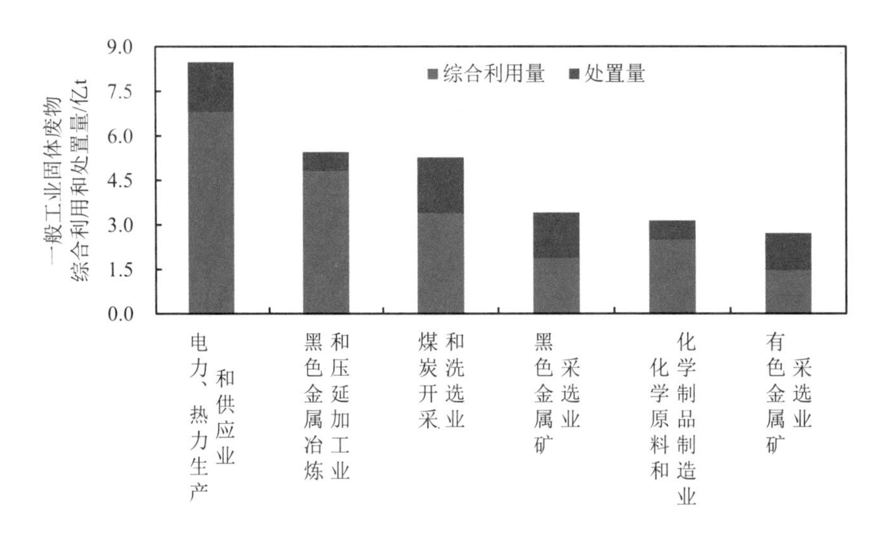

图 3.3-5　2022 年主要工业行业一般工业固体废物综合利用和处置情况

第二节 工业危险废物

一、全国工业危险废物产生及利用处置情况

2022 年，在《排放源统计调查制度》确定的统计调查范围内，全国工业危险废物产生量为 9 514.8 万 t，利用处置量为 9 443.9 万 t。

二、各省份工业危险废物产生及利用处置情况

2022 年，工业危险废物产生量排名前五的省份依次为山东、内蒙古、江苏、浙江和广东，产生量合计为 3 575.0 万 t，占全国工业危险废物产生量的 37.6%。

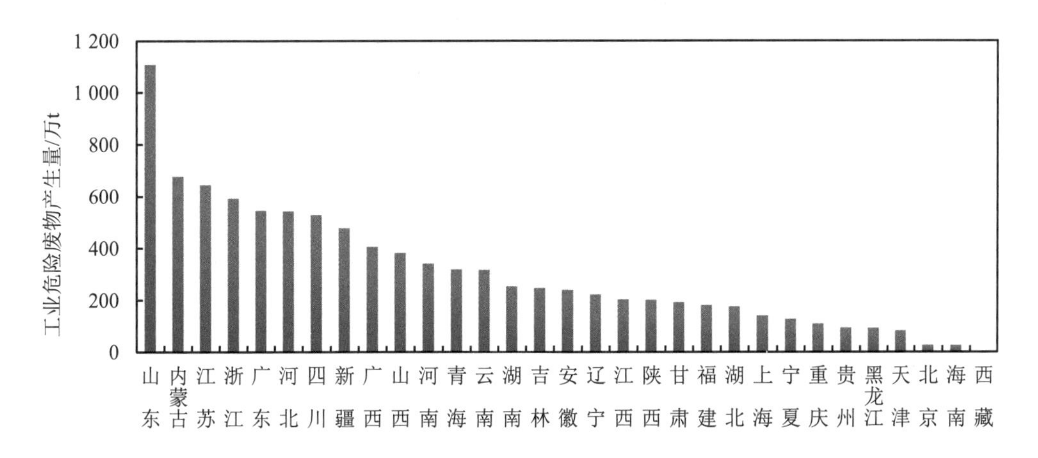

图 3.3-6 2022 年各省份工业危险废物产生量

工业危险废物利用处置量排名前五的省份依次为山东、内蒙古、江苏、浙江和河北，利用处置量合计为 3 615.3 万 t，占全国工业危险废物利用处置量的 38.3%。

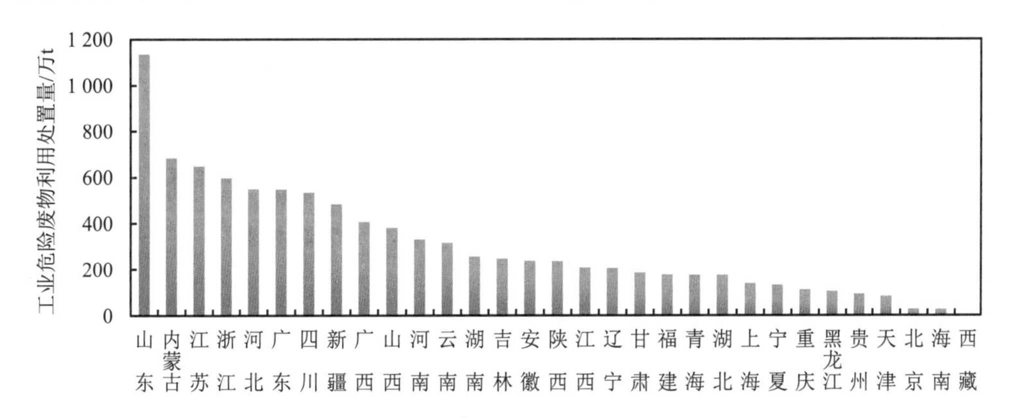

图 3.3-7 2022 年各省份工业危险废物利用处置量

三、各行业工业危险废物产生、利用处置情况

2022 年，在统计调查的 42 个大类工业行业中，工业危险废物产生量排名前五的行业依次为化学原料和化学制品制造业，有色金属冶炼和压延加工业，石油、煤炭及其他燃料加工业，黑色金属冶炼和压延加工业，电力、热力生产和供应业。5 个行业的工业危险废物产生量合计为 6 879.7 万 t，占全国工业危险废物产生量的 72.3%。

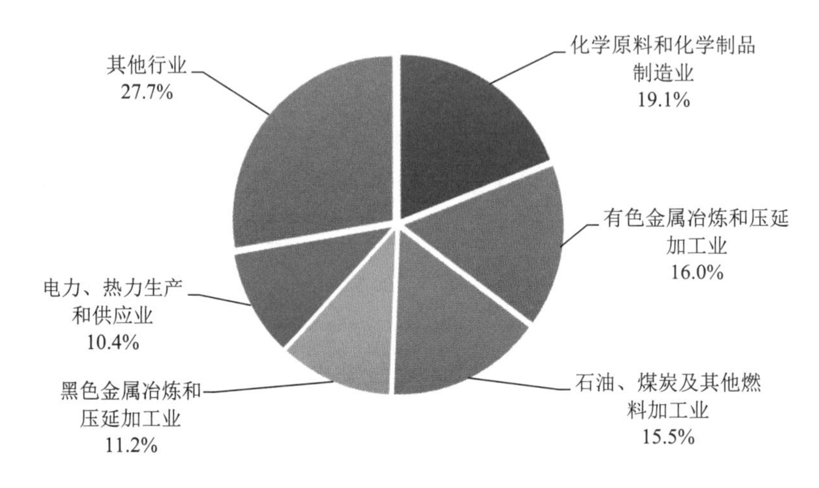

图 3.3-8　2022 年工业危险废物产生量行业分布

2022 年，工业危险废物利用处置量排名前五的行业依次为化学原料和化学制品制造业，有色金属冶炼和压延加工业，石油、煤炭及其他燃料加工业，黑色金属冶炼和压延加工业，电力、热力生产和供应业。5 个行业的工业危险废物利用处置量合计为 6 948.3 万 t，占全国工业危险废物利用处置量的 73.6%。

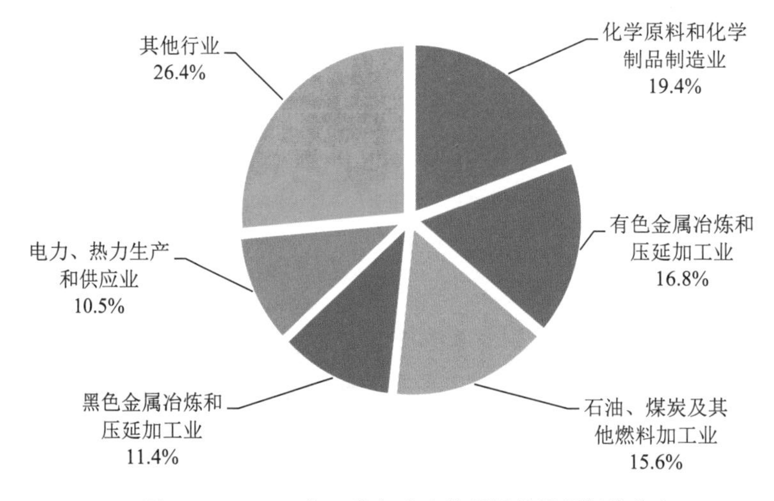

图 3.3-9　2022 年工业危险废物利用处置量行业分布

第四章　污染源监测

第一节　执法监测

一、废水

（一）总体情况

2022 年，开展废水排放执法监测的 16 970 家已核发排污许可证的企业中，730 家排污单位废水排放超标，超标比例为 4.3%。

从地区来看，除河北和兵团外，29 个省份均存在超标情况。

从行业来看，超标的排污单位主要集中在纺织业、金属制品业、化学原料和化学制品制造业、农副食品加工业、公共设施管理业、医药制造业等行业，分别为 114 家、56 家、53 家、46 家、35 家和 31 家，合计数占超标排污单位总数的 45.9%。

从超标项目来看，监测指标共 180 余项，其中 81 项存在超标情况，化学需氧量、氨氮、悬浮物、总磷、总氮和五日生化需氧量为主要超标污染物，监测的排污单位数分别为 16 137 家、14 968 家、12 465 家、11 417 家、9 506 家和 7 624 家，超标的排污单位数分别为 298 家、243 家、207 家、158 家、162 家和 180 家，超标比例分别为 1.8%、1.6%、1.7%、1.4%、1.7%和 2.4%。

与 2021 年相比，2022 年监测的废水排污单位数增加 2 537 家，超标数增加 36 家，超标比例下降 0.5 个百分点。

（二）污水处理厂

2022 年，开展废水排放执法监测的 5 264 家已核发排污许可证的污水处理厂中，311 家污水处理厂超标，超标比例为 5.9%。

从地区来看，除北京、天津、河北外，其他 27 个省份及兵团均存在超标情况。

从超标项目来看，监测指标共 110 余项，其中 37 项存在超标情况，粪大肠菌群、悬浮物、总磷、总氮、氨氮和化学需氧量为主要超标污染物，监测的污水处理厂数分别为 3 776 家、4 491 家、5 047 家、4 772 家、5 220 家和 5 190 家，超标污水处理厂数分别为 181 家、134 家、133 家、125 家、120 家和 107 家，超标比例分别为 4.8%、3.0%、2.6%、2.6%、2.3%和 2.1%。

与 2021 年相比，2022 年监测的污水处理厂数增加 1 177 家，超标污水处理厂数增加 59 家，超标比例下降 0.3 个百分点。

二、废气

2022 年，开展废气排放执法监测的 17 896 家已核发排污许可证的企业中，725 家排污单位废气排放超标，超标比例为 4.1%。

从地区来看，除北京、天津外，其他 28 个省份及兵团均存在超标情况。

从行业来看，超标的排污单位主要集中在电力、热力生产和供应业，非金属矿物制品业，化学原料和化学制品制造业，黑色金属冶炼和压延加工业，石油、煤炭及其他燃料加工业，有色金属冶炼和压延加工业，分别为 196 家、130 家、92 家、51 家、49 家和 42 家，合计数占超标排污单位数的 77.2%。

从超标项目来看，监测指标共 160 余项，其中 44 项存在超标情况，颗粒物、二氧化硫、氮氧化物、林格曼黑度、汞及其化合物、氟化物和非甲烷总烃为主要超标污染物，监测的排污单位数分别为 10 625 家、10 216 家、10 443 家、2 627 家、2 284 家、1 829 家和 4 933 家，超标的排污单位数分别为 536 家、439 家、425 家、130 家、125 家、78 家和 50 家，超标比例分别为 5.0%、4.3%、4.1%、4.9%、5.5%、4.3%和 1.0%。

与 2021 年相比，2022 年监测的废气排污单位数增加 2 332 家，超标数增加 313 家，超标比例上升 1.5 个百分点。

第二节　固定污染源废气 VOCs 监测

2022 年，有组织监测评价的 2 125 家 VOCs 排污单位中，达标排污单位 2 102 家，占 98.9%，有 23 家出现排放超标现象。无组织监测评价的 874 家排污单位中，达标排污单位 867 家，占 99.2%，有 7 家出现排放超标现象。

从地区来看，有组织监测评价的超标单位主要分布在广东、江苏、浙江、江西，无组织监测评价的超标单位主要分布在广东、河南。

从行业来看，有组织监测评价的超标单位主要是化学原料和化学制品制造业，金属制品业，医药制造业，石油、煤炭及其他燃料加工业等行业的排污单位，分别有 7 家、4 家、3 家和 2 家；无组织监测评价的超标单位是石油、煤炭及其他燃料加工业，化学原料和化学制品制造业，有色金属冶炼和压延加工业，水的生产和供应业，废弃资源综合利用业、橡胶和塑料制品业、家具制造业等行业的排污单位，分别各有 1 家，其中，有色金属冶炼和压延加工业行业达标排污单位比例较低，为 88.9%。

与 2021 年相比，2022 年 VOCs 有组织监测排污单位数减少 546 家，无组织监测排污单位数减少 389 家。

第四篇

结论和对策建议

第一章 基本结论

2022 年，全国生态环境质量保持改善态势，生态系统稳定性不断增强，生态安全屏障持续巩固，减污降碳协同增效，核与辐射安全得到切实保障。

一、大气环境质量稳中向好

颗粒物、二氧化氮浓度持续下降。2022 年，全国 339 个城市 $PM_{2.5}$ 和 PM_{10} 平均浓度分别为 29 μg/m^3 和 51 μg/m^3，与 2021 年相比，分别下降 3.3%和 56%，其中 $PM_{2.5}$ 浓度首次降低到 30 μg/m^3 以内，实现近 10 年来连续下降。全国 74.6%的城市 $PM_{2.5}$ 平均浓度达标，与 2021 年相比，上升 4.4 个百分点。83.8%的城市 PM_{10} 平均浓度达标，与 2021 年相比，上升 1.8 个百分点。NO_2 平均浓度为 21 μg/m^3，与 2021 年相比，下降 8.7%。

重污染天数明显减少。2022 年，全国共出现重度及以上污染 1 150 天次，与 2021 年相比，减少 487 天次。其中，$PM_{2.5}$ 和 PM_{10} 为首要污染物的天数分别减少 7 d 和 515 d。

城市降尘量普遍下降。2022 年，“2+26”城市、长三角地区 25 个城市、汾渭平原 11 个城市降尘量分别为 5.6 t/（km^2·30 d）、2.4 t/（km^2·30 d）、5.4 t/（km^2·30 d）。与 2021 年相比，分别下降 22.2%、15.6%、5.3%。

二、水环境质量持续向好

地表水环境质量持续向好。全国地表水Ⅰ～Ⅲ类水质断面比例为 87.9%，与 2021 年相比，上升 3.0 个百分点；劣Ⅴ类水质断面比例为 0.7%，与 2021 年相比，下降 0.5 个百分点。重点流域水质进一步改善。长江流域、珠江流域、浙闽片河流、西南诸河和西北诸河水质持续为优，黄河流域、淮河流域和辽河流域水质良好。其中，长江干流持续 3 年全线达到Ⅱ类水质，黄河干流首次全线达到Ⅱ类水质。

地下水水质总体保持稳定。全国地下水Ⅰ～Ⅳ类水质点位比例为 77.6%，Ⅴ类水质点位比例为 22.4%。

饮用水水源地水质稳中向好。2022 年，地级及以上城市集中式生活饮用水水源达标率为 95.9%，与 2021 年相比，上升 1.7 个百分点。其中，地表水和地下水饮用水水源达标率分别为 98.3%和 90.5%，92.3%的城市水源达标率为 100%。

海洋生态环境状况稳中趋好。2022 年，全国近岸海域海水优良（一、二类）水质比例为 81.9%，与 2021 年相比，上升 0.6 个百分点；劣四类水质比例为 8.9%，与 2021 年相比，下降 0.7 个百分点。管辖海域海水水质总体稳定，夏季符合一类标准的海域面积占比 97.4%。

三、土壤环境风险得到基本管控

土壤环境风险得到基本管控，土壤污染加重趋势得到初步遏制。全国农用地安全利用率保持在 90%以上，农用地土壤环境状况总体稳定，影响农用地土壤环境质量的主要污染物是重金属。重点建设用地安全利用得到有效保障。国家土壤环境监测网每五年完成一轮次监测工作，截至 2022 年年底，北京、上海、江苏、浙江、福建、湖南、广东、广西、贵州、云南和海南 11 个省（区、市）土壤环境质量总体稳定。

四、城市声环境质量总体稳定

城市声环境质量总体稳定。2022 年，地级及以上城市声环境功能区昼间、夜间达标率分别为 96.0%和 86.6%。与 2021 年相比，昼间和夜间达标率分别上升 0.6 个和 3.7 个百分点。昼间区域等效声级平均值为 54.0 dB（A），道路交通昼间等效声级平均值为 66.2 dB（A），均与上年基本持平。

五、自然生态状况总体稳定

全国自然生态状况总体稳定。2022 年，全国生态质量指数（EQI）值为 59.62，生态质量属“二类”。与 2021 年相比，全国 EQI 值下降了 0.15，保持“基本稳定”。生态质量为“一类”“二类”“三类”“四类”和“五类”的县域个数所占比例分别为 27.85%、34.78%、32.40%、4.76%和 0.21%。

六、农村水环境持续改善

农村地表水水质呈改善趋势。2022 年，农村地表水 I ～III类水质断面比例为 85.6%，与 2021 年相比，上升 2.2 个百分点；劣V类水质比例为 1.2%，与 2021 年相比，下降 0.3 个百分点。

农村千吨万人饮用水水源地水质总体改善。2022 年，农村千吨万人饮用水水源地水质达标比例为 82.9%，与 2021 年相比上升 4.9 个百分点。

农田灌溉水水质有所改善。2022 年，规模达到 10 万亩及以上农田灌区的灌溉用水水质达标断面（点位）比例为 92.6%，与 2021 年相比上升 1.7 个百分点。

七、核与辐射安全态势总体平稳

核与辐射安全态势总体平稳。2022 年，全国辐射环境质量总体良好，环境辐射水平未见明显变化。其中，环境电离辐射水平处于本底涨落范围内，环境电磁辐射水平低于国家规定的电磁环境控制限值。

第二章　主要生态环境问题

目前，我国生态环境稳中向好的基础还不稳固，生态环境质量由量变到质变的拐点尚未出现，生态环境保护任务依然艰巨，生态环境持续改善的难度明显加大。

一、空气质量改善形势较为严峻，大气污染防治任务仍艰巨

秋冬季 $PM_{2.5}$ 重污染过程仍相对多发。2022 年，全国共出现重度及以上污染 1 150 天次，与 2021 年相比减少 487 天次。其中，$PM_{2.5}$ 为首要污染物的天数减少 7 d，但占比仍然达 55.6%。重点地区的月均 $PM_{2.5}$ 浓度最高值集中在 1 月。

重点区域大气环境治理仍需加强。2022 年，“2+26”城市、长三角地区、汾渭平原、珠三角地区和苏皖鲁豫交界优良天数比例分别为 66.7%、83.0%、65.2%、86.1%和 74.3%，重度及以上污染天数比例分别为 2.1%、0.2%、2.0%、0.1%和 1.4%。与 2021 年相比，“2+26”城市、长三角地区、汾渭平原、珠三角地区和苏皖鲁豫交界优良天数比例分别下降 0.5 个、3.7 个、5.0 个、4.7 个和 2.0 个百分点。

O_3 已成为造成环境空气质量超标的重要因素。2022 年，全国 339 个城市中有 126 个城市环境空气质量超标，其中 92 个城市 O_3 超标。与 2021 年相比，O_3 超标城市增加 42 个。339 个城市中，以 O_3 为首要污染物的超标天数占总超标天数的比例为 47.9%，连续第 5 年超过 30%，重点地区的月均 O_3 浓度最高值集中在 6 月、9 月。

酸雨发生面积与频率均上升。2022 年，全国酸雨发生面积比例为 5.0%，酸雨城市比例为 13.2%，酸雨发生频率平均为 9.4%，与 2021 年相比分别上升 1.2 个、1.6 个和 0.9 个百分点。

二、水环境质量改善面临诸多瓶颈和挑战

仍有 11.4%的地表水水质国控断面超标。2022 年，监测国控断面中Ⅳ类水质占 9.7%；Ⅴ类水质占 1.7%；劣Ⅴ类水质占 0.7%。全年累计有 15 个断面出现 70 次重金属（类金属）超标现象。

松花江流域和海河流域均为轻度污染。2022 年，松花江流域主要江河为轻度污染，水质超标指标中高锰酸盐指数、化学需氧量和总磷排名前三。海河流域主要江河水质超标指标中化学需氧量、高锰酸盐指数和五日生化需氧量排名前三。

个别重点湖泊蓝藻水华仍处于高发态势。2022 年，仍有 9 个湖泊与 3 座水库处于中度富营养状态，其中异龙湖、杞麓湖等湖泊常年处于中度富营养状态。部分重点湖泊水华仍持续出现。

入海河流总氮污染问题逐渐凸显，局部近岸海域污染依然存在。

2022 年，全国入海河流总氮平均浓度为 3.92 mg/L，与 2021 年相比，上升 8.9%。局部近岸海域污染依然存在，主要分布在辽东湾、渤海湾、莱州湾、长江口、杭州湾、珠江口等近岸海域，主要超标指标为无机氮和活性磷酸盐。

三、局部地区生态破坏问题突出

部分县域生态质量变差。2022 年，生态质量“轻微变差”、“一般变差”和“明显变差”的县域行政单元分别为 140 个、44 个和 2 个，县域个数所占比例分别为 4.90%、1.54%和 0.07%，主要分布在内蒙古高原中北部、新疆西部、长江中下游等地区。

人类活动对生态系统影响有所增加。人类活动等占用林地、草地、农田等，导致生态格局指数轻微下降和生态胁迫指数轻微上升。2022 年上半年、下半年，国家级自然保护区新增或扩大人类活动面积分别为 3.28 km^2 和 3.94 km^2。

四、城市 0 类和 4a 类声功能区夜间声环境质量有待提升

全国城市 0 类声功能区（康复疗养区）和 4a 类声功能区（道路交通干线两侧区域）夜间达标率持续偏低。2022 年，0 类和 4a 类声功能区夜间达标率分别为 67.9%、70.4%，0 类功能区夜间点次达标率在各类功能区中最低。

五、农村水环境质量与全国平均水平还有差距

农村地表水和饮用水水源地存在不同程度污染。2022 年，农村地表水Ⅰ～Ⅲ类水质比例为 85.6%，农村千吨万人饮用水水源地水质达标比例为 82.9%，与 2021 年相比有所好转但仍低于城市平均水平。

第三章　对策建议

党的十八大以来，在以习近平同志为核心的党中央坚强领导下，我国生态文明建设取得历史性成就、发生历史性变革，美丽中国建设迈出坚实步伐。但同时也要看到，生态环境质量同人民群众对美好生活的期盼相比，同建设美丽中国的目标相比，还有较大差距。在全面建设社会主义现代化国家新征程上，我们要坚持用习近平生态文明思想武装头脑、指导实践、推动工作，加强党对生态文明建设的全面领导，增强生态文明建设战略定力，牢固树立和践行绿水青山就是金山银山的理念，站在人与自然和谐共生的高度谋划发展，加快建设美丽中国。

一、持续深入打好污染防治攻坚战

着力打好重污染天气消除等标志性战役，继续深化重点区域大气污染联防联控。做好关键时期、关键区域、关键大气环境问题的防治和应对工作。做好 $PM_{2.5}$ 和 O_3 的协同联控工作，因地制宜采取措施，高温期继续加强京津冀及周边城市、汾渭平原、长三角地区、苏皖鲁豫交界、成渝地区、长江中游城市等重点区域 VOCs、NO_x 管控。推动国际合作，从源头治理沙尘问题。做好重点区域环境空气污染联防联控工作，加强对典型一次污染源的排查，继续开展采暖期北方地区的空气污染热点分析，特别是 NO_x 和 $PM_{2.5}$ 热点分析，建议地方制定有针对性的应急减排措施，支撑重点区域精准施策。

突出水资源、水环境、水生态“三水”统筹，强化重点湖泊蓝藻水华治理。通过加密监测、溯源排查等方式，厘清面源污染防治责任，开展城乡面源污染防治，削减面源污染负荷，缓解汛期面源污染对水环境的压力，尤其是对湖库富营养化的压力。统筹水资源、水环境、水生态等流域要素系统治理，实现部分地区严重的河流湖泊断流干涸现象改善，重要水体生态得到保护修复，推进美丽河湖保护与建设。持续开展排污口排查整治，推动城市黑臭水体治理。

进一步加强农村环境管理和保护。推进农村环境质量监测点位区县级全覆盖，积极改善农村空气质量；推进农业面源污染监测网建设和化肥农药减量增效行动，加强农业面源氨排放控制，推进规模化畜禽养殖场氨气等臭气治理，强化秸秆综合利用和禁烧管控；加强黑臭水体动态排查整治和农村水源地保护，有效提升水质；推进农村生活污水、垃圾治理和生活垃圾无害化处理，持续改善农村人居与生态环境质量。

二、强化海洋生态环境综合治理

做好陆海统筹，深入打好重点海域综合治理攻坚战，开展入海排污口排查整治、入海河流水质改善等专项行动，强化重点海域入海河流总氮治理与管控；加强海水养殖、海洋工程和海洋倾废、海洋垃圾监管；推进美丽海湾建设，“一湾一策”协同推进近岸海域污染防治、生态保护修复和岸滩环境整治。

三、加强生态保护与监管，守住自然生态安全边界

坚持保护优先，坚持“山水林田湖草沙”一体化保护和系统治理，是生态文明建设的应有之义。不断完善以国家公园为主体的自然保护地体系建设，持续推进生态系统保护修复；加强生态保护红线和自然保护地生态环境监管，开展“绿盾 2023”自然保护地强化监督；更新中国生物多样性保护战略与行动计划，推动实施生物多样性保护重大工程；选择重点区域组织开展生态状况调查评估。

四、实施“十四五”噪声污染防治行动

全面推动功能区声环境质量自动监测站点的建设，升级噪声监测网络；强化工业噪声监管，完成涉及噪声污染的工业企业的排污许可证核发和登记，加大执法力度、创新执法形式；树立工业噪声治理标杆、发布低噪声施工设备指导目录，加强引领示范。通过宁静小区建设、设置静音车厢等宁静场所，创造舒适环境，并且通过鼓励社区居民自治管理、优化噪声纠纷解决方式，营造宁静和谐氛围。

五、立足高质量发展，有序推动绿色低碳发展

完善全域覆盖的生态环境分区管控体系，严格生态环境准入，加快推动发展方式绿色低碳转型，坚持把绿色低碳发展作为解决生态环境问题的治本之策，加快形成绿色生产方式和生活方式；积极稳妥推进碳达峰碳中和，坚持全国统筹、节约优先、双轮驱动、内外畅通、防范风险的原则，落实好碳达峰碳中和“1+N”政策体系，实施可再生能源替代行动，构建清洁低碳安全高效的能源体系。

附录

附录一　监测依据和范围

附表 1-1　生态环境监测指标与依据

监测要素/项目		监测指标	监测依据
大气环境	城市环境	二氧化硫（SO_2）、二氧化氮（NO_2）、可吸入颗粒物（PM_{10}）、细颗粒物（$PM_{2.5}$）、一氧化碳（CO）和臭氧（O_3）等六项污染物	《环境空气质量标准》（GB 3095—2012）及修改单 《环境空气质量评价技术规范（试行）》（HJ 663—2013） 《生态环境监测规划纲要（2020—2035 年）》（环监测〔2019〕86 号） 《“十四五”国家空气、地表水环境质量监测网设置方案》（环办监测〔2020〕3 号） 《2022 年国家生态环境监测方案》（环办监测函〔2022〕58 号） 《环境空气颗粒物（PM_{10} 和 $PM_{2.5}$）连续自动监测系统运行和质控技术规范》（HJ 817—2018） 《环境空气气态污染物（SO_2、NO_2、O_3、CO）连续自动监测系统运行和质控技术规范》（HJ 818—2018） 《环境空气自动监测标准传递管理规定（试行）》（环办监测函〔2017〕242 号） 《环境空气自动监测 O_3 标准传递工作实施方案》（环办监测函〔2017〕1620 号） 《关于报送国家区域/背景环境空气质量监测站运行维护记录的通知》（总站气字〔2017〕333 号） 《关于做好国家区域/背景环境空气质量监测站 O_3 量值传递工作的通知》（总站气字〔2018〕136 号）
	背景站	16 个国家背景环境空气质量监测站开展环境空气质量背景监测，监测指标为二氧化硫（SO_2）、二氧化氮（NO_2）、可吸入颗粒物（PM_{10}）、细颗粒物（$PM_{2.5}$）、一氧化碳（CO）和臭氧（O_3）等六项污染物。11 个背景站开展温室气体二氧化碳（CO_2）、甲烷（CH_4）监测，5 个背景站开展温室气体氧化亚氮（N_2O）监测	
	区域站	二氧化硫（SO_2）、二氧化氮（NO_2）、可吸入颗粒物（PM_{10}）、细颗粒物（$PM_{2.5}$）、一氧化碳（CO）和臭氧（O_3）等六项污染物	
	沙尘	地面监测：总悬浮颗粒物（TSP）和 PM_{10} 遥感监测：沙尘分布范围、等级、面积	
	降尘	降尘量	
	降水	降水量、pH 值、电导率；硫酸根（SO_4^{2-}）、硝酸根（NO_3^-）、氟离子（F^-）、氯离子（Cl^-）、铵根离子（NH_4^+）、钙离子（Ca^{2+}）、镁离子（Mg^{2+}）、钠离子（Na^+）和钾离子（K^+）等 9 种离子成分	

监测要素/项目		监测指标	监测依据
大气环境	颗粒物组分	$PM_{2.5}$ 质量浓度； 水溶性离子：硫酸根（SO_4^{2-}）、硝酸根（NO_3^-）、氟离子（F^-）、氯离子（Cl^-）、钠离子（Na^+）、铵根离子（NH_4^+）、钾离子（K^+）、镁离子（Mg^{2+}）、钙离子（Ca^{2+}）； 碳组分：有机碳（OC）、元素碳（EC）； 无机元素：钒、铁、锌、镉、铬、钴、砷、铝、锡、锰、镍、硒、硅、钛、钡、铜、铅、钙、镁、钠、硫、氯、钾、锑	《国家背景环境空气质量监测运行维护手册（第四版）》（总站气字〔2021〕564 号） 《国家区域环境空气质量监测运行维护手册（第二版）》（总站气字〔2021〕564 号） 《沙尘天气分级技术规定（试行）》（总站生字〔2004〕31 号） 《沙尘暴天气预警》（GB/T 28593—2012） 《沙尘暴天气监测规范》（GB/T 20479—2006） 《沙尘暴天气等级》（GB/T 20480—2017） 《受沙尘天气过程影响城市空气质量评价补充规定》（环办监测〔2016〕120 号） 《关于沙尘天气过程影响扣除有关问题的函》（环测便函〔2019〕417 号） 《“2+26”城市县（市、区）环境空气降尘监测方案》 《汾渭平原、长三角地区城市环境空气降尘监测方案》 《环境空气降尘的测定重量法》（GB/T 15265—1994） 《酸沉降监测技术规范》（HJ/T 165—2004） 《环境空气　PM_{10} 和 $PM_{2.5}$ 的测定　重量法》（HJ 618—2011） 《环境空气　颗粒物中水溶性阳离子（Li^+、Na^+、NH_4^+、K^+、Ca^{2+}、Mg^{2+}）的测定　离子色谱法》（HJ 800—2016） 《环境空气　颗粒物中水溶性阴离子（F^-、Cl^-、Br^-、NO_2^-、NO_3^-、PO_4^{3-}、SO_3^{2-}、SO_4^{2-}）的测定　离子色谱法》（HJ 799—2016） 《环境空气颗粒物源解析监测技术方法指南（试行）》（第二版） 《环境空气　颗粒物中无机元素的测定　波长色散 X 射线荧光光谱法》（HJ 830—2017） 《环境空气　颗粒物中无机元素的测定　能量色散 X 射线荧光光谱法》（HJ 829—2017）
	挥发性有机物	监测 117 种挥发性有机物（光化学前体物），包括卤代烃、烷烃、含氧有机物、芳香烃、烯烃、炔烃、非甲烷总烃（NMHC）	
	细颗粒物遥感监测	陆地区域 $PM_{2.5}$ 质量浓度及分布	
	秸秆焚烧遥感监测	秸秆焚烧火点点位、空间分布	

监测要素/项目		监测指标	监测依据
大气环境	秸秆焚烧遥感监测	秸秆焚烧火点点位、空间分布	《空气和废气　颗粒物中金属元素的测定　电感耦合等离子体发射光谱法》（HJ 777—2015） 《空气和废气　颗粒物中铅等金属元素的测定　电感耦合等离子体质谱法》（HJ 657—2013） 《环境空气质量手工监测技术规范》（HJ/T 194—2017） 《环境空气　挥发性有机物的测定　罐采样/气相色谱-质谱法》（HJ 759—2015） 《环境空气挥发性有机物气相色谱连续监测系统技术要求及检测方法》（HJ 1010—2018） 《环境空气臭氧前体有机物手工监测技术要求（试行）》（环办监测函〔2018〕240 号） 《国家环境空气监测网环境空气挥发性有机物连续自动监测质量控制技术规定（试行）》（总站气函〔2019〕785 号） 《卫星遥感细颗粒物（$PM_{2.5}$）监测技术指南》（HJ 1264—2022） 《卫星遥感秸秆焚烧监测技术规范》（HJ 1008—2018）
水环境	地表水	9+*X*，9 为水温、pH 值、溶解氧、电导率、浊度、高锰酸盐指数、氨氮、总磷、总氮（湖库增测叶绿素 a、透明度等指标），*X* 为《地表水环境质量标准》（GB 3838—2002）表 1 基本项目中，除 9 项基本指标外，上一年及当年出现过的超过III类标准限值的指标，若断面考核目标为 I 类或 II 类，则为超过 I 类或 II 类标准限值的指标。特征指标结合水污染防治工作需求动态调整	《关于印发“十四五”国家空气、地表水环境质量监测网设置方案的通知》（环办监测〔2020〕3 号） 《关于印发“十四五”国家地表水监测及评价方案（试行）的通知》（环办监测函〔2020〕714 号） 《关于开展地表水部分省界断面流量监测工作的通知》（总站水字〔2018〕451 号） 《国家地表水环境质量修约处理规则》（总站水字〔2018〕87 号） 《国家地表水环境质量监测网采测分离管理办法》（环办监测〔2019〕2 号） 《国家地表水采测分离现场监测异常数据处置技术要求（试行）》（总站水字〔2019〕447 号） 《国家地表水环境质量监测网任务作业指导书（试行）》 《地表水和污水监测技术规范》（HJ/T 91—2002）
	饮用水水源地	常规监测：《地表水环境质量标准》（GB 3838—2002）表 1 的基本项目（23 项，化学需氧量除外）、表 2 的补充项目（5 项）和表 3 的优选特定项目（33 项），湖泊、水库型水源地增测叶绿素 a 和透明度，并统计当月各水源地的总取水量。 水质全分析：《地表水环境质量标准》（GB 3838—2002）中的 109 项，湖泊、水库型水源地增测叶绿素 a 和透明度	

监测要素/项目		监测指标	监测依据
水环境	地下水	基本指标：《地下水质量标准》（GB/T 14848—2017）表 1 常规指标中的 29 项，包括 pH 值、硫酸盐、氯化物、铁、锰、铜、锌、铝、挥发性酚类、阴离子表面活性剂、耗氧量（高锰酸盐指数）、氨氮、硫化物、钠、亚硝酸盐、硝酸盐、氰化物、氟化物、碘化物、汞、砷、硒、镉、铬（六价）、铅、三氯甲烷、四氯化碳、苯和甲苯。 特征指标：对于风险监控点位，根据其所在区域的污染源特征，在基本指标的基础上，可适当增加部分典型的特征指标	《环境水质监测质量保证手册》（第二版） 《全国集中式生活饮用水水源地水质监测实施方案》（环办函〔2012〕1266 号） 《地表水环境质量标准》（GB 3838—2002） 《地下水质量标准》（GB/T 14848—2017） 《水华遥感与地面监测评价技术规范（试行）》（HJ 1098—2020） 《2022 年国家生态环境监测方案》（环办监测函〔2022〕58 号） 《“十四五”国家地下水环境质量监测与评价方案（试行）》（环办监测函〔2021〕15 号）
	湖库水华	水质监测（湖体及饮用水水源地）：水温、pH 值、溶解氧、总氮、总磷、叶绿素 a、藻密度、微囊藻毒素（Ⅰ级预警饮用水水源地一级保护区） 卫星遥感监测：水华面积、分布位置、占湖水面积比例	
	重点流域水生生物	水质理化、水生生物和物理生境指标	
海洋生态环境	海水水质	基础指标：风速、风向、海况、天气现象、水深、水温、水色、盐度、透明度、叶绿素 a。 化学指标：pH 值、溶解氧、化学需氧量、氨氮、硝酸盐氮、亚硝酸盐氮、活性磷酸盐、石油类、悬浮物质、总氮、总磷、铜、锌、总铬、汞、镉、铅、砷。 全项目：在 148 个点位开展《海水水质标准》（GB 3097—1997）全项目监测（放射性核素、病原体除外）	《环境空气质量手工监测技术规范》（HJ/T 194—2017） 《环境空气　总悬浮颗粒物的测定　重量法》（GB/T 15432—1995） 《酸沉降监测技术规范》（HJ/T 165—2004） 《海洋垃圾监测与评价技术规程（试行）》（海环字〔2015〕31 号） 《海洋监测规范》（GB 17378—2007） 《海洋调查规范》（GB/T 12763—2007） 《海洋监测技术规程》（HY/T 147—2013） 《渔业生态环境监测规范》（SC/T 9102—2007） 《海水水质标准》（GB 3097—1997） 《海洋沉积物质量》（GB 18668—2002） 《海洋监测技术规程　第 7 部分：卫星遥感技术方法》（HYT 147.7—2013） 《海域卫星遥感动态监测技术规程》（国海管字〔2014〕500 号）
	海洋沉积物质量	沉积物质量：硫化物、石油类、有机碳、汞、镉、铅、砷、铜、锌、铬、粒度	
	海水浴场水质	水质项目：粪大肠菌群、漂浮物、溶解氧、色、臭和味，赤潮发生情况（必测）；石油类、pH 值、肠球菌（选测）。 其他项目：同步开展水温监测；具备能力的地方开展浪高、天气现象、风向、风速、总云量、降水量、气温、能见度等监测	

监测要素/项目		监测指标	监测依据
	海洋生态	水环境质量：水温、pH 值、溶解氧、化学需氧量、盐度、氨氮、硝酸盐氮、亚硝酸盐氮、活性磷酸盐、石油类、悬浮物质、铜、锌、总铬、汞、镉、铅、砷、叶绿素 a。 沉积物质量：硫化物、石油类、有机碳、汞、镉、铅、砷、铜、锌、铬、粒度。 生物质量：铜、锌、铬、总汞、镉、铅、砷、石油烃和麻痹性贝毒。 栖息地状况：岸线及生物栖息地面积变化。 生物群落状况	《海域使用分类遥感判别指南》（国海管字〔2014〕500 号） 《海岸线保护与利用管理办法》（国海发〔2017〕2 号） 《全国海岸线修测技术规程》（自然资办函〔2019〕1187 号）
	入海河流水质	同地表水	
	直排海污染源	按照污染排放口执行标准监测全部项目，标准中无总氮和总磷要求的，增加总氮和总磷	
	海洋大气	干沉降指标：总氮（选测）、氨氮、硝酸盐氮、亚硝酸盐氮、总磷（选测）、活性磷酸盐、砷、铅、铜、锌、镉、铬、总悬浮颗粒物（选测）。 湿沉降指标：总氮（选测）、氨氮、硝酸盐氮、亚硝酸盐氮、总磷（选测）、活性磷酸盐、砷、铅、铜、锌、镉、铬、降水量、降水电导率（选测）、降水 pH（选测）。 气象指标：风速、风向、气温、气压、相对湿度	
	海洋垃圾	海面漂浮垃圾、海滩垃圾、海底垃圾（选测）的种类、数量、重量	
	海洋倾倒区	水深、水质、沉积物质量和底栖生物	
	海洋油气区	海水水质：石油类、化学需氧量、汞和镉 沉积物质量：有机碳、石油类、汞和镉	
	海洋渔业水域水质	《渔业生态环境监测规范》（SC/T 9102—2007）、《海洋沉积物质量》（GB 18668—2002）中规定的相关内容	
	海岸线保护与利用遥感监测	海岸线变化等	

监测要素/项目		监测指标	监测依据
声环境	城市区域	等效声级	《环境噪声监测技术规范　城市声环境常规监测》（HJ 640—2012）
	道路交通	等效声级	
	城市功能区	点次达标率	
自然生态	全国生态质量	遥感监测项目： 土地利用或覆盖数据（6 类 26 项）、植被覆盖指数、城市热岛比例指数。 其他项目： 土壤侵蚀、水资源量、降水量、主要污染物排放量、自然保护区外来入侵物种情况等	《2022 年国家生态环境监测方案》（环办监测函〔2022〕58 号） 《生态环境状况评价技术规范》（HJ 192—2015） 《全国生态环境监测与评价实施方案》（总站生字〔2015〕163 号） 《2017 年全国生态环境监测和评价补充方案》（总站生字〔2017〕350 号） 《陆地生态系统生物观测指标与规范》 《生物多样性观测技术导则　鸟类》 《生物多样性观测技术导则　蝴蝶》 《生物多样性保护重大工程观测工作方案》 《自然保护地生态环境监管工作暂行办法》（环生态〔2020〕72 号）
	试点省域生态系统地面监测	植物群落乔木层： 基于样方监测：物种名称、物种数量、密度/多度、高度、频度、胸径；乔木层郁闭度；地表凋落物干重、平均厚度	
		植物群落灌木层： 基于样方监测：物种名称、株数/多度、盖度、丛幅、灌丛高度；物种数量、优势种；群落盖度、叶面积指数	
		植物群落草本层： 基于样方监测：物种名称、物种数量、群落盖度、株数/多度、高度、地上部分生物量（干重）、关键种生物量（干重）、叶面积指数、生活型（一、二年生草本植物比例）	
		水生生物： 底栖动物、浮游动植物、大型水生植物的种类、数量、密度、生物量、优势种	
		其他生物多样性监测： 鸟类、蝶类、两栖类的种类及个体数量	
	自然保护区人类活动	人类活动类型、位置、变化情况等	
	生物多样性		

监测要素/项目		监测指标	监测依据
农村	农村空气	二氧化硫（SO_2）、二氧化氮（NO_2）、可吸入颗粒物（PM_{10}）、细颗粒物（$PM_{2.5}$）、一氧化碳（CO）、臭氧（O_3）等	《环境空气质量自动监测技术规范》（HJ/T 193—2005） 《环境空气质量手工监测技术规范》（HJ/T 194—2017） 《地表水环境质量监测技术规范》（HJ/T 91.2—2022） 《污水监测技术规范》（HJ/T 91.1—2019） 《地下水环境监测技术规范》（HJ/T 164—2020） 《农用水源环境质量监测技术规范》（NY/T 396—2000） 《农田灌溉水质标准》（GB 5084—2021） 《“十四五”生态环境监测规划》（环监测〔2021〕117 号） 《2022 年国家生态环境监测方案》（环办监测函〔2022〕58 号） 《全国农业面源污染监测评估实施方案（2022—2025 年）》（环办监测〔2022〕23 号）
	农村地表水	《地表水环境质量标准》（GB 3838—2002）表 1 中基本项目（共 24 项）	
	农村千吨万人饮用水水源地	《地表水环境质量标准》（GB 3838—2002）表 1 的基本项目（23 项，化学需氧量除外，河流总氮除外）、表 2 的补充项目（5 项），共 28 项 《地下水质量标准》（GB/T 14848—2017）表 1 中 39 项常规指标	
	农田灌溉水	《农田灌溉水质标准》（GB 5084—2021）表 1 的基本控制项目 16 项	
	农业面源污染遥感监测	总氮的排放负荷和入河负荷、总磷的排放负荷和入河负荷	
辐射	电离辐射	环境 γ 辐射剂量率连续自动监测结果、环境 γ 辐射剂量率累积监测结果、总 α、总 β、铀、钍、氡、锶-90、铯-137、镭-226、γ 能谱分析（包括铍-7、钾-40、锰-54、钴-58、钴-60、锌-65、锆-95、钌-106、银-110m、锑-124、锑-125、碘-131、铯-134、铯-137、铈-144、镭-226、钍-232 和铀-238 等核素）	《辐射环境监测技术规范》（HJ 61—2021） 《全国辐射环境监测方案》 《环境 γ 辐射剂量率测量技术规范》（HJ 1157—2021）等 23 个监测标准方法
	电磁辐射	功率密度	《辐射环境保护管理导则　电磁辐射监测仪器和方法》（HJ/T 10.2—1996）
污染源	执法监测	按照执行的排放标准、环评及批复和排污许可证等要求确定监测项目	《2022 年国家生态环境监测方案》（环办监测函〔2022〕58 号） 《关于加强挥发性有机物监测工作的通知》（环办监测函〔2020〕335 号） 《关于开展全国生活垃圾焚烧厂二噁英排放监督性监测工作的通知》（环办监测函〔2017〕1187 号）
	固定污染源废气 VOCs 监测	按照执行的排放标准、环评及批复和排污许可证等要求确定监测项目	
	生活垃圾焚烧厂二噁英监测	二噁英	
	长江经济带入河排污口监督监测	按照执行的排放标准、环评及批复和排污许可证等要求确定监测项目	

附表 1-2　339 个城市范围

序号	省份	城市名称	是否开展监测/报送监测数据						
			城市空气环境质量	沙尘地面	降尘	降水	大气颗粒物组分	光化学	集中式生活饮用水水源地
1	北京	北京市	√	√	√	√	√	√	√
2	天津	天津市	√	√	√	√	√	√	√
3	河北	石家庄市	√	√	√	√	√	√	√
4	河北	唐山市	√	√	√	√	√	√	√
5	河北	秦皇岛市	√	√		√	√	√	√
6	河北	邯郸市	√	√	√	√	√	√	√
7	河北	邢台市	√	√	√	√	√	√	√
8	河北	保定市	√	√	√	√	√	√	√
9	河北	承德市	√	√		√		√	√
10	河北	沧州市	√	√	√	√	√	√	√
11	河北	廊坊市	√	√	√	√	√	√	√
12	河北	衡水市	√	√	√	√	√	√	√
13	河北	张家口市	√	√		√	√	√	√
14	山西	太原市	√	√	√	√	√	√	√
15	山西	大同市	√	√		√			√
16	山西	阳泉市	√	√	√	√	√	√	√
17	山西	长治市	√	√	√	√	√	√	√
18	山西	晋城市	√	√	√	√	√	√	√
19	山西	朔州市	√	√		√			√

序号	省份	城市名称	是否开展监测/报送监测数据						
			城市空气环境质量	沙尘地面	降尘	降水	大气颗粒物组分	光化学	集中式生活饮用水水源地
20	山西	晋中市	√	√	√	√	√		√
21	山西	运城市	√	√	√	√	√	√	√
22	山西	忻州市	√	√		√		√	√
23	山西	临汾市	√	√	√	√	√		√
24	山西	吕梁市	√	√	√	√	√		√
25	内蒙古	呼和浩特市	√	√		√		√	√
26	内蒙古	包头市	√	√		√		√	√
27	内蒙古	乌海市	√	√		√			√
28	内蒙古	赤峰市	√	√		√			√
29	内蒙古	通辽市	√	√		√			√
30	内蒙古	鄂尔多斯市	√	√		√			√
31	内蒙古	呼伦贝尔市	√	√		√			√
32	内蒙古	巴彦淖尔市	√	√		√			√
33	内蒙古	乌兰察布市	√	√		√			√
34	内蒙古	兴安盟	√	√		√			√
35	内蒙古	锡林郭勒盟	√	√		√			√
36	内蒙古	阿拉善盟	√	√		√			√
37	辽宁	沈阳市	√	√		√		√	√
38	辽宁	大连市	√	√		√		√	√
39	辽宁	鞍山市	√	√		√		√	√

序号	省份	城市名称	是否开展监测/报送监测数据						
			城市空气环境质量	沙尘地面	降尘	降水	大气颗粒物组分	光化学	集中式生活饮用水水源地
40	辽宁	抚顺市	√	√		√		√	√
41	辽宁	本溪市	√	√		√		√	√
42	辽宁	丹东市	√	√		√		√	√
43	辽宁	锦州市	√	√		√		√	√
44	辽宁	营口市	√	√		√		√	√
45	辽宁	阜新市	√	√		√		√	√
46	辽宁	辽阳市	√	√		√		√	√
47	辽宁	盘锦市	√	√		√		√	√
48	辽宁	铁岭市	√	√		√		√	√
49	辽宁	朝阳市	√	√		√		√	√
50	辽宁	葫芦岛市	√	√		√		√	√
51	吉林	长春市	√	√		√			√
52	吉林	吉林市	√	√		√			√
53	吉林	四平市	√	√		√			√
54	吉林	辽源市	√	√		√			√
55	吉林	通化市	√	√		√			√
56	吉林	白山市	√	√		√			√
57	吉林	松原市	√	√		√			√
58	吉林	白城市	√	√		√			√
59	吉林	延边州	√	√		√			√

序号	省份	城市名称	是否开展监测/报送监测数据						
			城市空气环境质量	沙尘地面	降尘	降水	大气颗粒物组分	光化学	集中式生活饮用水水源地
60	黑龙江	哈尔滨市	√	√		√			√
61	黑龙江	齐齐哈尔市	√	√		√			√
62	黑龙江	鸡西市	√	√		√			√
63	黑龙江	鹤岗市	√	√		√			√
64	黑龙江	双鸭山市	√	√		√			√
65	黑龙江	大庆市	√	√		√			√
66	黑龙江	伊春市	√	√		√			√
67	黑龙江	佳木斯市	√	√		√			√
68	黑龙江	七台河市	√	√		√			√
69	黑龙江	牡丹江市	√	√		√			√
70	黑龙江	黑河市	√	√		√			√
71	黑龙江	绥化市	√	√		√			√
72	黑龙江	大兴安岭地区	√	√		√			√
73	上海	上海市	√	√	√	√		√	√
74	江苏	南京市	√	√	√	√		√	√
75	江苏	无锡市	√	√	√	√		√	√
76	江苏	徐州市	√	√	√	√		√	√
77	江苏	常州市	√	√	√	√		√	√
78	江苏	苏州市	√	√	√	√		√	√
79	江苏	南通市	√	√	√	√		√	√

序号	省份	城市名称	是否开展监测/报送监测数据						
			城市空气环境质量	沙尘地面	降尘	降水	大气颗粒物组分	光化学	集中式生活饮用水水源地
80	江苏	连云港市	√	√	√	√		√	√
81	江苏	淮安市	√	√	√	√		√	√
82	江苏	盐城市	√	√	√	√		√	√
83	江苏	扬州市	√	√	√	√		√	√
84	江苏	镇江市	√	√	√	√		√	√
85	江苏	泰州市	√	√	√	√		√	√
86	江苏	宿迁市	√	√	√	√		√	√
87	浙江	杭州市	√	√	√	√		√	√
88	浙江	宁波市	√	√	√	√		√	√
89	浙江	温州市	√	√	√	√		√	√
90	浙江	嘉兴市	√	√	√	√		√	√
91	浙江	湖州市	√	√	√	√		√	√
92	浙江	金华市	√	√	√	√		√	√
93	浙江	衢州市	√	√	√	√		√	√
94	浙江	舟山市	√	√	√	√		√	√
95	浙江	台州市	√	√	√	√		√	√
96	浙江	丽水市	√	√	√	√		√	√
97	浙江	绍兴市	√	√	√	√		√	√
98	安徽	合肥市	√	√	√	√		√	√
99	安徽	芜湖市	√	√	√	√		√	√

序号	省份	城市名称	是否开展监测/报送监测数据						
			城市空气环境质量	沙尘地面	降尘	降水	大气颗粒物组分	光化学	集中式生活饮用水水源地
100	安徽	蚌埠市	√	√	√	√		√	√
101	安徽	淮南市	√	√	√	√		√	√
102	安徽	马鞍山市	√	√	√	√		√	√
103	安徽	淮北市	√	√	√	√		√	√
104	安徽	铜陵市	√	√	√	√		√	√
105	安徽	安庆市	√	√	√	√		√	√
106	安徽	黄山市	√	√	√	√			√
107	安徽	滁州市	√	√	√	√		√	√
108	安徽	阜阳市	√	√	√	√		√	√
109	安徽	宿州市	√	√	√	√		√	√
110	安徽	六安市	√	√	√	√			√
111	安徽	亳州市	√	√	√	√		√	√
112	安徽	池州市	√	√	√	√		√	√
113	安徽	宣城市	√	√	√	√			√
114	福建	福州市	√	√		√			√
115	福建	厦门市	√	√		√			√
116	福建	莆田市	√	√		√			√
117	福建	三明市	√	√		√			√
118	福建	泉州市	√	√		√			√
119	福建	漳州市	√	√		√			√

序号	省份	城市名称	是否开展监测/报送监测数据						
			城市空气环境质量	沙尘地面	降尘	降水	大气颗粒物组分	光化学	集中式生活饮用水水源地
120	福建	南平市	√	√		√			√
121	福建	龙岩市	√	√		√			√
122	福建	宁德市	√	√		√			√
123	江西	南昌市	√	√		√			√
124	江西	景德镇市	√	√		√			√
125	江西	萍乡市	√	√		√			√
126	江西	九江市	√	√		√		√	√
127	江西	新余市	√	√		√			√
128	江西	鹰潭市	√	√		√			√
129	江西	赣州市	√	√		√			√
130	江西	吉安市	√	√		√			√
131	江西	宜春市	√	√		√			√
132	江西	抚州市	√	√		√			√
133	江西	上饶市	√	√		√			√
134	山东	济南市	√	√	√	√	√	√	√
135	山东	青岛市	√	√		√		√	√
136	山东	淄博市	√	√	√	√	√	√	√
137	山东	枣庄市	√	√		√		√	√
138	山东	东营市	√	√		√		√	√
139	山东	烟台市	√	√		√		√	√

序号	省份	城市名称	是否开展监测/报送监测数据						
			城市空气环境质量	沙尘地面	降尘	降水	大气颗粒物组分	光化学	集中式生活饮用水水源地
140	山东	潍坊市	√	√		√		√	√
141	山东	济宁市	√	√	√	√	√	√	√
142	山东	泰安市	√	√		√		√	√
143	山东	威海市	√	√		√		√	√
144	山东	日照市	√	√		√		√	√
145	山东	临沂市	√	√		√		√	√
146	山东	德州市	√	√	√	√	√	√	√
147	山东	聊城市	√	√	√	√	√	√	√
148	山东	滨州市	√	√	√	√	√	√	√
149	山东	菏泽市	√	√	√	√	√	√	√
150	河南	郑州市	√	√	√	√	√	√	√
151	河南	开封市	√	√	√	√	√	√	√
152	河南	洛阳市	√	√	√	√	√	√	√
153	河南	平顶山市	√	√		√			√
154	河南	安阳市	√	√	√	√	√		√
155	河南	鹤壁市	√	√	√	√	√	√	√
156	河南	新乡市	√	√	√	√	√		√
157	河南	焦作市	√	√	√	√	√	√	√
158	河南	濮阳市	√	√	√	√	√	√	√
159	河南	许昌市	√	√		√		√	√

序号	省份	城市名称	是否开展监测/报送监测数据						
			城市空气环境质量	沙尘地面	降尘	降水	大气颗粒物组分	光化学	集中式生活饮用水水源地
160	河南	漯河市	√	√		√		√	√
161	河南	三门峡市	√	√	√	√	√		√
162	河南	南阳市	√	√		√		√	√
163	河南	商丘市	√	√		√			√
164	河南	信阳市	√	√		√			√
165	河南	周口市	√	√		√		√	√
166	河南	驻马店市	√	√		√			√
167	湖北	武汉市	√	√		√		√	√
168	湖北	黄石市	√	√		√		√	√
169	湖北	十堰市	√	√		√			√
170	湖北	宜昌市	√	√		√		√	√
171	湖北	襄阳市	√	√		√		√	√
172	湖北	鄂州市	√	√		√		√	√
173	湖北	荆门市	√	√		√		√	√
174	湖北	孝感市	√	√		√		√	√
175	湖北	荆州市	√	√		√		√	√
176	湖北	黄冈市	√	√		√			√
177	湖北	咸宁市	√	√		√		√	√
178	湖北	随州市	√	√		√		√	√
179	湖北	恩施州	√	√		√			√

序号	省份	城市名称	是否开展监测/报送监测数据						
			城市空气环境质量	沙尘地面	降尘	降水	大气颗粒物组分	光化学	集中式生活饮用水水源地
180	湖南	长沙市	√	√		√			√
181	湖南	株洲市	√	√		√			√
182	湖南	湘潭市	√	√		√			√
183	湖南	衡阳市	√	√		√			√
184	湖南	邵阳市	√	√		√			√
185	湖南	岳阳市	√	√		√			√
186	湖南	常德市	√	√		√			√
187	湖南	张家界市	√	√		√			√
188	湖南	益阳市	√	√		√			√
189	湖南	郴州市	√	√		√			√
190	湖南	永州市	√	√		√			√
191	湖南	怀化市	√	√		√			√
192	湖南	娄底市	√	√		√		√	√
193	湖南	湘西州	√	√		√			√
194	广东	广州市	√	√		√		√	√
195	广东	韶关市	√	√		√			√
196	广东	深圳市	√	√		√		√	√
197	广东	珠海市	√	√		√		√	√
198	广东	汕头市	√	√		√			√
199	广东	佛山市	√	√		√		√	√

序号	省份	城市名称	是否开展监测/报送监测数据						
			城市空气环境质量	沙尘地面	降尘	降水	大气颗粒物组分	光化学	集中式生活饮用水水源地
200	广东	江门市	√	√		√		√	√
201	广东	湛江市	√	√		√			√
202	广东	茂名市	√	√		√			√
203	广东	肇庆市	√	√		√		√	√
204	广东	惠州市	√	√		√		√	√
205	广东	梅州市	√	√		√			√
206	广东	汕尾市	√	√		√			√
207	广东	河源市	√	√		√			√
208	广东	阳江市	√	√		√			√
209	广东	清远市	√	√		√			√
210	广东	东莞市	√	√		√		√	√
211	广东	中山市	√	√		√		√	√
212	广东	潮州市	√	√		√			√
213	广东	揭阳市	√	√		√			√
214	广东	云浮市	√	√		√			√
215	广西	南宁市	√	√		√			√
216	广西	柳州市	√	√		√			√
217	广西	桂林市	√	√		√			√
218	广西	梧州市	√	√		√			√
219	广西	北海市	√	√		√			√

序号	省份	城市名称	是否开展监测/报送监测数据						
			城市空气环境质量	沙尘地面	降尘	降水	大气颗粒物组分	光化学	集中式生活饮用水水源地
220	广西	防城港市	√	√		√			√
221	广西	钦州市	√	√		√			√
222	广西	贵港市	√	√		√			√
223	广西	玉林市	√	√		√			√
224	广西	百色市	√	√		√			√
225	广西	贺州市	√	√		√			√
226	广西	河池市	√	√		√			√
227	广西	来宾市	√	√		√			√
228	广西	崇左市	√	√		√			√
229	海南	海口市	√	√		√			√
230	海南	三亚市	√	√		√			√
231	海南	三沙市	√	√					
232	海南	儋州市	√	√		√			√
233	重庆	重庆市	√	√		√		√	√
234	四川	成都市	√	√		√		√	√
235	四川	自贡市	√	√		√			√
236	四川	攀枝花市	√	√		√			√
237	四川	泸州市	√	√		√			√
238	四川	德阳市	√	√		√			√
239	四川	绵阳市	√	√		√			√

序号	省份	城市名称	是否开展监测/报送监测数据						
			城市空气环境质量	沙尘地面	降尘	降水	大气颗粒物组分	光化学	集中式生活饮用水水源地
240	四川	广元市	√	√		√			√
241	四川	遂宁市	√	√		√			√
242	四川	内江市	√	√		√			√
243	四川	乐山市	√	√		√			√
244	四川	南充市	√	√		√			√
245	四川	眉山市	√	√		√			√
246	四川	宜宾市	√	√		√			√
247	四川	广安市	√	√		√			√
248	四川	达州市	√	√		√			√
249	四川	雅安市	√	√		√			√
250	四川	巴中市	√	√		√			√
251	四川	资阳市	√	√		√			√
252	四川	阿坝州	√	√		√			√
253	四川	甘孜州	√	√		√			√
254	四川	凉山州	√	√		√			√
255	贵州	贵阳市	√	√		√			√
256	贵州	六盘水市	√	√		√		√	√
257	贵州	遵义市	√	√		√		√	√
258	贵州	安顺市	√	√		√		√	√
259	贵州	铜仁市	√	√		√		√	√

序号	省份	城市名称	是否开展监测/报送监测数据						
			城市空气环境质量	沙尘地面	降尘	降水	大气颗粒物组分	光化学	集中式生活饮用水水源地
260	贵州	黔西南州	√	√		√		√	√
261	贵州	毕节市	√	√		√		√	√
262	贵州	黔东南州	√	√		√		√	√
263	贵州	黔南州	√	√		√		√	√
264	云南	昆明市	√	√		√			√
265	云南	曲靖市	√	√		√			√
266	云南	玉溪市	√	√		√			√
267	云南	保山市	√	√		√		√	√
268	云南	昭通市	√	√		√		√	√
269	云南	丽江市	√	√		√			√
270	云南	普洱市	√	√		√		√	√
271	云南	临沧市	√	√		√		√	√
272	云南	楚雄州	√	√		√		√	√
273	云南	红河州	√	√		√		√	√
274	云南	文山州	√	√		√		√	√
275	云南	西双版纳州	√	√		√		√	√
276	云南	大理州	√	√		√		√	√
277	云南	德宏州	√	√		√		√	√
278	云南	怒江州	√	√		√		√	√
279	云南	迪庆州	√	√		√		√	√

序号	省份	城市名称	是否开展监测/报送监测数据						
			城市空气环境质量	沙尘地面	降尘	降水	大气颗粒物组分	光化学	集中式生活饮用水水源地
280	西藏	拉萨市	√	√					√
281	西藏	昌都市	√	√					√
282	西藏	山南市	√	√					√
283	西藏	日喀则市	√	√					√
284	西藏	那曲市	√	√					√
285	西藏	阿里地区	√	√					√
286	西藏	林芝市	√	√					√
287	陕西	西安市	√	√	√	√	√	√	√
288	陕西	铜川市	√	√	√	√	√		√
289	陕西	宝鸡市	√	√	√	√	√	√	√
290	陕西	咸阳市	√	√	√	√	√	√	√
291	陕西	渭南市	√	√	√	√	√	√	√
292	陕西	延安市	√	√		√		√	√
293	陕西	汉中市	√	√		√		√	√
294	陕西	榆林市	√	√		√		√	√
295	陕西	安康市	√	√		√			√
296	陕西	商洛市	√	√		√			√
297	甘肃	兰州市	√	√		√			√
298	甘肃	嘉峪关市	√	√		√			√
299	甘肃	金昌市	√	√		√			√

序号	省份	城市名称	是否开展监测/报送监测数据						
			城市空气环境质量	沙尘地面	降尘	降水	大气颗粒物组分	光化学	集中式生活饮用水水源地
300	甘肃	白银市	√	√		√			√
301	甘肃	天水市	√	√		√			√
302	甘肃	武威市	√	√		√			√
303	甘肃	张掖市	√	√		√			√
304	甘肃	平凉市	√	√		√			√
305	甘肃	酒泉市	√	√		√			√
306	甘肃	庆阳市	√	√		√			√
307	甘肃	定西市	√	√		√			√
308	甘肃	陇南市	√	√		√			√
309	甘肃	临夏州	√	√		√			√
310	甘肃	甘南州	√	√		√			√
311	青海	西宁市	√	√		√			√
312	青海	海东市	√	√		√			√
313	青海	海北州	√	√		√			√
314	青海	黄南州	√	√		√			√
315	青海	海南州	√	√		√			√
316	青海	果洛州	√	√					√
317	青海	玉树州	√	√					√
318	青海	海西州	√	√		√			√
319	宁夏	银川市	√	√		√			√

序号	省份	城市名称	是否开展监测/报送监测数据						
			城市空气环境质量	沙尘地面	降尘	降水	大气颗粒物组分	光化学	集中式生活饮用水水源地
320	宁夏	石嘴山市	√	√		√		√	√
321	宁夏	吴忠市	√	√		√			√
322	宁夏	固原市	√	√		√			√
323	宁夏	中卫市	√	√		√		√	√
324	新疆	乌鲁木齐市	√	√		√			√
325	新疆	克拉玛依市	√	√		√			√
326	新疆	吐鲁番市	√	√		√			√
327	新疆	哈密市	√	√		√			√
328	新疆	昌吉州	√	√		√			√
329	新疆	博州	√	√		√			√
330	新疆	巴州	√	√		√			√
331	新疆	阿克苏地区	√	√		√			√
332	新疆	克州	√	√		√			√
333	新疆	喀什地区	√	√					√
334	新疆	和田地区	√	√		√			√
335	新疆	伊犁州	√	√		√			√
336	新疆	塔城地区	√	√		√			√
337	新疆	阿勒泰地区	√	√		√			√
338	新疆	石河子市	√	√					
339	新疆	五家渠市	√	√					√

附表 1-3　168 个城市范围

地区	省份	城市
京津冀及周边地区城市群（54 个，包含“2+26”城市与其他城市）	北京	北京
	天津	天津
	河北	石家庄、唐山、秦皇岛、邯郸、邢台、保定、张家口、承德、沧州、廊坊、衡水共 11 个城市
	山西	太原、大同、朔州、忻州、阳泉、长治、晋城共 7 个城市
	山东	济南、青岛、淄博、枣庄、东营、潍坊、济宁、泰安、日照、临沂、德州、聊城、滨州、菏泽共 14 个城市
	河南	郑州、开封、平顶山、安阳、鹤壁、新乡、焦作、濮阳、许昌、漯河、南阳、商丘、信阳、周口、驻马店共 15 个城市
	内蒙古	呼和浩特、包头共 2 个城市
	辽宁	朝阳、锦州、葫芦岛共 3 个城市
长三角地区（41 个）	上海	上海
	江苏	南京、无锡、徐州、常州、苏州、南通、连云港、淮安、盐城、扬州、镇江、泰州、宿迁共 13 个城市
	浙江	杭州、宁波、温州、绍兴、湖州、嘉兴、金华、衢州、台州、丽水、舟山共 11 个城市
	安徽	合肥、芜湖、蚌埠、淮南、马鞍山、淮北、铜陵、安庆、黄山、阜阳、宿州、滁州、六安、宣城、池州、亳州共 16 个城市
汾渭平原（11 个）	山西	吕梁、晋中、临汾、运城共 4 城市
	河南	洛阳、三门峡共 2 个城市
	陕西	西安、咸阳、宝鸡、铜川、渭南共 5 个城市

地区	省份	城市
成渝地区（16个）	重庆	重庆
	四川	成都、自贡、泸州、德阳、绵阳、遂宁、内江、乐山、眉山、宜宾、雅安、资阳、南充、广安、达州共15个城市
长江中游城市群（22个）	湖北	武汉、咸宁、孝感、黄冈、黄石、鄂州、襄阳、宜昌、荆门、荆州、随州共11个城市
	江西	南昌、萍乡、新余、宜春、九江共5个城市
	湖南	长沙、株洲、湘潭、岳阳、常德、益阳共6个城市
珠三角地区（9个）	广东	广州、深圳、珠海、佛山、江门、肇庆、惠州、东莞、中山共9个城市
其他省会城市和计划单列市（15个）	辽宁、吉林、黑龙江、福建、广西、海南、贵州、云南、西藏、甘肃、青海、宁夏、新疆	沈阳、大连、长春、哈尔滨、福州、厦门、南宁、海口、贵阳、昆明、拉萨、兰州、西宁、银川、乌鲁木齐共15个城市

附录二　评价依据与方法

1　大气环境

1.1　城市环境空气

（1）评价依据

城市环境空气质量评价依据《环境空气质量标准》（GB 3095—2012）及修改单、《环境空气质量评价技术规范（试行）》（HJ 663—2013）和《环境空气质量指数（AQI）技术规定（试行）》（HJ 633—2012）。

城市空气质量受沙尘天气影响评价依据《受沙尘天气过程影响城市空气质量评价补充规定》（环办监测〔2016〕120 号）和《关于沙尘天气过程影响扣除有关问题的函》（环测便函〔2019〕417 号）。

城市空气质量排名依据《城市环境空气质量排名技术规定》（环办监测〔2018〕19 号）。

（2）评价指标

评价项目为《环境空气质量标准》（GB 3095—2012）中的 6 个基本项目：二氧化硫（SO_2）、二氧化氮（NO_2）、可吸入颗粒物（PM_{10}）、细颗粒物（$PM_{2.5}$）、臭氧（O_3）、一氧化碳（CO）。主要评价指标包括监测项目浓度、达标情况、首要污染物、优良天数比例、综合指数。

（3）指标计算与评价方法

SO_2、NO_2、PM_{10}、$PM_{2.5}$ 的评价浓度为评价时段内日均浓度的算术平均值，O_3 的评价浓度为评价时段内日最大 8 h 平均值的第 90 百分位数，CO 的评价浓度为评价时段内日均浓度的第 95 百分位数。污染物的百分位数浓度计算依据为《环境空气质量评价技术规范（试行）》（HJ 663—2013）附录 A。

污染物达标情况对照《环境空气质量标准》（GB 3095—2012）中年平均（CO 为 24 h 平均，O_3 为日最大 8 h 平均）标准得到。SO_2、NO_2、PM_{10}、$PM_{2.5}$ 年度达标情况由该项污染物年均值确定[①]；CO 浓度年度达标情况由 CO 日均值第 95 百分位数浓度对照 24 h 平均标准确定；O_3 年度达标情况由 O_3 日最大 8 h 平均值第 90 百分位数浓度对照日最大 8 h 平均标准确定。达到或好于环境空气质量二级标准为达标，超过二级标准为超标。空气质量综合达标指 SO_2、NO_2、PM_{10}、$PM_{2.5}$ 年均值、O_3 日最大 8 h 平均值第 90 百分位数浓度、

① 计算 $PM_{2.5}$、PM_{10} 年均值时扣除沙尘影响。

CO 日均值第 95 百分位数浓度均达到或好于环境空气质量二级标准浓度限值。

附表 2-1 《环境空气质量标准》(GB 3095—2012)部分污染物浓度限值

污染物项目	平均时间	浓度单位	浓度限值	
			一级标准	二级标准
SO_2	年平均	μg/m³	20	60
NO_2	年平均	μg/m³	40	40
PM_{10}	年平均	μg/m³	40	70
$PM_{2.5}$	年平均	μg/m³	15	35
CO	24 h 平均	mg/m³	4.0	4.0
O_3	日最大 8 h 平均	μg/m³	100	160

首要污染物指空气质量指数(AQI)大于 50 时空气质量分指数(IAQI)最大的空气污染物,计算依据为《环境空气质量指数(AQI)技术规定(试行)》(HJ 633—2012)。优良天数比例指评价时段内,AQI 小于等于 100 的天数在有效监测天数中的占比;AQI 计算依据为《环境空气质量指数(AQI)技术规定(试行)》(HJ 633—2012)。

附表 2-2 《环境空气质量指数(AQI)技术规定(试行)》(HJ 633—2012)

空气质量指数分级及对应信息

空气质量指数	空气质量指数级别	空气质量指数类别	对健康影响情况
0～50	一级	优	空气质量令人满意,基本无空气污染
51～100	二级	良	空气质量可接受,但某些污染物可能对极少数异常敏感人群健康有较弱影响
101～150	三级	轻度污染	易感人群症状有轻度加剧,健康人群出现刺激症状
151～200	四级	中度污染	进一步加剧易感人群症状,可能对健康人群心脏、呼吸系统有影响
201～300	五级	重度污染	心脏病和肺病患者症状显著加剧,运动耐受力降低,健康人群普遍出现症状
>300	六级	严重污染	健康人群运动耐受力降低,有明显强烈症状,提前出现某些疾病

综合指数指评价时段内,参与评价的各项污染物的单项质量指数之和,综合指数越大表明城市空气污染程度越重;计算依据为《城市环境空气质量排名技术规定》(环办监测〔2018〕19 号)。

1.2 背景站与区域站

（1）评价依据

《环境空气质量标准》（GB 3095—2012）及修改单、《环境空气质量评价技术规范》（试行）（HJ 663—2013）。

（2）评价指标

《环境空气质量标准》（GB 3095—2012）中的 6 个基本项目：二氧化硫（SO_2）、二氧化氮（NO_2）、颗粒物（PM_{10}）、细颗粒物（$PM_{2.5}$）、臭氧（O_3）、一氧化碳（CO）。

（3）指标计算与评价方法

对 SO_2、NO_2、PM_{10} 和 $PM_{2.5}$ 浓度年均值，CO 日均值第 95 百分位数浓度和 O_3 日最大 8 h 平均值第 90 百分位数浓度的达标情况进行评价。背景站因污染物浓度较低，仪器为痕量级设备，除 CO 浓度保留 3 位小数外，其他污染物浓度保留 1 位小数。

16 个背景站的平均值代表背景地区污染物浓度水平，61 个区域站的平均值代表所属区域污染物浓度水平。

1.3 沙尘地面监测

地面监测/手工监测沙尘天气发生期间空气中颗粒物污染状况，评价依据为《沙尘天气分级技术规定（试行）》（总站生字〔2004〕31 号），同时参考《沙尘暴天气预警》（GB/T 28593—2012）、《卫星遥感沙尘暴天气监测技术导则》（QX/T 141—2011）、《沙尘暴观测数据归档格式》（QX/T 134—2011）、《沙尘天气监测规范》（GB/T 20479—2017）、《沙尘暴天气等级》（GB/T 20480—2017）、《受沙尘天气过程影响城市空气质量评价补充规定》（环办监测〔2016〕120 号）及《关于沙尘天气过程影响扣除有关问题的函》（环测便函〔2019〕417 号）。

1.4 沙尘遥感监测

（1）评价依据

《沙尘天气分级技术规定（试行）》（总站生字〔2004〕31 号）、《沙尘暴天气预警》（GB/T 28593—2012）、《卫星遥感沙尘暴天气监测技术导则》（QX/T 141—2011）、《沙尘暴观测数据归档格式》（QX/T 134—2011）、《沙尘暴天气监测规范》（GB/T 20479—2006）和《沙尘天气等级》（GB/T 20480—2017）。

（2）评价指标

沙尘分布面积和等级。

（3）指标计算与评价方法

基于沙尘气溶胶光谱辐射特性和卫星遥感监测原理，采用热红外双通道差值方法监测沙尘分布及强度。

1.5 降水

（1）评价依据

采用降水 pH 低于 5.6 作为酸雨判据，降水 pH 低于 5.6 为酸雨，pH 低于 5.0 为较重酸雨，pH 低于 4.5 为重酸雨。采用降水 pH 年均值和酸雨出现的频率评价酸雨状况。酸雨城市指降水 pH 年均值低于 5.6 的城市，较重酸雨城市指降水 pH 年均值低于 5.0 的城市，重酸雨城市指降水 pH 年均值低于 4.5 的城市。

（2）评价指标

现状评价指标：降水 pH 年均值、酸雨频率；

变化趋势评价指标：离子当量浓度比例变化、硝酸根与硫酸根当量浓度比、酸雨城市比例、酸雨发生频率的城市比例、酸雨频率、酸雨面积。

（3）指标计算与评价方法

pH 均值采用 H^+浓度与降水量的加权算术平均法计算，公式如下：

$$pH_{均值} = -\lg \frac{\sum_{i=1}^{n}(10^{-pH_i} \cdot V_i)}{\sum_{i=1}^{n} V_i}$$

式中，V_i 为第 i 次降水的降水量，mm；n 为总降水次数。

酸雨发生频率计算公式如下：

$$酸雨发生频率 = \frac{某时段内监测到的酸雨场次（天数）}{该时段内全部降雨场次（天数）} \times 100\%$$

1.6 颗粒物组分

（1）评价依据

颗粒物组分监测结果均为实况监测结果，目前尚未针对该类监测数据建立标准的分析评价方法，组分监测结果的分析评价参考《环境空气质量标准》（GB 3095—2012）、《环境空气质量评价技术规范（试行）》（HJ 663—2013）、《环境空气质量指数（AQI）技术规定（试行）》（HJ 633—2012）中对 $PM_{2.5}$ 的相关评价规定。

（2）评价指标

大气颗粒物中包含水溶性离子组分、碳组分、无机元素组分等多种类型的化学组分，其中 OC、NO_3^-、NH_4^+、SO_4^{2-}既来源于一次排放，也有二次生成，其他组分主要来源于一次排放。

（3）指标计算与评价方法

综合运用多种分析方法对大气颗粒物组分监测数据进行综合评价，可参考的颗粒物组分特征分析方法包括常见的比值法（如 OC/EC、NO_3^-/SO_4^{2-}等）、阴阳离子平衡法等，以获得颗粒物组分的关键特征并对数据有效性进行校验。

其中常用的阴阳离子平衡计算公式如下：

阳离子电荷数（Cation Equivalent，CE）公式（单位：μeq/m³）：

$$CE = \frac{[Na^+]}{23} + \frac{[NH_4^+]}{18} + \frac{[K^+]}{39} + \frac{[Mg^{2+}]}{12} + \frac{[Ca^{2+}]}{20}$$

阴离子电荷数（Anion Equivalent，AE）公式（单位：μeq/m³）：

$$AE = \frac{[SO_4^{2-}]}{48} + \frac{[NO_3^-]}{62} + \frac{[Cl^-]}{35.5} + \frac{[F^-]}{19}$$

1.7 挥发性有机物

（1）评价依据

《环境空气非甲烷总烃自动监测技术规定（试行）》（总站气字〔2021〕61 号）、《国家大气光化学监测网自动监测数据审核技术指南（2021 版）（试行）》（总站气字〔2021〕0583 号）。

（2）评价指标

VOCs 的大气反应活性是指 VOCs 中的组分参与大气化学反应的能力，大气 VOCs 的种类繁多，各物种化学结构迥异，参与大气化学反应的活性差异也非常大，可以有多种方式评价大气 VOCs 中不同物种的化学反应活性，如 OH 自由基反应活性（L_{OH}）、臭氧生成潜势（Ozone Formation Potential，OFP）、等效丙烯浓度等，这些物种参与大气化学反应的能力各异，从而生成臭氧的潜势也不尽相同。目前常用 VOCs 的 OFP 和 L_{OH} 两种方法定量估算各类 VOC 化合物对臭氧生成的相对贡献。

（3）指标计算与评价方法

OFP 为某 VOC 化合物环境浓度与该 VOC 的 MIR（Maximum Incremental Reactivity）系数的乘积，不仅考虑了不同 VOC 的动力学活性，还考虑了不同 VOC/NO_x 比例下同一种 VOC 对臭氧生成的贡献不同，即考虑了激励活性。计算公式为

$$OFP_i = MIR_i \times [VOC]_i$$

式中，$[VOC]_i$ 为实际观测中的某 VOC 大气环境浓度，μg/m³；MIR_i 为该 VOC 化合物在臭氧最大增量反应中的臭氧生成系数。

1.8 细颗粒物遥感监测

（1）评价依据

《环境空气质量标准》（GB 3095—2012）。

（2）评价指标

$PM_{2.5}$ 年均浓度超标面积、超标面积比例和 $PM_{2.5}$ 年均浓度变化（上升或下降）面积比例。

（3）指标计算与评价方法

利用地理加权方法从卫星遥感气溶胶光学厚度中反演获取近地面 $PM_{2.5}$ 浓度，其中 $PM_{2.5}$ 年均浓度超标面积为卫星遥感监测 $PM_{2.5}$ 年均浓度大于年平均二级浓度限值［《环境空气质量标准》（GB 3095—2012）中 $PM_{2.5}$ 年平均二级浓度限值 35 $\mu g/m^3$］的所有像元面积之和，超标面积比例为 $PM_{2.5}$ 年均浓度超标面积占目标行政区划总面积的百分比，$PM_{2.5}$ 年均浓度变化面积（上升或下降）比例为 $PM_{2.5}$ 年均浓度与2021年相比上升或下降的所有像元面积之和占目标行政区划总面积的百分比。

1.9 秸秆焚烧火点遥感监测

（1）评价依据

《卫星遥感秸秆焚烧监测技术规范》（HJ 1008—2018）。

（2）评价指标

秸秆焚烧火点个数、面积及空间分布。

（3）指标计算与评价方法

基于秸秆焚烧疑似火点像元与背景常温像元在中红外和热红外波段亮度温度的差异，结合土地分类数据，对全国31个省份范围的秸秆焚烧火点进行监测。

2 水环境

2.1 河流水质

（1）评价依据

《地表水环境质量评价办法（试行）》（环办〔2011〕22号）和《地表水环境质量监测数据统计技术规定（试行）》（环办监测函〔2020〕82号），采用自动监测和采测分离手工监测融合数据开展地表水环境质量评价。

（2）评价指标

《地表水环境质量标准》（GB 3838—2002）表1中除水温、总氮和粪大肠菌群以外的21项，即pH值、溶解氧、高锰酸盐指数、化学需氧量、五日生化需氧量、氨氮、总磷、铜、锌、氟化物、硒、砷、汞、镉、铬（六价）、铅、氰化物、挥发酚、石油类、阴离子表面活性剂和硫化物，按Ⅰ～劣Ⅴ类6个类别进行评价。总氮作为参考指标单独评价（河流总氮除外）。

（3）指标计算与评价方法

断面水质评价 河流断面水质类别评价采用单因子评价法，即根据评价时段内该断面参评的指标中类别最高的一项来确定。描述断面的水质类别时，使用“符合”或“劣于”等词语。

附表 2-3　断面水质定性评价

水质类别	水质状况	表征颜色	水质功能
Ⅰ类、Ⅱ类	优	蓝色	饮用水水源一级保护区、珍稀水生生物栖息地、鱼虾类产卵场、仔稚幼鱼的索饵场等
Ⅲ类	良好	绿色	饮用水水源二级保护区、鱼虾类越冬场、洄游通道、水产养殖区、游泳区
Ⅳ类	轻度污染	黄色	一般工业用水和人体非直接接触的娱乐用水
Ⅴ类	中度污染	橙色	农业用水及一般景观用水
劣Ⅴ类	重度污染	红色	除调节局部气候外，使用功能较差

断面主要污染指标　评价时段内，断面水质为“优”或“良好”时，不评价主要污染指标。断面水质劣于Ⅲ类标准时，先按照不同指标对应水质类别的优劣，选择水质类别最差的前 3 项指标作为主要污染指标；当不同指标对应的水质类别相同时计算超标倍数，将超标指标按其超标倍数大小进行排列，取超标倍数最大的前 3 项为主要污染指标。当氰化物或铅、铬等重金属超标时，应优先作为主要污染指标列入。

在确定主要污染指标的同时，应在指标后标注该指标浓度超过Ⅲ类水质标准的倍数，即超标倍数。水温、pH 值和溶解氧等指标不计算超标倍数。超标倍数保留小数点后 1 位有效数字。

$$超标倍数=\frac{某指标的浓度值-该指标的\text{III}类水质标准值}{该指标的\text{III}类水质标准值}$$

河流、流域（水系）水质评价　当河流、流域（水系）的断面总数少于 5 个时，分别计算各断面各项评价指标的浓度算术平均值，然后按照上述“断面水质评价”方法进行评价，并按附表 2-3 指出每个断面的水质类别和水质状况；当河流、流域（水系）的断面总数在 5 个（含 5 个）以上时，采用断面水质类别比例法评价，即根据河流、流域（水系）中各水质类别的断面数占河流、流域（水系）所有评价断面总数的百分比来评价其水质状况，不作平均水质类别的评价。

附表 2-4　河流、流域（水系）水质定性评价

水质类别比例	水质状况	表征颜色
Ⅰ～Ⅲ类水质比例≥90%	优	蓝色
75%≤Ⅰ～Ⅲ类水质比例＜90%	良好	绿色
Ⅰ～Ⅲ类水质比例＜75%，且劣Ⅴ类比例＜20%	轻度污染	黄色
Ⅰ～Ⅲ类水质比例＜75%，且 20%≤劣Ⅴ类比例＜40%	中度污染	橙色
Ⅰ～Ⅲ类水质比例＜60%，且劣Ⅴ类比例≥40%	重度污染	红色

河流、流域（水系）主要污染指标 当河流、流域（水系）的断面总数在5个（含5个）以上时，将水质劣于Ⅲ类标准的指标按其断面超标率大小进行排列，取断面超标率最大的前3项为主要污染指标；断面超标率相同时，按照超标倍数大小排列确定。当河流、流域（水系）的断面总数少于5个时，按“断面主要污染指标的确定方法”确定每个断面的主要污染指标。超标倍数保留小数点后1位有效数字。

$$\text{断面超标率}=\frac{\text{超标断面数}}{\text{断面总数}}\times 100\%$$

2.2 湖库水质

（1）评价依据

同2.1河流水质。

（2）评价指标

同2.1河流水质。

（3）指标计算与评价方法

湖库单个点位水质评价按照“2.1河流水质 断面水质评价”方法进行。湖库有多个监测点位时，先分别计算所有点位各项评价指标浓度的算术平均值，然后按照“2.1河流水质 断面水质评价”方法进行评价。

湖库多次监测结果的水质评价，先按时间序列计算湖库各个点位各项评价指标浓度的算术平均值，再按空间序列计算湖库所有点位各项评价指标浓度的算术平均值，然后按照“2.1河流水质 断面水质评价”方法进行评价。

大型湖库也可分不同的湖库区进行水质评价。

河流型湖库按照河流水质评价方法进行评价。

2.3 营养状态

（1）评价依据

同“2.1河流水质”。

（2）评价指标

湖库营养状态评价指标为叶绿素a、总磷、总氮、透明度和高锰酸盐指数共5项，按贫营养～重度富营养5个级别进行评价。

（3）指标计算与评价方法

采用综合营养状态指数法［TLI（Σ）］评价，用0～100的一系列连续数字对湖库营养状态进行分级：

TLI（Σ）＜30　　贫营养

30≤TLI（Σ）≤50　　中营养

TLI（Σ）＞5　　富营养

50＜TLI（Σ）≤60　　　　轻度富营养

60＜TLI（Σ）≤70　　　　中度富营养

TLI（Σ）＞70　　　　重度富营养

综合营养状态指数计算公式如下：

$$\text{TLI}(\Sigma)=\sum_{j=1}^{m}W_j\cdot\text{TLI}(j)$$

式中，TLI（Σ）为综合营养状态指数；W_j 为第 j 种参数的营养状态指数的相关权重；TLI（j）为第 j 种参数的营养状态指数。

以叶绿素 a（chla）作为基准参数，则第 j 种参数的归一化的相关权重计算公式为

$$W_j=\frac{r_{ij}^{\ 2}}{\sum_{j=1}^{m}r_{ij}^{\ 2}}$$

式中，r_{ij} 为第 j 种参数与基准参数 chla 的相关系数；m 为评价参数的个数。

附表 2-5　湖库部分参数与 chla 的相关关系 r_{ij} 及 r_{ij}^2 值

参数	叶绿素 a（chla）	总磷（TP）	总氮（TN）	透明度（SD）	高锰酸盐指数（COD_{Mn}）
r_{ij}	1	0.84	0.82	−0.83	0.83
r_{ij}^2	1	0.705 6	0.672 4	0.688 9	0.688 9

各项参数营养状态指数计算公式如下：

TLI（chla）=10（2.5+1.086 ln chla）

TLI（TP）=10（9.436+1.624 ln TP）

TLI（TN）=10（5.453+1.694 ln TN）

TLI（SD）=10（5.118−1.94 ln SD）

TLI（COD_{Mn}）=10（0.109+2.661 ln COD_{Mn}）

式中，chla 单位为 mg/m^3；SD 单位为 m；其他指标单位均为 mg/L。

2.4　蓝藻水华

（1）评价依据

《水华遥感与地面监测评价技术规范（试行）》（HJ 1098—2020）、《基于水华面积比例评价的水华程度分级标准（试行）》。

（2）评价指标

采用藻密度和水华面积比例评价水华程度。

（3）指标计算与评价方法

附表 2-6　基于藻密度评价的水华程度分级标准

水华程度级别	藻密度 D/（个/L）	水华特征
Ⅰ	$0 \leqslant D < 2.0 \times 10^6$	无水华
Ⅱ	$2.0 \times 10^6 \leqslant D < 1.0 \times 10^7$	无明显水华
Ⅲ	$1.0 \times 10^7 \leqslant D < 5.0 \times 10^7$	轻度水华
Ⅳ	$5.0 \times 10^7 \leqslant D < 1.0 \times 10^8$	中度水华
Ⅴ	$D \geqslant 1.0 \times 10^8$	重度水华

附表 2-7　基于水华面积比例评价的水华程度分级标准

水华程度级别	水华面积比例 P/%	水华特征
Ⅰ	0	无水华
Ⅱ	$0 < P < 10$	无明显水华
Ⅲ	$10 \leqslant P < 30$	轻度水华
Ⅳ	$30 \leqslant P < 60$	中度水华
Ⅴ	$60 \leqslant P \leqslant 100$	重度水华

不同时段定量比较　对同一监测点位或监测水域某一时段的水华状况与前一时段、上年同期或其他时段的水华状况进行定量比较和变化分析，比较内容包括藻密度、水华面积、水华程度、不同级别水华程度的频次比例（百分比）等。

水华程度变化评价　基于相同监测点位或监测水域，评价不同时段水华程度变化幅度和方向。将水华程度变化幅度和方向分为三类，分别是无明显变化、有所变化（加重或减轻）、明显变化（加重或减轻）。具体评价方法如下：

按水华程度等级变化评价：当水华程度等级不变时，评价为无明显变化；当水华程度等级发生 1 个级别变化时，评价为有所变化（加重或减轻）；当水华程度等级发生 2 个级别以上（含 2 个级别）变化时，评价为明显变化（加重或减轻）。

按水华程度组合类别比例评价：设 ΔG 为后时段与前时段“无明显水华～轻度水华”出现频次比例百分点之差；ΔD 为后时段与前时段“中度水华～重度水华”出现频次比例百分点之差。

当（$\Delta G-\Delta D$）$<-10\%$时，评价为明显加重；当$-10\% \leqslant$（$\Delta G-\Delta D$）$<-5\%$时，评价为有所加重；当$-5\% \leqslant$（$\Delta G-\Delta D$）$<5\%$时，评价为无明显变化（加重或减轻）；当 $5\% \leqslant$（$\Delta G-\Delta D$）$<10\%$时，评价为有所减轻；当（$\Delta G-\Delta D$）$\geqslant 10\%$时，评价为明显减轻。

2.5　地下水

（1）评价依据

依据《地下水质量标准》（GB/T 14848—2017）开展地下水质量评价。

（2）评价指标

基本指标 29 项：pH 值、硫酸盐、氯化物、铁、锰、铜、锌、铝、挥发性酚类（以苯酚计）、阴离子表面活性剂、耗氧量（COD_{Mn}法，以 O_2 计）、氨氮（以 N 计）、硫化物、钠、亚硝酸盐（以 N 计）、硝酸盐（以 N 计）、氰化物、氟化物、碘化物、汞、砷、硒、镉、铬（六价）、铅、三氯甲烷、四氯化碳、苯和甲苯。

特征指标 18 项：铍、锑、镍、钴、银、钡、二氯甲烷、1,2-二氯乙烷、氯乙烯、氯苯、乙苯、二甲苯、苯乙烯、2,4-二硝基甲苯、2,6-二硝基甲苯、苯并[*a*]芘、五氯酚和乐果。

（3）指标计算与评价方法

采用《地下水质量标准》（GB/T 14848—2017）中的综合评价方法，将水质划分为 5 个类别，其中Ⅰ～Ⅲ类水质相对较好，可直接作为生活饮用水；Ⅳ类水经适当处理后可作为生活饮用水；Ⅴ类水化学组分含量高，不宜作为生活饮用水。

2.6　集中式饮用水水源

（1）评价依据

根据《地表水环境质量评价方法（试行）》（环办〔2011〕22 号），地表水饮用水水源水质评价执行《地表水环境质量标准》（GB 3838—2002）Ⅲ类标准或对应的标准限值，地下水饮用水水源水质评价执行《地下水质量标准》（GB/T 14848—2017）Ⅲ类标准。

（2）评价指标

地表水饮用水水源评价指标为《地表水环境质量标准》（GB 3838—2002）中除水温、化学需氧量、总氮和粪大肠菌群以外的 105 项指标。地下水饮用水水源评价指标为《地下水质量标准》（GB/T 14848—2017）中的 93 项指标。

（3）指标计算与评价方法

水源单月水质评价采用单因子评价法，分为达标、不达标两类。若水源单月所有评价指标均达到或优于Ⅲ类标准或相应标准限值，则该水源当月为达标水源，当月取水量为达标取水量；若有一项评价指标超过Ⅲ类标准或相应标准限值，则该水源当月为不达标水源，当月取水量为不达标取水量。

采用年内各月累计评价结果加和评价水源年度水质。水源年内各月均达标，则年度评价为达标水源。采用水量达标率和水源达标率评价全国及区域水源年度水质。其中，水量达标率为评价区域内统计时段的水源达标取水量之和与水源取水总量的百分比，水源达标率为评价区域内统计时段的达标水源数量之和与水源总数量的百分比。

2.7 流域水生态

（1）评价依据

《河流水生态环境质量监测与评价技术指南》（总站水字〔2021〕0223号）、《湖库水生态环境质量监测与评价技术指南》（总站水字〔2021〕0223号）。

（2）评价指标

采用综合指数法进行水生态环境质量综合评估，通过水化学指标、物理生境指标和水生生物指标加权求和，构建水生态环境质量综合评价指数WEQI，以该指数表示各评估单元和水环境整体的质量状况。

（3）指标计算与评价方法

水生态环境质量综合评价指数WEQI的计算如下：

$$\mathrm{WEQI}=\sum_{i=1}^{n}x_i w_i$$

式中，x_i为评价指标分值（1～5）；w_i为评价指标权重（水环境质量、水生生物、物理生境权重分别为0.4、0.4、0.2）。水生态环境质量评价分级标准见附表2-8。

附表2-8 水生态环境质量分级标准

水生态环境质量	优秀	良好	中等	较差	很差
WEQI	WEQI=5	5>WEQI≥4	4>WEQI≥3	3>WEQI≥2	2>WEQI≥1
表征颜色	蓝色	绿色	黄色	橙色	红色

3 海洋生态环境

3.1 管辖海域海水

（1）评价依据

评价标准依据《海水水质标准》（GB 3097—1997），评价方法依据《海水质量状况评价技术规程（试行）》（海环字〔2015〕25号）、《近岸海域环境监测技术规范》（HJ 442—2020），采用夏季管辖海域国控监测点位数据。

（2）评价指标

包括无机氮（亚硝酸盐氮、硝酸盐氮、氨氮）、活性磷酸盐、石油类、化学需氧量、pH值。

（3）指标计算与评价方法

开展海水综合质量评价以单因子评价为基础，通过叠加不同指标评价结果得到海水综合质量等级。根据评价尺度，管辖海域评价网格分辨率不低于1′×1′。依据相关要求确定评价网格，使用插值方法对网格进行赋值。插值方法采用改进的距离反比例法，具体公式详见《海水质量状况评价技术规程（试行）》（海环字〔2015〕25 号）。

开展海水综合质量评价的数据资料应符合 GB 17 378.2 和 HJ 442.3 中水质监测一般要求，按 HJ 442.2 中监测数据信息与数据处理等相关规定进行处理后方可使用。在分层采样的情况下，油类采用表层数据进行评价；其他要素在采样点水深小于或者等于 50 m 时采用多层数据的平均值进行评价，在采样点水深大于 50 m 时采用表层数据进行评价。

依据 GB 3097—1997，对网格单要素质量等级进行判定，质量等级分为一类、二类、三类、四类、劣四类共 5 个等级。对各单要素质量等级的网格进行叠加比较，依据所有单要素中质量最差的等级，确定该网格的综合质量等级。综合质量等级划分如下：

一类水质海域：符合第一类海水水质标准的海域。二类水质海域：劣于第一类海水水质标准但符合第二类海水水质标准的海域。三类水质海域：劣于第二类海水水质标准但符合第三类海水水质标准的海域。四类水质海域：劣于第三类海水水质标准但符合第四类海水水质标准的海域。劣四类水质海域：劣于第四类海水水质标准的海域。

对综合评价的网格数据集进行等值面提取，获取代表综合水质各等级的等值面分布图，并计算各等级的水质面积。

3.2 近岸海域海水

（1）评价依据

评价标准依据《海水水质标准》（GB 3097—1997），评价方法依据《海水质量状况评价技术规程（试行）》（海环字〔2015〕25 号）、《近岸海域环境监测技术规范》（HJ 442—2020），采用春、夏、秋三个季节近岸海域国控监测点位数据。

（2）评价指标

包括无机氮（亚硝酸盐氮、硝酸盐氮、氨氮）、活性磷酸盐、石油类、化学需氧量、pH 值、铜、汞、镉、铅。

（3）指标计算与评价方法

评价方法与管辖海域相同，其中根据评价尺度，近岸海域评价网格分辨率不低于 1'×1'。

3.3 河口海湾海水

（1）评价依据

同“3.2　近岸海域海水”。

（2）评价指标

同“3.2　近岸海域海水”。

（3）指标计算与评价方法

评价方法与管辖海域相同，其中根据评价尺度，河口海湾评价网格分辨率不低于 0.01′×0.01′。

3.4 营养状态

（1）评价依据

评价方法依据《海水质量状况评价技术规程（试行）》（海环字〔2015〕25 号）、《近岸海域环境监测技术规范》（HJ 442—2020），采用夏季管辖海域国控监测点位数据。

（2）评价指标

包括无机氮（亚硝酸盐氮、硝酸盐氮、氨氮）、活性磷酸盐、化学需氧量。

（3）指标计算与评价方法

海水富营养状态采用《近岸海域环境监测技术规范》（HJ 442—2020）的富营养化指数及水质富营养等级划分指标进行评价。依据管辖海域海水质量评价方法，分别对无机氮、活性磷酸盐、化学需氧量等单要素进行赋值，计算每个网格的富营养化指数。依据水质富营养等级划分指标确定每个网格的富营养化等级。对富营养化等级评价的网格数据集进行等值面提取，获取代表富营养化各等级的等值面分布图，并计算富营养化各等级的面积。

3.5 海洋垃圾

（1）评价依据

《海洋垃圾监测与评价技术规程（试行）》（海环字〔2015〕31 号）。

（2）评价指标

海面漂浮垃圾、海滩垃圾、海底垃圾（选测）的种类、数量、重量。

（3）指标计算与评价方法

每个监测区域的海洋垃圾密度（个/km^2 或 kg/km^2）由该区域各监测断面的垃圾数量或质量与监测面积比值的平均值确定，全国近岸海洋垃圾的密度按照全国各监测区域海洋垃圾的密度进行算术平均。

3.6 典型海洋生态系统

（1）评价依据

典型海洋生态系统健康评价依据《近岸海洋生态健康评价指南》（HY/T 087—2005）。

（2）评价指标

从水环境、沉积环境、生物质量、栖息地和生物群落 5 个方面进行评价。

（3）指标计算与评价方法

按照生态健康指数（CEH_{indx}）评价生态系统健康状况，将近岸海洋生态系统健康状况划分为“健康”、“亚健康”和“不健康”3 个等级，当 $CEH_{indx}≥75$ 时，生态系统处于健康状态；当 $50≤CEH_{indx}<75$ 时，生态系统处于亚健康状态；当 $CEH_{indx}<50$ 时，生态系统处于不健康状态。

3.7 海岸线

（1）评价依据

海岸线保护与利用遥感监测评价依据《海洋监测技术规程　第 7 部分：卫星遥感技术方法》(HY/T 147.7—2013)、《海域卫星遥感动态监测技术规程》(国海管字〔2014〕500 号)、《海域使用分类遥感判别指南》(国海管字〔2014〕500 号)、《海岸线保护与利用管理办法》(国海发〔2017〕2 号）和《全国海岸线修测技术规程》(自然资办函〔2019〕1187 号)。

（2）评价指标

海岸线分类指标为自然岸线和人工岸线，监测指标为海岸线变化的位置、长度、类型、自然岸线比例和利用现状。

自然岸线是指由海陆相互作用形成的海岸线，包括砂质岸线、淤泥质岸线、基岩岸线等原生岸线，以及整治修复后具有自然海岸线形态特征和生态功能的海岸线。

3.8 入海河流

同“2.1　河流水质”评价方法。

3.9 海洋倾倒区

（1）评价依据

海洋倾倒区环境状况评价要素选取依据《海洋倾倒物质评价规范　疏浚物》(GB 30980—2014)，评价依据《海水水质标准》(GB 3097—1997）和《海洋沉积物质量》(GB 18668—2002)。

（2）评价指标

水深、水质和沉积物质量。

（3）指标计算与评价方法

倾倒区水质和沉积物质量现状采用单因子评价法，即某倾倒区水质任一站位任一评价要素超过一类海水标准，该倾倒区水质即为二类，超过二类海水标准即为三类，依此类推。沉积物质量标准评价方法同水质。水深采用与 2021 年值进行对比的方法评价变化状况。

3.10 海洋油气区

（1）评价依据

海洋油气区评价指标选取依据《海洋石油勘探开发污染物排放浓度限值》(GB 4914—2008)，评价依据《海洋工程环境影响评价技术导则》(GB/T 19485—2014)、《海水水质标准》(GB 3097—1997)、《海洋沉积物质量》(GB 18668—2002)。

（2）评价指标

海水水质的石油类、化学需氧量、汞和镉；海洋沉积物质量的有机碳、石油类、汞和镉。

（3）指标计算与评价方法

海洋油气区海水水质和沉积物质量现状采用单因子评价法，即单个站位某个污染要素的污染指数求算公式如下：

$$C_f^i = \frac{C^i}{C_n^i}$$

式中，C_f^i 为第 i 种污染要素的污染指数；C^i 为海水或沉积物中第 i 种污染要素的实测浓度；C_n^i 为第 i 种污染要素的海水或沉积物评价标准阈值，按海洋主管部门批准的油气区环境影响报告书采用的水质或沉积物标准执行。

通过计算 C_f^i 值，确定海洋油气区海水水质或海洋沉积物质量现状等级。

3.11 海水浴场

（1）评价依据

依据《海水浴场监测与评价指南》（HY/T 0276—2019）要求实施，其中粪大肠菌群采用发酵法分析。

（2）评价指标

包括粪大肠菌群，漂浮物，溶解氧，色、臭、味，赤潮发生情况，石油类。

（3）指标计算与评价方法

水质状况判定采用单因子评价法，如果水质要素均为“一类”，则判定海水浴场水质等级为“优”，适宜游泳；如果水质要素有一项或一项以上属“二类”，且未出现“三类”，则判定海水浴场水质等级为“良”，较适宜游泳；如果水质要素有一项或一项以上属“三类”，则判定海水浴场水质等级为“差”，不适宜游泳。

按照上述判别依据统计各浴场各级别水质状况天数，计算其占监测天数的百分比。

水质状况年度综合判别亦按照“优”“良”“差”3 个等级开展评价。如果全部水质要素判别结果均为“优”，则判定海水浴场水质年度综合评价等级为“优”；如果有一项或一项以上水质要素判别结果为“良”，且没有水质要素判别结果为“差”，则判定海水浴场水质年度综合评价等级为“良”；如果有一项或一项以上水质要素判别结果为“差”，则判定海水浴场水质年度综合评价等级为“差”。

3.12 海洋渔业水域

（1）评价依据

海洋渔业水域水质评价参照《渔业水质标准》（GB 11607—1989），其中未包含的项目参照《海水水质标准》（GB 3097—1997），海水鱼虾类产卵场、索饵场及水生生物自然保护区和水产种质资源保护区参照一类标准。海洋重要渔业水域沉积物评价标准参照《海洋沉积物质量》（GB 18668—2002）一类标准。

（2）评价指标

水体中石油类、无机氮、活性磷酸盐、化学需氧量、非离子氨、挥发性酚、铜、锌、铅、镉、汞、铬和砷，沉积物中石油类、铜、锌、铅、镉、汞、砷、铬。

4 声环境

4.1 城市功能区

（1）评价依据

《声环境质量标准》（GB 3096—2008）。

（2）评价指标

昼间、夜间监测点次的达标率。

（3）评价方法

城市功能区中，0 类区主要为康复疗养区，1 类区主要为居民文教区，2 类区主要为商住混合区，3 类区主要为工业、仓储物流区，4a 类区为交通干线两侧区域，4b 类区为铁路干线两侧区域。各类声环境功能区的环境噪声等效声级限值如附表 2-9 所示。

附表 2-9 各类功能区环境噪声限值

功能区	0 类	1 类	2 类	3 类	4a 类	4b 类
昼间/dB（A）	≤50	≤55	≤60	≤65	≤70	≤70
夜间/dB（A）	≤40	≤45	≤50	≤55	≤55	≤60

4.2 城市区域

（1）评价依据

《环境噪声监测技术规范 城市声环境常规监测》（HJ 640—2012）。

（2）评价指标

昼间平均等效声级和夜间平均等效声级。

（3）评价方法

城市区域环境噪声总体水平等级“一级”至“五级”可分别对应评价为“好”、“较好”、“一般”、“较差” 和 “差”，按附表 2-10 进行评价。

附表 2-10 城市区域环境噪声总体水平等级划分

等级	一级	二级	三级	四级	五级
昼间平均等效声级（$\overline{S_d}$）/dB（A）	≤50.0	50.1～55.0	55.1～60.0	60.1～65.0	＞65.0
夜间平均等效声级（$\overline{S_n}$）/dB（A）	≤40.0	40.1～45.0	45.1～50.0	50.1～55.0	＞55.0

4.3 道路交通

（1）评价依据

《环境噪声监测技术规范　城市声环境常规监测》（HJ 640—2012）。

（2）评价指标

昼间平均等效声级和夜间平均等效声级。

（3）评价方法

道路交通噪声强度等级“一级”至“五级”可分别对应评价为“好”、“较好”、“一般”、“较差”和“差”，噪声强度等级按附表 2-11 进行评价。

附表 2-11　道路交通噪声强度等级划分

等级	一级	二级	三级	四级	五级
昼间平均等效声级（$\overline{L_d}$）/dB（A）	≤68.0	68.1～70.0	70.1～72.0	72.1～74.0	＞74.0
夜间平均等效声级（$\overline{L_n}$）/dB（A）	≤58.0	58.1～60.0	60.1～62.0	62.1～64.0	＞64.0

5 自然生态

5.1 全国生态质量

（1）评价依据

《区域生态质量评价办法（试行）》（环监测〔2021〕99 号）。

（2）评价指标

包括生态格局、生态功能、生物多样性和生态胁迫 4 个一级指标，11 个二级指标和 18 个三级指标。

5.2 自然保护区人类活动

（1）评价依据

《自然保护地人类活动遥感监测技术规范》（HJ 1156—2021）。

（2）评价指标

自然保护区人类活动遥感监测指标包括人类活动类型、变化类型、变化情况、人类活动面积/长度、位置等。

人类活动类型包括矿产资源开发、工业开发、能源开发、旅游开发、交通开发、养殖开发、农业开发、居民点与其他活动 8 种一级类型。变化类型包括新增、扩大、减少。人类活动面积/长度包括人类活动面状图斑的面积和道路的长度。位置包括人类活动所在的具体位置及经纬度坐标信息。

6 农村环境

6.1 空气

（1）评价依据

《环境空气质量标准》（GB 3095—2012）、《环境空气质量指数（AQI）技术规定（试行）》（HJ 633—2012）。

（2）评价指标

二氧化硫（SO_2）、二氧化氮（NO_2）、可吸入颗粒物（PM_{10}）、细颗粒物（$PM_{2.5}$）、一氧化碳（CO）和臭氧（O_3）。

（3）指标计算与评价方法

每项污染物达到或好于环境空气质量二级标准为达标，超过二级标准为超标。优良天数比例指所有村庄的空气质量指数（AQI）小于等于 100 的天数占有效监测天数的比例。

6.2 地表水

（1）评价依据

《地表水环境质量标准》（GB 3838—2002）、《地表水环境质量评价办法（试行）》（环办〔2011〕22 号）。

（2）评价指标

《地表水环境质量标准》（GB 3838—2002）表 1 中除水温、总氮、粪大肠菌群以外的 21 项指标。水温、总氮、粪大肠菌群作为参考指标单独评价（河流总氮除外）。

（3）指标计算与评价方法

水质类别评价采用单因子评价法。

6.3 千吨万人饮用水水源

（1）评价依据

《地表水环境质量标准》（GB 3838—2002）和《地下水质量标准》（GB/T 14848—2017）Ⅲ类标准或相应标准值。

（2）评价指标

地表水饮用水水源评价指标为《地表水环境质量标准》（GB 3838—2002）表 1 中除化学需氧量、水温、总氮、粪大肠菌群以外的 20 项指标 [化学需氧量不参评，水温、总氮、粪大肠菌群作为参考指标单独评价（河流总氮除外）]、表 2 中的 5 项指标，共 28 项；地下水饮用水水源评价指标为《地下水质量标准》（GB/T 14848—2017）中的 39 项常规指标。

（3）指标计算与评价方法

季度/半年水质评价采用单因子评价法，分为达标和不达标两类；年度水质评价采用各季度累计评价结果加和评价，各季度/半年水质均达标，则为达标断面（点位）。

6.4 农田灌溉水

（1）评价依据

《农田灌溉水质标准》（GB 5084—2021）。

（2）评价指标

《农田灌溉水质标准》（GB 5084—2021）中16项基本控制项目。

（3）指标计算与评价方法

水质评价采用单因子评价法，分为达标和不达标两类。

6.5 农业面源污染遥感监测

（1）评价依据

《生态环境监测规划纲要（2020—2035年）》、《全国农业面源污染监测评估实施方案（2022—2025年）》（环办监测〔2022〕23号）、《"十四五"生态环境监测规划》（环监测〔2021〕117号）、《2022年国家生态环境监测方案》（环办监测函〔2022〕58号）。

（2）评价指标

农业面源污染总氮排放负荷和入河负荷；农业面源污染总磷排放负荷和入河负荷。

（3）评价指标计算方法

采用遥感面源污染估算模型（Diffuse Pollution Estimation with Remote Sensing，DPeRS）对种植业、畜禽养殖业和农村生活等农业面源污染总氮、总磷因子排放负荷和入河负荷进行估算。

7 辐射环境

（1）评价依据

数据统计处理和解释相关标准：《辐射环境监测技术规范》（HJ 61—2021）、《控制图 第2部分：常规控制图》（GB/T 17989.2—2020）、《数据的统计处理和解释 正态样本离群值的判断和处理》（GB/T 4883—2008）、《数据的统计处理和解释 正态分布均值和方差的估计与检验》（GB/T 4889—2008）、《测量不确定度在符合性判定中的应用》（CNAS-TRL-010：2019）等。

相关标准规定值：相关标准规定值见附表2-12。

附表 2-12　相关标准规定值

<table>
<tr><th>标准</th><th colspan="2">项目</th><th colspan="2">规定值</th></tr>
<tr><td rowspan="2">《生活饮用水卫生标准》（GB 5749—2022）</td><td colspan="2">总 α</td><td>0.5 Bq/L</td><td rowspan="2">放射性指标指导值</td></tr>
<tr><td colspan="2">总 β</td><td>1 Bq/L</td></tr>
<tr><td rowspan="5">《海水水质标准》（GB 3097—1997）</td><td colspan="2">^{60}Co</td><td>0.03 Bq/L</td><td rowspan="5">水质标准</td></tr>
<tr><td colspan="2">^{90}Sr</td><td>4 Bq/L</td></tr>
<tr><td colspan="2">^{106}Ru</td><td>0.2 Bq/L</td></tr>
<tr><td colspan="2">^{134}Cs</td><td>0.6 Bq/L</td></tr>
<tr><td colspan="2">^{137}Cs</td><td>0.7 Bq/L</td></tr>
<tr><td rowspan="3">《食品中放射性物质限制浓度标准》（GB 14882—94）</td><td colspan="2">^{3}H</td><td>6.5×10^{5} Bq/kg</td><td rowspan="3">限制浓度</td></tr>
<tr><td colspan="2">^{90}Sr</td><td>2.9×10^{2} Bq/kg</td></tr>
<tr><td colspan="2">^{137}Cs</td><td>8.0×10^{2} Bq/kg</td></tr>
<tr><td rowspan="3">《电磁环境控制限值》（GB 8702—2014）</td><td rowspan="3">功率密度</td><td>0.1～3 MHz</td><td>400 μW/cm^{2}</td><td rowspan="3">公众曝露控制限值</td></tr>
<tr><td>3～30 MHz</td><td>$12/f^{*}\times10^{2}$ μW/cm^{2}</td></tr>
<tr><td>30～3 000 MHz</td><td>40 μW/cm^{2}</td></tr>
</table>

注：* f 为频率。

相关背景水平：1983—1990 年开展的全国环境天然放射性水平调查结果，包括江河水、湖库水、地下水、海水中铀和钍浓度、镭-226 活度浓度，土壤中铀-238、钍-232 和镭-226 活度浓度。

（2）评价指标

环境 γ 辐射水平，空气、水体、土壤、生物等环境样品中放射性水平，以及环境电磁辐射水平。其中：

环境 γ 辐射水平包括环境 γ 辐射剂量率连续自动监测结果和累积监测结果；

环境样品中放射性水平包括总 α 和总 β 活度浓度；铀、钍、铍-7、钾-40、铅-210、钋-210、镭-226、钍-232 和铀-238 等天然放射性核素活度浓度；氚、碳-14、钴-60、锶-90、碘-131、铯-134、铯-137 等人工放射性核素活度浓度；

环境电磁辐射水平为功率密度。

（3）评价方法

采用数据统计处理和解释系列标准中的 Grubbs 检验、控制图等方法进行本底涨落评价和异常评价。

采用数据统计处理和解释系列标准中 t 检验、置信区间等方法进行全国环境天然放射性水平调查结果、相关标准限值的对比评价。

8 污染源

（1）评价依据

废水、废气均按照排污单位所执行的污染物排放（控制）标准限值进行评价。

（2）评价方法

对排污单位的一次监测中，任一排污口排放的任何一项污染物浓度超过排放标准限值，则该排污口本次监测为不达标；排污企业任一排污口不达标，则该排污企业本次监测为不达标。

单项污染物达标评价指一次监测中排污企业的任一排污口单项污染物浓度不达标则排污企业本次监测该单项污染物为不达标。

附录三 部分监测数据

附表 3-1 339 个地级及以上城市六项污染物浓度及环境空气质量达标情况

省份	城市名称	SO_2 年均浓度/（μg/m³）	NO_2 年均浓度/（μg/m³）	PM_{10} 年均浓度/（μg/m³）	CO 日均值第 95 百分位数浓度/（mg/m³）	O_3 日最大 8 h 平均值第 90 百分位数浓度/（μg/m³）	$PM_{2.5}$ 年均浓度/（μg/m³）	达标情况
北京	北京市	3	23	54	1	171	30	不达标
天津	天津市**	9	32	65	1.2	176	37	不达标
河北	石家庄市	8	33	81	1.3	189	46	不达标
河北	唐山市**	8	32	67	1.5	182	37	不达标
河北	秦皇岛市	9	28	54	1.1	165	28	不达标
河北	邯郸市	10	26	83	1.3	178	51	不达标
河北	邢台市**	8	29	82	1.5	186	48	不达标
河北	保定市	8	35	79	1.2	182	43	不达标
河北	承德市	8	25	47	1.2	150	26	达标
河北	沧州市	9	30	67	1.1	170	39	不达标
河北	廊坊市	7	33	66	1	183	36	不达标
河北	衡水市	11	26	76	1	177	43	不达标
河北	张家口市	5	14	36	0.7	151	17	达标
山西	太原市	12	40	83	1.4	175	44	不达标
山西	大同市**	19	24	60	1.2	149	25	达标
山西	阳泉市	18	39	77	1.4	170	41	不达标
山西	长治市**	12	27	63	1.5	168	39	不达标
山西	晋城市	8	27	75	1.6	180	38	不达标
山西	朔州市*	14（13）	28	78（75）	1	150（149）	32（30）	不达标
山西	晋中市	12	31	80	1.2	175	46	不达标
山西	运城市*	11	21	84（83）	1.8	164	50	不达标
山西	忻州市	13	29	65	1.1	165	36	不达标

省份	城市名称	SO_2年均浓度/（μg/m³）	NO_2年均浓度/（μg/m³）	PM_{10}年均浓度/（μg/m³）	CO日均值第95百分位数浓度/（mg/m³）	O_3日最大8 h平均值第90百分位数浓度/（μg/m³）	$PM_{2.5}$年均浓度/（μg/m³）	达标情况
山西	临汾市	10	32	72	1.8	179	48	不达标
山西	吕梁市	8	40	77	0.9	147	24	不达标
内蒙古	呼和浩特市**	10	29	50	1.1	146	24	达标
内蒙古	包头市	16	31	57	1.5	144	26	达标
内蒙古	乌海市	23	28	79	1.5	146	29	不达标
内蒙古	赤峰市	15	22	38	1.1	130	18	达标
内蒙古	通辽市	10	20	48	0.9	125	28	达标
内蒙古	鄂尔多斯市	10	23	51	0.9	148	20	达标
内蒙古	呼伦贝尔市	4	11	28	0.6	102	18	达标
内蒙古	巴彦淖尔市	8	17	69	0.9	140	29	达标
内蒙古	乌兰察布市	15	21	42	0.8	140	20	达标
内蒙古	兴安盟	4	14	37	0.8	104	25	达标
内蒙古	锡林郭勒盟	9	10	24	0.7	118	7	达标
内蒙古	阿拉善盟	8	10	40	0.6	146	23	达标
辽宁	沈阳市	14	30	56	1.4	145	32	达标
辽宁	大连市**	9	24	41	1	145	24	达标
辽宁	鞍山市	14	26	58	1.6	141	32	达标
辽宁	抚顺市	10	24	59	1.4	142	34	达标
辽宁	本溪市	13	28	56	1.8	124	30	达标
辽宁	丹东市*	13（12）	18	41（39）	1.4	125（123）	25（24）	达标
辽宁	锦州市	18	25	58	1.5	143	37	不达标
辽宁	营口市*	11	25	55（54）	1.6（1.5）	159（158）	32（31）	达标
辽宁	阜新市	16	20	57	1.2	143	29	达标
辽宁	辽阳市	12	25	55	1.5	137	34	达标
辽宁	盘锦市**	11	26	46	1.3	150	29	达标
辽宁	铁岭市	10	27	55	1.1	146	32	达标
辽宁	朝阳市	11	20	54	1.4	128	27	达标
辽宁	葫芦岛市	18	27	55	1.4	154	33	达标
吉林	长春市	9	26	48	1	124	28	达标

省份	城市名称	SO_2年均浓度/（μg/m³）	NO_2年均浓度/（μg/m³）	PM_{10}年均浓度/（μg/m³）	CO日均值第95百分位数浓度/（mg/m³）	O_3日最大8 h平均值第90百分位数浓度/（μg/m³）	$PM_{2.5}$年均浓度/（μg/m³）	达标情况
吉林	吉林市**	10	19	45	1.1	133	29	达标
吉林	四平市	8	22	50	0.9	136	27	达标
吉林	辽源市	11	17	45	1.1	135	31	达标
吉林	通化市	16	21	38	1.4	121	22	达标
吉林	白山市	15	23	59	1.3	117	23	达标
吉林	松原市	5	17	43	0.9	116	25	达标
吉林	白城市	6	17	42	0.6	104	23	达标
吉林	延边州***	9	15	32（31）	0.9（0.8）	107（105）	18（17）	达标
黑龙江	哈尔滨市***	14	27	58（57）	1.2	117（116）	38（37）	不达标
黑龙江	齐齐哈尔市	11	16	41	0.8	106	21	达标
黑龙江	鸡西市	8	23	46	0.8	95	25	达标
黑龙江	鹤岗市	10	13	36	0.7	100	18	达标
黑龙江	双鸭山市	7	15	40	0.9	105	24	达标
黑龙江	大庆市	7	16	38	0.9	110	26	达标
黑龙江	伊春市	6	11	30	0.9	98	21	达标
黑龙江	佳木斯市	5	17	37	1	106	25	达标
黑龙江	七台河市	13	22	48	1.1	104	27	达标
黑龙江	牡丹江市**	6	18	38	0.9	104	24	达标
黑龙江	黑河市	7	10	20	0.6	93	14	达标
黑龙江	绥化市	7	16	49	1.2	113	36	不达标
黑龙江	大兴安岭地区	6	10	19	0.6	93	15	达标
上海	上海市**	6	27	39	0.9	164	25	不达标
江苏	南京市**	5	27	51	0.9	170	28	不达标
江苏	无锡市**	8	26	49	1.1	179	28	不达标
江苏	徐州市	10	28	74	1.2	171	40	不达标
江苏	常州市	7	28	55	1	179	33	不达标
江苏	苏州市	6	25	44	1	172	28	不达标
江苏	南通市	7	23	42	0.8	179	26	不达标
江苏	连云港市	7	22	54	0.9	159	30	达标

省份	城市名称	SO_2年均浓度/（μg/m³）	NO_2年均浓度/（μg/m³）	PM_{10}年均浓度/（μg/m³）	CO日均值第95百分位数浓度/（mg/m³）	O_3日最大8 h平均值第90百分位数浓度/（μg/m³）	$PM_{2.5}$年均浓度/（μg/m³）	达标情况
江苏	淮安市	9	24	58	0.9	159	35	达标
江苏	盐城市	7	18	47	0.8	170	27	不达标
江苏	扬州市	8	26	55	0.9	180	32	不达标
江苏	镇江市	6	29	53	0.9	184	35	不达标
江苏	泰州市	8	22	52	1	172	32	不达标
江苏	宿迁市	6	23	61	1	169	37	不达标
浙江	杭州市	6	32	52	0.9	170	30	不达标
浙江	宁波市	8	26	38	0.9	158	22	达标
浙江	温州市	6	28	46	0.7	147	24	达标
浙江	嘉兴市	7	28	45	0.8	175	26	不达标
浙江	湖州市	6	30	52	0.9	175	29	不达标
浙江	金华市	8	30	46	0.9	157	27	达标
浙江	衢州市	7	25	46	0.8	151	26	达标
浙江	舟山市	4	17	27	0.6	131	14	达标
浙江	台州市	6	19	40	0.7	139	21	达标
浙江	丽水市	6	17	35	0.7	129	19	达标
浙江	绍兴市	7	26	49	1	165	29	不达标
安徽	合肥市	8	31	63	1	152	32	达标
安徽	芜湖市	9	30	55	1	162	34	不达标
安徽	蚌埠市	10	25	66	0.8	162	37	不达标
安徽	淮南市*	8	19	67（66）	0.8	152（151）	41	不达标
安徽	马鞍山市	9	30	53	1.2	166	35	不达标
安徽	淮北市*	8（7）	22（21）	73（70）	1.2（1）	168	45（42）	不达标
安徽	铜陵市*	9	29	60	1	156	34	达标
安徽	安庆市	7	23	52	1	158	34	达标
安徽	黄山市	6	11	33	0.7	137	19	达标
安徽	滁州市	8	25	56	0.8	167	32	不达标
安徽	阜阳市	7	22	67	1	160	41	不达标
安徽	宿州市	4	20	70	0.9	163	40	不达标

省份	城市名称	SO_2 年均浓度/（μg/m³）	NO_2 年均浓度/（μg/m³）	PM_{10} 年均浓度/（μg/m³）	CO 日均值第 95 百分位数浓度/（mg/m³）	O_3 日最大 8 h 平均值第 90 百分位数浓度/（μg/m³）	$PM_{2.5}$ 年均浓度/（μg/m³）	达标情况
安徽	六安市	7	19	56	0.8	153	33	达标
安徽	亳州市*	7	15	68	1	167（166）	41	不达标
安徽	池州市	7	22	51	1	161	33	不达标
安徽	宣城市	6	23	47	0.9	140	32	达标
福建	福州市**	4	16	32	0.7	142	18	达标
福建	厦门市**	4	22	32	0.6	134	17	达标
福建	莆田市	6	13	32	0.8	140	20	达标
福建	三明市	7	19	31	1.2	129	21	达标
福建	泉州市	7	17	33	0.7	141	18	达标
福建	漳州市	6	19	37	0.8	145	22	达标
福建	南平市	6	12	26	0.8	127	18	达标
福建	龙岩市	8	17	30	0.7	126	18	达标
福建	宁德市	7	16	31	1	132	18	达标
江西	南昌市	8	24	56	1.1	156	30	达标
江西	景德镇市	9	17	44	0.9	137	23	达标
江西	萍乡市	14	22	48	1.4	153	33	达标
江西	九江市*	9	26	50	1	153（152）	32	达标
江西	新余市	15	23	52	1.2	135	29	达标
江西	鹰潭市	11	14	40	0.9	150	24	达标
江西	赣州市	9	17	38	1.1	157	21	达标
江西	吉安市	9	16	46	0.9	159	26	达标
江西	宜春市	9	20	48	1.2	150	29	达标
江西	抚州市	6	13	42	1	146	24	达标
江西	上饶市	14	19	45	0.8	148	25	达标
山东	济南市	11	31	71	1.2	182	37	不达标
山东	青岛市	8	28	49	1	154	26	达标
山东	淄博市	14	33	75	1.3	192	43	不达标
山东	枣庄市	14	28	76	1.1	181	41	不达标
山东	东营市	14	27	60	1.2	185	33	不达标

省份	城市名称	SO_2 年均浓度/（μg/m³）	NO_2 年均浓度/（μg/m³）	PM_{10} 年均浓度/（μg/m³）	CO 日均值第 95 百分位数浓度/（mg/m³）	O_3 日最大 8 h 平均值第 90 百分位数浓度/（μg/m³）	$PM_{2.5}$ 年均浓度/（μg/m³）	达标情况
山东	烟台市	8	19	46	1	157	24	达标
山东	潍坊市	9	26	63	1.2	168	34	不达标
山东	济宁市	11	24	71	1.2	184	43	不达标
山东	泰安市	10	25	67	1.1	178	39	不达标
山东	威海市	5	15	36	0.7	156	21	达标
山东	日照市	9	27	54	1.3	151	29	达标
山东	临沂市	11	30	68	1.3	177	39	不达标
山东	德州市	11	27	76	1.1	184	42	不达标
山东	聊城市*	13	27	80	1.2	178（176）	43	不达标
山东	滨州市	15	30	70	1.2	185	38	不达标
山东	菏泽市	9	26	87	1.1	175	49	不达标
河南	郑州市**	8	27	77	1.3	178	45	不达标
河南	开封市	8	24	84	1.2	177	51	不达标
河南	洛阳市*	7	27（26）	81（80）	1.2	174（171）	48（47）	不达标
河南	平顶山市*	7	26	88	1.2	163	48	不达标
河南	安阳市	10	31	91	1.5	178	52	不达标
河南	鹤壁市**	11	31	88	1.6	177	53	不达标
河南	新乡市*	10	31（30）	89	1.4	183（182）	51（50）	不达标
河南	焦作市	9	25	85	1.6	182	49	不达标
河南	濮阳市	10	25	76	1.2	168	52	不达标
河南	许昌市	8	23	78	1.2	170	46	不达标
河南	漯河市*	8	22	80	1.2	174（173）	51	不达标
河南	三门峡市	9	25	73	1.2	163	46	不达标
河南	南阳市*	7	23	78（75）	1.3（1.2）	159	48（46）	不达标
河南	商丘市	7	22	74	1.1	167	46	不达标
河南	信阳市	8	19	60	1.1	158	40	不达标
河南	周口市	8	21	74	1.2	168	43	不达标
河南	驻马店市*	8（7）	24（20）	90（71）	1.4（1）	188（161）	57（43）	不达标
湖北	武汉市**	9	34	55	1.2	162	35	不达标

省份	城市名称	SO_2 年均浓度/（μg/m^3）	NO_2 年均浓度/（μg/m^3）	PM_{10} 年均浓度/（μg/m^3）	CO 日均值第 95 百分位数浓度/（mg/m^3）	O_3 日最大 8 h 平均值第 90 百分位数浓度/（μg/m^3）	$PM_{2.5}$ 年均浓度/（μg/m^3）	达标情况
湖北	黄石市	10	24	61	1.2	172	32	不达标
湖北	十堰市	7	17	55	1	146	33	达标
湖北	宜昌市	6	24	58	0.9	153	38	不达标
湖北	襄阳市	10	23	76	1.2	161	50	不达标
湖北	鄂州市	10	26	61	1.1	159	34	达标
湖北	荆门市	10	20	70	1	164	44	不达标
湖北	孝感市	7	22	67	1.2	154	41	不达标
湖北	荆州市*	10（9）	30（24）	78（62）	1.6（1.2）	196（158）	57（43）	不达标
湖北	黄冈市	9	20	63	1	168	33	不达标
湖北	咸宁市	7	17	48	1	155	29	达标
湖北	随州市	7	17	55	1.1	155	35	达标
湖北	恩施州	7	11	43	1.2	116	26	达标
湖南	长沙市	6	24	50	1	160	38	不达标
湖南	株洲市*	6	25	47	0.9	169（168）	36	不达标
湖南	湘潭市	8	24	55	1	164	39	不达标
湖南	衡阳市	10	18	49	1.1	154	32	达标
湖南	邵阳市	11	16	49	1	153	34	达标
湖南	岳阳市	9	24	52	1.1	154	35	达标
湖南	常德市*	7	17（16）	57（56）	1.1	152（150）	41（40）	不达标
湖南	张家界市	3	13	41	0.9	130	27	达标
湖南	益阳市	4	19	57	1.2	153	40	不达标
湖南	郴州市	9	20	40	0.9	156	26	达标
湖南	永州市	9	15	47	0.9	150	33	达标
湖南	怀化市	8	14	45	0.9	138	30	达标
湖南	娄底市	9	18	53	1.1	142	38	不达标
湖南	湘西州	6	12	35	0.9	129	24	达标
广东	广州市	6	29	39	1	179	22	不达标
广东	韶关市	11	15	35	0.9	155	22	达标
广东	深圳市	5	20	31	0.8	147	16	达标

省份	城市名称	SO_2 年均浓度/（μg/m³）	NO_2 年均浓度/（μg/m³）	PM_{10} 年均浓度/（μg/m³）	CO 日均值第 95 百分位数浓度/（mg/m³）	O_3 日最大 8 h 平均值第 90 百分位数浓度/（μg/m³）	$PM_{2.5}$ 年均浓度/（μg/m³）	达标情况
广东	珠海市	8	19	30	0.8	160	17	达标
广东	汕头市	9	14	33	0.8	142	17	达标
广东	佛山市	6	29	38	1	184	21	不达标
广东	江门市	7	27	40	1	194	20	不达标
广东	湛江市	9	12	32	0.8	138	21	达标
广东	茂名市	11	12	35	0.9	138	19	达标
广东	肇庆市	9	23	35	0.9	175	22	不达标
广东	惠州市**	5	16	33	0.8	151	17	达标
广东	梅州市	6	18	28	0.8	135	18	达标
广东	汕尾市	7	8	27	0.8	134	15	达标
广东	河源市	4	16	31	1	142	18	达标
广东	阳江市	7	16	34	0.8	146	21	达标
广东	清远市	6	18	33	1	161	21	不达标
广东	东莞市	8	26	36	1	189	20	不达标
广东	中山市	5	22	34	0.8	184	19	不达标
广东	潮州市	10	14	33	0.9	143	20	达标
广东	揭阳市	8	16	41	0.9	146	23	达标
广东	云浮市	12	20	40	0.9	153	21	达标
广西	南宁市	8	23	42	1	136	26	达标
广西	柳州市	10	17	44	1	141	29	达标
广西	桂林市	10	15	40	0.9	151	28	达标
广西	梧州市	9	25	52	1.2	142	27	达标
广西	北海市**	6	10	36	1	138	23	达标
广西	防城港市	9	16	40	1	119	21	达标
广西	钦州市	9	18	44	1.1	130	25	达标
广西	贵港市	7	18	45	1.1	144	27	达标
广西	玉林市	9	16	43	1	137	27	达标
广西	百色市	10	16	47	1.1	126	28	达标
广西	贺州市	9	19	44	1	146	26	达标

省份	城市名称	SO_2 年均浓度/（μg/m³）	NO_2 年均浓度/（μg/m³）	PM_{10} 年均浓度/（μg/m³）	CO 日均值第 95 百分位数浓度/（mg/m³）	O_3 日最大 8 h 平均值第 90 百分位数浓度/（μg/m³）	$PM_{2.5}$ 年均浓度/（μg/m³）	达标情况
广西	河池市	8	19	46	1	122	24	达标
广西	来宾市	10	15	48	1.1	148	30	达标
广西	崇左市	6	14	41	1	126	25	达标
海南	海口市**	4	9	26	0.8	125	13	达标
海南	三亚市	3	6	21	0.6	111	11	达标
海南	三沙市	2	7	22	0.5	92	8	达标
海南	儋州市	6	10	25	0.8	109	13	达标
重庆	重庆市	10	29	48	1	144	31	达标
四川	成都市*	4	30	58	0.9	183（181）	39	不达标
四川	自贡市	8	22	59	0.9	161	39	不达标
四川	攀枝花市	21	29	46	2.1	126	28	达标
四川	泸州市**	10	24	60	0.9	152	41	不达标
四川	德阳市	6	29	63	0.9	165	35	不达标
四川	绵阳市	6	25	55	1	152	34	达标
四川	广元市	9	24	41	1.2	123	25	达标
四川	遂宁市	10	20	54	0.9	146	30	达标
四川	内江市	8	24	46	1.1	160	32	达标
四川	乐山市	7	24	58	1.1	157	40	不达标
四川	南充市*	6	18（17）	53	0.9	134（132）	36（35）	不达标（达标）
四川	眉山市	8	30	49	1.2	173	38	不达标
四川	宜宾市	9	28	60	0.9	165	42	不达标
四川	广安市	8	17	51	1	144	34	达标
四川	达州市	8	35	49	1.2	117	30	达标
四川	雅安市	8	19	41	0.9	145	29	达标
四川	巴中市	4	24	43	1	121	28	达标
四川	资阳市	7	22	55	1	158	33	达标
四川	阿坝州	9	11	17	0.9	111	10	达标
四川	甘孜州	8	19	21	0.6	106	8	达标

省份	城市名称	SO_2 年均浓度/（μg/m³）	NO_2 年均浓度/（μg/m³）	PM_{10} 年均浓度/（μg/m³）	CO 日均值第 95 百分位数浓度/（mg/m³）	O_3 日最大 8 h 平均值第 90 百分位数浓度/（μg/m³）	$PM_{2.5}$ 年均浓度/（μg/m³）	达标情况
四川	凉山州**	11	16	36	1	127	21	达标
贵州	贵阳市	7	16	35	0.8	113	21	达标
贵州	六盘水市	7	12	32	1	113	23	达标
贵州	遵义市	8	15	34	0.9	122	22	达标
贵州	安顺市	12	8	30	0.8	123	24	达标
贵州	铜仁市	3	13	29	1	128	17	达标
贵州	黔西南州	6	12	26	0.9	110	18	达标
贵州	毕节市	8	11	32	0.8	130	25	达标
贵州	黔东南州	3	15	29	0.8	116	21	达标
贵州	黔南州	5	8	25	1	118	16	达标
云南	昆明市	8	20	33	0.7	126	20	达标
云南	曲靖市	8	14	33	1	135	22	达标
云南	玉溪市	8	17	31	1.3	122	18	达标
云南	保山市	5	8	26	0.7	116	13	达标
云南	昭通市	9	13	33	0.8	127	23	达标
云南	丽江市	6	10	22	0.7	106	14	达标
云南	普洱市	7	14	24	1	107	14	达标
云南	临沧市	7	12	40	0.9	113	24	达标
云南	楚雄州	10	14	26	0.8	116	18	达标
云南	红河州	11	8	31	0.8	122	23	达标
云南	文山州	6	11	30	0.7	114	22	达标
云南	西双版纳州	7	13	27	0.7	110	16	达标
云南	大理州	6	10	26	0.8	110	12	达标
云南	德宏州	10	14	42	0.9	117	22	达标
云南	怒江州	8	14	32	1.1	90	20	达标
云南	迪庆州	8	9	18	0.8	112	13	达标
西藏	拉萨市	8	12	18	0.7	131	8	达标
西藏	昌都市	7	8	15	0.9	119	8	达标
西藏	山南市	6	9	21	0.6	128	8	达标

省份	城市名称	SO_2年均浓度/（μg/m³）	NO_2年均浓度/（μg/m³）	PM_{10}年均浓度/（μg/m³）	CO 日均值第 95 百分位数浓度/（mg/m³）	O_3日最大 8 h 平均值第 90 百分位数浓度/（μg/m³）	$PM_{2.5}$年均浓度/（μg/m³）	达标情况
西藏	日喀则市	5	9	19	0.8	131	9	达标
西藏	那曲市	9	12	28	1.2	126	16	达标
西藏	阿里地区	9	6	13	0.6	153	6	达标
西藏	林芝市**	9	5	10	0.8	106	6	达标
陕西	西安市*	7	38	87（85）	1.4	178（176）	52（51）	不达标
陕西	铜川市	9	26	68	1.1	158	39	不达标
陕西	宝鸡市***	7	28	71	1.2	156（155）	47（46）	不达标
陕西	咸阳市	7	36	94	1.4	178	55	不达标
陕西	渭南市*	11（9）	39（35）	120（87）	2（1.4）	198（166）	66（53）	不达标
陕西	延安市	6	32	55	1.5	141	28	达标
陕西	汉中市	5	22	56	1.5	129	35	达标
陕西	榆林市	10	34	51	1.1	148	25	达标
陕西	安康市	10	17	49	1	124	31	达标
陕西	商洛市	9	22	48	0.9	138	28	达标
甘肃	兰州市	15	38	68	1.7	149	33	达标
甘肃	嘉峪关市	16	22	56	0.8	133	20	达标
甘肃	金昌市**	20	19	62	1	133	20	达标
甘肃	白银市	30	20	60	1.2	128	25	达标
甘肃	天水市	10	23	54	1.2	128	29	达标
甘肃	武威市*	7	22	69	1	138	30	达标
甘肃	张掖市	9	20	56	0.8	136	26	达标
甘肃	平凉市	7	32	60	1	134	28	达标
甘肃	酒泉市	7	22	63	0.9	134	24	达标
甘肃	庆阳市	8	14	57	1	144	29	达标
甘肃	定西市	10	22	58	1.1	132	28	达标
甘肃	陇南市	10	17	47	1	123	19	达标
甘肃	临夏州	9	23	54	1.6	136	28	达标
甘肃	甘南州	9	18	36	0.8	128	19	达标
青海	西宁市**	17	28	56	1.7	140	30	达标

省份	城市名称	SO_2年均浓度/（μg/m³）	NO_2年均浓度/（μg/m³）	PM_{10}年均浓度/（μg/m³）	CO日均值第95百分位数浓度/（mg/m³）	O_3日最大8 h平均值第90百分位数浓度/（μg/m³）	$PM_{2.5}$年均浓度/（μg/m³）	达标情况
青海	海东市	13	19	56	1.1	140	32	达标
青海	海北州	11	11	32	0.9	136	19	达标
青海	黄南州	8	11	42	1	126	22	达标
青海	海南州	11	13	35	0.9	131	18	达标
青海	果洛州	18	13	33	0.6	136	16	达标
青海	玉树州	13	9	18	1.3	121	7	达标
青海	海西州	7	8	32	0.5	136	15	达标
宁夏	银川市	14	31	66	1.5	149	31	达标
宁夏	石嘴山市	21	30	71	1.6	144	33	不达标
宁夏	吴忠市	13	23	68	1.3	151	32	达标
宁夏	固原市*	6	18	49	1	128（127）	24	达标
宁夏	中卫市	9	22	66	0.8	140	30	达标
新疆	乌鲁木齐市*	7	31	72（71）	1.8	136（135）	42（41）	不达标
新疆	克拉玛依市	7	20	50	1.2	119	26	达标
新疆	吐鲁番市	7	29	101	2.7	134	41	不达标
新疆	哈密市	6	24	71	1	126	23	不达标
新疆	昌吉州	7	32	81	2.3	133	50	不达标
新疆	博州	8	15	58	1.2	123	25	达标
新疆	巴州	5	20	81	0.7	122	27	不达标
新疆	阿克苏地区	6	24	94	2	133	41	不达标
新疆	克州	8	12	78	1.2	130	27	不达标
新疆	喀什地区**	7	33	115	2.8	132	48	不达标
新疆	和田地区	10	18	125	2.8	125	43	不达标
新疆	伊犁州	10	27	60	3.1	132	36	不达标
新疆	塔城地区	4	10	32	0.6	104	14	达标
新疆	阿勒泰地区	3	13	28	0.6	108	8	达标
新疆	石河子市	9	23	84	1.9	129	54	不达标
新疆	五家渠市	8	27	102	2.8	126	62	不达标

注：1. 各城市$PM_{2.5}$和PM_{10}年均浓度均已扣除沙尘天气影响。

2. *表示2022年该城市污染物浓度出现替代处理；**表示该城市污染物浓度出现回算处理；***表示该城市污染物浓度出现替代和回算处理。

3. 数据来源默认为替代回算数据，“（ ）”内为扣除沙尘数据。

附表 3-2　2022 年其他重要湖泊水质状况及营养状态

序号	湖泊名称	所属省份	综合营养状态指数	营养状态	水质类别（总氮单独评价）	水质类别		主要污染指标（超标倍数）
						2022 年	2021 年	
1	达里诺尔湖	内蒙古	68.6	中度富营养	劣Ⅴ	劣Ⅴ	劣Ⅴ	总磷*（42.1）、化学需氧量*（9.6）、高锰酸盐指数*（3.1）
2	洪湖	湖北	65.0	中度富营养	Ⅴ	Ⅴ	Ⅴ	总磷（1.7）、化学需氧量（0.1）、高锰酸盐指数（0.1）
3	异龙湖	云南	64.1	中度富营养	Ⅴ	劣Ⅴ	劣Ⅴ	化学需氧量（1.6）、高锰酸盐指数（1.0）、五日生化需氧量（0.2）
4	杞麓湖	云南	62.2	中度富营养	劣Ⅴ	劣Ⅴ	劣Ⅴ	化学需氧量（1.0）、高锰酸盐指数（0.4）、总磷（0.3）
5	长荡湖	江苏	62.1	中度富营养	Ⅴ	Ⅴ	Ⅴ	总磷（1.1）
6	滆湖	江苏	62.0	中度富营养	Ⅴ	Ⅴ	Ⅴ	总磷（1.5）
7	七里湖	安徽	61.6	中度富营养	Ⅲ	Ⅳ	Ⅳ	总磷（0.8）、高锰酸盐指数（0.08）
8	莫莫格泡	吉林	60.7	中度富营养	Ⅴ	劣Ⅴ	劣Ⅴ	化学需氧量*（2.4）、高锰酸盐指数*（2.2）、氟化物*（1.6）
9	大通湖	湖南	60.7	中度富营养	Ⅳ	Ⅴ	Ⅳ	总磷（1.2）
10	龙感湖	安徽、湖北	59.0	轻度富营养	Ⅲ	Ⅳ	Ⅳ	总磷（0.8）
11	天井湖	安徽	58.8	轻度富营养	Ⅲ	Ⅳ	Ⅳ	总磷（0.7）、高锰酸盐指数（0.2）、化学需氧量（0.1）
12	高塘湖	安徽	58.6	轻度富营养	Ⅲ	Ⅳ	Ⅳ	总磷（0.6）
13	星云湖	云南	58.5	轻度富营养	Ⅳ	Ⅴ	Ⅴ	化学需氧量（0.6）、总磷（0.5）、高锰酸盐指数（0.2）

序号	湖泊名称	所属省份	综合营养状态指数	营养状态	水质类别（总氮单独评价）	水质类别		主要污染指标（超标倍数）
						2022年	2021年	
14	城西湖	安徽	58.5	轻度富营养	Ⅴ	Ⅴ	Ⅳ	总磷（1.5）
15	洪泽湖	江苏	58.3	轻度富营养	Ⅴ	Ⅳ	Ⅳ	总磷（0.5）
16	沱湖	安徽	58.0	轻度富营养	Ⅲ	Ⅳ	Ⅳ	总磷（0.9）、化学需氧量（0.3）、高锰酸盐指数（0.2）
17	高邮湖	江苏	58.0	轻度富营养	Ⅳ	Ⅳ	Ⅳ	总磷（0.6）
18	查干湖	吉林	57.3	轻度富营养	Ⅳ	Ⅳ	Ⅳ	总磷（0.4）、化学需氧量（0.4）、高锰酸盐指数（0.2）
19	元荡	上海	57.2	轻度富营养	劣Ⅴ	Ⅳ	Ⅳ	总磷（0.3）
20	邵伯湖	江苏	57.0	轻度富营养	Ⅳ	Ⅳ	Ⅳ	总磷（0.7）
21	天河湖	安徽	56.7	轻度富营养	Ⅲ	Ⅳ	Ⅲ	总磷（0.3）、化学需氧量（0.1）、高锰酸盐指数（0.02）
22	岱海	内蒙古	55.6	轻度富营养	劣Ⅴ	劣Ⅴ	劣Ⅴ	化学需氧量*（4.9）、氟化物*（4.2）、高锰酸盐指数*（2.0）
23	淀山湖	上海	55.6	轻度富营养	Ⅴ	Ⅳ	Ⅴ	总磷（0.8）
24	草海	贵州	54.9	轻度富营养	Ⅴ	Ⅳ	Ⅳ	高锰酸盐指数（0.4）、化学需氧量（0.3）
25	白马湖	江苏	54.7	轻度富营养	Ⅳ	Ⅲ	Ⅲ	—
26	斧头湖	湖北	54.6	轻度富营养	Ⅳ	Ⅲ	Ⅲ	—
27	城东湖	安徽	53.4	轻度富营养	Ⅲ	Ⅳ	Ⅳ	总磷（0.7）
28	贝尔湖	内蒙古	53.2	轻度富营养	Ⅲ	Ⅴ	Ⅴ	化学需氧量*（0.9）、高锰酸盐指数*（0.2）、总磷（0.04）
29	焦岗湖	安徽	53.1	轻度富营养	Ⅲ	Ⅲ	Ⅳ	—

序号	湖泊名称	所属省份	综合营养状态指数	营养状态	水质类别（总氮单独评价）	水质类别		主要污染指标（超标倍数）
						2022 年	2021 年	
30	仙女湖	江西	53.1	轻度富营养	Ⅳ	Ⅳ	Ⅳ	总磷（0.3）
31	阳澄湖	江苏	52.9	轻度富营养	Ⅳ	Ⅳ	Ⅳ	总磷（0.08）
32	骆马湖	江苏	52.8	轻度富营养	劣Ⅴ	Ⅲ	Ⅳ	—
33	黄盖湖	湖北、湖南	52.7	轻度富营养	Ⅲ	Ⅲ	Ⅳ	—
34	梁子湖	湖北	52.4	轻度富营养	Ⅲ	Ⅲ	Ⅲ	—
35	瓦埠湖	安徽	52.3	轻度富营养	Ⅳ	Ⅲ	Ⅲ	—
36	四方湖	安徽	52.2	轻度富营养	Ⅲ	Ⅳ	Ⅳ	总磷（0.2）、高锰酸盐指数（0.07）、化学需氧量（0.02）
37	兴凯湖	黑龙江	52.1	轻度富营养	Ⅲ	Ⅴ	Ⅴ	总磷（1.2）
38	小兴凯湖	黑龙江	52.1	轻度富营养	Ⅲ	Ⅳ	Ⅳ	总磷（0.04）
39	长湖	湖北	52.0	轻度富营养	Ⅲ	Ⅳ	Ⅳ	总磷（0.2）
40	黄大湖	安徽	52.0	轻度富营养	Ⅲ	Ⅲ	Ⅲ	—
41	鄱阳湖	江西	51.9	轻度富营养	Ⅳ	Ⅳ	Ⅳ	总磷（0.3）
42	南漪湖	安徽	51.5	轻度富营养	Ⅳ	Ⅲ	Ⅲ	—
43	南四湖	山东	51.0	轻度富营养	Ⅴ	Ⅲ	Ⅲ	—
44	衡水湖	河北	50.8	轻度富营养	Ⅲ	Ⅲ	Ⅲ	—
45	新妙湖	江西	50.6	轻度富营养	Ⅲ	Ⅳ	Ⅳ	总磷（0.2）
46	环城湖	山东	50.6	轻度富营养	Ⅳ	Ⅲ	Ⅳ	—
47	升金湖	安徽	50.5	轻度富营养	Ⅲ	Ⅲ	Ⅲ	—
48	石臼湖	安徽	50.0	中营养	Ⅳ	Ⅲ	Ⅲ	—

序号	湖泊名称	所属省份	综合营养状态指数	营养状态	水质类别（总氮单独评价）	水质类别		主要污染指标（超标倍数）
						2022年	2021年	
49	菜子湖	安徽	49.8	中营养	III	III	III	—
50	女山湖	安徽	49.7	中营养	III	III	III	—
51	西湖	浙江	49.6	中营养	IV	III	III	—
52	东平湖	山东	48.9	中营养	劣V	III	III	—
53	镜泊湖	黑龙江	48.1	中营养	IV	III	III	—
54	洞庭湖	湖南	48.0	中营养	V	IV	IV	总磷（0.2）
55	东钱湖	浙江	47.6	中营养	IV	II	III	—
56	沙湖	宁夏	47.2	中营养	III	IV	III	化学需氧量（0.1）
57	白洋淀	河北	47.0	中营养	V	III	III	—
58	乌梁素海	内蒙古	46.4	中营养	III	IV	IV	五日生化需氧量（0.1）、高锰酸盐指数（0.1）、化学需氧量（0.05）
59	泊湖	安徽	45.3	中营养	II	III	III	—
60	武昌湖	安徽	45.2	中营养	III	III	III	—
61	普者黑	云南	44.8	中营养	IV	II	III	—
62	阳宗海	云南	41.7	中营养	II	III	III	—
63	克鲁克湖	青海	41.6	中营养	IV	III	II	—
64	红枫湖	贵州	41.2	中营养	IV	II	II	—
65	程海	云南	39.7	中营养	III	劣V	劣V	氟化物*（1.4）、化学需氧量（0.3）
66	洱海	云南	38.8	中营养	II	II	II	—
67	乌伦古湖	新疆	37.2	中营养	III	劣V	劣V	氟化物*（1.7）、化学需氧量（0.3）

序号	湖泊名称	所属省份	综合营养状态指数	营养状态	水质类别（总氮单独评价）	水质类别		主要污染指标（超标倍数）
						2022 年	2021 年	
68	青海湖	青海	36.5	中营养	Ⅲ	Ⅴ	Ⅳ	化学需氧量*（0.7）
69	香山湖	宁夏	36.4	中营养	Ⅲ	Ⅱ	Ⅱ	—
70	高唐湖	山东	35.7	中营养	Ⅴ	Ⅱ	Ⅱ	—
71	万峰湖	贵州	34.7	中营养	劣Ⅴ	Ⅱ	Ⅲ	—
72	博斯腾湖	新疆	34.3	中营养	Ⅲ	Ⅲ	Ⅲ	—
73	赛里木湖	新疆	32.5	中营养	Ⅲ	Ⅱ	Ⅱ	—
74	内外珠湖	江西	31.3	中营养	Ⅱ	Ⅱ	Ⅲ	—
75	邛海	四川	27.3	贫营养	Ⅱ	Ⅱ	Ⅱ	—
76	喀纳斯湖	新疆	24.8	贫营养	Ⅱ	Ⅰ	Ⅰ	—
77	抚仙湖	云南	22.7	贫营养	Ⅰ	Ⅱ	Ⅰ	—
78	泸沽湖	云南	12.5	贫营养	Ⅰ	Ⅰ	Ⅰ	—
79	扎龙湖	黑龙江	—	—	Ⅳ	Ⅳ	Ⅴ	化学需氧量*（0.4）、高锰酸盐指数*（0.3）
80	佩枯错	西藏	—	—	Ⅰ	劣Ⅴ	劣Ⅴ	氟化物*（1.3）
81	普莫雍错	西藏	—	—	Ⅰ	Ⅱ	Ⅱ	—
82	班公错	西藏	—	—	Ⅱ	Ⅱ	Ⅱ	—
83	色林错	西藏	—	—	Ⅲ	Ⅳ	Ⅱ	砷*（0.6）

注：带*标记的指标受自然因素影响较大。

附表 3-3　2022 年其他重要水库水质状况及营养状态

序号	水库名称	所属省份	综合营养状态指数	营养状态	水质类别（总氮单独评价）	水质类别		主要污染指标（超标倍数）
						2022 年	2021 年	
1	蘑菇湖水库	兵团	66.6	中度富营养	V	劣V	劣V	总磷（8.1）、化学需氧量（0.2）、高锰酸盐指数（0.07）
2	北大港水库	天津	61.5	中度富营养	V	V	劣V	总磷（1.7）、化学需氧量（0.6）、高锰酸盐指数（0.6）、五日生化需氧量（0.3）
3	青格达水库	兵团	60.9	中度富营养	劣V	IV	IV	总磷（0.5）、化学需氧量（0.3）
4	宿鸭湖水库	河南	60.0	轻度富营养	IV	V	V	总磷（1.7）、化学需氧量（0.06）
5	石梁河水库	江苏	55.4	轻度富营养	劣V	V	V	总磷（1.3）
6	向海水库	吉林	52.5	轻度富营养	III	劣V	劣V	氟化物*（1.0）、化学需氧量（0.02）
7	鹤地水库	广东	52.3	轻度富营养	IV	III	III	—
8	峡山水库	山东	51.9	轻度富营养	劣V	III	III	—
9	于桥水库	天津	51.5	轻度富营养	劣V	III	III	—
10	尼尔基水库	内蒙古	50.6	轻度富营养	III	IV	IV	总磷（1.0）
11	莲花水库	黑龙江	50.1	轻度富营养	劣V	IV	IV	总磷（0.3）
12	燕山水库	河南	49.3	中营养	IV	III	III	—
13	察尔森水库	内蒙古	49.2	中营养	IV	III	III	—
14	松花湖	吉林	48.7	中营养	劣V	III	III	—
15	玉滩水库	重庆	47.9	中营养	IV	III	III	—

序号	水库名称	所属省份	综合营养状态指数	营养状态	水质类别（总氮单独评价）	水质类别		主要污染指标（超标倍数）
						2022 年	2021 年	
16	横山水库	江苏	47.6	中营养	III	III	III	—
17	乌金塘水库	辽宁	47.1	中营养	劣V	III	III	—
18	北山水库	江苏	46.5	中营养	III	III	III	—
19	磨盘山水库	黑龙江	46.2	中营养	V	III	III	—
20	云蒙湖	山东	46.2	中营养	劣V	II	II	—
21	五号水库	黑龙江	45.6	中营养	III	III	III	—
22	三门峡水库	河南	45.5	中营养	劣V	II	II	—
23	宫山嘴水库	辽宁	45.4	中营养	劣V	II	IV	—
24	陆浑水库	河南	44.7	中营养	劣V	III	III	—
25	西丽水库	广东	44.6	中营养	IV	III	III	—
26	崂山水库	山东	43.9	中营养	劣V	II	II	—
27	赤田水库	海南	43.8	中营养	III	II	II	—
28	铁岗水库	广东	43.7	中营养	IV	II	II	—
29	碧流河水库	辽宁	43.7	中营养	劣V	II	II	—
30	大房郢水库	安徽	43.7	中营养	III	III	III	—
31	官厅水库	河北	42.8	中营养	IV	IV	IV	氟化物（0.04）
32	百花湖	贵州	42.7	中营养	V	II	II	—
33	安格庄水库	河北	42.5	中营养	劣V	II	II	—
34	洪门水库	江西	42.1	中营养	III	III	III	—
35	西大洋水库	河北	41.9	中营养	劣V	II	I	—

序号	水库名称	所属省份	综合营养状态指数	营养状态	水质类别（总氮单独评价）	水质类别		主要污染指标（超标倍数）
						2022年	2021年	
36	清河水库	辽宁	41.8	中营养	劣V	II	II	—
37	城西水库	安徽	41.4	中营养	III	III	II	—
38	白龟山水库	河南	41.2	中营养	V	II	II	—
39	洪潮江水库	广西	41.0	中营养	III	II	II	—
40	小浪底水库	河南	40.9	中营养	劣V	III	III	—
41	大伙房水库	辽宁	40.9	中营养	劣V	II	II	—
42	鸭子荡水库	宁夏	40.8	中营养	劣V	II	II	—
43	黄壁庄水库	河北	40.7	中营养	劣V	II	II	—
44	公明水库	广东	40.6	中营养	III	II	II	—
45	瀛湖	陕西	40.5	中营养	IV	II	III	—
46	沙河水库	江苏	40.5	中营养	III	II	II	—
47	太河水库	山东	40.4	中营养	劣V	II	II	—
48	潘家口水库	河北	40.4	中营养	劣V	II	III	—
49	大溪水库	江苏	40.3	中营养	II	II	II	—
50	茈碧湖	云南	39.9	中营养	III	II	II	—
51	东圳水库	福建	39.6	中营养	IV	II	II	—
52	东风水库	贵州	39.5	中营养	劣V	II	II	—
53	松华坝水库	云南	39.4	中营养	IV	II	II	—
54	董铺水库	安徽	39.3	中营养	III	II	II	—
55	昭平台水库	河南	39.2	中营养	IV	II	II	—

序号	水库名称	所属省份	综合营养状态指数	营养状态	水质类别（总氮单独评价）	水质类别		主要污染指标（超标倍数）
						2022 年	2021 年	
56	北塘水库	天津	38.8	中营养	III	II	II	—
57	勐板河水库	云南	38.3	中营养	II	II	II	—
58	枫树坝水库	广东	38.1	中营养	V	II	II	—
59	汤河水库	辽宁	38.0	中营养	劣V	II	II	—
60	大浪淀水库	河北	38.0	中营养	IV	II	II	—
61	水丰湖	辽宁	37.5	中营养	劣V	II	II	—
62	白莲河水库	湖北	37.5	中营养	III	III	III	—
63	桓仁水库	辽宁	37.2	中营养	劣V	II	II	—
64	东溪水库	福建	37.2	中营养	II	II	II	—
65	姐勒水库	云南	37.0	中营养	II	II	II	—
66	东武仕水库	河北	36.9	中营养	劣V	II	II	—
67	清林径水库	广东	36.9	中营养	III	II	II	—
68	鲁班水库	四川	36.4	中营养	III	III	III	—
69	石城子水库	新疆	36.4	中营养	III	II	I	—
70	柘林湖	江西	36.4	中营养	III	II	II	—
71	佛子岭水库	安徽	36.3	中营养	III	II	II	—
72	小湾水库	云南	36.3	中营养	III	II	II	—
73	王瑶水库	陕西	35.9	中营养	II	II	III	—
74	山美水库	福建	35.7	中营养	V	II	I	—
75	海子水库	北京	35.6	中营养	劣V	II	II	—

序号	水库名称	所属省份	综合营养状态指数	营养状态	水质类别（总氮单独评价）	水质类别		主要污染指标（超标倍数）
						2022年	2021年	
76	富水水库	湖北	35.5	中营养	III	II	II	—
77	南湾水库	河南	35.5	中营养	III	III	II	—
78	岗南水库	河北	35.1	中营养	劣V	II	II	—
79	户宋河水库	云南	34.9	中营养	II	II	II	—
80	大广坝水库	海南	34.9	中营养	III	II	II	—
81	大宁水库	北京	34.5	中营养	III	II	II	—
82	里石门水库	浙江	34.3	中营养	II	II	II	—
83	梅山水库	安徽	34.3	中营养	III	II	II	—
84	乌拉泊水库	新疆	34.1	中营养	V	II	I	—
85	大隆水库	海南	33.8	中营养	II	II	I	—
86	大中河水库	云南	33.6	中营养	II	II	II	—
87	王庆坨水库	天津	33.1	中营养	III	II	II	—
88	高州水库	广东	33.1	中营养	II	II	II	—
89	龙滩水库	广西	33.1	中营养	V	II	II	—
90	党河水库	甘肃	33.0	中营养	IV	II	II	—
91	岩滩水库	广西	32.9	中营养	V	II	II	—
92	葫芦口水库	四川	32.7	中营养	IV	II	II	—
93	梅林水库	广东	32.7	中营养	II	II	II	—
94	牛路岭水库	海南	32.5	中营养	II	II	II	—
95	团城湖调节池	北京	32.4	中营养	IV	II	II	—

序号	水库名称	所属省份	综合营养状态指数	营养状态	水质类别（总氮单独评价）	水质类别		主要污染指标（超标倍数）
						2022 年	2021 年	
96	丹江口水库	河南、湖北	32.4	中营养	Ⅳ	Ⅱ	Ⅱ	—
97	铜山源水库	浙江	32.4	中营养	Ⅱ	Ⅱ	Ⅱ	—
98	观音阁水库	辽宁	32.3	中营养	劣Ⅴ	Ⅱ	Ⅱ	—
99	解放村水库	甘肃	32.3	中营养	Ⅴ	Ⅱ	Ⅱ	—
100	花亭湖	安徽	31.9	中营养	Ⅱ	Ⅰ	Ⅱ	—
101	红崖山水库	甘肃	31.6	中营养	劣Ⅴ	Ⅱ	Ⅱ	—
102	黄龙滩水库	湖北	31.4	中营养	Ⅲ	Ⅱ	Ⅱ	—
103	王快水库	河北	31.3	中营养	劣Ⅴ	Ⅰ	Ⅰ	—
104	怀柔水库	北京	31.1	中营养	Ⅴ	Ⅱ	Ⅱ	—
105	太平湖	安徽	31.0	中营养	Ⅲ	Ⅰ	Ⅰ	—
106	珊溪水库	浙江	30.5	中营养	Ⅱ	Ⅱ	Ⅱ	—
107	湖南镇水库	浙江	30.3	中营养	Ⅲ	Ⅰ	Ⅰ	—
108	鲇鱼山水库	河南	29.7	贫营养	Ⅲ	Ⅱ	Ⅱ	—
109	紧水滩水库	浙江	29.6	贫营养	Ⅲ	Ⅰ	Ⅱ	—
110	千岛湖	浙江	29.1	贫营养	Ⅲ	Ⅰ	Ⅰ	—
111	密云水库	北京	29.0	贫营养	劣Ⅴ	Ⅱ	Ⅱ	—
112	隔河岩水库	湖北	28.9	贫营养	Ⅴ	Ⅰ	Ⅰ	—
113	海西海	云南	27.2	贫营养	Ⅱ	Ⅱ	Ⅱ	—
114	长潭水库	浙江	27.1	贫营养	Ⅱ	Ⅰ	Ⅰ	—
115	龙羊峡水库	青海	26.7	贫营养	Ⅲ	Ⅰ	Ⅰ	—

序号	水库名称	所属省份	综合营养状态指数	营养状态	水质类别（总氮单独评价）	水质类别		主要污染指标（超标倍数）
						2022年	2021年	
116	松涛水库	海南	26.1	贫营养	II	II	II	—
117	双塔水库	甘肃	25.8	贫营养	III	II	II	—
118	七一水库	江西	25.7	贫营养	II	I	II	—
119	东江水库	湖南	24.8	贫营养	III	I	I	—
120	漳河水库	湖北	24.2	贫营养	III	I	I	—
121	白盆珠水库	广东	23.5	贫营养	II	I	II	—
122	南水水库	广东	23.0	贫营养	III	I	I	—
123	新丰江水库	广东	22.9	贫营养	II	I	I	—
124	石门水库（褒河）	陕西	—	—	IV	II	II	—

注：带*标记的指标受自然因素影响较大。